普通高等教育新工科通信类课改系列教材
教育部－中兴通讯 ICT 产教融合系列教材

U0169708

移动通信技术

主　编　周　彬

副主编　穆　颖　刘　扬

西安电子科技大学出版社

内 容 简 介

本书为"教育部—中兴通讯 ICT 产教融合系列教材"之一。

全书共 3 篇 12 章。基础篇为第 1～3 章,内容包括移动通信概述、移动通信关键技术和无线接入网网络架构;进阶篇为第 4～8 章,内容包括 LTE 的发展背景、LTE 关键技术、LTE 无线网络系统、LTE 无线网络规划概述和未来移动通信;应用篇为第 9～12 章,内容包括 LTE 基站规划、LTE 移动通信设备安装、LTE 移动通信网络开通和 LTE 移动通信网络维护。

本书可作为高等院校通信类专业的教材或教辅用书,也可以作为中兴 ZCTE、ZCTA、ZCTP 认证培训的基础教材,同时可供无线网络维护人员、移动通信设备技术支持专业人员和广大移动通信爱好者参考阅读。

图书在版编目(CIP)数据

移动通信技术 / 周彬主编. —西安:西安电子科技大学出版社,2021.4
ISBN 978-7-5606-5899-5

Ⅰ. ①移… Ⅱ. ①周… Ⅲ. ①移动通信—通信技术—高等学校—教材
Ⅳ. ①TN929.5

中国版本图书馆 CIP 数据核字(2020)第 228603 号

策划编辑 刘玉芳
责任编辑 郑一锋　南景
出版发行 西安电子科技大学出版社(西安市太白南路 2 号)
电　　话 (029)88242885　88201467　　邮　　编　710071
网　　址 www.xduph.com　　　　　　电子邮箱　xdupfxb001@163.com
经　　销 新华书店
印刷单位 陕西天意印务有限责任公司
版　　次 2021 年 4 月第 1 版　　2021 年 4 月第 1 次印刷
开　　本 787 毫米×1092 毫米　1/16　印　张　22.5
字　　数 534 千字
印　　数 1～2000 册
定　　价 56.00 元
ISBN 978-7-5606-5899-5 / TN
XDUP 6201001-1
如有印装问题可调换

前　　言

移动通信技术的发展与我们的日常生活紧密相关。目前，国内已全面覆盖 4G 网络，4G 网络在网络结构和关键技术等方面与之前的移动通信系统相比有较大差别。对于通信专业的学生和移动通信行业工程的从业者来说，紧跟移动通信发展的步伐，及时掌握移动通信技术的新发展和关键技术，不断学习移动通信网络规划及设备安装与维护的相关知识，至关重要。

本书是在兰州工业学院"教育部－中兴通讯 ICT 产教融合创新基地"项目实施的过程中，借助校企合作、优势资源协同的强大力量，边实践边整改，并根据学时和现场所需理论知识的实际情况，本着"实用、管用、够用"的原则，由校企双方骨干教师合力撰写而成的。书中省去了繁琐的数学推导，注重理论与实践相结合，使得内容由浅入深、系统全面、通俗易懂。本书具有如下特点：

(1) 根据通信类专业的岗位发展需要，结合学生的职业成长规律，并以中兴 LTE 设备硬件平台为基础，通过介绍移动通信发展历程、基本原理、关键技术和网络系统结构等内容，着重讲述 LTE 发展背景、关键技术、LTE 无线网络规划、LTE 网络设备安装及网络配置、开通维护方法等相关知识。本书以实际网络工程建设和维护的各个环节为主线，借助中兴 LTE 实体设备，介绍 LTE 网络建设和维护中需要掌握的理论知识和实际操作的专业技能，达到学以致用、培养学生实践技能的目的。

(2) 面向初学者及其指导老师，因此对于内容的选取，侧重于在夯实基础的同时紧密联系工程实际，以培养学生分析、解决问题的能力，力求做到在讲述移动通信理论的同时也使学生获得相应的岗位技能。

(3) 内容符合应用型本科大学转型发展和校企协同育人的现实情况，无论是教学还是实践操作，都将企业岗位所需的专业技能贯穿其中。而且为了更贴近企业，更符合岗位需求，本书由经验丰富的企业工程师直接参与编写与审核，体现了面向应用型人才培养的教育特色。

(4) 关键知识点配有视频二维码，读者可通过扫描二维码在线观看相关视频，以更好地理解相关知识点。

　　全书分为基础篇、进阶篇和应用篇，共 12 章内容，系统讲解了移动通信概述、移动通信关键技术、无线接入网网络架构、LTE 的发展背景、LTE 关键技术、LTE 无线网络系统、LTE 无线网络规划概述、LTE 基站规划、LTE 移动通信设备安装、LTE 移动通信网络开通和 LTE 移动通信网络维护。为了让读者能够及时地检查学习效果，把握学习进度，每章后面都附有习题。

　　编写本书的目的是为了给通信工程的学生及从业人员提供一本学习移动通信技术，并全面了解各类移动通信系统的特点和技术关键以及实现原理的书籍，与此同时，也给其他读者提供一个了解移动通信的窗口。

　　本书由周彬副教授负责第 1 章至第 6 章以及附录的编写工作；穆颖副教授负责编写第 7 章至第 9 章和全部章节习题及部分习题参考答案(部分习题参考答案见书末二维码)的编写工作；刘扬工程师负责第 10 章至第 12 章的编写工作。书中所附视频由混编师资团队成员周彬(校方)、刘扬(企业方)和李新富(企业方)提供。在本书的编写过程中，北京华晟经世信息技术有限公司的驻校工程师张建昌、李文祥、梁银霞和宋继江也提供了许多帮助和建议，在此表示诚挚的感谢。全书由周彬、刘扬统稿。

　　需要说明的是，为了方便读者连贯阅读，书中有缩略书写方式的专业术语均在正文中给出了英文全称和中文解释。另外，文末附有移动通信技术常用缩略语英汉对照表，方便读者查阅。

　　由于作者水平有限，书中难免存在不妥之处，恳请读者批评指正。意见和建议可发送至邮箱 binzh@163.com。

编者

2020 年 12 月于兰州

目 录

基 础 篇

进 阶 篇

应　用　篇

基础篇

第1章 移动通信概述

所谓移动通信，是指通信双方或至少有一方在运动中进行信息交换的通信方式。例如，固定点与移动体(如汽车、轮船、飞机等)之间、移动体与移动体之间的信息传递，都属于移动通信。移动通信几乎集中了有线通信和移动通信的最新技术成就，其所能交换的信息不单包括语音信息，还涵盖话音服务(如传真、数据、图像等)、数据业务和增值业务。高铁、移动支付、共享单车和网络购物被誉为"新四大发明"，其中后三种都离不开移动通信技术的支持和保障，中国古代的"四大发明"曾经影响了世界，中国现代的"新四大发明"则改变了中国。由此可以预见移动通信技术会继续改善人们的生活，并带来更多的便利。

自19世纪末赫兹(Heinrich Rudolf Hertz)发明无线电后，马可尼(Guglielmo Marconi)在1897年利用风筝作为收发天线演示了无线电信号越过布里斯托尔海峡的实验并获得成功，距离14千米，创造了当时最远的无线通信记录。他向世界宣告了一个新生事物——"移动通信"的诞生，世界移动通信的序幕由此拉开。虽然学术界一直都不乏对世界无线电通信发明人的争议，但是1897年被公认为人类移动通信元年。无线通信技术本质上是利用无线传输介质实现终端之间的互联互通，这种无线介质可以是电磁波(根据量子力学的理论，光波也是一种电磁波)。移动通信的出现，为无线通信带来了更大限度的自由和便捷，比如只需依靠一部手机，就可以享受理财、打车、网购、叫外卖等一系列方便快捷的服务。

人类现代生活离不开移动通信，信息从生成到传输再到接收，网络通信的背后凝聚了无数智慧结晶。随着时代的更迭，移动通信技术也完成了由1G到5G的演进，这一过程中关于通信标准的学术纷争比较激烈，最终演绎出了一部精彩的移动通信史。

1.1 移动通信发展历程

随着信息技术的发展、用户需求的日渐增多，移动通信技术已成为当代通信领域发展潜力最大、市场前景最广的研究热点。目前，移动通信技术主要经历了如图1.1所示的更迭，第五代移动通信5G蓬勃发展，并已逐步进入应用阶段。据报道，第六代移动通信6G已开始研制，预计2027年前后便可投入应用。

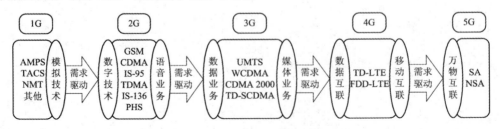

图1.1 移动通信技术的更新换代

1.1.1 第一代移动通信技术(1G)——模拟移动通信

1986 年，第一代移动通信系统(1G)在美国芝加哥诞生，主要采用的是模拟调制技术与频分多址接入(Frequency Division Multiple Access，FDMA)技术，进行模拟信号的传输，即将电磁波进行频率调制后，将语音信号转换到载波电磁波上，载有信息的电磁波被发射到空间后，由接收设备接收，并从载波电磁波上还原语音信息，完成一次通话。由于各个国家的 1G 通信标准并不一致，导致第一代移动通信没能实现"全球漫游"，这大大阻碍了 1G 的发展。1G 的主要缺点是容量非常有限、频谱利用率低以及信令干扰话音业务，除此之外，还存在语音品质低、信号不稳定、安全性差等问题。

1G 主要基于蜂窝结构组网，实现措施主要包括模拟语音调制技术、FDMA 技术和载波复用技术。代表性的商用系统包括美国的先进移动电话系统(Advanced Mobile Phone System，AMPS)、英国的全球接入通信系统(Total Access Communications System，TACS)和北欧移动电话系统(Nordic Mobile Telephone，NMT)。它们的主要缺陷体现在传输速率低(约 2.4 kb/s)、通话设备(大哥大)体积庞大、样式笨重及价格高等方面。

1.1.2 第二代移动通信技术(2G)——数字移动通信

1993 年 9 月，我国第一个数字移动电话全球移动通信系统(Global System for Mobile Communications，GSM)网在浙江省嘉兴市开通，从此，GSM 系统开启了在中国市场的辉煌岁月。1994 年，前中国邮电部部长吴基传用诺基亚 2110 拨通了中国移动通信史上第一个 GSM 电话，标志着中国开始进入 2G 时代。2G 与 1G 的显著不同在于，2G 采用数字调制技术，因此，2G 的系统容量较 1G 增加 3～5 倍。随着系统容量的增加，2G 时代的手机可以上网了，虽然数据传输的速度很慢(9.6～14.4 kb/s)，但文字信息的传输由此开始了，这成为当今移动互联网发展的基础。2G 通信系统分别采用数字时分多址(Time Division Multiple Access，TDMA)和码分多址(Code Division Multiple Access，CDMA)技术。

2G 时代也是移动通信标准争夺的开始，当时主要通信标准有以摩托罗拉为代表的 CDMA 美国标准和以诺基亚为代表的 GSM 欧洲标准。随着 GSM 标准在全球范围内更加广泛的使用，我国主要采用 GSM 标准，后来联通引入了 CDMA 技术，美国和韩国主要采用 CDMA。2G 中引入了包括均衡、交织、RAKE 接收和功率控制等新技术。

2G 数字蜂窝系统包括 GSM、IS-95 CDMA 及 IS-136 TDMA 系统。目前来看，GSM 是这些系统中部署最广泛的系统。北美和部分亚洲地区部署了 IS-95，IS-54(之后升级为 IS-136)起初在北美得到部署，但之后中断，大部分被 GSM 取代。IS-136 是一种基于 TDMA 的系统，被设计作为 AMPS 的数字演进，使用 30 kHz 的信道。中国、日本和其他一些亚洲国家及地区部署的个人手持式电话系统(Personal Handyphone System，PHS)通常也被认为是一种 2G 系统。PHS 是一种与数字增强型无绳电话(Digital Enhanced Cordless Telecommunications，DECT)系统类似的无绳电话系统，它具有从一个小区向另一个小区切换的功能，在 1880～1930 MHz 频段上运行。为了适应数据业务的发展需要，在第二代技术中还诞生了 2.5G，代表性的商用系统有 GSM 系统的 GPRS 和 CDMA 系统的 IS-95B；有时也将增强型数据速率 GSM 演进技术(Enhanced Data Rate for GSM Evolution，

EDGE)、CDMA 2000 等技术归属于 2.5G，这些技术的数据传输速率与实际所用的速率之间会有差异。

2G 提供数字化的话音业务及低速数据业务，它克服了模拟移动通信系统的弱点，话音质量和保密性能得到了大幅提高，并可进行省内、省际自动漫游。第二代移动通信替代第一代移动通信系统完成模拟技术向数字技术的转变。2G 的缺点为：

➢ 标准不统一，只能在同一制式覆盖区域漫游，无法进行全球漫游；
➢ 带宽有限，不能提供高速数据传输；
➢ 抗干扰、抗衰落能力不强，系统容量不足；
➢ 频率利用率低。

1989 年，加利福尼亚州圣地亚哥市的一个当时还名不见经传的新兴公司——高通公司提出了 CDMA，将其作为一种更有效、品质更高的无线技术，并且用一个系统对它进行验证。1993 年，高通公司取得了非凡的成功，电信工业协会 TIA 采纳了其提议，将 CDMA 作为 IS-95 标准，以替代早前作为 AMPS 数字演进的 IS-54 TDMA 标准。与 GSM 等其他数字无线系统不同，在 IS-95 CDMA 系统内，多个用户在同一时间共享同一信道。它不再采用在给定的频道内对多个用户的时间进行分片的技术，而是给每个用户分配一个不同的正交扩频码，以便接收器用此来进行信号区分。速率高很多的码序列可以扩展所占用的带宽，将其与用户数据符号相乘来应用正交扩频码。IS-95 CDMA 使用 1.25 MHz 带宽，传输 9.2 kb/s 或速率更低的语音信号，将信号扩展到更高的带宽上，能更好地避免多径衰落及干扰。

CDMA 界提出 3G 演进计划并进行部署，走在了那些正为 GSM 运营商所获得的同类系统的前列。他们能够获得 3G 速率，而不必改变 1.25 MHz 的信道带宽或者放弃后向兼容性，这样对运营商来说更容易移迁。当 GSM 运营商还在寻找更多通过 GPRS 和 EDGE 逐步演进到 3G 的技术时，CDMA 运营商已快速地部署了其 3G 网络，即 CDMA 2000 1x EV-DO(Evolution-data Optimized/Evolution-data Only，EV-DO)，它是 CDMA 2000 1x 演进到 3G 的一条路径的一个阶段。

1.1.3　第三代移动通信技术(3G)——数字移动通信

2G 时代，手机只能用来打电话、发送文字信息和获取网络资讯，虽然这已经大大提升了效率，但是日益增长的图片和视频传输的需要，使人们对于数据传输速度的要求也日趋高涨，2G 时代的网速显然不能满足这一需求。于是高速数据传输的蜂窝移动通信技术——3G 应运而生。

国际电信联盟(International Telecommunication Union，ITU)将 3G 正式命名为国际移动电话系统(International Mobile Telecom System-2000，IMT-2000)。欧洲电信标准协会(European Telecommunications Standards Institute，ETSI)称 3G 为通用移动通信系统(Universal Mobile Telecommunications System，UMTS)。相比于 2G，3G 依然采用数字数据传输，但通过开辟新的电磁波频谱、制定新的通信标准，使得 3G 的传输速度达到 384 kb/s，在室内稳定环境下甚至达到 2 Mb/s，是 2G 时代的 140 倍。由于采用了更宽的频带，传输的稳定性也大大提升。速度和稳定性的大幅提升，使大数据的传送更为普遍，移动通信有了更多样化的应用，因此 3G 被视为是开启移动通信新纪元的关键技术。

　　2007 年，乔布斯发布 iPhone，智能手机的浪潮随即席卷全球。从某种意义上讲，终端功能的大幅提升也加快了移动通信系统的演进步伐。2008 年，支持 3G 网络的 iPhone 3G 发布，人们可以在手机上直接浏览电脑网页、收发邮件、进行视频通话、收看直播等，人类正式步入移动多媒体时代。它最基本的特征是智能信号处理技术，智能信号处理单元成为基本功能模块，并支持话音和多媒体数据通信。它提供了前两代产品无法提供的各种宽带信息业务，例如高速数据、慢速图像与电视图像等。

　　国际电信联盟(ITU)确定了 3G(WCDMA、CDMA 2000、TD-SCDMA)标准。1994 年，中国联通成立；1998 年，邮政、电信分营；2000 年，电信业重组，中国移动、中国电信正式成立；2001 年，中国电信南北分拆，成立中国电信和中国网通；2008 年，电信业第三次重组，形成了中国移动、中国电信、中国联通三大运营商"三分天下"的市场格局。2009 年我国 3G 牌照发放后，中国移动还承担了建设运营我国自主知识产权 3G 标准 TD-SCDMA 的使命，中国电信采用 CDMA 2000，中国联通采用 WCDMA。

　　从事 WCDMA(Wideband CDMA)标准研究和设备开发的厂商很多，其中包括诺基亚、摩托罗拉、西门子、NEC、阿尔卡特等。该标准提出了"GSM(2G)—GPRS—EDGE—WCDMA(3G)"的演进策略。

　　CDMA 2000(窄带 CDMA)由美国高通公司推出，摩托罗拉、朗讯和三星都有参与，韩国是 CDMA 2000 的主导者。该标准提出了"CDMA(2G)—CDMA 2000 1x—CDMA 2000 3x(3G)"的演进策略。其中 CDMA 2000 1x 被称为 2.5G 移动通信技术，中国电信就是采用这一技术向 3G 过渡的。CDMA 2000 3x 内，通过使用多载波技术，数据速率能达到 2 Mb/s，从理论上来说，通过在前向链路中再增加 64 个业务信道，CDMA 2000 1x 可以将容量增加到 IS-95 的两倍，这些新增的业务信道与之前已有的 64 个信道正交；上行链路通过采用相干调制进行改进，下行链路通过采用快速(800 Hz)功率控制和上行链路匹配；通过发射分集选项和补充波束指向控制选项，高级天线能力也被集成到新标准中。这些升级的关键在于它们都是后向兼容的。CDMA 2000 和 IS-95A/B 可以在同一载波上进行部署，这样就可以实现平滑迁移。

　　为获得更高的数据速率(最高至 2 Mb/s)、提高整个系统在分组数据场景时的吞吐量，CDMA 2000 1x 也演进成为 CDMA 2000 1x EV-DO。顾名思义，该标准仅适用于数据业务，不支持语音业务和其他实时业务。虽然它使用一个 1.25 MHz 的信道带宽并具有与 IS-95 相同的无线特性，但它不能部署在和 CDMA 2000 1x RTT 或 IS-95 相同的载波上。为部署数据，需要服务提供商提供一个专用于数据业务的载波。

　　高通公司最初开发 EV-DO 作为高数据速率的一种解决方案，用在满足 IMT-2000 的 2 Mb/s 低移动性要求的固定和移动应用中。不过后来它升级到满足全移动性要求，名副其实地成为第一个真正给移动用户提供和带宽相似的速度的系统。实际上第一个 EV-DO 的部署是在 2002 年，整整比另一个由 GSM 运营商部署的类似系统 HSDPA 早 3 年。据 CDMA 开发小组所言，截止到 2009 年 7 月，EV-DO 已拥有超过 1.2 亿用户。

　　UMTS 最初由 ETSI 开发，是作为 IMT-2000 的一个基于 GSM 演进的 3G 系统。1998 年，随着 GSM 走向全球，全世界 6 个地区的电信标准机构联合起来组成 3GPP，继续开发 UMTS 及继承 GSM 的一些其他标准。1999 年，3GPP 完成并发布了第一个 3G UMTS 标准，该标准通常称为 UMTS Release 99。UMTS Release 99 被广泛地部署在世界各地，取得了成功。根据商业团体 3G Americas 和 UMTS Forum 的说法，到 2010 年 5 月，UMTS 已经被 346 个运营商在超过 148 个国家进行部署，拥有 4.5 亿个用户。

UMTS 包括一个提供交换、路由和用户管理的核心网(Core Network，CN)，通用移动通信系统(UMTS Terrestrial Radio Access，UTRAN)和用户设备(User Equipment，UE)。其基本的体系结构建立在 GSM 体系结构基础上，并与它们向后兼容，不过它的每个网元都为获得 3G 能力进行了升级：基站收发信台(Base Transceiver Station，BTS)称为 Node-B，基站控制器(Base Station Controller，BSC)称为无线接入网络(Radio Access Network，RAN)，网络交换子系统(Network Switching Subsystem，NSS)称为 CN，移动台(Mobile Station，MS)则被称为 UE。

尽管 UMTS 仍保留着 GSM/GPRS 的体系结构，但其中被称为 WCDMA 的 3G 空中接口却彻底脱离了 2G 空中接口。WCDMA 是一种直接序列扩频 CDMA 系统，其中的用户数据和伪随机码相乘，该伪随机码提供信道化、同步和加扰。WCDMA 指定为 FDD 和 TDD 运行，不过目前 FDD 是部署最广泛的。系统运行在 5 MHz 带宽上，能够同时支持 100 多个语音呼叫，所提供的峰值数据速率为 384～2048 kb/s。比起 CDMA 2000，除了信道带宽，WCDMA 具有支持单个用户使用多码、扩频因子和数据速率的选择更多等显著优点。

高速分组接入(High-Speed Packet Access，HSPA)由 3GPP 提出，指 UMTS-WCDMA 的两种主要改进技术的结合：

➤ 2002 年在 Release 5 内引入的高速下行分组接入(HSDPA)；

➤ 2004 年在 Release 6 内引入的高速上行分组接入(HSUPA)；

➤ 2005 年年末，HSDPA 首先由 AT&T 公司部署，很快就遍及全球。到 2010 年 2 月，HSPA 已由 303 家运营商在 130 个国家部署，还有许多正在计划中。其中大部分 HSPA 都是现存 UMTS 系统的一种软件升级。

20 世纪 90 年代末，因特网的应用模式表明，大多数应用在下行链路要求较高的吞吐量，于是 3GPP UMTS 的演进一开始将重点放在了改进下行链路上。HSDPA 定义了一种新的下行传输信道，理论上能够提供高达 14.4 Mb/s 的峰值吞吐量。该下行传输信道称为高速下行共享信道(HS-DSCH)，与之前的 WCDMA 信道有所不同，它采用时分多址作为主要的多址接入技术，有限使用码分多址。HSDPA 有 16 个沃尔什码，其中 15 个用于用户业务。一个用户可以用 5、10 或 15 个码来获得更高的吞吐量。不过一般来说，UE 会把码数限制在 5 或 10 个。为获得更高的速率，该信道使用 2 ms 的帧长度，以便与 WCDMA 信道使用的 10、20、40 或 80ms 的帧长度相区别。实际部署的 HSDPA 提供的常见用户吞吐量范围为 500 kb/s～2 Mb/s。

HSUPA，也称增强型上行链路，它给 UMTS-WCDMA 引入一条新的上行信道，即增强型专用信道 E-DCH。与 HSDPA 给下行链路所带来的特性相同，HSUPA 也给上行链路引入了同样的先进技术特征，如多码传输、HARQ、短的传输时间间隔以及快速调度等。HSUPA 最多能支持 5.8 Mb/s 的峰值上行吞吐量，实际部署提供的常见用户吞吐量在 500 kb/s 至 1 Mb/s 之间。这些较高的上行速率和较低的时延使一些应用得以实现，如网络电话(Voice over Internet Protocol，VoIP)、上载图片和视频以及发送大型电子邮件等。

TD-SCDMA 执行技术采用由中国大唐电信制定的 3G 标准。该标准的提出不经过 2.5G 的中间环节，直接向 3G 过渡，非常适用于 GSM 系统向 3G 升级。

1.1.4　LTE 移动通信技术——移动互联网通信

LTE(Long Term Evolution, 长期演进)是 3G 的演进, 并非真正意义上的 4G 技术, 而是 3G 与 4G 技术之间的过渡, 可以称它为 3.9G 的全球标准, 真正的 4G 始于 2012 年。2012 年 1 月 20 日, 国际电信联盟 ITU 通过了 4G(IMT-Advanced)标准, 共有 4 种, 分别是 LTE、LTE-Advanced、WiMAX 以及 WirelessMAN。其中 WiMAX(Worldwide lnteroperability for Microwave Access, 全球微波接入互操作性)基于 IEEE 802.16 的 BWAMAN（Broadband Wireless Access Metropolitan Area Netwok, 宽带无线接入城域网)技术, 它又常被称为 IEEE Wireless MAN, 为企业和家庭用户提供"最后一英里"的宽带无线连接方案。Wireless MAN 事实上可以看做 WiMax 的升级版 WirelessMAN-Advanced, 即为 IEEE 802.16m 标准, 能够提高网络覆盖, 改建链路预算, 并且可以节省功耗。我国自主研发的 TD-LTE 则是 LTE-Advanced 技术的标准分支之一, 在 4G 领域的发展中占有重要席位。4G 改进了 3G 的空中接入技术, 其主要特点有:

➤ 采用正交频分多址(Orthogonal Frequency Division Multiple, OFDM)和多输入多输出天线(Multiple In Multiple Out, MIMO)作为其无线网络演进的唯一标准;

➤ 通信速度是 3G 通信速度的数十倍乃至数百倍, LTE 在 20 MHz 的频谱带宽下能够提供下行 326 Mb/s 与上行 86 Mb/s 的峰值速率;

➤ 采用软件无线电技术, 即可以使用软件编程取代相应的硬件功能, 通过软件应用和更新即可实现多种终端通信的无线通信;

➤ 使用智能天线技术和 MIMO 技术, 在发送端和接收端都可以同时利用多个天线工作, 传输和接收信息。

2013 年 12 月, 工信部在其官网上宣布向中国移动、中国电信、中国联通颁发"LTE/第四代数字蜂窝移动通信业务(TD-LTE)"经营许可, 即 4G 牌照, 至此, 我国移动通信产业进入了新时代。统计数据显示, 截止到 2018 年年底, 我国已有超过 640 万座基站, 移动用户总数达到 15.7 亿, 人均拥有 1.1 部手机, 实现了历史性飞跃。

4G 时代, 中国移动继续承担了建设运营我国主导的 TD-LTE 标准的重任, 建成了全球最大的 TD-LTE 4G 网络, 激活了 TD-LTE 产业链, 极大提升了我国在世界通信业的话语权和影响力。中国移动牵头的第四代移动通信系统(TD-LTE)关键技术与应用项目获得了 2016 年度国家科技进步奖特等奖。截止到 2019 年 6 月 30 日, 中国移动基站数已达到 398 万个, 其中, 4G 基站多达 271 万个, 覆盖全国超过 99%的人口; 用户总数达到 9.35 亿, 4G 用户数突破 7.3 亿。

"4G 改变生活"是 4G 时代中国社会的真实写照。由于 4G 的高速网络能力, 催生了移动互联网浪潮, 使得我国互联网产业迅速崛起, 成长为与美国并列的全球前二大国。高铁、扫码支付、共享单车和网购成为我国的"新四大发明", 其中后三项都依赖于以 4G 为核心的移动互联网。当然, 4G 也为广大用户提供了便捷丰富的通信手段, 尤其是在中国移动全网升级高清语音后, 用户可以拨打高清视频电话、高速上网, 方便了工作、家庭及娱乐生活。很大程度上, 4G 已经改变了中国人的生活面貌, 为人们打开了全新"视"界。

1.1.5　第五代移动通信技术(5G)——万物互联

随着移动通信系统带宽和能力的增加,移动网络的速率也飞速提升,从 2G 时代的 10kb/s,发展到 4G 时代的 1 Gb/s,足足增长了 10 万倍。历代移动通信的发展,都以典型的技术特征为代表,同时诞生出新的业务和应用场景。而 5G 则不同于传统的移动通信,它将不再由某项业务能力或者某个典型技术特征定义,取而代之的是更高速率、更大带宽、更强能力的技术,而且是一个多业务多技术融合的网络,更是面向业务应用和用户体验的智能网络,最终打造以用户为中心的信息生态系统。尽管相关的技术还没有完全定型,但是 5G 的基本特征已经明确:高速率(峰值速率大于 20Gb/s,相当于 4G 的 20 倍),低时延(网络时延从 4G 的 50ms 缩减到 1ms),海量设备连接(满足 1000 亿量级的连接)以及低功耗(基站更节能,终端更省电)。

5G 将渗透到未来社会的各个领域,它将使信息突破时空限制,提供极佳的交互体验,为用户带来身临其境的信息盛宴,如虚拟现实;5G 将拉近万物的距离,通过无缝融合的方式,便捷地实现人与万物的智能互联;5G 将为用户提供光纤般的接入速率、“零”时延的使用体验、千亿设备的连接能力以及超高流量密度、超高连接数和超高移动性等多场景的一致服务和业务,及用户感知的智能优化,同时将为网络带来超百倍的能效提升,比特成本也降低至原来的百分之一,最终实现“信息随心至,万物触手及”。

2013 年初,欧盟在第七框架计划中启动了面向 5G 研发的项目,从此 5G 技术开始进入研究阶段。在数字化、全球化趋势愈发猛烈的背景下,对移动通信的需求也随之提高,4G 通信需要发展更高的通信速率和可靠的通信能力,5G 时代已经到来,随之而来的便是要对 5G 的实现做出可行的设想和具体的研究。在新的信息时代,5G 通信会具有以下的特点:

➤ 实现更优的用户体验,实现更高的网络平均吞吐速率和超低的传输时延;

➤ 使用更高频段的频谱;

➤ 其核心技术主要是高密度无线网络技术与大规模 MIMO 的无线传输技术等。

2019 年 6 月 6 日我国 5G 牌照发放后,我国正式进入 5G 时代。凭借着大带宽、高可靠、低时延、海量连接等新型技术,5G 被广泛视为经济社会转型升级的助推器,是大国竞争的战略棋子。在 5G 时代,我国已经迈出了坚实一步。

工信部表示,2021 年计划新建 5G 基站 60 万个,在实现地级以上城市深度覆盖的基础上,加速向有条件的县、镇延伸,引导地方政府加大对 5G 网络建设的支持力度,进一步落实 5G 站址、用电等相关政策,通过推进 5G 虚拟专网等多种方式,按需做好工业、能源、交通、医疗、教育等重点领域的网络建设,实现更广泛围、更多层次的 5G 网络覆盖。

1.2　历代移动通信技术比较

移动通信技术经过 30 多年的发展,从原来只能传输模拟声音信号到如今成为信息时代各种信息形式传播的重要基石,通过一代代的经验吸取与不断改良,使通信能力飞速提升。历代移动通信技术的比较如表 1.1 所示。5G 移动通信项目面临的主要难题是高维度信道建模、估计以及复杂度控制。在将来的研究中，随着对 5G 核心技术难题的不断破解，技术研究与标准制定不断完善，5G 移动通信技术会成为将来移动通信的主流，在数字信息时代创造更多的可能性，促进社会的进一步发展。

表 1.1　历代移动通信技术比较

通信技术	典型频段	传输速率	关键技术	技术标准	提供服务
1G	800～900 MHz	约 2.4 kb/s	FDMA、模拟语音调制、蜂窝结构组网	NMT、AMPS	模拟语音服务
2G	900～1800 MHz、GSM900、890～900 MHz	约 64 kb/s、GSM900、上行 2.7 kb/s、下行 9.6 kb/s	CDMA、TDMA	GSM、CDMA	数字语音传输
2.5G		115 kb/s(GPRS)、384 kb/s(EDGE)	HSCSD、WAP、EDGE、蓝牙(Bluetooth)、EPOC	GPRS、HSCSD、EDGE	语音和低速数据业务
3G	WCDMA 上行/下行：1940～1955 MHz / 2130～2145 MHz	一般在几百 kb/s 以上、125 kb/s～2 Mb/s	多址技术、Rake 接收技术、Turbo 编码及 RS 卷积联码等	CDMA 2000(电信)、TD-CDMA(移动)、WCDMA(联通)	同时传送声音及数据信息
4G	TD-LTE 上行/下行：555～2575 MHz / 2300～2320 MHz；FDD-LTE 上行/下行：1755～1765 MHz / 1850～1860 MHz	2 Mb/s～1 Gb/s	OFDM、SC-FDMA、MIMO	LTE、LTE-A、WiMax 等	快速传输数据、音频、视频、图像
5G	3300～3600 MHz 与 4800～5000 MHz (我国)	理论：10 Gb/s 实际：1.25 Gb/s	毫米波、大规模 MIMO、NOMA、OFDMA、SC-FDMA、FBMC、全双工技术等	IMT-2020	快速传输高清视频、智能家居等

从表 1.1 可以看出，多址技术的变更也反映了移动通信技术的发展变迁。以 AMPS，TACS 为代表的 1G 模拟通信系统，主要技术是 FDMA，主要业务是语音业务；以 GSM 为代表的 2G 数字通信，主要技术为 TDMA(IS-95 采用的是 CDMA)，主要业务也是语音业务，但还包括发短信等；以 GPRS 为代表的 2.5G 系统，其传输速率可达 115kb/s，可以提供低速数据业务；3G(WCDMA、CDMA 2000 与 TD-SCDMA)以 CDMA 作为多址接入技术，主要业务是窄带多媒体业务；4G 系统的多址技术为 OFDM，主要业务是快速传输数据、音/视频和图像业务；5G 系统的多址技术为正交频分多址(Orthogonal Frequency Division Multiple Access，OFDMA)，主要业务是快速传输高清视频业务等。

在无数新中国通信人的不懈努力下，我国人民不仅享受到了优质的移动通信网络服务，还在世界范围内"挺直了腰杆"。70年来，我国的移动通信从起步到开发再到实现，经历了从无到有，技术从跟随到引领，产业从边缘到主流，新技术应用实现从被动引入到主动布局，这一切无不体现了创新的力量。

1.3　移动通信中的损耗和效应

移动通信和固定电话的主要区别在于移动信道的开放性。开放的信道很容易受到外界的干扰，这种无时无刻不在变化的信道参数给移动通信带来了巨大的挑战。另外，移动用户的大范围随机移动性，加剧了信号在移动信道中的衰减和损耗。

移动通信中的各类新技术，都是针对移动信道的动态时变特性，为解决移动通信中的有效性、可靠性和安全性的基本指标而设计的。下面主要介绍影响最大、最常见的三大损耗和四大效应。

1.3.1　移动通信中的信号损耗

1. 传播波的分类

在移动通信系统中，影响电波传播的三种基本传播机制是反射波、绕射波和散射波。

(1) 反射波：当电波传播遇到比波长大得多的物体时发生反射。反射发生于地球表面、建筑物和墙壁表面等。

(2) 绕射波：当接收机和发射机之间的无线电波传播路径被尖利的边缘阻挡时发生绕射。由阻挡表面产生的二次波散布于空间，甚至于阻挡体的背面。绕射使得无线电波信号绕地球曲线表面传播，能够传播到阻挡物后面。

(3) 散射波：当电波穿行的介质中存在小于波长的物体并且单位体积内阻挡体的个数非常巨大时发生散射。散射波产生于粗糙表面、小物体或其他不规则物体。在实际移动通信环境中，接收信号比单独绕射和反射的信号要强，这是因为当电波遇到粗糙表面时，反射能量由于散射而散布于所有方向。像灯柱和树木这样的物体在所有方向上散射能量，这就给接收机提供了额外的能量。

2. 电波损耗

移动通信本身固有的特性和传播中具有的特点会在一定程度上对接收点信号产生损耗影响，主要分为三类。

1) 路径传播损耗

路径传播损耗又称衰耗，是指电波在远距离的空间传播中由于传输介质的因素而造成的损耗。这些损耗既有自由空间损耗，也有散射、反射、绕射等引起的损耗。它反映电磁波在大范围的传播中接收信号所发生变化的特点。如图1.2所示，在高楼林立的市区，由于终端天线的高度比周围建筑物低很多，因此通常不存在从终端到基站的视距传播。即使有这样一条视距传播路径存在，由于地面与周围建筑物的反射，多径传播仍会发生，就像图1.2中所示的情况，移动接收机所收到的信号由许多平面波组成。

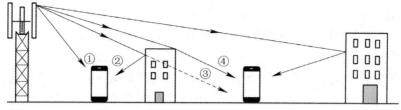

① 直射波；② 反射波；③④ 绕射(衍射)波

图 1.2　电磁波的传播方式

2) 慢衰落损耗

慢衰落损耗是指电波在传输过程中遇到阻碍物的阻碍产生阴影效应之后形成的损耗，反映了中等范围内接收电平的均值变化所产生的损耗。之所以称为慢衰落，是因为它的变化率比信息传送率慢。比如，当上午的太阳照向大地时，在高楼的背面往往产生阴影，阳光遇到大楼的阻碍，产生了衰落，这就是慢衰(落)。

3) 快衰落损耗

快衰落损耗是指电波在传输过程中产生多径传输形成信号叠加并表现出信号幅度的快速起伏变化而产生的损耗。它的起伏变化速率比慢衰(落)要快，所以称为快衰(落)。

1.3.2　移动通信中电波传输效应

移动信道及传播的特点会对接收地点的信号产生四种效应。

1. 阴影效应

阴影效应是指在移动台位置变化时，电波传播会遇到大型建筑物阻挡路径而形成一定接收区域上的电磁阴影，从而引起接收点场强变化的现象。阴影效应和慢衰落之间有强烈的因果关系，可以这样理解，正是因为移动通信中高大建筑物的阻挡所引起的阴影效应才造成了移动信道的慢衰落损耗。

2. 远近效应

远近效应是指在发射功率一定的情况下由于接收用户与基站之间距离的变化而引起信号强弱变化的现象。可以这样理解，在移动通信过程中，一个小区有一个基站、多个用户，离基站较近的小区中心用户接收到的基站信号就较强，离基站较远的小区边缘用户接收到的信号就较弱，同理，在用户手机的发射功率都一样的情况下，小区边缘用户到达基站的信号就会较弱，而小区中心用户到达基站的信号就会比较强。

远近效应极易引起边缘小区用户的掉话从而产生通信中断现象，在 CDMA 网络中远近效应显著。为此 CDMA 系统引入功率控制技术来对抗该效应，达到平衡小区边缘用户和小区中心用户的信号强度和质量的目的。

3. 多径效应

多径效应是指电磁波在传播中经过各种传播方式之后会通过不同的路径到达接收点，并且它们的信号强弱、到达的时间和方向等都会有所不同。接收端接收到的信号是通过这些路径传播过来的信号的矢量之和，这种现象就称为多径效应。多径效应能保证非视距情况下的通信连续性。

4. 多普勒效应

多普勒效应是指因接收用户位移的高速变化导致传播频率扩散而形成的现象,其移动速度与扩散程度成正比。

多普勒效应是为纪念奥地利物理学家及数学家克里斯琴·约翰·多普勒而命名的。因为多普勒在路过铁路交叉处时,恰逢一列火车从他身旁驰过,他发现火车由远及近行驶时汽笛声变大、音调变高,而火车由近及远行驶时汽笛声变弱、音调变低。他对该物理现象进行了研究,发现这是由于振源与观察者之间存在相对运动,因此观察者听到的声音频率不同于振源频率,这就是频移现象。因此,声源相对于观察者运动时,观察者所听到的声音会发生变化。当声源离观察者而去时,声波的波长增加,音调变得低沉;当声源接近观察者时,声波的波长减小,音调就变高。多普勒效应示意图如图 1.3 所示。音调的变化同声源与观察者间的相对速度和声速的比值有关。这一比值越大,改变就越显著。

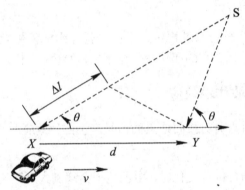

图 1.3　多普勒效应示意图

当终端以恒定速率 v 在长度为 d 的路径上运动时,收到来自远端源 S 发出的信号,无线电波从源 S 发出,在 X 点与 Y 点分别被终端接收时所走的路径差为 Δl。设 Δt 是终端从 X 运动到 Y 所需的时间,θ 是 X 和 Y 处与入射波的夹角。由于远端距离很远,可假设 X、Y 处的 θ 是相同的。所以,由路程差造成的接收信号相位变化值为

$$\Delta \varphi = \frac{2\pi \Delta l}{\lambda} = \frac{2\pi v \Delta t \cos \theta}{\lambda} \tag{1-1}$$

由此可得频率变化值,即多普勒频移 f_d 为

$$f_d = \frac{\Delta \varphi}{2\pi \Delta t} = \frac{v}{\lambda} \cos \theta \tag{1-2}$$

由式(1-2)可以看出:多普勒频移与终端运动速度、终端运动方向及无线电波入射方向之间的夹角有关。若终端朝向入射波方向运动,则多普勒频移为正(即接收频率上升);若终端背向入射波方向运动,则多普勒频移为负(即接收频率下降)。

1.3.3　无线电波传播模型

无线电波传播模型的选择是必要的,这是因为传播模型能够估测在不同类型环境下发

射机和接收机之间的无线电波传播路径的损耗值,这是移动通信网小区规划的基础。传播模型的价值在于可以保证精度,同时节省人力、费用和时间。

1. 无线电波传播模型的一般分类

一般来讲,无线电波传播模型可分为经验模型、确定性模型和半经验或半确定模型。

(1) 经验模型是根据大量测量结果统计分析后导出的公式,应用经验模型可以容易和快速地预测路径损耗,不需要有关环境的详细信息,但是不能提供非常精确的路径损耗估算值。

(2) 确定性模型是对具体现场环境直接应用电磁场理论进行计算,如射线追踪方法,环境的描述可以从地形地物数据库中得到。

(3) 半经验或半确定模型是基于把确定性方法应用于一般的市区或室内环境中导出的公式,为了改善半经验或半确定模式和实验结果的一致性,有时需要根据实验结果对公式进行修正,得到的公式是天线周围某个规定特性的函数。

有很多无线电波传播模型都可以预测在不同类型环境下发射机和接收机之间的路径损耗,例如 COST-231Hata、Okumura Hata、COST-231、Walfish-Ikegami 和 Stanford University Interim(SUI)等模型。

2. 蜂窝移动通信的传播模型分类

蜂窝移动通信的最大特点就是小区制。小区的大小和范围直接和传播条件有关,可以根据需要选择小区的大小和范围。移动通信系统中主要采用宏小区、微小区(微蜂窝)和微微小区(微微蜂窝)三种形式。经验模型或半经验模型对具有均匀特性的宏小区是合适的,半经验模型还适用于均匀的微小区,在那里,模型所考虑的参数能很好地表征整个环境。确定性模型适合于微小区和微微小区,不管它们的形状如何,然而确定性模型对宏小区却是不能胜任的,因为对这种环境所需的计算机 CPU 时间使人无法忍受。

在无线通信系统中,电波通常在非规则非单一的环境中传播。在估计信道损耗时,需要考虑传播路径上的地形地貌,也要考虑到建筑物、树木、电线杆等阻挡物。不同的室外传播环境模型适用于不同的环境,图 1.4 显示了在不同的环境下接收信号强度的不同。

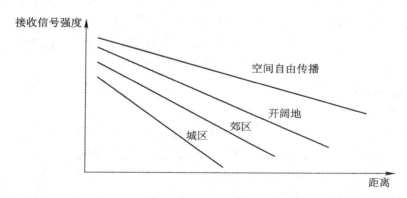

图 1.4　不同环境下接收信号的变化

从图 1.4 中可以看出,随着距离的增大,接收信号强度逐渐减弱,然而衰减的速率是不同的：空间自由传播的情况下衰减速率最小，其次是开阔地和郊区，城区的衰减速率最大。

一般来说，接收功率 P_r 与距离 d 的指数 d^{-n} 成正比，在空间自由传播环境中，$n=2$，在其他情况下有 $3 \leqslant n \leqslant 4$。图 1.5 只是给出了接收信号强度随距离变化的趋势，然而在实际无线传播中它们并不是线性关系。在实际的传播环境中，从覆盖区域来分，室外传播环境可以分为两类：宏蜂窝传播模型和微蜂窝传播模型。假设宏蜂窝传播模型传输功率可达到几十瓦特，蜂窝半径为几十千米。相比之下，微蜂窝传播模型的覆盖范围则小一些(200～1000 m)，在微蜂窝传播模型中假定基站不高(3～10 m)，发射功率有限(10 mW～1 W)，所预测的区域也只在基站附近。

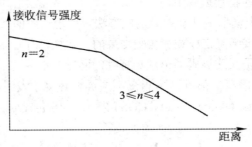

图 1.5　接收信号强度与距离的非线性关系

3. 电波传播模型的主要类型

电波传播模型是指通过对电波传播的环境进行不同方法的分析后所得到的电波传播的某些规律、结论以及具体方法。利用电波传播模型不仅可以估算服务区内的场强分布，还可以对移动通信网进行规划与设计。电波传播模型主要包括以下四种：

(1) 统计模型：通过对移动通信服务区内的场强进行实地测量，在大量实测数据中用统计的方法总结出场强中值随频率、距离、天线高度等因素的变化规律并用公式或曲线表示出来的模型。

(2) 实验模型：通过实验方法得出某些电波的传播规律，但不像统计模型那样用公式或曲线表示出来的模型。

(3) 确定性模型：通过将地形、地物等电波传播的环境适当理想化后，采用电磁场理论或者几何光学法的确定性的方法来求取场强的变化规律的模型。

(4) 回归模型：通过将计算或实测得到的路径损耗随传播距离的改变而变化的数据按距离乘方法则做线性回归处理，拟合出路径损耗的规律的模型。

4. 自由空间损耗与几种模型

1) 自由空间损耗

在研究传播时，特定收信机功率接收的信号电平是一个主要特性。由于传播路径和地形的干扰，传播信号减弱，这种"信号强度减弱"称为传播损耗。

在研究电波传播时，首先要研究两个天线在自由空间(各向同性、无吸收、电导率为零的均匀介质)条件下的特性。以理想全向天线为例，经推导，自由空间的传播损耗为

$$L_p = 32.4 + 20 \lg f + 20 \lg d \tag{1-3}$$

其中，L_p 为自由空间路径损耗(dB)；f 为频率(MHz)；d 为距离(km)。式(1-3)表明，f 越高，距离越远，传播时的自由空间损耗 L_p 越大。当 d 增加 1 倍时，自由空间路径损耗 L_p 增加 6 dB。同理，当波长加倍(提高频率 f)时，L_p 也增大 6 dB。可以通过增大辐射和接收天线增益来补偿这些损耗。

多数模型是预期无线电波传播路径上的路径损耗的，所以传播环境对无线传播模型的建立起关键作用，确定某一特定地区的传播环境的主要因素有：

➤ 自然地形(高山、丘陵、平原、水域等)；

➤ 人工建筑的数量、高度、分布和材料特性；

➤ 该地区的植被特征；

➤ 天气状况；

➤ 自然和人为的电磁噪声状况。

另外，无线传播模型还受到系统工作频率和移动台运动状况的影响。在同一地区，工作频率不同，接收信号的衰落状况各异；静止的移动台与高速运动的移动台的传播环境也大不相同。一般分为：室外传播模型和室内传播模型。常用的模型如表 1.2 所示。

表 1.2　几种常见的传播模型

模 型 名 称	适 用 范 围
Okumura-Hata	适用于 900 MHz 宏蜂窝预测
Cost-231-Hata	适用于 1800 MHz 宏蜂窝预测
Cost-231 Walficsh-lkegami	适用于 900 MHz 和 1800 MHz 微蜂窝预测
Keenan-Motley	适用于 900 MHz 和 1800 MHz 室内环境预测
规划软件 ASSET 中使用	适用于 900 MHz 和 1800 MHz 宏蜂窝预测

2) 常用的统计模型——Okumura-Hata 模型(奥村模型)

1962 年，奥村等人于东京近郊，在不同地形和环境地物条件下用宽范围的频率，通过改变基站和移动台天线高度，测量模型的信号强度，得到一系列统计图表，用于对信号衰耗的估计，这就是 Okumura 模型。在测试时，Okumura 模型是以准平坦地形作为分析和描述传播特性的基准。对于不规则地形(丘陵地形、孤立山峰、倾斜地形以及水陆混合路径)必须进行环境修正。Hata 模型是在 Okumura 模型大量测试数据的基础上用公式拟合得到的，称为 Okumura-Hata 模型。Okumura-Hata 模型将统计图表转换为公式，当计算信号衰耗时，不但省去查图表的麻烦，而且方便计算机处理。尽管如此，Okumura-Hata 模型仍然被称为奥村模型。

Okumura-Hata 模型的适用频率范围是 150～1500 MHz，适用于小区半径为 1～20 km 的宏蜂窝系统，基站有效天线高度在 30 m 到 200 m 之间，移动台有效天线高度在 1 m 到 10 m 之间。Okumura-Hata 模型以市区传播损耗为标准，在此基础上对其他地形做了修正。

实测中在基本确定了设备的功率、天线的高度后，可利用 Okumura-Hata 模型对信号覆盖范围做一个初步的测算。在市区，Okumura-Hata 模型传播损耗经验公式如下：

$$L_m = 69.55 + 26.16 \lg f - 13.82 \lg h_{te} - a(h_{re}) + [44.9 - 6.55 \lg h_{te}] \lg d \qquad (1-4)$$

式中，L_m 指从基站到移动台的路径损耗(dB)；f 是载波频率(MHz)；h_{te} 是发射天线有效高度(m)；h_{re} 是接收天线有效高度(m)；d 是基站到移动台之间的距离(km)；$a(h_{re})$ 是移动天线修正因子，其数值取决于环境。

在 GSM 系统中，取频率 $f=870$ MHz，式(1-4)可简化为

$$L_m = 146.45 - 13.82 \ \lg h_{te} - a(h_{re}) + [44.9 - 6.55 \ \lg h_{te} \lg d] \tag{1-5}$$

对于中小城市，传播模型的天线修正因子为

$$a(h_{re}) = (1.1 \ \lg f - 0.7)h_{re} - (1.56 \ \lg f - 0.8)\text{dB} \tag{1-6b}$$

对于大城市，天线修正因子为

$$a(h_{re}) = 8.29(\lg 1.54 h_{re})^2 - 1.1\text{dB} \quad (f < 300 \text{ MHz}) \tag{1-6b}$$

$$a(h_{re}) = 3.2(\lg 11.75 h_{re})^2 - 4.97\text{dB} \quad (f > 300 \text{ MHz}) \tag{1-6c}$$

在郊区，Okumura-Hata 经验公式修正为

$$L_m = L_m(\text{市区}) - 2\left[\lg\left(\frac{f}{28}\right)\right]^2 - 5.4 \tag{1-7a}$$

在农村，Okumura-Hata 经验公式修正为

$$L_m = L_m(\text{市区}) - 4.78(\lg f)^2 - 18.33 \ \lg f - 40.98 \tag{1-7b}$$

图 1.6 显示了不同地区采用 Okumura-Hata 模型计算得到的不同路径损耗值。

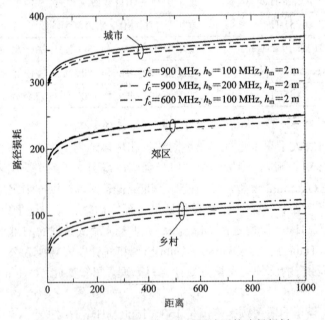

图 1.6　Okumura-Hata 模型中不同地区的路径损耗

当计算隧道中的电波传播情况时，需要考虑隧道的传播损耗，这时可以把隧道简化成一个有耗波导来考虑。实验结果显示，在特定距离下，传播损耗随频率增加而下降。当工作频段在 2 GHz 以下时，损耗曲线与工作频率的关系呈指数衰减。对于 GSM 频段，可以近似认为，损耗与距离呈现 4 次方的反指数变化，即两个天线之间距离增加 1 倍，损耗增加 12 dB；在 UHF 频段还要考虑树叶对传播的影响。研究表明，一般夏天树木枝叶繁茂，因此夏天信号的损耗会比冬天时大 10 dB 左右，垂直极化的信号损耗大于水平

极化的信号损耗。

3) COST-231-Hata 模型

在不少城市的高密度区，经过小区分裂，站距已缩小到数百米。而在基站密集的地域使用 Okumura-Hata 模型将出现预测值明显偏高的问题，另外 Okumura-Hata 模型只适用于低频段，为此，EURO-COST(科学和技术研究欧洲协会)组成 COST-231 工作委员会并对较高频段的传播曲线进行了分析，提出了 Okumura-Hata 的扩展模型，即 COST-231-Hata 模型。COST-231-Hata 模型路径损耗计算的经验公式为

$$L_m(d) = 46.3 + 33.9 \lg f - 13.82 \lg h_{te} - a(h_{re}) + (44.9 - 6.55 \lg h_{te}) \lg d + C_M \quad (1\text{-}8)$$

显然，Okumura-Hata 模型和 COST-231-Hata 模型在计算路径损耗时，从方程形式上来看，没有区别，考虑因素也一致，其主要区别在于各种因素的系数，即包括公式(1-4)、公式(1-8)中的前两项、$a(h_{re})$ 以及增加 C_M 校正因子，在中等城市和郊区，$C_M = 0$ dB，在市中心，$C_M = 3$ dB。

$a(h_{re})$ 更新为：对于中小城市，

$$a(h_{re}) = (1.1 \lg f - 0.7)h_{re} - (1.56 \lg f - 0.8)\text{dB} \quad (1\text{-}9a)$$

对于大城市，

$$a(h_{re}) = 3.2(\lg 11.75 h_{re})^2 - 4.97\text{dB} \quad (1\text{-}9b)$$

$h_{re} = 1.5$ m 时，$a(h_{re}) = 0$。

COST-231-Hata 模型的适用频率范围是 1500～2000 MHz，适用于通信距离 d 为 1～35 km，基站有效天线高度在 30～200 m 之间，移动台有效天线高度在 1～10 m 之间。COST-231-Hata 模型和 Okumura-Hata 模型主要的区别在于频率衰减的系数不同。COST-231-Hata 模型的频率衰减因子为 33.9，而 Okumura-Hata 模型的频率衰减因子为 24.16。另外，COST-231Hata 模型还增加了一个大城市中心衰减因子 C_M，大城市中心地区路径损耗增加 3 dB。

4) 通用模型

通用模型是由 COST-231-Hata 模型发展而来的，其不受频段限制，应用范围更加广泛，但在使用前需要数字地图和传播校正的采样数据，确定当地地物信息的衰减因子，从而更加准确地预测出规划网络在当地环境下的传播特性。

通用模型路径损耗公式具体如下：

$$L_p = K_1 + K_2 \lg d + K_3 \lg H_{Txeff} + K_4 \cdot \text{Diffraction Loss} + K_5 \lg d \lg H_{Txeff} + K_6 H_{Rxeff} + K_{clutter} f(\text{clutter}) \quad (1\text{-}10)$$

其中，K_1 为固定损耗，表征传播损耗的平均值，在每个地理位置上都会产生一个固定损耗；K_2 表征传播距离引起的损耗；K_3 为传播损耗(由发射机高度导致传播路径提高而引起，通常对近场有较明显的影响，例如塔下黑现象)；K_4 为绕射损耗(当发射机与接收机之间存在刃形山脉时引起的损耗，通常在丘陵地带需要考虑，平原地带则可忽略)；K_5 为考虑发射高度与距离引起的增益(通常为负值，一般取 −6.55。当接收机较远且发射机较高时，可以

考虑损耗减少)；K_6为接收机高度带来的增益(当终端高度只有 1.5 m 时，增益可以忽略不计)；clutter 表征各种地物类型的损耗，称为地物衰减因子，结合函数 f(clutter)得到不同地物的损耗；H_{Txeff}为发射天线的等效高度；H_{Rxeff}为移动台天线的等效高度。

通用模型的作用是让用户根据 Hata 模型的变量通过统计自行设计参数，从而建立符合本地特色的传输模型。

需要注意的是，上面介绍的 3 种模型，其求解路径损耗的公式都是指短区间中值，即考虑慢衰落效应的电平值，而没有考虑快衰落效应。

1.4　移动通信标准化组织

移动通信新技术不断涌现，一代又一代的新系统不断开发，种类繁多的通信技术也日新月异。为了使通信系统的技术水平能综合体现整个通信技术领域已经达到的高度，移动通信的标准化就显得十分重要。通信的本质就是让人类社会按照公认的协定传递信息，如果不按照公认的协定随意传递发信者的信息，收信者就可能收不到这个信息；或者虽收到，但不能理解，也就达不到传递信息的目的。没有技术体制的标准化，就不能把多种设备组成互联的移动通信网络；没有设备规范和测试方法的标准化，也无法进行大规模生产。移动通信系统公认的协定，就是通信标准化的内容之一。随着通信技术的高度发展，人类社会的活动范围也日益扩大，国际上历来对移动通信标准化工作非常重视，标准的制定也超越了国界，具有广泛的国际性和统一性。

这是一个谁掌握标准谁就拥有话语权并且能够占据制高点的时代。随着经济全球化的深入发展，标准已成为世界"通用语言"，成为全球各国核心竞争力的基本要素。小到企业，大到国家，不参与标准的制订，就永远无法摆脱被边缘化、末端化的命运。

1.4.1　国际电信联盟(ITU)

国际电信联盟(ITU)简称国际电联，成立于 1865 年，是制定国际电信标准的专门机构，也是联合国机构中历史最长的一个国际组织。

ITU 的宗旨是：维持和扩大国际合作，以改进并合理地使用电信资源；促进技术设施的发展及其有效的运用，以提高电信业务的效率，扩大技术设施的用途，并尽量使公众得以普遍利用；协调各国行动，以达到上述的目的。ITU 的原组织有全权代表会、行政大会、行政理事会和四个常设机构：总秘书处、国际电报和电话咨询委员会(CCITT)、国际无线电咨询委员会(CCIR)及国际频率登记委员会(IERB)。CCITT 和 CCIR 在 ITU 常设机构中占有很重要的地位，然而随着技术的进步，各种新技术、新业务不断涌现，它们相互渗透、相互交叉，已不再有明显的界限。如果 CCITT 和 CCIR 仍按原来的业务范围分工和划分研究组，已经不能准确地反映电信技术的发展现状和客观要求。1993 年 3 月 1 日，ITU 第一次世界电信标准大会(WTSC-93)在芬兰首都赫尔辛基隆重召开，ITU 的改革首先从机构上进行，对原有的三个机构 CCITT、CCIR、IFRB 进行了改组，取而代之的是电信标准化部门(TSS，即 ITU-T)、无线电通信部门(RS，即 ITU-R)和电信发展部门(TDS，即 ITU-D)。

电信标准化部门由原来从事标准化工作的部门 CCITT 和 CCIR 合并而成。主要职责是完成电联有关电信标准方面的目标，即研究电信技术、操作和资费等问题，出版建议书，目的是在世界范围内实现电信标准化，包括公共电信网上的无线电系统互联和为实现互联所应具备的性能。

无线电通信部门的核心工作是管理国际无线电频谱和卫星轨道资源。它的主要任务包括制定无线电通信系统标准，确保有效使用无线电频谱，并开展有关无线电通信系统发展的研究。此外，ITU-R 从事有关减灾和救灾工作所需无线电通信系统发展的研究，具体内容由无线电通信研究组的工作计划予以涵盖。

电信发展部门成立的目的在于帮助普及以公平、可持续和支付得起的方式获取信息通信技术(ICT)，并将此作为促进和加深社会和经济发展的手段。ITU-D 的主要职责是鼓励发展中国家参与电联的研究工作，组织召开技术研讨会，使发展中国家了解电联的工作，尽快应用电联的研究成果，同时鼓励国际合作，向发展中国家提供技术援助，在发展中国家建设和完善通信网。

1.4.2　3GPP

3GPP 于 1998 年成立，是由欧洲的 ETSI、日本的无线工业及商贸联合会(Association of Radio Industries and Businesses，ARIB)和电信技术委员会(Telecommunication Technology Committee，TTC)、韩国的电信技术协会(Telecommunication Technology Association，TTA)以及美国的 T1 合作成立的通信标准化组织。3GPP 主要是制订以 GSM/GPRS 核心网为基础，UTRA(FDD 为 W-CDMA 技术，TDD 为 TD-CDMA 技术)为无线接口的第三代技术规范。3GPP 的主要目标为充分挖掘 GSM 的技术潜力、研发多种 GSM 改进型技术和保持 3GPP 标准的长期竞争力。3GPP 还不断地推进 UTRA 技术的增强和演进，研发了 HSDPA、HSUPA、HSPA+ 和 E-UTRA 技术。

2008 年，3GPP 完成了首个 4G 标准版本(Release 8)，最早于 2009 年在北欧投入商用，到 2016 年，已在 170 个国家商用了 357 个 4G 网络。3GPP 标准所定义的 4G 系统称为 EPS，无线接入网技术统称为 LTE。LTE 标准不断升级并加入新的特性，如 2009 年推出 R9(Release 9)，2011 年完成了 R10 版本。R10 相对于 R8、R9 引入了载波聚合、高阶 MIMO、异构网络等重要改进，支持更高的传输速率，被称为 LTE-Advance 或 LTE-A。2012 年的 R11 版本和 2014 年的 R12 版本也体现出 LTE-A 不断引入新的技术和特性，满足新的需求。2015年的 R13 版本和 2017 年的 R14 版本则称为 LTE-A Pro，将 LTE 的应用场景进一步扩大到物联网和公共安全等领域。

3GPP 的组织机构分为项目合作和技术规范两大职能部门。项目合作组(Project Cooperation Group，PCG)是 3GPP 的最高管理机构，负责全面协调工作；技术规范组(Technical Specification Group，TSG)负责技术规范制定工作，受 PCG 的管理。技术规范部(TSG)主要分为四个部门。

(1) TSG GERAN(GSM/EDGE Radio Access Network，GSM/EDGE 无线接入网络)，负责 GSM/EDGE 无线接入网技术规范的制定。

(2) TSG RAN，负责 3GPP 除 GSM/EDGE 之外的无线接入技术规范的制定。

(3) TSG SA(业务与系统方面)，负责 3GPP 业务与系统方面的技术规范制定。

(4) TSG CT(核心网及终端)，负责 3GPP 核心网及终端方面的技术规范制定。

1.4.3　3GPP2

3GPP2 于 1999 年 1 月成立，由北美 TIA、日本的 ARIB、日本的 TTC 和韩国的 TTA 四个标准化组织发起，主要是制订以 ANSI-41 核心网为基础，CDMA 2000 为无线接口的第三代技术规范。3GPP 和 3GPP2 之间实际上存在一定的竞争关系。3GPP2 致力于以 IS-95 向 3G 过渡。

3GPP2 下设 4 个技术规范工作组：TSG-A，TSG-C，TSG-S，TSG-X，这些工作组向项目指导委员会(SC)报告本工作组的工作进展情况。SC 负责管理项目的进展情况，并进行一些协调管理工作。3GPP2 的 4 个技术工作组分别负责发布各自领域的标准及各个领域的标准独立编号。

1.4.4　CCSA

中国通信标准化协会(CCSA)于 2002 年 12 月 18 日在北京正式成立。该协会是国内企、事业单位自愿联合组织起来的，经业务主管部门批准、国家社团登记管理机关登记，开展通信技术领域标准化活动的非营利性法人社会团体。协会采用单位会员制，广泛吸纳科研及技术开发、设计单位，产品制造企业，通信运营企业，高等院校，社团组织等参加。

CCSA 的主要任务是为了更好地开展通信标准研究工作，把通信运营企业、制造企业、研究单位、高等院校等关心标准的企、事业单位组织起来，按照公平、公正、公开的原则制定标准，进行标准的协调、把关，把高技术、高水平、高质量的标准推荐给政府，把具有我国自主知识产权的标准推向世界，支撑我国的通信产业，为世界通信做出贡献。中国无线通信标准研究组(CWTS，后更名为 CCSA)于 1999 年 6 月在韩国正式签字，同时加入 3GPP 和 3GPP2，成为这两个当前主要负责第三代伙伴项目的组织伙伴。在此之前，我国是以观察员的身份参与这两个伙伴的标准化活动的。

移动通信技术标准演进的情况如图 1.7 所示。

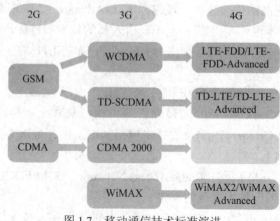

图 1.7　移动通信技术标准演进

1.4.5　我国的移动通信标准化成果

中国无线通信标准研究组(CWTS)是信息产业部 1999 年 4 月批准成立的我国第一个电信标准研究组。该组织积极制订了 GSM、CDMA 和无线寻呼等通信领域发展所需要的标准，并代表中国无线通信标准化组织加入 3GPP 和 3GPP2，成为其组织伙伴，成功地使 TD-SCDMA 成为 ITU 标准并完成了 ITU 要求的技术规范。

2000 年，ITU 正式确立 TD-SCDMA 成为 3G 三大国际标准之一，TD-SCDMA 成为百年通信史上第一个中国企业拥有核心知识产权的无线移动通信国际标准，是中国通信行业自主创新的重要里程碑。

从 2009 年开始，ITU 在全世界范围内征集 IMT-Advanced 候选技术。2009 年 10 月，ITU 征集到了共计六个候选技术，分别来自北美标准化组织 IEEE 的 802.16m、日本(两项分别基于 LTE-A 和 802.16m)、3GPP 的 FDD-LTE-Advance、韩国(基于 802.16m)、中国 (TD-LTE-Advanced)和欧洲标准化组织 3GPP(FDD-LTE-Advance)。这六个技术基本上可以分为两大类，一是基于 3GPP 的 FDD-LTE-Advance 的技术，中国提交的 TD-LTE-Advanced 是其中的 TDD 部分，另外一类是基于 IEEE 802.16m 的技术。

2010 年 10 月，在中国重庆，ITU-R 下属的 WP5D 工作组最终确定了 IMT-Advanced 的两大关键技术，即 LTE-Advanced 和 802.16m。中国提交的候选技术作为 LTE-Advanced 的一个组成部分，也包含在其中。在此次会议上，TD-LTE 正式被确定为 4G 国际标准，成为继 TD-SCDMA 之后我国主导的又一个国际通信标准，也标志着中国在移动通信标准制定领域再次走到了世界前列，为 TD-LTE 产业的后续发展及国际化提供了重要基础。

移动通信是一个充满市场竞争且成为全球竞争的行业，如何将技术、标准、产业、市场有机连接起来是一个重大课题。从 TD-SCDMA 到 TD-LTE 标准的发展，我国从电信大国向电信强国又迈出了一大步，其间的努力和艰辛不言而喻。中国在移动通信标准制定领域占据一席之地的事实，充分说明了"不经一番寒彻骨，怎得梅花扑鼻香"的艰苦卓绝和锐意进取。

小　　结

本章主要介绍了移动通信系统发展的历程，各代系统的特点、代表系统及其区别；移动通信中的三大损耗和四大效应；移动通信系统所涉及的标准化组织和我国在标准化进程中取得的成果。本章目的是让读者对移动通信系统有所认识和了解，掌握移动通信的概念、损耗及电波传输效应，了解通信系统发展趋势和其标准化组织所做的工作。

习　题　1

1. 简述移动通信的特点。
2. 简述移动通信中的三大损耗和四大效应。
3. 简述移动通信的发展历史，说明各代移动通信系统的特点。

4. 移动通信标准化的作用是什么？

5. 试计算工作频率为 900 MHz，通信距离分别为 10 km 和 20 km 时，自由空间传播衰耗。

6. 填空题：

(1) 电波在自由空间传播时，其衰耗为 100 dB，当通信距离增大 1 倍时，则传输衰耗为_____。

(2) 移动通信中，快衰落主要是由_____原因引起的，它服从_____概率分布。

(3) 按地物密集的程度，把移动通信电波传播环境分为四类：_____，_____，_____及_____。

(4) 应用奥村模型对移动通信_____进行估算。

(5) 电波在自由空间的传播衰耗与_____和_____两个因素有关。

(6) 描述信道衰落特性的特征量，通常有_____，_____，_____，_____，_____。

第 2 章　移动通信关键技术

为了在开放的信道中实现有效传输通信双方的信息、消除不良影响、获得通信的高可靠性这样的目标，移动通信主要运用了双工技术、多址技术、编码技术、调制解调技术、干扰衰落、组网技术和切换等多种关键技术。探索这些技术有助于我们了解移动通信技术的发展和变更。

2.1　双 工 技 术

简单而言，双工技术用于区分移动通信的接收和发送。通常将移动台发送给基站的信号称为上行信号，而将传送该信号的信道称为上行信道，同理，当传输方向相反时，就有下行信号和下行信道的叫法。双工技术分为频分双工(Frequency Division Dual，FDD)和时分双工(Time Division Dual，TDD)。

双工技术

FDD 是指接收和发送数据使用两个不同的频率来区分，两个频率之间留有几兆赫兹至几十兆赫兹的频率作为保护频段来分离接收和发送信道。FDD 必须采用成对的频率，依靠频率来区分上下行信道(链路)，其单方向的资源在时间上是连续的。FDD 的特点如下：

➢ 占用两个频段才能工作，占用频谱资源多，并且移动台在通信中发射机经常处于发射状态，耗电大。

➢ 通常上、下行频率间隔远远大于信道相干带宽，几乎无法利用上行信号估计下行信道，也无法用下行信号估计上行信道。

➢ 基站的接收和发送使用不同射频单元，且有收发隔离，因此使得系统设计实现相对简单。

➢ 由于上行和下行使用不同的频率，因此上、下行之间没有干扰，在实现对称业务时，能充分利用上下行频谱，频谱利用率更高，但在支持非对称业务时，频谱利用率将大大降低。

TDD 是指接收和发送数据使用相同的频率、不同的时间来加以区分。在 TDD 方式的移动通信系统中，接收和发送使用同一频率载波的不同时隙作为信道的承载，其单方向的资源在时间上是不连续的，时间资源在两个方向上进行了分配。某个时间段由基站发送信号给移动台，另外的时间由移动台发送信号给基站，基站和移动台之间必须协同一致才能顺利工作。TDD 的特点如下：

➢ 只要基站和移动台之间的上、下行时间间隔不大，小于信道相干时间，就可以简单地根据接收信号估计收、发信道特征。这一特点使得采用 TDD 方式的移动通信体制在功率控制及智能天线技术的使用方面有明显的优势。易于使用非对称频段，无需具有特定双工间隔的成对频段。

➤ 射频单元在发射和接收时分时隙进行，因此，TDD 的射频模块里配置一个收发开关即可实现，无需笨重的射频双工器，比 FDD 系统降低成本约 20%～50%。

➤ 可以灵活设置上、下行的转换时刻，可用于实现不对称的上行和下行业务带宽，有利于实现明显上、下行不对称的互联网业务。

现有 6 大移动通信系统采用了双工技术，具体如表 2.1 所示。

表 2.1　双工技术在 6 大通信系统中的使用情况

双工方式	2G		3G			4G
	GSM	CDMA IS-95	WCDMA	CDMA 2000 1x	TD-SCDMA	LTE
FDD	√	√	√	√		√
TDD					√	√

LTE 因采用的双工技术不同，而有了 TD-LTE 和 FDD LTE 的叫法，TD-LTE 是采用 TDD 的 LTE 的技术，FDD LTE 是采用 FDD 的 LTE 技术。GSM、CDMA 2000、WCDMA 系统都是典型的 FDD 系统，而 TD-SCDMA 则采用 TDD。

FDD 在 GSM 系统中使用的频段如表 2.2 所示。

表 2.2　FDD 在 GSM 系统中使用的频段

GSM/GPRS/EDGE/EDGE Evolution/VAMOS		
系　统	上行/MHz	下行/MHz
T-GSM 380	380.2～389.8	390.2～399.8
T-GSM 410	410.2～419.8	420.2～429.8
GSM 450	450.4～457.6	460.4～467.6
GSM 480	478.8～486	488.8～496
GSM 710	698～716	728～746
GSM 750	777～793	747～763
T-GSM 810	806～821	851～866
GSM 850	824～849	869～894
P-GSM 900	890～915	935～960
E-GSM 900	880～915	925～960
R-GSM 900	876～915	921～960
DCS 1800	1710～1785	1805～1880
PCS 1900	1850～1910	1930～1990
ER-GSM 900	873～915	918～960

通过观察表 2.2 可以得出如下结论：

➤ 上行和下行各使用了一个频段，且上下行频段完全对称，带宽相同；

> 上行和下行频段之间保留一定的间隔，用来防止上下行间的干扰。

从表 2.2 中可以看到，GSM 850 系统的上行和下行各占用了 25 MHz 的频段，在上行和下行之间留有 20 MHz 的双工间隔。

TDD 在 LTE 以及 TD-SCDMA 中的应用分别如表 2.3、表 2.4 所示，可知 TDD 在 LTE 系统是在原有 TD-SCDMA 基础上扩展了频谱资源，TDD 系统上下行只分配了一个频段。

表 2.3　TDD 在 LTE 中的频谱

频段号	频率范围/MHz	频段号	频率范围/MHz
33	1900～1920	40	2300～2400
34	2010～2025	41	2496～2690 (LTE only)
35	1850～1910	42	3400～3600 (LTE only)
36	1930～1990	43	3600～3800 (LTE only)
37	1910～1930	44	703～803 (LTE only)
38	2570～2620	45	1447～1467 (LTE only)
39	1880～1920	46	5150～5925 (LTE only)

表 2.4　TDD 在 TD-SCDMA 中的频谱

频段号	频率范围/MHz	频段号	频率范围/MHz
33	1900～1920	37	1910～1930
34	2010～2025	38	2570～2620
35	1850～1910	39	1880～1920
36	1930～1990	40	2300～2400

FDD/TDD 在 3G 频谱上所占频段如图 2.1 所示。

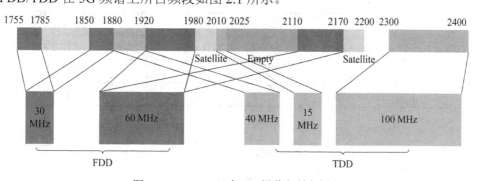

图 2.1　FDD/TDD 在 3G 频谱上所占频段

图 2.1 中 3G 工作频段主要分为：

> 主要工作频段：FDD 方式占用上、下行分别为 1920～1980 MHz/2110～2170 MHz 各 60 MHz 的频段；TDD 方式占用 1880～1920 MHz/2010～2025 MHz 频段。

> 补充工作频段：FDD 方式占用上、下行分别为 1755～1785 MHz/1850～1880 MHz 各 30 MHz 的频段；TDD 方式占用 2300～2400 MHz 频段，它与无线电定位业务共用，均

为主要业务。

在未来系统中，TDD 双工方式由于具有可以利用信道的对称特性提高传输效率、不需要复杂笨重的频率双工器、可以灵活地分配上下行信道的无线资源、不需要对称频带等优点，在 LTE 以及未来 IMT-Advanced 系统应用中变得越来越重要。从系统优化后的评估结果来看，TD-LTE 的系统性能和 FDD LTE 基本相当，而仅因为 TDD 系统的上下行之间的保护时隙的开销导致性能略有损失。我国运营商移动通信频段分配情况如表 2.5 所示。

双工技术的应用

表 2.5 我国运营商移动通信频段分配情况

运营商	上行频率/MHz	下行频率/MHz	制式
中国移动	880~890	925~935	EGSM 900
	890~909	935~954	GSM 900
	1710~1735	1805~1830	GSM 1800
	1880~1900	1880~1900	TD-SCDMA/TD-LTE[F]
	2010~2025	2010~2025	TD-SCDMA[A]
	2320~2370	2320~2370	TDD LTE[E]
	2575~2635	2575~2635	TDD LTE[D]
中国电信	824~825	869~870	CDMA 800
	825~835	870~880	CDMA 800
	1920~1935	2110~2125	FPD LTE
	2370~2390	2370~2390	TDD LTE
	2635~2655	2635~2655	TDD LTE
中国联通	909~815	954~960	GSM 900
	1735~1755	1830~1850	GSM 1800
	1940~1955	2130~2145	UMTS 2.1G
	2300~2320	2300~2320	TDD LTE
	2555~2575	2555~2575	TDD LTE

2.2 多址技术

当基站同时要与多个用户通话时，就要借助多址技术来区分这些用户。无线通信系统中常用的多址技术分为频分多址 FDMA、时分多址 TDMA、码分多址 CDMA、空分多址(Space Division Multiple Access, SDMA) 和正交频分多址 OFDMA。在实际的移动通信系统中，某一种多址技术可以单独使用，也可以两种或者多种多址技术相结合使用。

多址技术

1. 频分多址 FDMA

FDMA 以传输信号的频率不同来区分信道的接入方式,即各用户使用不同载波频率来共享无线信道。在 FDMA 系统中,将给定的频谱资源划分为若干个等间隔的频道(信道)供不同的用户使用,每个频道在同一时间只能供一个用户使用,相邻子频带之间有保护间隔,频带之间无明显的干扰。接收方根据载波频率的不同,来识别发射地址而完成多址连接。一个子频带相当于一个信道,从基站发送到移动台的信号在前向信道上传输,而从移动台发送到基站的信号在反向信道上传输。FDMA 示意图如图 2.2(a)所示。

FDMA 技术简单、易于实现,也比较成熟,1G、2G GSM 系统均采用该技术,但是由于一个频率只能容纳一个用户,频率利用率低,用户容量低,无法满足当时日益增长的用户需求。

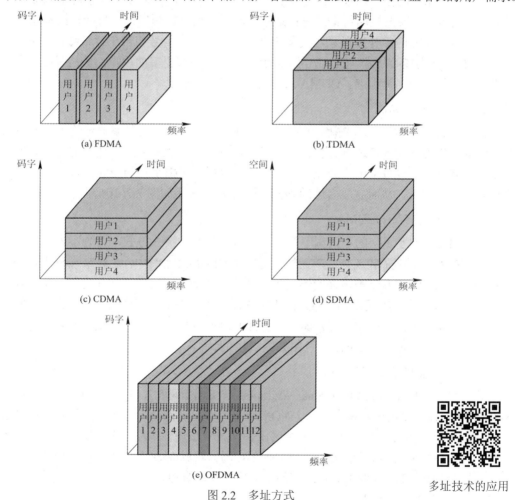

图 2.2　多址方式

多址技术的应用

2. 时分多址 TDMA

TDMA 是针对 FDMA 频率利用率不高的缺陷而提出的。TDMA 能让一个频率为多个用户所用,这些用户通过使用不同的时隙完成通信。TDMA 是在一个具有一定带宽的无线载波上把时间分成周期性的帧,每一帧再分成若干时隙,每个时隙就是一个通信信道,各移动台在指定的时隙向基站发送信号,同时,基站发向多个移动台的信号都按顺序安排在预定的时隙中传输，各移动台只要在指定的时隙内接收，就能在合路信号中把发给它的信号区分出来。2G 中的 GSM 系统在 FDMA 的基础上还采用了 TDMA，具有较高的频率利用率。GSM 每一帧分为 8 个时隙，8 个时隙的帧长为 4.615 ms，人耳感受不到。对比单纯采用 FDMA 的系统，在可用频段相同的情况下，TDMA 能够容纳更多的用户。但是时分通信系统需要精确的时间同步，以保证各用户发送的信号不会发生时间上的重叠。TDMA 示意图如图 2.2(b)所示。

3. 码分多址 CDMA

CDMA 给每个移动用户分配一个与其他用户都相互正交的码序列(码字)，从而实现多址接入。不同用户的信号在频率、时间上都可以重叠。发送时使用该码字对基带信号进行扩频，接收机使用相关检测器将具有特定码字的用户信号检测出来，与接收机本地产生的码字正交或准正交的部分被消除，残留的小部分非本用户信号相当于背景噪声。3G 系统均以 CDMA 作为核心技术，CDMA 可容纳比 TDMA 系统更多的用户，且具有低功率、软切换、抗干扰能力强等优点。CDMA 示意图如图 2.2(c)所示。

4. 空分多址 SDMA

SDMA 亦称多波束频率复用，即通过在不同方向上使用相同频率的定位天线波束来区分信道的接入方式。该多址方式以天线技术为基础，用点射束天线实现信道复用。理想情况下，它要求天线给每个用户分配一个点波束，这样，根据用户的空间位置就可以区分每个用户的无线信号，从而完成多址的划分。SDMA 示意图如图 2.2(d)所示。

5. 正交频分多址 OFDMA

OFDMA 以相互正交的不同频率子载波来区分信道的接入方式，即为不同的用户分配若干不同的正交频率子载波来共享无线信道。在 OFDMA 系统中，总频带被分成若干个相互正交的子载波，这些子载波之间不仅不需要保护间隔，而且可以相互重叠，频谱利用率得到了极大的提升。4G 系统采用 OFDMA 技术，由于 OFDMA 系统中的子载波之间是相互正交的，子载波之间的排列更加紧密，因此 OFDMA 能够提高频谱效率和系统容量，使得 4G 速率高达百兆。OFDMA 示意图如图 2.2(e)所示。

6. 非正交多址技术 NOMA

非正交多址技术(Non-Orthogonal Multiple Access，NOMA)是 5G 的一个热门技术。NOMA 跟以往的多址接入技术不同，NOMA 采用非正交的功率域来区分用户。所谓非正交就是说用户之间的数据可以在同一个时隙、同一个频点上传输，而仅仅依靠功率的不同来区分用户。如图 2.3 所示，User1 和 User2 在同一频域/时域上传输数据，而依靠功率的不同来区分用户，User3 和 User4 之间的区分原理与此类似。

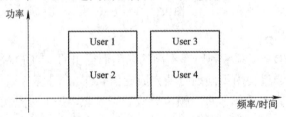

图 2.3　NOMA 区分用户的原理

NOMA 不同于传统的正交传输，在发送端采用非正交发送，主动引入干扰信息，在接收端通过串行干扰删除技术实现正确解调。与正交传输相比，接收机复杂度有所提升，但可以获得更高的频谱效率。非正交传输的基本思想是利用复杂的接收机设计来换取更高的频谱效率，随着芯片处理能力的增强，保证了非正交传输技术在实际系统中应用的可行性。

2.3　编　码　技　术

通信中的原始信号大多为模拟信号，需要通过 A/D 转换，将模拟信号转换为数字信号并进行信源编码，然后进行信道编码，才能在数字信道中传输。数字信号经过信源编码和信道编码后仍然为基带信号，无法适应无线信道的传输特性，必须通过基带调制和射频调制后，才能转换为适于在无线信道中传输的高频信号。

"通信"是用电磁信号传送媒体信息，那么通信第一个要解决的问题是如何把声音、图像、文本等信息变成电磁信号。对于语音通信，从电话机开始，信息进入"编码之旅"，声音信息通过整个通信网，被数次变换编码样式，最终成功到达彼岸。通信中每一种编码，都必须有严格、规范的定义，都要考虑诸多因素。通过手机传送人发出的声音信息，要经过一个漫长的过程，从时间长短来说"漫长"仿佛有点言过其实，因为每个波

声音信号的旅行

形传递到对方一般都以"毫秒"计算，但是整个路程中的复杂程度，足以覆盖电信理论中几乎所有最基础的技术，从人的声音振动话筒内振膜，手机将振动转化成强弱不同的电流信号，经 A/D 转换和语音编码，实现模拟语音信号到数字信号的转变，以便在信道中传输。为了有效降低信息传输差错率，保证信号质量，要进行信道编码，编码后的信号经过数字调制和射频调制后，通过手机天线传送到空间，再通过基站捕获该信号送到另外一部手机使之还原成为声音，直到传送至接收人的耳朵。语音信号在手机中的处理过程可用图 2.4 表示。

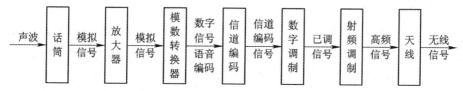

图 2.4　语音信号在手机中的处理过程

为了更加详细地说明图 2.4 的实际处理过程，下面以图 2.5 的 GSM 系统为例进行说明。移动用户首先将他的语音送入移动台(MS)的送话器，在 MS 内，经过脉冲编码调制 (Pulse Code Modulation，PCM)和带宽压缩处理，模拟语音信号转换成 13 kb/s 的数字信息流，再将这个 13 kb/s 的数字信息流经过检纠错信道编码后变为 22.8 kb/s，经加密交织处理后，进行 TDMA 帧形成变为 270 kb/s，经高斯最小频移键控(Gaussian Filtered Minimum Shift Keying，GMSK)数字调制后送到射频单元发送电路的上变频调制得到射频信号，通过功率放大后，送到天线合路器和其他发信机处理后的信号合成一路通过发射天线转换成电磁波发射出去。

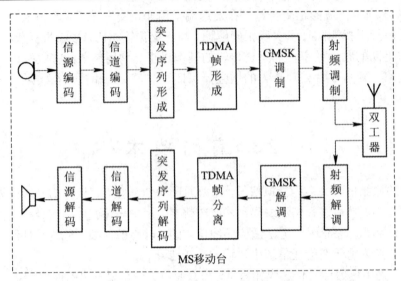

图 2.5　GSM 系统的语音之旅

在移动通信系统中，发送部分电路由信源编码、信道编码、交织、加密、信号格式形成等功能模块完成基带数字信号的形成过程。数字信号经过调制及上变频、功率放大，由天线将信号发射出去。接收部分电路由高频电路、数字解调等电路组成。数字解调后，进行均衡、解密、去交织、语音解码，最后将信号还原为模拟形式，完成信号的传输过程。

MS 中，话筒接收下来的信号，需先进行模/数转换，即模拟声音信号转换成代表话音信号的 13 kb/s 数字信息流，再按 20 ms 分段，每 20 ms 段 160 个采样。分段后按有声段和无声段对信号进行分开处理。自天线接收下来的微弱信号先经高频放大后，在混频电路中下变频为中频信号，中频放大后用与发送端调制方式相同的方法将模拟信号恢复成数字基带信号，再送入数字信号处理部分进行接收数字信号处理，包括均衡、解密、去交织、信道解码、语音解码和数/模转换等。

2.3.1　语音编码技术

通常将模拟信号经过抽样、量化、编码三个步骤变成数字信号的 A/D 转换方式，称为 PCM 调制。它是一种对模拟信号数字化的取样技术，是一种将模拟信号变换为数字信号的编码方式。对于音频信号而言，PCM 对信号每秒钟取样 8000 次，每次取样 8 位，语音数据率也叫频率带宽，为 64 kb/s。为了能在一个标准的 PCM 信道中容纳多个用户，达到扩大系统容量的目的，必须要压缩语音数据率的值，这就要借助语音编码技术，语音编码决定了接收的语音质量和信道容量。

在编码器可以传送高质量语音的前提下，比特率越低，那么在一定的带宽内就可以容纳更多的语音通道。为了在有限的带宽内可以容纳更多的用户，需要对语音信号进行压缩编码。

语音编码属于信源编码，是指利用话音信号及人的听觉特性上的冗余性，在将冗余性进行压缩(信息压缩)的同时，将模拟话音信号转变为数字信号的过程，信源编码的实质就是将信息的原始符号按一定规则进行的一种变换。通俗来讲，信源编码主要实现模拟信号数字化和数据压缩这两个任务，信源编码研究的目的是在不失真或允许一定失真的条件下，利用尽可能小的信道容量传送尽可能高质量的信息，以便提高信息传输效率。移动通信技术中，信源可能是语音，也可能是图像、视频等多媒体资料，因此，对应的信源编码的种类比较多。语音编码技术又可分为波形编码、参量编码和混合编码三大类，下面分别进行介绍。

(1) 波形编码。波形编码是对模拟语音波形信号进行取样、量化、编码而形成的数字语音信号。为了保证数字语音信号解码后的高保真度，波形编码需要较高的编码速率，范围一般是 16～64 kb/s。对各种各样的模拟语音波形信号进行编码均可达到很好的效果，它的优点是适用于很宽范围的语音特性以及在噪声环境下都能保持稳定。实现所需的技术复杂度很低，而费用是中等程度，但其所占用的频带较宽，多用于有线通信中。波形编码包括 PCM 调制、差分脉冲编码调制(Differential Pulse Code Modulation，DPCM)、自适应差分脉冲编码调制(Adaptive DPCM，ADPCM)、增量调制(Delta Modulation，DM)、连续可变斜率增量调制(Continuously Variable Slope Delta Modulation，CVSDM)、自适应变换编码(Adaptive Transform Coding，ATC)和自适应预测编码(Adaptive Predictive Coding，APC)等。

(2) 参量编码。参量编码是基于人类语言的发声机理，找出表征语音的特征参量，并对特征参量进行编码的一种方法，参量编码示意图如图 2.6 所示。在接收端，根据所接收的语音特征参量信息，恢复出原来的语音。由于参量编码只需传送语音特征参数，可实现低速率的语音编码，一般在 1.2 kb/s 至 4.8 kb/s 之间。线性预测编码(Linear Predictive Coding，LPC)及其变形均属于参量编码。参量编码的缺点在于语音质量只能达到中等水平，不能满足商用语音通信的要求。对此，综合参量编码和波形编码各自的长处，即保持参量编码的低速率和波形编码的高质量的优点，又提出了混合编码方法。

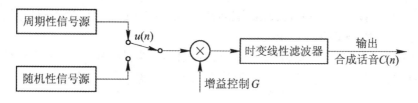

图 2.6　参量编码示意图

(3) 混合编码。混合编码是基于参量编码和波形编码发展的一类新的编码技术。在混合编码的信号中，既含有若干语音特征参量又含有部分波形编码信息。其编码速率范围一般为 4～16 kb/s。当编码速率在 8～16 kb/s 范围内时，其语音质量可达到商用语音通信标准的要求，因此，混合编码技术在数字移动通信中得到了广泛应用。混合编码包括规则脉冲激励长期预测编解码器(Regular Pulse Excitation-Long-Term Prediction Decoder，RPE-LTP)、矢量和激励线性预测编码(Vector Sum Excited Linear Prediction，VSELP)和激励线性预测编码(Codebook Excited Linear Predictive，CELP)等。

美国高通公司的 9.6 kb/s 的激励线性预测编码(CELP)方案，也称为美国高通公司的码激励线性预测编码(Qualcomm Code Excited Linear Predictive Coder，QCELP)，典型的QCELP 方案实现框图如图 2.7 所示。

QCELP 的编码过程是提取语音参数，并将参数量化的过程，该过程应当使最后合成的语音与原始语音的差别尽量小。具体步骤如下所述：

➢ 首先对输入的语音信号按 8 kHz 频率进行采样，并将其分为帧长 20 ms 的帧，每一帧含 160 个抽样语音帧。

➢ 将 160 个抽样值生成 3 个参数子帧：线性预测编码滤波参数、音调参数、码表参数。

➢ 由于语音信号各异，抽样值也随时变化，由它所提取的三种参数也各不相同。3 个参数不断更新，当这些参数按照一定的帧结构传送至接收端后，接收端首先从接收的数据流重解包而获得这些参数，再根据这些参数重组语音信号，即完成整个语音编码过程。

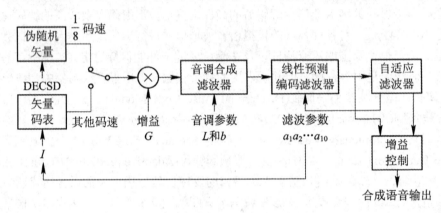

图 2.7　典型的 QCELP 方案实现框图

多址技术的运用，是决定一个系统频谱效率的重要因素，强烈影响着语音编解码器的选择。

2.3.2　移动通信系统中的语音编码技术

GSM 系统采用规则脉冲激励长期预测编解码器(RPE-LTP)方案，其编解码器相对复杂，每话音信道的净编码速率为 13 kb/s。

IS-95(CDMA)系统采用 QCELP，它可以根据信噪比背景改变速率，其编码效果远远超过 GSM 系统的语音水平，以 CDMA 为网络及系统的运营商宣称其通话是"无线通信，有线质量"。

为保证语音质量，CDMA 系统还利用码激励线性预测编码技术，实行了可变速率的语音编码，其语音编码速率有四个不同的取值：9.6 kb/s、4.8 kb/s、2.4 kb/s 和 1.2 kb/s，系统编码选取哪个速率由 20 ms 语音帧的能量与三个门限值的比较来确定。

语音帧的能量取决于语音的自相关函数值，而用于判决的一组的三个门限值则由语音的自相关函数与前一帧的噪声电平共同决定，门限值每帧更换一次。

自适应多速率语音编解码(Adaptive Multi-Rate，AMR)标准被 3GPP 选定为 GSM 和 3G WCDMA 应用的宽带语言编解码标准，它是一种音频格式，TD-SCDMA 也采用 AMR 语音编码方法。AMR 主要用于移动设备的音频，压缩比较大，多用于人声和通话，效果不错。它的编码速率为 12.2 kb/s 至 4.75 kb/s，共有 8 种编码。它有如下特点：

➢ 与目前各种主流移动通信系统使用的编码方式兼容，有利于设计多模终端；

➢ 根据用户离基站的远近，自动调节语音速率，减少切换和掉话；

➢ 根据小区负荷，自动降低部分用户语音速率，可以节省部分功率，从而容纳更多用户。

语音编码或语音压缩编码研究的基本问题，就是在给定编码速率的条件下，如何能得到尽量好的重建语音质量。主观评定方法符合人类听话时对语音质量的感觉,从而得到了广泛应用。

2.3.3　信道编码技术

数字信号在传输中往往由于各种原因,使得在传送的数据流中产生误码,从而使接收端产生图像跳跃、不连续或出现马赛克等现象。为了避免这种不良现象,通过信道编码这一环节,对数码流进行检测、纠错处理,这样一来,一旦传输信息发生变化,系统就能检测出存在的传输错误,在某些情况下,还可以对错码进行纠正,使系统具有一定的纠错、抗干扰能力。信道编码是为了保证通信系统的传输可靠性、克服信道中的噪声和干扰、降低误码率、提高数字通信的可靠性而专门采取的编码技术和方法。信道编码现在已经得到广泛的应用。

信道编码的实质是在信息码中增加一定数量的多余码元(称为监督码元),使它们满足一定的约束关系,这样,由信息码元和监督码元共同组成一个由信道传输的码字。一旦传输过程中发生错误,信息码元和监督码元间的约束关系则被破坏,在接收端按照既定的规则校验这种约束关系,从而达到发现和纠正错误的目的。

在早期的数字通信系统中,调制技术与编码技术是独立的两个设计部分。信道编码常是以增加信息速率(即增加信号的带宽)来获得增益的,编码的过程是在源数据码流中加插一些码元,从而达到在接收端进行判错和纠错的目的,这对频谱资源丰富但功率受限制的信道是很适用的,但在频带受限的蜂窝移动通信系统中,其应用就受到很大的限制。目前广泛使用的是把调制和编码看做一个整体来考虑的网格编码调制(Trellis Coded Modulation,TCM)。网格编码调制技术是一种将编码与调制有机结合起来的编码调制技术,这种方法既不降低频带利用率,也不降低功率利用率,而是以设备的复杂化为代价换取编码增益,可使系统的频带利用率和功率资源同时得到有效利用。利用状态记忆和分集映射来增大编码序列之间距离,以提高编码增益。

信源为了少传无用的冗余信息而采用了信源编码,与信源编码不同的是,信道编码为了达到在接收端进行判错和纠错的目的要增加冗余信息。信道编码使有用信息数据传输减少,其过程是在源数据码流中加插一些码元。这就好像我们运送一批玻璃杯一样,为了保证运送途中不出现打烂玻璃杯的情况,我们通常都用一些泡沫或海绵等物将玻璃杯包装起来,这种包装使玻璃杯所占的容积变大,原来一部车能装 5000 个玻璃杯,包装后就只能装 4000 个了,显然包装的代价是使运送玻璃杯的有效个数减少了。同样,在带宽固定的信道中,总的传送码率也是固定的,由于信道编码增加了数据量,其结果只能是以降低传送有用信息码率为代价了。有用比特数除以总比特数等于编码效率,不同的编码方式,其编码效率也有所不同。常用的信道编码技术包括分组码、卷积码、Turbo 码、交织编码、伪随机序列扰码等。

1. 分组码

分组码是一类重要的纠错码,它把信源待发的信息序列按固定的 k 位一组划分成消息组,再将每一消息组独立变换成长为 $n(n>k)$ 的二进制数字组,称为码字。如果消息组的数目为 M(显然 $M \leqslant 2k$),由此所获得的 M 个码字的全体便称为码长为 n、信息数目为 M 的分组码,记为[n, M]。把消息组变换成码字的过程称为编码,其逆过程称为译码。分组码就其构成方式可分为线性分组码与非线性分组码。

线性分组码是指[n, M]分组码中的 M 个码字之间具有一定的线性约束关系，即这些码字总体构成了 n 维线性空间的一个 k 维子空间，称此 k 维子空间为(n, k)线性分组码，n 为码长，k 为信息位。此处 $M=2^k$，一个(n, k)分组码 C，如果满足下列条件：

➤ 全零码组(0, 0, …, 0)在 C 中；

➤ C 中任意的两个码字之和，也在 C 中。

则称 C 为线性分组码。

非线性分组码[n, M]是指 M 个码字之间不存在线性约束关系的分组码。非线性分组码常记为[n, M, d]。d 为 M 个码字之间的最小距离。非线性分组码的优点是：对于给定的最小距离 d，可以获得最大可能的码字数目。非线性分组码的编码和译码因码类不同而异。虽然预料非线性分组码会比线性分组码具有更好的特性，但在理论上和实用上尚缺乏深入研究。分组码具有以下特点：

➤ 分组码是一种前向纠错(FEC)编码；

➤ 分组码是长度固定的码组，k 个信息位被编为 n 位码字长度，而 n－k 个监督位的作用就是实现检错与纠错，可表示为(n, k)。

在分组码中，监督位仅与本码组的信息位有关，而与其他码组的信息码字无关。分组码包括汉明码、格雷码、Hadamard 码、循环码、Reed-Solomon 码等。

2. 卷积码

若以(n, k, m)来描述卷积码，其中 k 为每次输入到卷积编码器的比特数，n 为每个 k 元组码字对应的卷积码输出 n 元组码字，m 为编码存储度，也就是卷积编码器的 k 元组的级数，称 m＋1＝k 为编码约束度，m 称为约束长度。卷积码将 k 元组输入码元编成 n 元组输出码元，但 k 和 n 通常很小，特别适合以串行形式进行传输，时延小。与分组码不同，卷积码编码生成的 n 元组不仅与当前输入的 k 元组有关，还与前面 m－1 个输入的 k 元组有关，编码过程中互相关联的码元个数为 n×m。卷积码的纠错性能随 m 的增加而增大，而差错率随 n 的增加而指数下降。在编码器复杂性相同的情况下，卷积码的性能优于分组码。下面以图 2.8 所示的(2, 1, 3)编码器为例，说明卷积码编码原理。

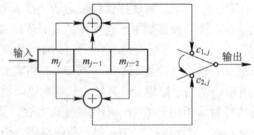

图 2.8　(2, 1, 3)编码器

在图 2.8 中，假设输入编码记作 $m_1, m_2, \dots, m_j, m_{j-1}, m_{j-2}$，输出编码记作 $c_{1,1}, c_{2,1}, \dots$ $c_{1,j}, c_{2,j}$，码规则用公式(2-1)表示：

$$c_{1,j} = m_j \oplus m_{j-1} \oplus m_{j-2}$$
$$c_{2,j} = m_j \oplus m_{j-2}$$

(2-1)

　　在相同码率、相同译码复杂性的条件下，卷积码的性能要优于分组码。卷积码的纠错能力强，不仅可纠正随机差错，还可纠正突发差错。卷积码根据需要，有不同的结构及相应的纠错能力，但都有类似的编码规律。低密度奇偶校验码(Low-Density Parity-check Code，LDPC)是线性分组码，但不是由生成矩阵来定义，而是用校验矩阵来定义。在 LDPC 码的校验矩阵中，如果行列重量固定为(P, Y)，即每个校验节点有 P 个变量节点参与校验，每个变量节点参与 Y 个校验节点，我们称之为正则 LDPC 码，Gallager 最初提出的 Gallager 码就具有这种性质。从编码二分图的角度来看，这种 LDPC 码的变量节点度数全部为 Y，而校验节点的度数都为 P。我们还可以适当放宽上述正则 LDPC 码的条件，行列重量的均值可以不是一个整数，但行列重量应尽量服从均匀分布。另外为了保证 LDPC 码的二分图上不存在长度为 4 的圈，我们通常要求行与行以及列与列之间的交叠部分重量不超过 1，所谓交叠部分即任意两列或两行的相同部分。我们可以将正则 LDPC 码校验矩阵 H 的特征概括如下：

➤ H 的每行行重固定为 P，每列列重固定为 Y；

➤ 任意两行(列)之间同为 1 的行(列)数(称为重叠数)不超过 1，即 H 矩阵中不含四角为 1 的小方阵，也即"无 4 线循环"；

➤ 行重 P 和列重 Y 相对于 H 的行数 M、列数 N 很小，H 是个稀疏矩阵。

3. Turbo 码

　　Turbo 码又称并行级联卷积码(Parallel Concatenated Convolutional Cod，PCCC)，是一类应用在外层空间卫星通信和设计者寻找完成最大信息传输的过程中，并通过一个限制带宽通信链路在数据破坏的噪声面前的、其他无线通信应用程序的高性能纠错码。其原理是把信息源比特流通过交织后形成的各子码，组合成并行级联卷积码，然后通过译码器的反复迭代反馈得到优越的译码性能。Turbo 码将卷积码和随机交织器合并在一起，实现了随机编码的思想，它采用软输出迭代译码来逼近最大似然译码。

　　Turbo 码的一个重要特点是其译码较为复杂，比常规的卷积码要复杂得多，这种复杂不仅在于其译码要采用迭代的过程，而且采用的算法本身也比较复杂。这些算法的关键是不但要能够对每一比特进行译码，而且还要伴随着译码译出每一比特的可靠性信息，有了这些信息，迭代才能进行下去。

　　模拟结果表明，在一定条件下，Turbo 码在加性高斯白噪声(Additive White Gaussian Noise，AWGN)信道上的误比特率接近香农极限的性能。在第三代移动通信中，非实时的数据通信广泛采用了 Turbo 码，用来传输高速度、高质量的通信业务。

4. 交织编码

　　移动通信的特点是传输的信号常常有连续的一段被干扰，这是由于持续时间较长的衰落谷点会影响到几个连续的比特，而信道编码仅仅检测和校正单个比特，而且卷积码和循环码的纠错能力也只限定在纠正不连续的误码，若出现连续误码，就无法解决。为了纠正这些成串发生的比特差错及一些突发错误，可以运用交织技术来分散这些误差，即把一个消息块中原来连续的比特按一定规则分开发送传输，使突发差错信道变为离散信道，从而可以用前向码对其纠错。

　　交织技术对已编码的信号按一定规则重新排列，解交织后突发性错误在时间上被分散，使其类似于独立发生的随机错误，从而前向纠错编码可以有效地进行纠错，前向纠错码加交织的作用可以理解为扩展了前向纠错的可抗长度字节。纠错能力强的编码一般要求的交织深度相对较低；纠错能力弱的则要求更深的交织深度。

5. 伪随机序列扰码

基带信号传输的缺点是其频谱会因数据出现连"1"和连"0"而包含大量的低频成分，不适应信道的传输特性，也不利于从中提取出时钟信息。解决办法之一是采用扰码技术，使信号受到随机化处理，变为伪随机序列，又称为"数据随机化"和"能量扩散"处理。扰码不但能改善位定时的恢复质量，还可以使信号频谱平滑，使帧同步和自适应同步以及自适应时域均衡等系统的性能得到改善。

扰码虽然"扰乱"了原有数据的本来规律，但因为是人为的"扰乱"，在接收端很容易通过加扰恢复成原数据流。

实现加扰和解码，需要产生伪随机二进制序列(PRBS)再与输入数据逐个比特做运算。PRBS也称为m序列，这种m序列与TS的数据码流进行模2加运算后，数据流中的"1"和"0"的连续游程都很短，且出现的概率基本相同。利用伪随机序列进行扰码也是实现数字信号高保密性传输的重要手段之一，一般将信源产生的二进制数字信息和一个周期很长的伪随机序列模2相加，就可将原信息变成不可理解的另一序列，这种信号在信道中传输自然具有高度保密性。在接收端将接收信号再加上(模2和)同样的伪随机序列，就恢复为原来发送的信息。

2.3.4　移动通信中典型的信道编码应用

前面讲了几种典型的信道编码技术，本节主要介绍信道编码技术在历代移动通信系统中的应用。

GSM中采用分组编码和卷积编码两种编码方式。对话音编码后的数据既进行检错编码又进行纠错编码。因此，在信道编码后进行两次交织，第一次为内部交织，第二次为块间交织。具体步骤如下：

➢ 话音编码器和信道编码器将每20 ms话音信号数字化并编码，提供456 bit。首先对它进行内部交织，即将456 bit分成8帧，每帧57 bit；

➢ 第一次交织把456 bit/20 ms的话音码分成8块，每块57 bit，前后两个20 ms段的块交织，组成8个114 bit的块；

➢ 第二次把每个114 bit块里来自两个20 ms话音码段的57 bit块进行比较交织，形成第二次交织后的114 bit块。

在CDMA通信系统内，信道编码采用卷积编码和交织编码，来完成纠错、检错的任务。卷积编码技术既可以纠正随机差错，也可以纠正突发差错，它由一些移位寄存器和模2加法器等组成。

CDMA系统的交织编码与GSM系统的交织编码一样，也是把原有码元顺序打乱，掺入新的码元，将数据重新排列和分配。交织编码可以方便于纠正随机差错，也可以把突发差错分散成为随机差错，从而为纠正突发差错做好准备。交织编码不像卷积编码那样增加码元，在交织编码前后，数码传输速率不变。

信道编译码技术是3G的一项核心技术，这是因为，虽然3G采用的扩频技术有利于克服多径衰落以提供高质量的传输信道,但扩频技术存在潜在的频率效率低的问题,而一般的信道编码技术也是通过牺牲频谱利用率来换取功率利用率的。因此,3G 系统中除采用与 IS-95 相类似的卷积编码与交织技术之外,还建议采用具有优异纠错性能的 Turbo 编码技术来进一步改善通信质量。

WCDMA 系统中使用较多的是编码效率高、纠错能力强的卷积编码和 Turbo 编码方法,其中,语音和低速信令采用卷积码,数据采用 Turbo 码,其性能已逼近香农极限,Turbo 码是编码领域里具有里程碑意义的方法。

在 TD-SCDMA 系统中,信道编码的作用是增加符号间的相关性,以便在受到干扰的情况下恢复信号。语音业务采用卷积码,数据业务常采用卷积码或 Turbo 码。而交织技术用来打乱符号间的相关性,以减小信道快衰落和干扰带来的影响。

在 4G 移动通信系统中采用更高级的信道编码方案,如 Turbo 码、级联码和低密度奇偶校验码 LDPC 等。

2.4　数字调制技术

移动通信系统的移动台和基站的收发信机都需要射频调制,射频调制的作用是将需要传输的基带信号频谱搬移至相应频段的信道上,再以低高度的天线转换为电波发射。调制的目的是把要传输的模拟信号或数字信号变换成适合信道传输的信号,这就意味着把基带信号(信源)转变为一个相对基带频率而言频率非常高的带通信号。调制可以通过使高频载波随信号幅度的变化从而改变载波的幅度、相位或者频率来实现。调制过程用于通信系统的发端。在接收端需将已调信号还原成要传输的原始信号,也就是将基带信号从载波中提取出来以便预定的接收者(信宿)处理和理解的过程,该过程称为解调。通俗来讲,调制就是频谱搬移,以 GSM 为例,我们的话音信号频率一般在 300~3400 Hz,那么就将该频率搬移到 900 MHz 上去,而 WCDMA 的话就要搬到 2100 MHz 上,这个频谱搬移的过程就是调制。下面介绍调制的几处优点:

(1) 调制是为了和信道匹配。无线通信中,音频范围在 10 Hz~20 kHz 的信号若不经调制直接在大气层中传输,那么这时的信道就是大气层,我们都知道该信号在传输中会急剧衰减,根本传不远,而较高频率的信号可以传播到很远的地方。所以说,要想依靠大气层传播话音和音乐这样的音频信号,就必须在发射机里将这些音频信号嵌入到另一个较高频率的信号里去。

(2) 电磁波的频率和天线尺寸要匹配,一般天线尺寸为电磁波信号的 1/4 波长为佳。调制可以用来将频带变换为更高的频率,从而缩短天线的尺寸。

(3) 在高频段更易于采用频分复用,低频段的资源很有限且包含高级移动电话系统 AMPS、GSM、个人手机系统 PHS、CDMA、集群蜂窝等通信系统,那么 WCDMA、CDMA 2000、TD-SCDMA、4G LTE 等通信系统都在更高频率的频段部署。

按照调制器输入信号(该信号称为调制信号)的形式,调制可分为模拟调制(或连续调制)和数字调制。模拟调制是利用输入的模拟信号直接调制(或改变载波即正弦波)的振幅、频率或相位,从而得到调幅(AM)、调频(FM)或调相(PM)信号。数字调制利用数字信号来控制载波的振幅、频率或相位。常用的数字调制有：频移键控(FSK)和相移键控(PSK)等。现代移动通信系统都使用数字调制解调技术，由于超大规模集成电路(VLSI)和数字信号处理(DSP)技术的发展，使得数字调制解调技术比模拟的传输系统更有效，因此数字调制比模拟调制具有更多优点，其中包括更好的抗干扰性能、更强的抗信道损耗、更容易复用各种不同形式的信息(如声音、数据和图像等)和更好的安全性等。除此之外，数字传输系统适用于可以检查和(或)纠错的数字差错控制编码，并支持复杂的信号条件和处理技术，如信源编码、加密技术等。数字信号处理(DSP)使得数字调制解调器可以完全用软件来实现。不同于以前硬件永久固定、面向特定数字调制解调器的实现方法，嵌入式软件的实现方法可以在不重新设计或替换数字调制解调器的情况下改变和提高可靠性。在数字移动通信系统中，调制信号可表示为符号或脉冲的时间序列，其中每个符号可以有 M 种有限状态，每个符号代表 N 比特的信息，$N=\mathrm{lb}M$(比特/符号)。许多数字调制解调技术方案都应用于数字移动通信系统，未来还会有更多新的方案加入进来。

调制在通信系统中占有十分重要的地位。只有经过调制才能将基带信号转换成适合于信道传输的已调信号，而且它对系统传输的有效性和可靠性都有很大的影响。

在移动通信中，由于电波传播条件的恶劣、快衰落的影响，导致接收信号的幅度发生急剧变化，衰落幅度加大，因此必须采用抗干扰能力强的调制方式。数字调制技术在各代移动通信系统中都是关键技术之一，在移动通信中对调制方式的选择标准主要有以下三条：

➢ 可靠性，即抗干扰性能，选择具有低误比特率的调制方式，其功率谱密度集中于主瓣内；

➢ 有效性，它主要体现在选取频谱有效的调制方式上，特别是多进制调制；

➢ 工程上易于实现，它主要体现在恒包络与峰平比的性能上。

数字信号调制的基本类型分为振幅键控(ASK)、频移键控(FSK)和相移键控(PSK)，还有许多由基本调制类型改进或综合而获得的新型调制技术。在实际应用中，又可以将数字调制方式分为线性调制技术和恒定包络(连续相位)调制技术。

线性调制技术主要包括 PSK、正交相移键控(Quadrature Phase Shift Keying，QPSK)、差分四相相移键控(Differential Quadrature Phase Shift Keying，DQPSK)、π/4 相移 QPSK 调制(π/4-DQPSK)和多电平 PSK 等调制方式。在线性数字调制技术中，传输信号的幅度 $S(t)$ 随调制数字信号 $m(t)$ 的变化而呈线性变化。其主要特点是带宽效率较高，非常适用于在有窄频带的要求下，需要容纳越来越多用户的无线通信系统，但传输中必须使用功率效率低的 RF 放大器。

恒定包络(连续相位)调制技术主要包括 MSK、GMSK、GFSK 和 TFM 等调制方式。其主要特点是这种已调信号具有包络幅度不变的特性，其发射功率放大器可以保持非线性状态而不引起严重的频谱扩散。

1986 年以前，由于线性高功放未取得突破性的进展，移动通信中的调制技术青睐于恒包络调制的 MSK 和 GMSK，GSM 系统采用的就是 GMSK 调制，但是它实现起来较复杂，且频谱效率较低。1986 年以后，由于实用化的线性高功放已取得了突破性的进展，人们又重新对简单易行的二进制相移键控(Binary Phase Shift Keying，BPSK)和差分相干二进制相移键控(Differentially coherent Binary PSK，DBPSK)加以关注，并在它们的基础上改善峰平比、提高频谱利用率，例如 QPSK 的改进型偏移四相相移键控(Offset-QPSK，OQPSK)、

DQPSK 和混合移相键控(Hybrid Phase Shift Keying，HPSK)，因此，恒定包络调制和线性调制技术是移动通信中最常用的两种调制方式。而在 CDMA 系统中，由于有专门的导频信道或者导频符号传送，因此 CDMA 体制中不采用 DPSK 和 DQPSK 等调制方式。

1. PSK 调制方式

PSK 通过基带数据信号控制载波的相位，使它做不连续的、有限取值的变化以实现传输信息的方法称为数字调相，又称为相移键控。理论上，PSK 调制方式中不同相位差的载波越多，传输速率越高，并能够减小由于信道特性引起的码间串扰的影响，从而提高数字通信的有效性和频谱利用率。如 QPSK 在发端一个码元周期内(双比特)传送了 2 位码，信息传输速率是二相调制 BPSK 的 2 倍，依此类推，8 移相键控(8 Phase Shift Keying，8PSK)的信息传输速率是 BPSK 的 3 倍。但相邻载波间的相位差越小，对接收端的要求就越高，误码率将随之增加，同时传输的可靠性将随之降低。为了实现两者的统一，各通信系统纷纷采用改进的 PSK 调制方式，而实际上各类改进型都是在最基本的 BPSK 和 QPSK 基础上发展起来的。

在实际应用中，北美的 IS-54 TDMA、我国的 PHS 系统均采用了 π/4-DQPSK 方式。π/4-DQPSK 调制是一种正交差分移相键控调制，实际是 OQPSK 和 QPSK 的折中，一方面保持了信号包络基本不变的特性，克服了接收端的相位模糊，降低了对于射频器件的工艺要求；另一方面它可采用相干检测，从而大大简化了接收机的结构。但采用差分检测方法，其性能比相干 QPSK 有较大的损失，实际系统在略微增加复杂度的条件下，采用 Viterbi 检测可提高该系统的接收性能。在 CDMA 系统中，通过扩频与调制的巧妙结合，力图实现在抗干扰性即误码率的情况下达到最优的 BPSK 性能，在频谱有效性上达到 QPSK 的性能。同时为了减少设备的复杂度、降低已调信号的峰平比，采用了各种 BPSK 和 QPSK 的改进方式，引入了 OQPSK、π/4-DQPSK、光差分正交相移键控(Optical DQPSK，ODQPSK)等。可见，PSK 数字调制技术灵活多样，更适用于高速数据传输和快速衰落的信道。在 2G 向 3G 演进的过程中，它已成为各移动通信系统主要的调制方式。

QPSK 的原理是通过调制，使载波的四种不同起始相位来对应要传输的信息序列中四种不同的码元符号(00，01，10，11)，根据选取的起始相位，QPSK 又会有 π/4 和 π/2。图 2.9 为产生 QPSK 的原理框图。

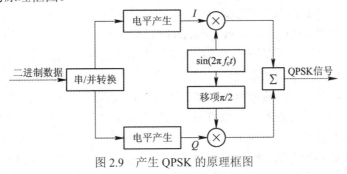

图 2.9 产生 QPSK 的原理框图

2. GMSK 调制方式

GSM 系统采用的是 GMSK 调制方式，GMSK 在二进制调制中具有最优综合性能，其基本原理是让基带信号先经过高斯滤波器滤波，使基带信号形成高斯脉冲，之后进行 MSK

调制，属于恒包络调制方案。它的优点是能在保持频谱效率的同时维持相应的同波道和邻波道干扰，且包络恒定，实现起来较为容易。目前，常选用锁相环(PLL)型 GMSK 调制器。从其调制原理可看出，这种相位调制方法选用 90°相移，每次相移只传送一个比特，这样的好处是虽然在信号的传输过程中会发生相当大的相位和幅度误差，但不会扰乱接收机，即不会生成误码，对抗相位误差的能力非常强。如果发生相位解码误差，那么也只会丢失一个数据比特，这就为数字化语音创建了一个非常稳定的传输系统，这也是此调制方式在第二代移动通信系统中得以广泛使用的重要原因。但其唯一的缺点是数据传输速率相对较低，其频谱效率不如 QPSK，并不太适合数据会话和高速传输。因此，为提高传输效率，在 GPRS 系统中的增强蜂窝技术(EDGE)则运用了 $3\pi/8$PSK 的调制方式，以弥补 GMSK 的不足，为 GSM 向 3G 的过渡做好准备。

在 GMSK 中，将调制的不归零(NRZ)数据通过预调制高斯脉冲成型滤波器，使其频谱上的旁瓣水平进一步降低。基带的高斯脉冲成型技术平滑了 MSK 信号的相位曲线，因此使得发射频谱上的旁瓣水平大大降低。产生 GMSK 信号最简单的方法是在 FM 调制器前加入高斯低通滤波器(称为预调制滤波器)，如图 2.10 所示。

图 2.10　直接 FM 构成 GMSK 调制

GMSK 信号的解调可使用和 MSK 一样的正交相干解调。在相干解调中最为重要的是相干载波的提取，这在移动通信的环境中是比较困难的，因而移动通信系统通常采用差分解调和鉴频器解调等非相干解调的方法。图 2.11 所示的就是差分检测解调的原理框图。

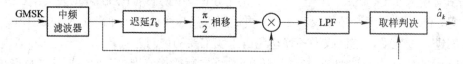

图 2.11　GMSK 差分检测解调的原理框图

3. OFDM 技术

OFDM 是一种多载波数字通信调制技术，属于复用方式。它并不是刚发展起来的新技术，而是由多载波调制(Multi-Carrier Modulation，MCM)技术发展而来的，已有 40 多年应用的历史。它开始主要用于军用的无线高频通信系统，这种多载波传输技术在无线数据传输方面的应用是近十年来的新发展，目前，已被广泛应用于广播式的音频和视频领域以及宽带通信系统中。由于其具有频谱利用率高、抗噪性能好等特点，适合高速数据传输，因此已被普遍认为是第四代移动通信系统中最热门的技术之一。

该技术的基本原理是将高速串行数据变换成多路相对低速的并行数据，并对不同的载波进行调制。这种并行传输体制大大扩展了符号的脉冲宽度，提高了抗多径衰落的性能。传统的频分复用方法中各个子载波的频谱是互不重叠的，需要使用大量的发送滤波器和接收滤波器，这样就大大增加了系统的复杂度和成本。同时，为了减小各个子载波间的相互串扰，各子载波间必须保持足够的频率间隔，这样会降低系统的频率利用率。而现代 OFDM 系统采用数字信号处理技术，各子载波的产生和接收都由数字信号处理算法完成，极大地简化了系统的结构。

OFDM 的另一个优点在于每个载波所使用的调制方法可以不同。各个载波能够根据信道状况的不同选择不同的调制方式，比如 BPSK、QPSK、8PSK、含 16 种符号正交幅度调制(16 Quadrature Amplitude Modulation，16QAM)、64QAM 等，以实现频谱利用率和误码率之间的最佳平衡为原则。例如，为了保证系统的可靠性，很多通信系统都倾向于选择BPSK 或 QPSK 调制，以确保在信道最坏条件下的信噪比要求，但是这两种调制方式的频谱效率很低。OFDM 技术由于使用了自适应调制，可根据信道条件选择不同的调制方式，比如在信道质量差的情况下，采用 BPSK 等低阶调制技术；而在终端靠近基站时，信道条件一般会比较好，调制方式就可以由 BPSK(频谱效率 1 b/(s・Hz))转化成 16QAM～64QAM(频谱效率 4～6 b/(s・Hz))，整个系统的频谱利用率就会得到大幅度的提高。目前OFDM 也有许多问题亟待解决，其不足之处在于峰均功率比较大，导致射频放大器的功率效率较低；对系统中的非线性、定时和频率偏移敏感，容易带来损耗，发射机和接收机的复杂度相对较高等。近年来，业内已对这些问题进行积极研究，并取得了一定进展。除了以上介绍的调制技术外，目前在研究的还有很多调制技术，例如：

➢ 可变速率调制根据信道的变化自适应地改变无线传输速率，信道条件好，用较高速率；信道条件差，用较低速率，将此称为可变速率调制或自适应调制。

➢ 平滑调频(Tamed Frequency Modulation，TFM)从如何利用平滑 MSK 信号的相位轨迹来压缩已调信号带外辐射功率的角度提出的一种恒定包络调制方式。

➢ 通用平滑调频(Generalized Tamed Frequency Modulation，GTFM)是 TFM 的扩展，它通过改变预调制滤波器的参数来平衡频谱特性和误码率性能。

4. 调制技术在历代移动通信技术中的应用

随着移动通信技术的发展，各代移动通信系统中所采用的调制技术也不一样，具体情况如下：

➢ 1G 系统采用模拟调频(FM)传输模拟语音，其信令系统采用 2FSK 数字调制。

➢ 2G 系统传送的语音都是经过语音编码和信道编码后的数字信号，GSM 系统采用GMSK 调制；IS-54 系统和 PDC 系统采用 π/4-DQPSK 调制；IS-95 CDMA 系统的下行信道采用 QPSK 调制，其上行信道采用 OQPSK 调制。

➢ 3G 系统采用 MQAM、QPSK 或 8PSK 调制。

➢ 4G 系统采用高阶调制，如 TD-LTE 中用 64QAM。

2.5　扩频调制

由于带宽资源受限，所有的调制技术的主要设计思路都是最小化传输带宽，其目的是为了提高频段利用率。然而，带宽是一个有限的资源，到达极限时，调制技术转向了用信道带宽换取信噪比的提高，即以香农公式为理论基础，通过展宽带宽的方法提高系统抗干扰性能。扩频技术主要有三种。

1. 直接序列调制

直接序列调制简称直接扩频，扩频是直接对基带信号进行的。这种方法采用比特率很高的数字编码的随机序列去调制载波，使信号带宽远大于原始信号带宽。

2. 频率跳变调制

频率跳变调制简称跳频。这种方法是用较低速率编码序列去控制载波的中心频率，使原信号随机地用不同载波传输发送，在发送数据之前，收端和发端先协调好有关跳频的信息，跳频针对已调信号进行。

3. 跳时

跳时是使用伪随机码序列来开通或关断发射机，即信号的发射和持续时间是随机的。3G 的主流技术 WCDMA、CDMA2000、TD-SCDMA 使用的都是直接序列扩频技术。

扩频通信是扩展频谱通信的简称。我们知道，频谱是电信号的频域描述，承载各种信息(如语音、图像、数据等)的信号一般都是以时域来表示的，即信号可表示为一个时间的函数 $f(t)$。信号的时域表示式 $f(t)$ 可以用傅立叶变换得到其频域表示式 $F(f)$，频域和时域的关系由式(2-2)确定。

$$F(f) = \int_{-\infty}^{\infty} f(t)e^{-j2\pi ft}dt$$
$$f(t) = \int_{-\infty}^{\infty} F(f)e^{-j2\pi ft}df$$

(2-2)

函数 $f(t)$ 的傅立叶变换存在的充分条件是 $f(t)$ 满足狄里赫莱(Dirichlet)条件，或在区间 $(-\infty, +\infty)$ 内绝对可积，即 $\int_{-\infty}^{\infty}|f(t)|dt$ 必须为有限值。

扩展频谱通信系统是一种把信息的频谱展宽之后再进行传输的技术，即利用扩频码发生器产生扩频序列去调制数字信号以展宽信号频谱的技术。具体是指将待传输信号的频谱用某个特定的扩频函数(与待传输的信息信号 $f(t)$ 无关)扩展为宽频带信号，然后送入信道中传输，在接收端再利用相应的技术或手段将其已扩展的频谱压缩，恢复为原来待传输信号的带宽，从而达到传输信息目的的通信系统。也就是说在传输同样信号时所需要的射频带宽，远远超过被传输信号所必需的最小带宽。扩展频谱后射频信号的带宽至少是被传输信号带宽的几百倍、几千倍甚至几万倍。信息已不再是决定射频信号带宽的一个重要因素，射频信号的带宽主要由扩频函数来决定。

频谱的展宽是通过使待传送的信息数据被数据传输速率高许多倍的伪随机码序列的调制来实现的，与所传信息数据无关。在接收端则采用相同的扩频码进行相关同步接收、解扩，将宽带信号恢复成原来的窄带信号，从而获得原有数据信息。扩频通信有如下三层含义：

(1) 信号的频谱被展宽；

(2) 采用扩频序列调制的方式来展宽信号频谱；

(3) 在接收端用相关解调来解扩。

扩频通信系统最大的特点是其具有很强的抗人为干扰、抗窄带干扰、抗多径干扰的能力。这里我们先定性地说明一下扩频通信系统具有抗干扰能力的理论依据。

扩频通信的基本理论根据是信息理论中的香农信道容量公式：

$$C = B\text{lb}\left(1 + \frac{S}{N}\right)$$

(2-3)

式中：C 为信道容量(b/s)；B 为信道带宽(Hz)；S 为信号功率(W)；N 为噪声功率(W)。

根据式(2-3)，在给定的信道容量 C 不变的情况下，可以通过增加频带宽度的方法，在较低的信噪比 S/N 情况下以相同的信息速率来可靠地传输信息，甚至是在信号被噪声淹没的情况下，只要相应地增加信号带宽，仍然能够保证可靠的通信。扩展频谱以换取对信噪比要求的降低，正是扩频通信的主要特点，并由此为扩频通信的应用奠定理论基础。

设 C 是希望具有的信道容量，即要求的信息速率，对式(2-3)利用换底公式进行变换可得式(2-4)：

$$\frac{C}{B} = \frac{\ln\left(1 + \dfrac{S}{N}\right)}{\ln 2} = 1.44 \ln\left(1 + \frac{S}{N}\right) \tag{2-4}$$

对于干扰环境中的典型情况，当 S/N << 1 时，用幂级数展开式(2-4)，并略去高次项，则得式(2-5)和式(2-6)：

$$\frac{C}{B} = 1.44 \ln \frac{S}{N} \tag{2-5}$$

$$B = 0.7 C \frac{N}{S} \tag{2-6}$$

由式(2-5)和式(2-6)可看出，对于任意给定的噪声信号功率比 N/S，只要增加用于传输信息的带宽 B，就可以增加在信道中无差错地传输信息的速率 C。或者说在信道中当传输系统的信号噪声功率比 S/N 下降时，可以用增加系统传输带宽 B 的办法来保持信道容量 C 不变。或者说对于任意给定的信号噪声功率比 S/N，可以用增大系统的传输带宽来获得较低的信息差错率。

若 N/S = 100 (20 dB)，C = 3 kb/s，则当 B = 0.7 × 100 × 3 = 210 kHz 时，就可以正常地传送信息，进行可靠的通信了。

这就说明了只要增加信道带宽 B，即使在低的信噪比的情况下，信道仍可在相同的容量下传送信息。甚至在信号被噪声淹没的情况下，只要相应地增加信号带宽也能保持可靠的通信。如系统工作在干扰噪声比信号大 100 倍的信道上，信息速率 R = C = 3 kb/s，则信息必须在 B = 210 kHz 带宽下传输，才能保证可靠的通信。

扩频通信系统正是利用这一原理，用高速率的扩频码扩展待传输信息信号带宽的手段，来达到提高系统抗干扰能力的目的。扩频通信系统的带宽比常规通信系统的带宽大几百倍乃至几万倍，所以它在相同信息传输速率和相同信号功率的条件下，具有较强的抗干扰能力。在 CDMA 通信系统中普遍采用直接扩频。在发送端它直接用具有高码元速率的 PN 码序列和基带信号相乘，就可以扩展基带信号的频谱；在接收端用相同的 PN 码序列进行解扩，把展宽的扩频信号还原成原始的信息。

扩频调制中的 PN 码序列是一种与白噪声类似的信号，它不是真正随机的，而是一种具有特殊规律的周期信号，通常由移位寄存器通过线性反馈构成。把 PN 序列的每一个码元称为码片(Chip)。CDMA 系统是一个宽频系统，CDMA 2000 系统使用 1.2288 MHz 的载频，TD-SCDMA 使用 1.28 MHz 的载频，WCDMA 系统使用 3.84 MHz 的载频，基于直接扩频技术的 3G 系统都使用超过 1 MHz 的载频。PN 码是多级移位寄存器产生的 m 序列信号。基带信号、PN 码和扩频码对应的频谱如图 2.12 所示。

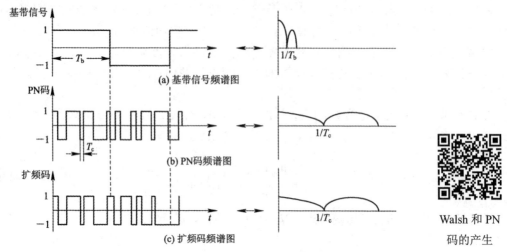

Walsh 和 PN

码的产生

图 2.12　基带信号、PN 码和扩频码的频谱图

IS-95 系统和 CDMA 2000 系统，二者的空中接口信道设计是一脉相承的，在 IS-95 系统中，不同的基站发送的信号是使用同一个 PN 码的不同时间偏置来加以区分的，总共有512 个不同的时间配置；同一个基站下的不同信道则是通过不同的信道编码(Walsh 码)加以区分的。在上行方向上，不同用户使用的是同一长码的不同偏置来区分，而偏置信息是通过用户终端的特有电子序列号(ESN)计算得到的。另外，IS-95 系统中，由于用户不同时使用两个或两个以上的物理信道(接入时使用接入信道，通话时则使用专用的业务信道)，所以不需要使用信道码区分不同的信道，而是将用户数据通过正交调制进行处理。在 CDMA 2000 系统中，上行方向也是通过信道码来区分不同信道的。

从图 2.12 中可以看出，经过扩频的信码，每一个码元由多个码片构成，从波形上看脉冲的宽度小了，因而信号的频谱展宽，这也是将这种技术称为扩频技术的原因。

扩频码信号如果传送到接收端，接收端用完全相同的 PN 码对它进行解调，就可以恢复出原来的信码。尽管伪随机序列具有良好的自相关特性，但其互相关特性不是很理想(互相关值不是处处为零)，如果把伪随机序列同时用作扩频码和地址码，系统性能将受到一定影响。所以，通常将伪随机序列用作扩频码，而就地址码而言，则采用 Walsh 码。CDMA 通信系统的地址码采用完全正交的 64 Walsh 码，每个用户的地址码有 64 个码片，每个码片的宽度为 1/1.2288 MHz，共有 64 个，用来分配给 64 个码分信道(W0～W63)。

总之，扩频码用于扩展信号频谱；地址码用于表明信号的地址。

扩频码和地址码的选择至关重要，关系到系统的抗多径干扰、抗多址干扰的能力，也关系到信息数据的保密和隐蔽，同样关系到捕获和同步系统的实现。经研究表明，理想的地址码和扩频码应具有如下特性：

➤ 有足够多的地址码码组；

➤ 有尖锐的自相关特性；

➤ 有处处为零的互相关特性；

➤ 不同码元数平衡相等；

➤ 尽可能大的复杂度。

在 WCDMA 系统中，扩频码有两种：一种是用于区分信道的信道码，另一种是用于区分发射源的扰码。在下行方向上，不同的小区使用不同的下行扰码，共有 512 个可用的扰码，同一个小区下的不同信道通过信道码(OVSF 码)来区分；在上行方向上，不同的终端使用不同的上行扰码发送数据，上行扰码是网络方为终端分配的，通过公共控制信道通知终端，同一个终端下的不同信道也是通过信道码(OVSF 码)来进行区分的。

2.6　通信中的干扰与噪声

从移动通信信道设计和提高设备的抗干扰性能方面考虑，必须研究电波传播与干扰的特性以及它们对信号传输的影响，以采取措施提高通信质量。本节将讨论移动通信系统所涉及的电波传播特性、分集接收技术和噪声与干扰问题；研究电波传播特性、噪声与干扰的特性及产生的原因和采取的必要措施；研究分集接收技术的分集方式和方法。

无线通信系统的性能主要受到移动无线信道的制约。发射机与接收机之间的传播路径非常复杂，从简单的视距传播到遭遇各种复杂的地物，如建筑物、山脉和树木等之后的传播。无线信道具有极强的随机性，甚至移动台的移动速度都会对信号电平的衰落产生影响。在这一节中，我们将主要讨论移动通信所涉及的电波传播特性及噪声干扰问题和分集接收技术。

信道对信号传输的限制除损耗和衰落外，另一个重要的限制因素就是噪声与干扰。通信系统中任何不必要的信号都是噪声与干扰，因此，从移动通信系统的性能考虑，必须研究噪声与干扰的特性以及它们对移动通信系统性能造成的影响。

移动信道中的噪声来源是多方面的，一般可分为：内部噪声、自然噪声和人为噪声。内部噪声是系统设备本身产生的各种噪声，无法预测的噪声统称为随机噪声；自然噪声及人为噪声为外部噪声，它们也属于随机噪声。依据噪声特征又可将噪声分为脉冲噪声和起伏噪声。脉冲噪声是在时间上无规则的突发噪声，例如，汽车发动机所产生的点火噪声，这种噪声的主要特点是其突发的脉冲幅度较大，而持续时间较短，从频谱上看，脉冲噪声通常有较宽频带；热噪声、散弹噪声及宇宙噪声则是典型的起伏噪声。

在移动信道中，影响较大的噪声有 6 种，分别为大气噪声、太阳噪声、银河噪声、郊区人为噪声、市区人为噪声以及典型接收机的内部噪声，其中，前 5 种均为外部噪声。有时将太阳噪声和银河噪声统称为宇宙噪声，大气噪声和宇宙噪声属自然噪声。图 2.13 为各种噪声功率与频率的关系示意图。

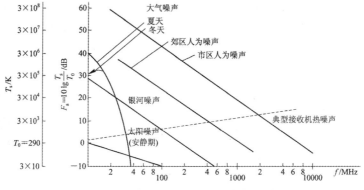

图 2.13　各种噪声功率与频率的关系

在移动通信使用的频率范围内，由于自然噪声通常低于接收机的固有噪声，故可忽略不计。因此，仅需考虑人为噪声即可。

人为噪声是指各种电气装置中电流或电压发生急剧变化而形成的电磁辐射，如电动机、电焊机、高频电气装置、电气开关等所产生的火花放电形成的电磁辐射。

在移动信道中，人为噪声主要是车辆的点火噪声。汽车火花所引起的噪声系数不仅与频率有关，而且与交通密度有关，交通流量越大，噪声电平越高。由于人为噪声源的数量和集中程度随地点和时间而异，因此人为噪声就地点和时间而言，都是随机变化的。图 2.14 为美国国家标准局公布的几种典型环境的人为噪声系数平均值示意图。由图 2.14 可见，城市商业区的噪声系数比城市居民区高 6 dB 左右，比郊区则高 12 dB 左右。

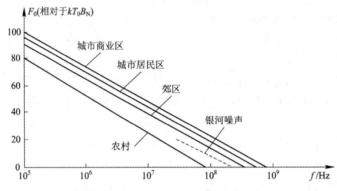

图 2.14　几种典型环境的人为噪声系数平均值

在移动通信系统中，基站或移动台接收机必须能在其他通信系统产生的众多较强干扰信号中，保持正常的通信。因此，移动通信对干扰的限制更为严格，对接收和发射设备的抗干扰特性要求更高。

在移动通信系统中，应考虑的干扰主要有：邻道干扰、同频干扰和互调干扰。

2.6.1　邻道干扰

邻道干扰指的是相邻的或邻近频道的信号相互干扰，这是因为语音信号经调频后，它的某些边带频率落入相邻信道从而形成干扰，为此，移动通信系统的信道之间必须留有一定宽度的频率间隔。考虑到发射机、接收机频率不稳定和不准确会造成频率偏差以及接收机滤波特性欠佳等原因，No.1 频道发射信号的 n_L 次边频将落入邻近 No.2 频道内，图 2.15 中调制信号最高频率为 F_m，信道间隔为 B_r，B_1 为接收机的中频带宽。图 2.15 中表示出了最低 n_L 次边频落入邻近信道的情况。

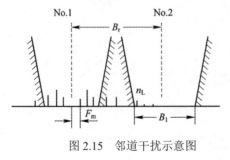

图 2.15　邻道干扰示意图

通信中的干扰和功率控制

移动通信系统中两个电台在地理上的间隔距离有助于减小信号干扰，但是有一种情况，地理上的间隔距离并不利于减小邻道干扰，反而会带来另一种邻近波道干扰。假设在基站附近有一些移动台在运动，这些移动台距离基站有近有远，若两个移动台同时向基站发射信号，基站从接近它的移动台(k 信道)接收到很强的信号，而从远离它的移动台($k+1$ 信道)接收到的信号很微弱，然而，远离基站的移动台发来的信号为需要信号，近距离移动台发来的信号为不需要信号，此时，较强的接收信号(不需要信号)将掩盖较弱的接收信号(需要信号)，在解调器输出端弱信号以噪声形式输出，而强信号作为"有用"信号输出，也就是说，强的非需要信号(k 信道)对弱的需要信号($k+1$ 信道)形成邻道干扰。

为了减小邻道干扰需采取以下措施：

➢ 提高接收机的中频选择性以及优选接收机指标；

➢ 限制发射信号带宽，可在发射机调制器中采用瞬时频偏控制电路，防止过大信号进入调制器产生过大的频偏；

➢ 在满足通信距离要求下，尽量采用小功率输出，以缩小服务区；

➢ 采用自动功率控制，利用移动台接收到的基地台信号的强度对移动台发射功率进行自动控制，使移动台驶近基地台时降低发射功率。

➢ 使用天线定向波束指向不同的水平方向以及不同的仰角方向。

在 1G、GSM 系统中，同一小区和相邻小区禁止使用相邻频道，在不同系统使用的频道之间设置保护频段，以消除不同系统间的邻道干扰。

2.6.2 同频干扰

在移动通信系统中，为了增加频谱利用率，有可能有两条或多条信道都被分配在一个相同频率上工作，这样就形成一种同频结构。在同频环境中，当有两条或多条同频波道同时进行通信时，就有可能产生同频干扰。同频干扰是指同频道再用所带来的问题，再用距离越近，同频道干扰就越大；再用距离越远，同频道干扰就越小，但频率利用率会降低。同频率干扰与距离间的关系如图 2.16 所示。

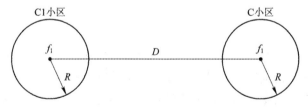

图 2.16   同频道再用

为了避免产生同频干扰，应在保证一定通信质量的前提下，选择适当的复用波道的保护距离，这段距离即为允许使用相同频道的无线小区之间的最小安全距离，简称同频道再用距离或共道再用距离。所谓"安全"系指接收机输入端的有用信号电平与同频道干扰电平之比要大于射频防护比，才能保证接收信号的质量。

射频防护比是指达到主观上限定的接收质量所需的射频信号与干扰信号的比。

图 2.17 给出了同频道再用距离的示意图。假设基站 A 和基站 B 使用相同的频道，移动台 M 正在接收基站 A 发射的信号，由于基站天线高度大于移动台天线高度，因此当移

动台 M 处于小区的边沿时，易于受到基站 B 发射的同频道干扰。假设输入到移动台接收机的有用信号与同频道干扰之比等于射频防护比，则 A、B 两基站之间的距离即为同频道再用距离，记为 D。由图 2.17 可得：

$$D = D_1 + D_S = D_1 + r_0 \tag{2-7}$$

式中，D_1 为同频道干扰源至被干扰接收机的距离；D_S 为有用信号的传播距离，即为小区半径 r_0。

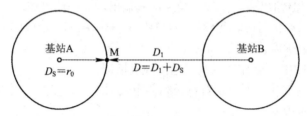

图 2.17　同频道再用距离

通常，同频道复用系数定义为

$$\alpha = \frac{D}{r_0} \tag{2-8}$$

由式(2-8)，可得同频道复用系数为

$$\alpha = \frac{D}{r_0} = 1 + \frac{D_1}{r_0} \tag{2-9}$$

为了避免产生同频干扰，也可采用别的办法，如使用定向天线、斜置天线波束、降低天线高度、选择适当的天线场址等。在实践中，频道规划是一项复杂任务，需要详细考虑有关区域的地形、电波传播特性、调制制式、无线电小区半径和工作方式等。

2.6.3　互调干扰

在无线电通信拥挤的区域里，当两个或多个信号加到非线性器件中时，会产生新的频率分量，当产生的新频率与所使用频道的频率相同时，便对使用的频道产生了干扰，因而互调干扰就成了一个值得注意的问题。

两个或多个发射机互相靠得很近时，每个发射机与其他发射机之间通常通过天线系统耦合，从每个发射机来的辐射信号进入其他发射机的末级放大器和传输系统，于是就形成了互调。而这些产物落到末级放大器的通带内并被辐射出去，这种辐射可能落在除了已指配的发射机频率之外的那些信道上。

互调产物(干扰)也可能在接收机中产生。两个或多个强的带外信号，可以推动射频放大器进入非线性工作区，甚至在第一级混频器中互相调制。这些分量能干扰进来的有用信号或者当工作信道上没有信号的时候，在输出端能听到干扰声。图 2.18 可以用来说明互调产物的影响。假设两个信号以频率 f_1、f_2 在一个非线性系统中，由于非线性因素产生 $2f_1 - f_2$，$2f_2 - f_1$(一个信号的二次谐波与另一信号的基波产生差拍)，这个频率的信号称为三阶互调干扰，该干扰信号可能正好与移动台和基站间通信的频率一样，那么发射机会把互调频率和有用频率一起发射出去，这将会干扰移动台和基站间的正常通信。

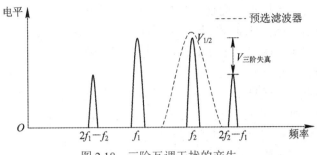

图 2.18　三阶互调干扰的产生

互调干扰也可以在接收机上产生。如果有两个或多个干扰信号同时进入接收机高放或混频器,当它们的频率满足一定的关系时,由于器件的非线性特性,就有可能形成互调干扰。

需注意到移动通信中可能产生多种互调分量,且由于偶次谐波(2 次、4 次)远离有效频率,因此最值得注意的是第 3 次、第 5 次等的奇次谐波。对于一般移动通信系统而言,三阶互调最容易产生干扰,同时干扰最强。虽然能够产生更高次的谐波,但是它们的电平通常很低。在发射机互调干扰中,三阶互调产物难以用选择性滤波器滤除,容易对有用信号造成干扰,而其他互调产物离有用信号频距较大,易于滤除,故危害不大。

为了消除或减轻互调干扰对移动通信系统的干扰,可通过改善发射机和接收机性能和合理选择基站使用的频道,使这些频道相互作用后产生的新频率与使用的频道频率有所不同。改善设备性能通常采用下列措施:

➢ 尽量增大基站发射机之间的耦合损耗:各发射机分用天线时,要增大天线间的空间隔离度;在发射机的输出端接入高 Q 带通滤波器,增大频率隔离度;避免馈线相互靠近和平行敷设。

➢ 改善发射机末级功放的性能,提高其线性动态范围。

➢ 在共用天线系统中,各发射机与天线之间插入单向隔离器或高 Q 谐振腔。

➢ 接收机中的高放和混频器宜采用具有平方律特性的器件(如结型场效应管和双栅场效应管)。

接收机输入回路应有良好的选择性,如采用多级调谐回路,以减小进入高放的强干扰;在接收机的前端加入衰减器,以减小互调干扰。

2.7　移动通信中的衰落

移动信号在开放空间主要以直射波和反射波的形式传输,传播环境非常复杂,直射波可能会受到高大建筑物或物体的阻挡,使信号强度变弱;同时,复杂的地形地物又会反射无线电波。当直射波和反射波都被接收机天线接收时,由于信号的叠加使接收到的信号忽高忽低、很不稳定,通信质量就会下降。这些都是因为无线电波在传输过程中出现衰落现象引起的。为了克服无线电波衰落对通信质量的影响,需要对无线电波衰落造成的原因进行全面的了解,以便采取相应的措施。

移动信号从发射机到接收机会有很多不同的传播路径,信号经过每条路径的幅度和时延都不相同,多径分量之间有着不同的相移,这种现象叫做多径传播。接收机无法辨别不同的多径分量,只是简单地把它们叠加起来,以至于彼此间相互干涉,这种干涉或相消或相长,会引起合成信号幅度的变化。这种由不同的多径分量引起合成信号幅度变化的效应称为小尺度衰落;由于电磁波经过建筑传输,导致直射波的多径分量的幅度大大降低,这种效应叫做阴影效应,会导致大尺度衰落。

在多径传播情况下,根据用专用测试手机实时接收基站信号的情况,可以看出,手机接收到的信号强度不稳定,时强时弱,变化很快,这就是由多径传播导致的多径衰落引起的。

为了防止因快衰落和慢衰落引起的通信中断,在信道设计中,必须使信号的电平留有足够的余量,以使通信中断率小于规定指标,这种电平余量称为衰落储备。

2.7.1　分集接收技术

衰落是影响移动通信质量的主要因素之一,其中快衰落深度可达 30~40 dB。若要通过加大发射功率、增加天线尺寸和高度来克服这种衰落并不现实,而且会对其他电台产生干扰。本节将介绍一种对抗衰落的利剑——分集接收技术,它是通信中一种用相对较低的费用就可以大幅度改进无线通信性能的有效接收技术,而且适用范围广,它是通过查找和利用无线传播环境中独立的多径信号来实现的。在实际的应用中,分集接收技术的参数都是由接收机决定的。

对抗衰落的利剑

1. 分集接收原理

分集接收是指在若干个支路上接收相互间相关性很小的载有同一消息的信号,然后通过合并技术将各个支路信号合并输出,从而在接收终端上大大降低深衰落的概率。由于传播环境的恶劣,微波信号会产生深度衰落和多普勒频移等现象,使接收电平下降到热噪声电平附近,相位亦随时间产生随机变化,从而导致通信质量下降。采用分集接收技术可以减轻衰落的影响,提高通信质量和可通率。

分集接收技术包括两个方面:

➤ 分散接收,使接收端获得多个统计独立的、携带同一信息的衰落信号;

➤ 集中合并,即接收机把收到的多个统计独立的衰落信号进行合并(包括选择与合并),以降低衰落的影响。

2. 分集接收分类

在移动通信系统中可能用到两类分集方式,一类称为"宏分集",另一类称为"微分集"。

"宏分集"主要用于蜂窝通信系统中,也称为"多基站"分集。这是一种减小慢衰落影响的分集技术,其做法是把多个基站设置在不同的地理位置上(如蜂窝小区的对角上)和不同方向上,同时和小区内的一个移动台进行通信(可以选用其中信号最好的一个基站进行通信)。显然,只要在各个方向上的信号传播不会同时受到阴影效应或地形的影响而出现严重的衰落(基站天线的架设可以防止这种情况发生),这种办法就能保持通信不会中断。

"微分集"是一种减小快衰落影响的分集技术,在各种无线通信系统中都经常使用。理论和实践都表明,在空间、频率、极化、场分量、角度及时间等方面分离的无线信号,具有互相独立的衰落特性。微分集方法主要有空间分集、频率分集和时间分集等分集方法,这三种分集方法如图 2.19 所示。

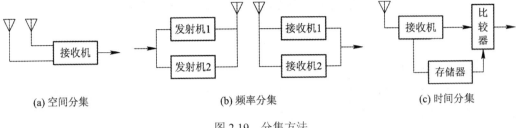

（a）空间分集　　　　　　　（b）频率分集　　　　　　　（c）时间分集

图 2.19　分集方法

1）空间分集

空间分集的依据在于衰落的空间独立性，即在任意两个不同的位置上接收同一个信号，只要两个位置的距离大到一定程度，则两处所收信号的衰落是不相关的(独立的)。

2）频率分集

由于频率间隔大于相关带宽的两个信号所遭受的衰落基本上是不相关的，因此可以用两个以上不同的频率传输同一信息，以实现频率分集。频率分集需要用两部以上的发射机(频率相隔 53 kHz 以上)同时发送同一信号，并用两部以上的独立接收机来接收信号。它不仅使设备复杂，而且在频谱利用方面也很不经济，因此窄带通信系统的带宽不能满足相关带宽的要求，也就不能使用频率分集。可以说，频率分集是扩频通信系统所特有的。

3）时间分集

同一信号在不同的时间区间多次重发，只要每次发送的时间间隔足够大，那么每次发送信号所出现的衰落将是彼此独立的，接收机将重复收到的同一信号进行合并，从而减小衰落的影响。时间分集主要用于在衰落信道中传输数字信号，此外，时间分集也有利于克服移动信道中由多普勒效应引起的信号衰落现象。

2.7.2　合并方式

分集后的信号要经历下面的处理过程：

➢ 选择合并，处理并选择最佳的副本信号，其余副本全部丢弃；

➢ 合并分集，合并所有的信号，再对合并的副本进行解码。

接收端收到 M 条相互独立的支路信号后，如何利用这些信号以减小衰落的影响，这是合并问题。一般采用线性合并的方式，把输入的 M 路独立衰落信号加权相加后合并输出。

设 M 个输入信号电压为 $r_1(t)$, $r_2(t)$, $\cdots$, $r_M(t)$，则合并器输出电压 $r(t)$ 为

$$r(t) = a_1 r_1(t) + a_2 r_2(t) + \cdots + a_M r_M(t) = \sum_{k=1}^{M} a_k r_k(t) \tag{2-10}$$

式中，a_k 指第 k 个信号的加权系数。

选择不同的加权系数就形成了不同的合并方法。常用的有选择式合并、最大比值合并和等增益合并三种方式。

1. 选择式合并

选择式合并检测所有分集支路的信号，以选择其中信噪比最高的那一个支路的信号作为合并器的输出。由上式可见，在选择式合并器中，加权系数 a_k 只有一项为 1，其余均为 0。

2. 最大比值合并

最大比值合并是一种最佳合并方式。为了书写简便，每一支路信号包络 $r_k(t)$ 用 r_k 表示。每一支路的加权系数 a_k 与信号包络 r_k 成正比而与噪声功率 N_k 成反比，即

$$a_k = \frac{r_k}{N_k} \tag{2-11}$$

由此可得最大比值合并器输出的信号包络为

$$r_R = \sum_{k=1}^{M} a_k r_k = \sum_{k=1}^{M} \frac{r_k^2}{N_k} \tag{2-12}$$

在式(2-12)中，下标 R 表征最大比值合并方式。

图 2.20(a)为最大比值合并方式的示意图。在接收端通常都要有各自的接收机和调相电路，以保证在叠加时各个支路的信号是同相位的。最大比值合并方式输出的信噪比等于各个支路信噪比之和，因此，即使当各路信号都很差时，采用最大比值合并方式仍能解调出所需的信号。现在 DSP 技术和数字接收技术，正在逐步采用这种最优的分集方式。

3. 等增益合并

等增益合并方式如图 2.20(b)所示，该方式无需对各支路信号加权，各支路的信号是等增益相加的，这样，其性能只比最大比值合并方式差一些，但比选择合并方式性能要好得多。

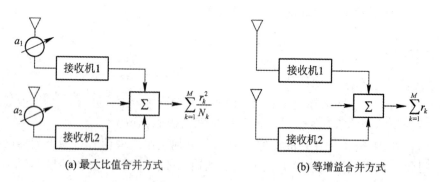

(a) 最大比值合并方式　　　　　　(b) 等增益合并方式

图 2.20　合并方式

2.7.3　功率控制——降低干扰的"一把利剑"

移动通信系统从 2G 的 PHS、GSM、IS-95 发展到 2.5G 的 GPRS、CDMA 2000 1x，再到 3G、4G，以至迎面而来的 5G 无线通信系统，功率控制始终作为其中一项关键技术，在复杂的数字移动通信系统中扮演着重要的角色。

功率控制以降低功率优先为原则，即当功率满足通信要求时，手机就会降低发射功率；

当功率无法满足通信要求时，比如当移动用户基站较远时或者信号质量较差时，手机就会增加发射功率，这就是上行功率控制过程。

功率控制在 3G 系统中显得尤为重要。由于基站的功率资源是有限的，随着用户数的增加，必然使每位用户分得的功率资源减少，另外，在没有功控的情况下，由于远近效应的原因，往往使得近基站端的手机信号淹没在远基站端的手机信号中，导致远基站端用户无法通话。在 3G 中合理功控，可以解决远近效应，降低多余干扰，解决阴影效应，补偿部分衰落，节约手机电池消耗。2G 和 3G 的功控按链路方向分为前向和反向。2G 中前向功控和反向功控的重要性是同等的，而在 3G 中，由于反向链路的信道状况相对要恶劣得多，于是功控优化的重点更多地放在反向链路方面。另外，由于 3G 功控引入了开环功控、闭环功控和外环功控，技术要比 2G 复杂得多，因此参数上的优化研究将会投入更大的精力。

1. 功率控制分类

功率控制分为正向(下行)功率控制和反向(上行)功率控制，反向功率控制又可分为仅由移动台参与的开环功率控制和移动台、基站同时参与的闭环功率控制。

1) 上/下行功率控制

上行功率控制是指控制用户移动台的发射功率，使得小区内所有用户移动台发射至基站的信号功率或 SIR 基本相等，以便克服远近效应和阴影效应，以及减少干扰、提升容量、节省设备能量。

下行功率控制表现为基站根据接收到不同用户移动台导频信号的强弱，对基站发射机功率再分配，即自适应分配各业务信道的功率份额，使小区中所有用户收到的导频信号功率或 SIR 基本相等，以便提高下行小区容量、减少基站间信号干扰、改善用户通信质量。

反向功率控制：上行链路中仅有物理随机接入信道(PRACH)以及上行公共分组信道(CPCH)采用开环功率控制，其余信道均采用闭环功率控制。闭环功率控制又间接受制于反向外环功率控制，反向外环功率控制是为了适应无线信道衰落变化，将接收到的误帧率与目标误帧率作比较，据此结果动态调整反向闭环功率控制中的目标信噪比，从而使功率控制直接与表征通信质量的 BER 相联系，而不仅仅体现在信噪比上。

前向功率控制：前向链路中，小区内的信号发射是同步的。移动台解调来自基站的信号时，通过扩频码的正交性去除其他用户的干扰，因此前向链路的干扰主要来自邻区干扰和多径干扰，故前向链路质量远远优于反向链路。

2) 开/闭环功率控制

开环功率控制为用户移动台根据下行链路或者基站根据上行链路接收到的信号强度，或 SIR 对信道衰落情况进行估计。若移动台接收到的来自基站的信号很强，则移动台降低自身发射功率，反之则增加发射功率。开环功率控制的优点是简单易行、控制速度快。

开环功率控制的缺点表现为开环功控只有建立在上下行信道具有对称性，以及上下行信道衰落特性相同的基础上，才能根据下行(上行)接收信号强度直接控制上行(下行)信号发射的功率。

开环功控在 FDD 和 TDD 移动通信系统中效果不一样，具体如下：

➤ 在 FDD 移动通信系统中，其上/下行频段间隔大于信号相关带宽，信道衰落不具备上/下行对称性，因此开环功控不能精确控制功率；

➤ 在 TDD 移动通信系统中，由于上/下行链路处于同一频段不同时隙，只要上/下行时隙不要太大，则可以认为上/下行信道衰落是对称的，开环功率控制可以提高控制精度。

图 2.21 为闭环功率控制的示意图。首先利用上行基站接收到的来自移动台的信号，同时根据信号的强弱或 SIR 状况，产生功控指令，再通过一个反馈信道回送至移动台，并控制移动台的上行发送功率，以保证同一小区内各用户发射的信号到达基站时具有相同的信号强度或 SIR 值，从而实现精确功控。

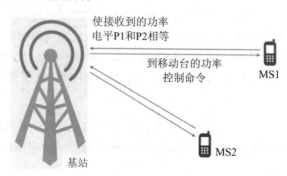

图 2.21　CDMA 中的闭环功率控制

移动台 MS1 和 MS2 工作于同一个频率，基站只依靠两者各自的扩频码来区分它们，可能会出现这样的情况：MS1 处于小区边缘，MS2 处于靠近基站的位置，MS1 的路径损耗要比 MS2 高 70 dB。如果没有采取某种功率控制机制来使两个移动台到达基站的功率在相同电平上，MS2 的发射功率很容易大于 MS1 的发射功率，进而阻塞小区大部分区域的通信，从而产生了在 CDMA 中被称为"远近效应"的问题。从容量最大化的意义上讲，优化策略是在所有时间内使在基站接收到的所有移动台的比特功率都相等。

闭环功控的缺点表现为在小区间硬切换时，由于边缘地带信号电平的波动性，易产生"乒乓"式控制，即两个基站同时对移动台进行功率的控制。

3) 内/外环功率控制

内环功率控制也称为慢速闭环功率控制，在基站(BTS)完成。通过测量反向业务信道的 Eb/Nt(平均比特能量与总的噪声之比，用于衡量业务信道质量)，并将测量的结果与目标 Eb/Nt 相比较，根据比值关系控制移动台增加或减小功率。若实际测试的 Eb/Nt 小于目标值，则说明反向信道质量不好，命令移动台增加功率；反之，则命令移动台降低功率，以减少干扰。

外环功率控制也称为快速闭环功率控制，在基站控制器(Base Station Controller，BSC)完成。在信噪比测量中，很难精确测量信噪比的绝对值，且信噪比与误码率(误块率)的关系随环境的变化而变化，是非线性的。而最终接入网提供给 NAS 的服务中心 QoS 表征量为 BLER，而非 SIR。业务质量主要通过误块率来确定，二者是直接的关系，而业务质量与信噪比是间接的关系，所以在采用内环功控的同时还需要外环功控。外环功控测量反向信道的误帧率，将测量的结果与反向信道误帧率 FER 相比较，如果实测的 FER 超过目标值，说明反向信道质量不好，则命令提高内环功控的 Eb/Nt 目标值，否则降低内环功控的 Eb/Nt 目标值。外环功控通过动态调整内环功控中信噪比的目标值来维持恒定的目标误帧率，可以间接影响系统容量和通信质量。

2. 移动通信系统中的功率控制技术

(1) PHS(小灵通)以其低功率、低成本、低话费等优势曾在 20 世纪 90 年代末风靡数字移动通信市场，PHS 遵照日本 RCR-STD28 空中无线接口标准，采用微蜂窝技术，以较简单的功率不可控模式进行通信。因此，在没有采用功率控制技术的情况下，为了避免网络出现大量无信号区域和通信质量差等问题，PHS 主要通过建置较密集的基站来抵消远近效应和阴影效应。在受到干扰、通信质量降低的情况下，PHS 手机无法通过提高发射功率的办法保证通信质量。

(2) 在 GSM 系统中，上/下行功率控制是彼此独立的，由基站控制器(BSC)管理上/下行的功率控制。当手机远离基站或者处于无线阴影区时，基站可以通过指令控制手机发出较大功率，直至 33 dBm(GSM900)，以克服远距离传输或建筑物遮挡所造成的信号损耗。如果手机离基站很近，且无任何遮挡物时，基站可以控制手机发出较小功率，直至 5 dBm (GSM900)，以减少手机对同信道、相邻信道的其他 GSM 用户和其他无线设备的干扰，而且这样还可以有效延长手机的待机和通话时间。

IS-95 系统中的功率控制方案，从方向上可以分为上行(反向)和下行(前向)功控，按照功率控制中基站和移动台是否同时参与，又可以分为开环(不同时参与)与闭环(同时参与)两类。

由于下行链路采用同步码分体制，而上行链路采用的是异步码分体制，且 IS-95 中下行(前向)链路性能优于上行(反向)链路，因此，IS-95 中功率控制主要针对上行链路，采用较简单的慢速闭环功率控制方案。

CDMA 2000 与 IS-95 完全兼容，所以其功率控制技术基本与 IS-95 一致，但是 CDMA 2000 信道结构更加复杂，主要不同点在于 CDMA 2000 中的 800 b/s 快速功率控制可以用于上/下行链路。

(3) 在 CDMA 系统中，由于一个小区内的所有用户都可以使用同一个频率通信，因此每个用户都会受到同小区的其他用户的干扰，同理，每个用户都会干扰同小区的其他用户(自干扰系统)。加上远近效应的影响，严重限制了 CDMA 系统的容量，因此，控制每个移动台的功率及获得最大容量，成为 CDMA 系统的技术关键。在给定条件下，通过对手机进行功率控制，CDMA 移动台的功率被控制到能够保证接收话音质量的最小功率，这样每个移动台到达基站的信号电平几乎相同，那么移动台对其他移动台的干扰就被控制到最小，这样就不会造成压制现象，从而克服远近效应，保证了系统容量。

WCDMA 属于 CDMA 系列，因此该系统中的功率控制的基本原理、方法与前面 IS-95 中介绍的大同小异，所不同的是功控方式还包括压缩与非压缩模式，且与 GSM 功率控制方法相比，WCDMA 引入了快速功控，功率控制速率从 800 b/s 提高到 1500 b/s，抗平坦衰落能力大大增强。同理，由于 TD-SCDMA 采用 CDMA 技术，TD-SCDMA 的功率控制与其他采用了 CDMA 技术的通信系统的功率控制大同小异。

功率控制技术根据无线信道变化情况以及接收到的信号电平通过反馈信道，按照一定准则调节发射信号电平。功率控制技术可以克服阴影效应、多径传播引入的慢平坦衰落，尤其是在采用了 CDMA 技术的干扰受限通信系统中，功率控制能够很好地解决远近效应，从而提升系统容量和通信质量。随着网络的不断演进，从开环功率控制到闭环功率控制，从内环功率控制到外环功率控制，功控技术自身也在不断地精确化、复杂化。随着无线通信技术的不断发展，功率控制将在众技术中扮演着越来越重要的关键角色。

(4) 在 4G LTE 系统中，FDD LTE 由于上/下行链路的频段相差远远大于信号的相关带宽，所以上行和下行的信道衰落情况相关度不高，这导致开环功率控制的准确度不会很高，只能起到粗略控制的作用，必须使用闭环功率控制才能达到精确的控制效果；TDD LTE 由于上/下行链路位于同一频段，具有上/下行信道互易性，开环功控可以达到相当高的控制精度，此时不需要采用闭环功率控制也可以达到很好的控制效果。

2.8　均衡技术

数字通信系统中，由于多径传输、信道衰落等影响，在接收端会产生严重的码间干扰(ISI)，增大误码率。为了克服码间干扰，提高通信系统的性能，在接收端需采用均衡技术。所谓均衡指的是信道均衡，通过在接收端设置均衡器，该均衡器能够自适应产生与信道特性相反的特性，用来抵消信道的时变多径传播特性引起的码间干扰，从而正确地判决和恢复有用信号。理论和实践证明，在数字通信系统中插入一种可调滤波器可以校正和补偿系统特性，减少码间干扰的影响。这种起补偿作用的滤波器称为均衡器。

均衡技术可以分为线形均衡和非线性均衡。如果接收信号经过均衡后，再经过判决器的输出被反馈给均衡器，并改变了均衡器的后续输出，那么均衡器就是非线性的，否则就是线性的。

在高速数字移动通信中，存在多径传播效应，而这种多径传播效应不仅会引起瑞利衰落，而且还会因延迟分散而引起频率选择性衰落，造成传播特性恶化，从而导致波形失真，影响接收质量，并且传输的速率越高，多径传播效应引起的码间串扰越严重。可采用自适应均衡技术解决多径传播，自适应均衡技术也是一种有效的抗多径干扰的方法。自适应均衡器直接从传输的实际数字信号中根据某种算法不断调整增益，因而能适应信道的随机变化，使均衡器总能保持最佳的状态，从而获得更好的失真补偿性能，同时自适应均衡技术不用增加传输功率和带宽即可实时地改善移动通信链路的传输质量。

4G LTE 系统中采用的 OFDM 技术，在系统结构可以消除符号间干扰的情况下，仍然需要精确的信道信息进行信道均衡，从而补偿多径衰落。

2.9　切换技术

切换技术是伴随着蜂窝概念出现的，并成为移动通信系统中的重要技术之一。在蜂窝网络中，移动终端可以被就近的一个基站或多个基站服务。终端与基站距离的远近通常是以它们之间信道的数据传输能力或信号强度来衡量的。当终端从一个地方移动到另一个地方时，随着大尺度衰落的变化，无线信道发生变化，原有服务基站不再能提供有效的数据传输服务，此时终端要更换新的服务基站，同时保持通信继续，这一过程称为切换。所谓切换，是指当移动台在通话过程中从一个基站覆盖区移动到另一个基站覆盖区，或者由于外界干扰造成通话质量下降时，必须改变原有的话音信道继而转接到一条新的空闲话音信道上，以继续保持通话的过程。理想情况下，蜂窝网络的覆盖足够好、可提供地理位置

切换技术

上连续的服务,则终端可以在各个基站间无缝切换。切换从本质上来说是为了实现移动环境中数据业务在小区间连续覆盖而存在的,从现象上来看是把接入点从一个区换到另一个区。切换是在无线传播、业务分配、激活操作维护、设备故障等情况下产生的。

2.9.1　切换技术分类

1. 硬切换技术

硬切换技术是在不同频率的基站或覆盖小区之间的切换。这种切换的过程是移动台(手机)先暂时断开通话,在与原基站联系的信道上,传送切换的信令,移动台自动向新的频率调谐,与新的基站产生联系后,建立新的信道,从而完成切换的过程。简单来说就是"先断开、后切换",切换的过程中约有 0.2 s 的短暂中断,这是硬切换的特点。在 FDMA 和 TDMA 系统中,所有的切换都是硬切换。当切换发生时,手机总是先释放原基站的信道,然后才能获得新基站分配的信道,是一个"释放—建立"的过程,切换过程发生在两个基站过渡区域或扇区之间,两个基站或扇区是一种竞争的关系。如果在一定区域里两基站信号强度剧烈变化,手机就会在两个基站间来回切换,产生所谓的"乒乓效应",这样一方面给交换系统增加了负担,另一方面也增加了掉话的可能性。对于 GSM 来说,它只有一套信号滤波器,滤波器锁定在目前通信的工作频点,而 GSM 的邻区工作频点都是不一样的,要完成切换,必须更改当前信号滤波器的频段,等调谐到要切换的频率才能和新的基站建立通信,因此必然有一个先断后连的"硬切换"过程。

2. 软切换技术

软切换指在导频信道的载波频率相同时,小区之间的信道切换,在切换过程中,移动台同时与原基站和新基站都保持着通信链路,一直到进入新基站并测量到新基站的传输质量满足基站的连接时才断开。因此,软切换是"先切换、后断开",在切换过程中,移动台并不中断与原基站的联系,真正实现了"无缝"切换。对于 CDMA 系统来说,软切换要简单一些,因为相邻小区可以使用相同的频率、不同的正交码加以区分,因此软切换是以 CDMA 技术为基础的移动通信系统所独有的切换方式,但当它因为系统扩容上了二载频、三载频以后,同样也面临着硬切换的问题。

3. 接力切换技术

接力切换技术是 TD-SCDMA 系统的一项特色技术,也是核心技术之一。接力切换利用终端上行预同步技术,预先取得与目标小区的同步参数,并通过开环方式保持与目标小区的同步,一旦网络判决切换,终端可迅速由源小区切换到目标小区,在切换过程中,终端从源小区接收下行数据,向目标小区发送上行数据,即上下行通信链路先后转移到目标小区。提前获取切换后的上行信道发送时间、功率信息提高了切换成功率,缩短了切换时延。

2.9.2　不同切换技术的特点

1. 硬切换技术的特点

硬切换的主要优点是在同一时刻,移动节点只使用一个无线信道;缺点是通信过程会出现短时的传输中断，如在 GSM 中有 200 ms 左右的中断时间，因此硬切换在一定程度上会影响通话质量。另外，由于硬切换是"先断开、后切换"，如果在中断时间内受到干扰或切换参数设置不合理等因素的影响，会导致切换失败，引起掉话，在某些设备商的网络中，切换掉话甚至占到了话务统计中总掉话的 50%以上。此外，如果切换所用到的参数由移动节点来测量，则切换所用到的数据都是通过无线接口传送到网络的，这样明显加重了无线接口的负荷。

2．软切换技术的特点

在采用软切换技术的网络中，一个终端可以同时接收多个小区的信号，从而减少切换掉话，但这种方式对无线资源的浪费较大，并且会增加系统负荷，而且当终端在不同频点间进行切换时，仍然只能采用硬切换的方式，无法避免硬切换的缺陷。

在软切换过程中，采用分集接收的方式，提高了抵抗衰落的能力，降低了移动台的发射功率，减少了移动台对系统的干扰，增加了系统容量。进入软切换区域的移动台即使不能立即得到与新基站的链路，也可以进入切换等待的排队队列，从而减少系统的阻塞率。当软切换发生时，移动台在取得了与新基站的连接之后，再中断与原基站的联系，大大降低了通信中的掉话率。

3．接力切换技术的特点

接力切换则避免了硬切换和软切换带来的缺陷。首先，由于接力切换技术采取了上行预同步的技术，由 UE 侧对目标小区进行预同步，但是并不会占用目标小区的码道，只有当收到原服务小区下发的"DCCH Physical Channel Reconfiguration"信令时，才会先把上行链路接入到目标小区中，随后把下行链路也接入到目标小区中，而在这一过程中，实际上经过了 UE 测量、无线网络控制器(Radio Network Controller，RNC)判决、目标 NodeB 波束赋形、UE 与目标 NodeB 上行同步完成、UE 切换至目标 NodeB、原 NodeB 释放信道几个步骤。其中涉及的关键技术包括智能天线、上行同步以及采用 TDD 的方式从而保证上/下行链路的可互为估计性，基于这几种技术之上的接力切换可以说是为 TD-SCDMA 系统量身打造的切换方式。同时接力切换也为 TD 系统带来了信道利用率高、切换成功率高、切换掉话率低、切换算法简单及较轻的信令负荷等优点。

2.9.3　切换的判决条件

在移动通信系统中，一般可根据射频信号强度、接收信号载干比、移动台到基站的距离来判决切换与否。

(1) 依射频信号强度判决。射频信号强度(基站接收到的手机信号强度)直接反映了话音传输质量的好坏，基站话音信道接收机连续对其进行测量，控制单元将测量值与门限值比较，根据比较结果向交换机发出切换请求。

(2) 依接收信号载干比判决。载干比是接收机接收到的载波信号与干扰信号的平均功率的比值，反映了移动通信的通话质量。如在模拟移动通信系统(TACS)中，通话时基站会产生连续的监测音(SAT)，和话音一起传送，用于监测无线信道质量。一般来说，TACS 要求载干比大于 17 dB，而 GSM、CDMA 要求载干比分别大于 9 dB 和 7 dB。当接收机接收到的载干比小于规定的门限值时，系统就启动切换过程。

(3) 依移动台到基站的距离判决。一般而言，切换是由于移动台移动到了相邻小区的覆盖范围内，因此可根据其与基站及小区的距离作出是否要进行切换的判决，当距离大于规定值时，发出切换请求。

上述 3 种判决条件中，满足其中任一条件都将启动切换过程。但在实际应用中，由于在通话过程中测量接收信号载干比有一定困难，而用距离判决时，测量精度很难保证，因此，大多数的移动通信系统均使用射频信号强度作为判决切换与否的基准。基于信号强度的切换过程中，移动台从当前小区运动到相邻小区时，从两小区接收到的信号强度不断发生变化。

➤ 随着移动台逐渐接近当前小区边界，信号强度和质量逐渐恶化，从某一点开始从相邻小区来的信号强度开始高于当前小区；

➤ 相邻小区收到该移动台的信号强度也高于当前小区收到的信号强度；

➤ 在移动台与当前小区间的通信链路恶化到无法使用之前或相邻小区的信号强度高于当前小区信号强度一定值时，通话被切换到相邻小区。

GSM 系统采用的是移动台辅助切换方式，即由移动台监测判决，交换中心控制完成，在切换过程中基站和移动台均参与切换过程。

2.9.4　切换过程

GSM 系统中，移动台在通话过程中不断地向所在小区的基站报告本小区和相邻小区基站的无线电环境参数，本小区基站依据所接收的该移动用户无线电环境参数来判断是否应该进行越区切换。当满足越区切换条件时，基站便向移动台发出越区切换请求，同时将越区切换请求信息传送给移动交换中心(Mobile Switching Center，MSC)，MSC 立即判断此新基站位置码是否属于本MSC 辖区，若属于则通知拜访位置寄存器(Visitor Location Register，VLR)为其寻找一空闲信道(最佳或次最佳替换信道)，然后将所找信道的信道号及国际移动电台识别号码(International Mobile Subscriber Identity，IMSI)经过本区的基站发送给移动台，移动台依据信道号的频率值将工作频率切换到新的频率点上，并进行环路核准，核准信息经 MSC 核准后，MSC 通知基站释放原信道；若 MSC 发现新基站不是本 MSC 辖区内的，MSC 就将切换请求转送给新 MSC，再由新 MSC 通知它的 VLR 为其寻找一空闲信道，然后将找到的基站站号、信道号及 IMSI 传送给原 MSC，并经由原基站发送给移动台，进行移动台的核准和基站的释放过程。

CDMA 系统采用的是移动台辅助切换方式，其切换过程如下：

基站在每个工作的前向 CDMA 信道上不断发射一个引导信号，用于监测无线信道质量(与 TACS 中的 SAT 类似)。移动台在通话过程中，不断搜索系统内的引导信号并测量其信号强度。当移动台检测到来自相邻小区基站的引导信号大于上门限时，移动台便将该引导信号的强度信息报告给基站，并将该信号作为候选者。MSC 通过原基站向移动台发送一个切换命令，移动台据此跟踪新目标基站的引导信号，并将此引导信号作为有效者，同时向该目标基站发送一个切换完成消息。至此，移动台除与原基站保持联系外，还向新基站取得了链路。当原基站的引导信号强度小于下门限时，移动台的切换计时器开始计时，计时期满，移动台向原基站发送引导信号强度测量消息，然后 MSC 通知目标基站向移动台发送切换令消息，移动台据此断开与原基站的联系，并保持与新基站的联系，同时向新基站发送一个切换完成消息。至此,整个软切换过程结束。

LTE 系统中切换技术更加复杂,是综合网络特性和用户要求等因素后在不同子网之间的切换,属于垂直切换技术。该技术不但保留了传统切换的基本功能,而且能保证用户在任何时间、任何地点都能获得最佳服务,切换分为测量、判决和执行三步。

其中,切换的第一步为测量,测量由演进型 eNodeB(Evolved Node B,eNodeB)控制,eNodeB 向 UE 下发 RRC Connection Reconfiguration 消息,UE 进行测量(物理层)。

➢ 这个测量控制消息包括测量 ID、测量对象、测量报告方式、测量的物理量、测量 Gap 等内容。

➢ 每一个测量 ID 对应一个测量对象(就是要求 UE 进行什么样的测量,即同频测量、异频测量,还是不同无线制式(如 UMTS、GSM、CDMA 2000)间的测量);一个测量报告方式(指的是 UE 测量完成后,如何给 eNodeB 汇报工作,是周期性报告(Periodical Report)还是事件触发(Event Triggered),在一般情况下,上报触发事件一次后,就会转成针对该事件的周期性汇报,直到不满足事件触发条件为止。);一个服务小区(测量过程中,需要区别小区类型:服务小区(Server Cell,和 UE 正在进行业务链接的小区)、列表内小区(Listed Cell,测量对象中列出需测量的小区)、监测小区(Detected Cell,在测量对象中没有列出,但 UE 可以监测的小区))。

切换的第二步为判决,即 eNodeB 如何选择切换的目标小区。eNodeB 要把上报事件的所有小区集合起来生成切换目标小区列表(HO_Candidate_List);按照配置的规则,进行目标小区列表的过滤;对经过过滤以后留下的目标小区进行优先级的排列,选择最合适的目标小区切换过去。

切换的第三步为执行切换,即在 eNodeB 控制下,eNodeB 和 UE 共同完成业务数据转发路径,由源小区到目标小区的变更;eNodeB 完成相应接口 X2/S1 信令的交互,将切换成功后,要完成源小区的资源释放;切换失败,UE 要重新选择小区,重新建立 RRC 链接。

LTE 系统的切换分为硬切换和软切换两种,具体切换流程将在后续章节详细讲解。

综上所述,在 GSM 系统中,采用硬切换;在 3G 中,WCDMA 和 CDMA 2000 是码分多址系统,同频小区间采用软切换;TD-SCDMA 采用接力切换,其与软切换的不同之处在于接力切换并不需要同时有多个基站为一个移动台服务,因而克服了软切换需要占用的信道资源比较多、信令复杂导致系统负荷加重以及增加下行链路干扰等缺点;而与硬切换相比,接力切换克服了传统硬切换掉话率较高、切换成功率较低的缺点,接力切换突出了切换成功率高和信道高利用率的优点。4G 系统中,其切换过程可以达到用户毫无觉察的效果,切换后用户进入更为理想的网络享受更好的服务。从网络的角度来看,这样的切换还确保了带宽的高效使用以及网络负载的平衡。

2.10　蜂　窝　组　网

要实现移动用户在大范围内进行有序的通信的目的,就必须解决组网过程中的移动通信体制、服务区域划分、区群的构成、移动通信网的组成、信道的结构、接入方式、信令、路由、接续和多信道共用等一系列的问题,才能使网络正常地运行。

蜂窝组网是移动通信系统的一个基本组网方式，在蜂窝网络中，整个大的服务区域被划分为一个个小区域，称为小区。对于每个小区，有一个泛称为基站的无线电收发设备为该小区范围内的移动用户或终端设备提供服务。从概念上可将小区表示为六边形的蜂巢状。下面就蜂窝组网的相关知识进行介绍，本章内容的学习可为后续介绍典型的数字移动通信网以及其他移动通信系统打下基础。

2.10.1 区域覆盖

(1) 根据服务区域覆盖方式的不同可将移动通信网划分为大区覆盖和小区覆盖，如图 2.22 所示。

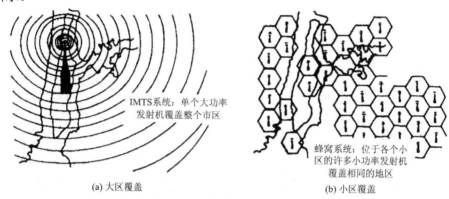

(a) 大区覆盖   (b) 小区覆盖

图 2.22 大区覆盖与小区覆盖

大区覆盖是指在一个服务区域(一个城市或一个地区)内只设置一个基站，由它负责移动通信的联络和控制。通常基站天线架设得比较高，发射机的输出功率也比较大，一般为 25～200 W，覆盖区域半径可达 25～50 km，用户容量为几十至几百个，如图 2.22(a)所示。这种方式的优点是组网简单、投资少，一般在用户密度不大或业务量较少的区域使用。因为服务区域内的频率不能重复使用，所以无法满足大容量通信的要求。

小区覆盖是指将整个服务区划分为若干个无线小区(小块的区域)，每个小区分别设置一个基站，由它负责移动通信的联络和控制。其基本思想是用许多的小功率发射机(小覆盖区域)来代替单个大功率发射机(大覆盖区域)，相邻的基站则分配不同的频率(蜂窝的概念)。每个小区设置一个发射功率为 5～10 W 的小功率基站,覆盖区域半径一般为 5～10 km，如图 2.22(b)所示。可给每个小区分配不同的频率，但这样需要大量的频率资源，且频谱的利用率低。为了提高频谱的利用率，需将相同的频率在相隔一定距离的小区中重复使用，使用相同频率的小区(同频小区)之间的干扰足够小，这种技术称为频率复用，如图 2.23 所示。

频率复用是移动通信系统解决用户增多而被有限频谱制约的有效手段。它能在有限的频谱上提供非常大的容量，而不需要做技术上的重大修改。一般来说，小区越小(频率组不变)，可用频率重复的次数越多，单位面积可容纳的用户数越多，即系统的频率利用率越高。

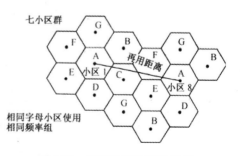

图 2.23 蜂窝系统的频率复用

当用户数增多并达到小区所能服务的最大限度时，如果把这些小区再分割成更小的蜂窝状区域，并相应减小新小区的发射功率和采用相同的频率复用模式，以适应业务增长的需求，这种过程被称为小区分裂，如图 2.24 所示。小区分裂是蜂窝通信系统在运行过程中为适应业务需求的增长而逐步提高其容量的独特方式。

图 2.25 是蜂窝移动通信系统的示意图。图中七个小区构成一个区群，小区编号代表不同的频率组。小区与移动电话交换局(Mobile Telephone Switching Office，MTSO)相连，MTSO 在网内负责控制和管理，对所在地区已注册登记的用户实施频道分配、呼叫建立、频道切换、系统维护、性能测试和计费信息存储等操作。它既保证了网中移动用户之间的通信，又保证了移动用户和有线用户之间的通信。

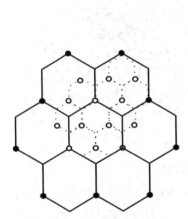

图 2.24　小区分裂示意图

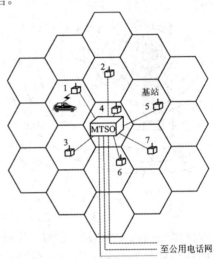

图 2.25　蜂窝移动通信系统的示意图

当移动用户在蜂窝服务区内快速运动时，移动台会从一个小区进入另一个相邻的小区，这时其与基站所用的接续链路必须从它离开的小区转换到正在进入的小区，这一过程称为越区切换，如图 2.26 所示。其控制机理是当通信中的移动台到达小区边界时，该小区的基站能检测出此移动台的信号正在逐渐变弱，而邻近小区的信号正在逐渐变强，系统会收集来自这些基站的信息，进行判决，当需要实施越区切换时，发出相应指令，使越过小区边界的移动台与基站所用的接续链路从它离开的小区切换到正在进入的小区，整个过程是自动完成的，不会影响用户的通信。图 2.26 所示为移动单元从蜂窝 B 越区到蜂窝 A 时，切换在移动交换中心的控制下进行的情况。

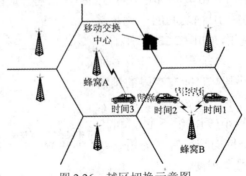

图 2.26　越区切换示意图

(2) 根据服务对象、地形分布及干扰等因素的不同，可将小区制移动通信网划分为带状网和面状网。

带状网主要用于覆盖公路、铁路、海岸等，其服务区内的用户的分布呈带状分布，如图 2.27 所示。

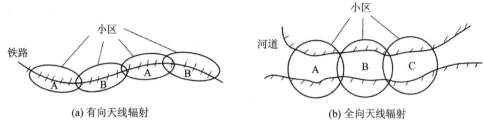

(a) 有向天线辐射　　　　　　　　　　　　　　(b) 全向天线辐射

图 2.27　带状网

带状网基站天线若为有向天线辐射，服务覆盖区呈扁圆形，如图 2.27(a)所示；基站天线若为全向天线辐射，服务覆盖区呈圆形，如图 2.27(b)所示。带状网可进行频率复用，可采用不同信道的两个或多个小区组成一个区群，在一个区群内各小区使用不同的频率，不同的区群可使用相同的频率，一般有双频群、三频群或多频群。从成本和资源利用率来看，双频群最好；但从抗频干扰来看，双频群最差，应考虑三频群或多频群比较有利。

面状网是指其服务区内的用户的分布呈面状分布。其服务区内小区的划分及组成，取决于电波传播的条件和天线的方向性。实际上一个小区的服务覆盖范围可以是一个不规则形状，但也需要有一个规则的小区形状来用于系统的规划，以适应不断增长的业务需要。因此，当考虑要覆盖整个服务区域而没有重叠和间隙的几何形状时，只有三种可能的选择：正方形、等边三角形和正六边形。小区的形状如图 2.28 所示。

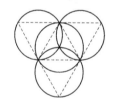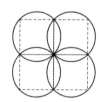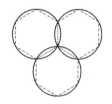

图 2.28　小区的形状

从表 2.6 中可知，正六边形所覆盖的面积最大。如果用正六边形作小区覆盖模型，用最少的小区数量就能覆盖整个服务区域，这样所需的基站数最少，也最经济，而且，正六边形最接近圆形的辐射模式，基站的全向天线和自由空间传播辐射模式都是圆形的。正六边形构成的网络形同蜂窝，因此把小区形状为六边形的小区制移动通信网称为移动蜂窝网。基于蜂窝状的小区覆盖是目前公共移动通信网的主要覆盖方式。

表 2.6　三种形状小区的比较

小区形状	正三角形	正方形	正六边形
邻区距离	r	$\sqrt{2}r$	$\sqrt{3}r$
小区面积	$1.3r^2$	$2r^2$	$2.6r^2$
交叠区宽度	r	$0.59r$	$0.27r$
交叠区面积	$1.2\pi r^2$	$0.73\pi r^2$	$0.35\pi r^2$

2.10.2　区群的构成与激励方式

1. 区群的构成

蜂窝式移动通信网通常是由若干邻接的无线小区组成一个无线区群，再由若干无线区群构成整个服务区。为了防止同频干扰，要求每个区群中的小区，不得使用相同的频率，只有在不同的区群中，才可使用相同的频率。区群的组成如图 2.29 所示。

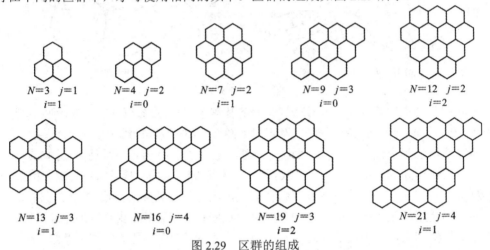

图 2.29　区群的组成

区群的组成应满足两个条件：

➤ 区群之间可以邻接，且无空隙无重叠地进行覆盖；
➤ 邻接之后的区群应保证各个相邻同信道小区之间的距离相等。

满足上述条件的区群形状和区群内的小区数不是任意的。可以证明，区群内的小区数 N 应满足：

$$N=i^2+ij+j^2 \tag{2-13}$$

式中，i、j 为正整数。

由此可以计算出 N 的取值表，如表 2.7 所示。

表 2.7　区群内小区数 N 的取值

j	i				
	0	1	2	3	4
1	1	3	7	13	21
2	4	7	12	19	28
3	9	13	19	27	37
4	16	21	28	37	48

2. 同频(信道)小区的距离

确定同信道小区的位置和距离可用下面的方法。如图 2.30 所示，由某一小区 A 出发，先沿边的垂线方向跨 j 个小区，再向左(或向右)转 60°，再跨 i 个小区，这样就到达同频(信道)小区 A。在正六边形的六个方向上，可以找到六个相邻同信道小区，所有 A 小区之间

的距离都相等。设小区的辐射半径(即正六边形外接圆的半径)为 r，则从图可以算出同信道小区中心之间的距离为

$$D = \sqrt{3}r\sqrt{\left(\frac{\sqrt{3}i}{2}\right)^2 + \left(j + \frac{i}{2}\right)^2} = \sqrt{3(i^2 + ij + j^2)} \cdot r = \sqrt{3N}r \tag{2-14}$$

可见群内小区数 N 越大，同信道小区的距离就越远，抗同频干扰的性能也就越好。例如，$N=3$，$D/r=3$；$N=7$，$D/r \approx 4.6$；$N=19$，$D/r \approx 7.55$。

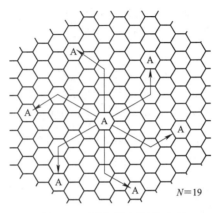

图 2.30　同信道小区的确定

3. 激励方式

在进行区域覆盖时，基站发射机可设置在小区的中央，通常用全向天线形成圆形覆盖区，这称为中心激励，如图 2.31(a)所示。也可以将基站设置在每个小区六边形的三个顶点上，每个顶点上的基站采用三副 120° 扇形辐射的定向天线，分别覆盖三个相邻小区的各三分之一区域，每个小区由三副 120° 扇形定向辐射天线共同覆盖，这被称为顶点激励，如图 2.31(b)所示。采用定向天线后，所接收的同频干扰功率仅为采用全向天线系统的 1/3，因而可减少系统的同频干扰。另外，在不同地点采用多副定向天线可消除小区内障碍物的阴影区。

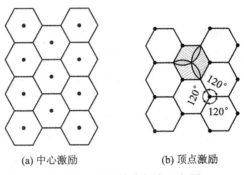

(a) 中心激励　　　　　　　(b) 顶点激励

图 2.31　两种激励方式示意图

2.10.3　系统容量与信道(频率)配置

移动通信系统在给定的工作频段上所能服务的用户和终端个数是有限的，这一限制可

用信息论的信道容量给出。通信系统的通信容量可以用不同的表征方法进行度量。就点对点的通信系统而言，系统的通信容量可以用信道效率，即在给定的可用频段中所能提供的最大信道数目进行度量。一般来讲，在有限的频段中，此信道数目越大，系统的通信容量也越大。对蜂窝通信网络而言，因为信道在蜂窝中的分配，涉及频率再用和由此产生的同道干扰问题，因而系统的通信容量用每个小区的可用信道数进行度量比较适宜。每个小区的可用信道数(ch/cell)即为每小区允许同时工作的用户数(用户数/cell)，此数值越大，系统的通信容量也越大。此外，还可用每小区的爱尔兰数(Erl/cell)、每平方公里的用户数(用户数/km^2)以及每平方公里小时通话次数(通话次数/(h·km^2))等进行度量。当然，这些表征方法是互有联系的，在一定条件下是可以相互转换的。

蜂窝移动通信业务区由若干个小区(cell)构成，而许多小区组成若干个区群，由于不同区群在地理位置上有一定的距离，这个距离只要足够大，则可把多个频率按相同方法重复支配给各个区群的小区使用，而不会产生明显的相互干扰现象，这就是蜂窝通信系统通过采用频率再用技术来提高系统容量的方法。蜂窝移动通信系统用总信道数 M 来衡量无线系统频谱效率。M 值取决于所需的载波干扰比(C/I，简称载干比)和信道带宽 B_c。因此，蜂窝通信系统的总信道数 M 可定义为

$$M = \frac{W}{B_c N} \qquad \text{信道/小区(ch/cell)} \tag{2-15}$$

式中，W 是分配给系统的总的频谱；B_c 为信道带宽；N 为频率重用的小区数。

显然，在蜂窝移动通信系统的总信道数 M 不变的条件下，区群的小区数目越小，分配给各小区的频道数越大，系统的通信容量越大。

为了缓解同频干扰，在用户密集的区域(称为热点)，常使用发射功率较低的小基站或微基站来服务面积较小的小区(半径为几十米甚至十几米)，覆盖范围较大(半径为几百米)的基站则称为宏基站。另外还常用定向天线覆盖特定的地理范围，降低同频干扰。而在用户分布较为稀疏的区域，则会使用发射功率更高的宏基站，进一步扩大小区的覆盖范围。

2.10.4　无线组网架构

为了充分利用频率资源，在宏基站控制的宏小区覆盖范围内，还可以部署微基站，或将宏基站的射频或天线拉远至其他位置，形成宏小区内的微小区，通过多个微小区的频率复用来提升网络性能，这种组网方式称为分层组网，相应的网络称为异构网络。在异构网络中，微小区可用于覆盖那些通信需求量大的热点区域，称为补热；也可以用于覆盖那些宏小区信号不好的覆盖盲点，称为补盲。

无线接入网的组网结构可分为层级化和扁平化。2G、3G 无线接入网都有基站控制器和基站两种网元。各基站之间没有接口，如 GSM 无线接入网 BSC 和 BTS 之间直接相连，而在 WCDMA 和 TD-SCDMA 无线接入网中 RNC 和 NodeB 直接相连，它们都是一种层级化的组网形式。在层级化的无线组网结构中，基站之间没有接口，基站之间的协调通过基站控制器协调完成，信息传送距离较长，时延较大，网络自适应能力较差。

为克服层级化组网的缺点，LTE 无线接入网的组网架构采取扁平化的网络结构，这就要求基站控制器的功能向基站转移。网络中任何一个节点兼有基站控制器和基站的功能，

基站之间需要建立信息传送接口，即在 LTE 中的 eNodeB 之间的接口采用有线连接。扁平化的网络结构具有信息传送距离短、时延小、网络自适应能力强的优点，扁平化的无线组网又称为网状网。

2.10.5　蜂窝网络的特点

蜂窝网络可让频谱资源在多个小区内重复使用，或者说让资源在不同的地理空间上不断重复使用，以提高频谱资源利用率。两个临近的小区若使用相同的频率，则两个小区的无线链路信号会相互干扰，即出现同频干扰。为了避免同频干扰，可以让相同的频率在地理位置上隔离开的小区之间复用，此时需要将系统的全部可用频谱分成几份，相邻的几个小区使用不同的部分频率，称为异频组网，2G 移动通信系统使用的就是这种方式。若能让所有小区都使用所有频率资源，即同频组网，一方面可以最大化利用频谱资源，另一方面则要求系统能够有效解决同频干扰问题，3G、4G 移动通信系统都使用同频组网，并在无线链路上设计采用对抗同频干扰的技术。

蜂窝网络的另一个优点就是让移动终端以相对较小的发射功率工作。一个小区的服务范围一般在十几平方千米以内，终端和基站的距离在城市内只有几百米，这样终端的发射功率较低，可用小型电池长时间供电。

由于频率资源的稀缺性，不同移动运营商所使用的频谱资源可能在频域上紧邻。新部署的 4G 系统也可能与已经部署的 2G/3G 移动通信系统在频率上相邻。无线设备在发射信号时会不可避免地在工作频带外产生一些带外辐射信号，对相邻频带上的通信系统产生异系统干扰。因此，移动通信系统需要具备与其他系统共存的能力，特别是在同一物理位置上，当 4G 系统的基站与 2G/3G 系统基站共站址时，或与其他运营商的 4G 基站共站址时，需要将工作频带外的信号辐射强度控制在可接受的范围以内。

小　　结

为了在开放的信道中实现有效传输通信双方的信息、消除不良影响、获得通信的高可靠性这样的目标，本章主要介绍了移动通信系统所涉及的主要技术，如双工技术、多址技术、编码技术、调制解调技术、干扰衰落、分集技术、功率控制、组网技术和切换等。本章的目的是让读者通过对这些技术的学习和了解，为后续介绍移动通信系统奠定基础。

习　题　2

1. 移动通信包括哪些主要技术？各项技术的主要作用是什么？
2. 分集技术如何分类？移动通信系统中主要采用哪些分集接收技术？
3. 组网技术主要解决哪些通信问题？
4. 什么是调制和解调的目的？什么是 QPSK？简述其原理。
5. 切换分为几类？它们之间有什么异同？

6. 在移动通信中，为什么要采用功率控制技术？什么是开环功率控制？什么是闭环功率控制？

7. 通信中存在哪些干扰？它们是如何产生的？怎么消除？

8. 语音编码技术主要有哪几种方法？它们各自具有什么特点？

9. 信道编码一般采用什么样的方法？简述其原理。

10. 产生多普勒效应的原因是什么？如何解决？

11. 在面状覆盖区中，用六边形表示一个小区，每一个簇的小区数量 N 应该满足的关系式是什么？

12. 多选题：

(1) 以下不属于多址技术的包括(　　)。

A. TDMA　　　B. FDD　　　C. CDMA　　　D. TDD　　E. OFDM

(2) TDD 与 FDD 的差别(　　)。

A. 双工模式差异：FDD、TDD 双工方式不同

B. 多址方式差异：FDD、TDD 多址方式不同

C. 帧结构差异：FDD、TDD 帧结构不同

D. 带宽差异：FDD、TDD 支持的带宽不同

13. 单选题：

(1) GSM 系统采用的多址方式为(　　)。

A. FDMA　　　B. CDMA　　　C. TDMA　　　D. FDMA/TDMA

(2) CDMA 软切换的特性之一是(　　)。

A. 先断开原来的业务信道，再建立信道业务信道

B. 在切换区域 MS 与两个 BTS 连接

C. 在两个时隙间进行的

D. 以上都不是

(3) 交织技术(　　)。

A. 可以消除引起连续多个比特误码的干扰

B. 将连续多个比特误码分散，以减小干扰的影响

C. 是在原始数据上增加冗余比特，降低信息量为代价的

D. 是一种线性纠错编码技术

14. 填空题：

(1) $\frac{\pi}{4}$ 相移 QPSK 调制属于_____调制，它_____采用非相干解调。

(2) GMSK 调制属于_____调制，它最主要的特点是已调信号具有_____不变的特性。

(3) 在 CDMA 系统中采用语音激活技术可以提高_____。

(4) 常用的几种分集技术为_____分集，_____分集，角度分集，频率分集，时间分集。

(5) 常见的分集信号合并技术可分为_____合并，_____合并，_____合并，_____合并。

(6) 应用奥村模型对移动通信＿＿＿＿＿＿进行估算。

(7) 语音编码通常有＿＿＿＿、＿＿＿＿和＿＿＿＿三类，数字蜂窝系统通常采用＿＿＿＿编码方式。

(8) 划分服务区域要根据服务对象、地形以及不产生相互干扰等因素决定。通常小区制有两种划分方法，＿＿＿＿和＿＿＿＿。

(9) 在移动通信中，改进接收信号质量的三种常用技术为＿＿＿＿，＿＿＿＿，＿＿＿＿。

(10) 沃尔什码就其正交性而言为＿＿＿＿码，其相关性为＿＿＿＿和＿＿＿＿。

(11) 移动通信的主要干扰有：＿＿＿＿、＿＿＿＿及＿＿＿＿。

(12) 移动通信的主要噪声来源是＿＿＿＿。主要干扰有＿＿＿＿，＿＿＿＿及＿＿＿＿，＿＿＿＿。

第3章　无线接入网网络架构

移动通信网络与固定通信系统相比,其系统运行环境开放且工作环境复杂多变,因此,为了保证用户通信的质量,满足无论何时何地都能进行实时通信的要求,不同制式的移动网络中要包含不同的网元和设备,下面分别以应用广泛且具有代表性的 GSM 网络和 WCDMA 为例进行介绍。

3.1　GSM 移动通信系统组成

图 3.1 给出了 GSM/GPRS 网络的体系结构,因为它是后来 3G 及 LTE 演进的基础,所以有必要讲述一下。早期的 GSM 系统主要由基站子系统(Base Station Subsystem,BSS)、网络交换子系统(Network Switching Subsystem,NSS)、移动台 MS 和 GSM 分组无线系统GPRS 四个部分组成。

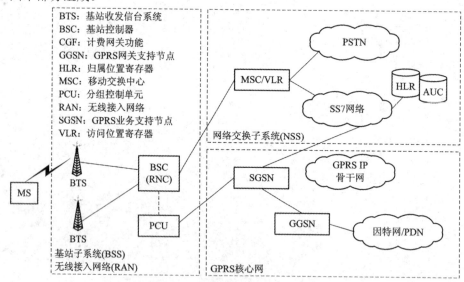

图 3.1　GSM/GPRS 网络体系结构

1. 基站子系统 BSS

BSS 主要由基站控制器 BSC 和基站收发信台 BTS 组成。它是在一定的无线覆盖区中由移动交换中心 MSC 控制、与移动台 MS 进行通信的系统设备,它主要负责完成无线发送接收和无线资源管理等功能。BSC 和 BTS 通过 Abis 接口直接互连。

1) 基站控制器 BSC

BSC 是 BSS 的控制部分,具有一个 BSC 控制一个或多个 BTS 的功能,负责各种接口的管理，承担其覆盖区域内的无线资源和无线参数的管理，负责呼叫建立的信令处理以及小区中的信道分配，并提供无线电网络的运营与维护功能。如无线网络资源的管理、小区配置数据管理、功率控制、定位和切换等。GSM 演进为 3G 后，BSC 演进为无线网络控制器 RNC。

2) 基站收发信台 BTS

BTS 是 BSS 系统中的无线接入部分。BTS 由 BSC 控制，服务于某个小区的无线收发信设备，是网络中固定部分与无线部分之间进行通信的中继，用来完成 BSC 与无线信道之间的转换，并通过空中接口 Um 实现 BTS 与 MS 之间的无线传输以及相关控制功能。

2. 网络交换子系统 NSS

网络交换子系统 NSS 由 MSC 和用户数据库组成。MSC 提供所需要的交换，为主叫和被叫用户建立连接，并和公用电话交换网(Public Switched Telephone Network，PSTN)互联。为实现呼叫控制，MSC 利用归属位置寄存器(Home Location Register，HLR)和拜访位置寄存器(Visitor Location Register，VLR)确定移动用户的位置。

NSS 与 BSS 之间的接口为"A"接口，BSS 与 MS 之间的接口为"Um"接口。在模拟移动通信系统中，全入网通信系统技术 TACS 规范只对 Um 接口进行了规定，而未对 A 接口做任何的限制。因此，各设备生产厂家对 A 接口都采用各自的接口协议，对 Um 接口遵循 TACS 规范。也就是说，NSS 系统和 BSS 系统只能采用一个厂家的设备，而 MS 可用不同厂家的设备。

NSS 主要完成交换功能和客户数据以及移动性管理、安全性管理所需的数据库功能。NSS 由一系列功能实体构成，各功能实体介绍如下：

1) 移动业务交换中心 MSC

MSC 是 GSM 系统的核心，是对位于它所覆盖区域中的移动台进行控制和完成话路交换的功能实体，也是移动通信系统与其他公用通信网之间的接口。它具有如下功能：

➢ 完成网络接口、公共信道信令系统和计费等功能；
➢ 完成 BSS、MSC 之间的切换和辅助性的无线资源管理、移动性管理等。

为了建立至移动台的呼叫路由，每个 MS 还应能完成访问 MSC 网关移动交换中心(Gateway Mobile Switching Center，GMSC)的功能，即查询位置信息的功能。

2) 访问位置寄存器 VLR

VLR 是存储 MSC 为了处理所管辖区域中 MS 的来话、去话呼叫所需检索信息的一个数据库，例如客户的号码、所处位置区域的识别、向客户提供的服务等参数。

3) 归属位置寄存器 HLR

HLR 用于存储移动客户管理数据的一个数据库。每个移动客户都应在其 HLR 注册登记，它主要存储两类信息：一是有关客户的参数；二是有关客户目前所处位置的信息，以便建立至移动台的呼叫路由，例如 MSC、VLR 地址等。

4) 鉴权中心 AUC

鉴权中心(Authentication Center，AUC)用于产生为确定移动客户的身份和对呼叫保密所需鉴权、加密参数的功能实体。AUC 为电路域(Circuit Switched，CS)和分组域(Packet

Switched，PS)的共用设备，它有两个功能：一是对用户的国际移动用户识别码 IMSI 号进行鉴权；二是为移动台和网络之间在无线路径上的通信进行加密。

5) 设备识别寄存器 EIR

设备识别寄存器(Equipment Identity Register，EIR)存储着移动设备的国际移动设备识别码(International Mobile Equipment Identity，IMEI)，通过检查白色清单、黑色清单或灰色清单这三种表格，使得运营部门对于不管是失窃还是由于技术故障或误操作而危及网络正常运行的 MS 设备，都能采取及时的防范措施，以确保网络内所使用的移动设备的唯一性和安全性。

6) 操作维护中心 OMC

操作维护中心(Operation and Maintenance Center，OMC)是完成网络操作与维护管理的设施。GSM 系统的所有功能单元都可以通过各自的网络连接到 OMC，通过 OMC 可以实现 GSM 网络各个功能单元的监视、状态报告和故障诊断等功能。OMC 主要具有维护测试、故障诊断及处理、系统状态监视、用户跟踪、告警、话务统计等功能。依据厂家的实现方式 OMC 可分为无线子系统的操作维护中心(Operation & Maintenance Center-Radio，OMC-R)和交换子系统的操作维护中心(operation and maintenance center-swith，OMC-S)。OMC-R 用来实现对 BSS 设备的操作和维护，主要包括面向 GSM 无线子系统的基本操作维护功能以及提供管理服务的辅助功能；OMC-S 用于 NSS 系统的操作和维护。

3. 移动台 MS

MS 是移动客户设备部分，它由移动终端(Mobile Terminal，MT)和用户识别卡(Subscriber Identity Module，SIM)两部分组成。

➤ 移动终端就是"手机"，它可完成话音编码、信道编码、信息加密、信息的调制和解调、信息发射和接收；

➤ SIM 卡就是"身份卡"，它类似于我们现在所用的 IC 卡，因此也称作智能卡，存有认证客户身份所需的所有信息，并能执行一些与安全保密有关的重要信息，以防止非法客户进入网络。SIM 卡还存储与网络和客户有关的管理数据，只有插入 SIM 卡后移动终端才能接入移动通信网。

4. GSM 分组无线系统 GPRS

通用无线分组业务(General Packet Radio System，GPRS)是介于 2G 和 3G 之间的一种技术，通常称为 2.5G。GPRS 采用与 GSM 相同的频段、频带宽度、突发结构、无线调制标准、跳频规则以及相同的 TDMA 帧结构。因此，在 GSM 系统的基础上构建 GPRS 系统时，GSM 系统中的绝大部分部件都不需要作硬件改动，只需作软件升级。有了 GPRS，用户的呼叫建立时间大大缩短，几乎可以做到"永远在线"。此外，GPRS 是以运营商传输的数据量而不是连接时间为基准来计费的，从而令每个用户的服务成本更低。

GPRS 在原有的基于电路交换数据业务(Circuit Switched Data，CSD)方式的 GSM 网络上引入 GPRS 服务支持节点(Serving GPRS Supporting Node，SGSN)和网关支持节点(Gateway GPRS Support Node，GGSN)两个新的网络节点。SGSN 和 MSC 在同一等级水平，并跟踪单个 MS 的存储单元实现安全功能和接入控制，并通过帧中继连接到基站系统。GGSN 支持与外部分组交换网的互通，并经由基于 IP 的 GPRS 骨干网和 SGSN 连通，如

图 3.1 所示。SGSN 提供位置和移动性管理，可以认为是 MSC 的分组数据等效。GGSN 提供 IP 接入路由器功能，把 GPRS 网络和因特网及其他 IP 网络相连。

在图 3.1 中，移动台通过 GSM 网元设备可以和 PSTN、综合业务数字网(Integrated Services Digital Network，ISDN)以及公共数据网等固定通信网通信。

3.2　GSM 编码规则

GSM 系统属于小区制大容量移动通信网，在它的服务区内设置有很多基站，移动台只要在服务区内，移动通信网就必须具有控制、交换功能，以实现位置更新、呼叫接续、过区切换及漫游服务等。GSM 系统组成的移动通信网络结构中，其区域定义如图 3.2 所示。

GSM 服务区指的是 MS 可获得服务的区域，可由 1 个或若干个公用陆地移动网(Public Land Mobile Network，PLMN)组成。

PLMN 区指的是由 1 个公用陆地移动通信网(PLMN)提供通信业务的地理区域，可由 1 个或若干个 MSC 组成。例如中国移动的 PLMN 是 46000 和 46002，中国联通的 PLMN 是 46001。

MSC 区指的是由 1 个 MSC 所控制的所有小区共同覆盖的区域，构成 PLMN 网的一部分，可由 1 个或若干个位置区组成。

位置区指 MS 可任意移动而不需要进行位置更新的区域，可由 1 个或若干个扇区(或基站区)组成。

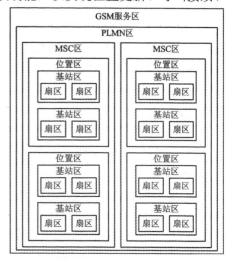

图 3.2　GSM 的区域定义

在现代无线通信系统中为了解决寻找手机的问题，通常将每个城市的无线网络划分为若干个位置区，并分位置区广播自己的位置区消息，手机通过侦听广播信息得知自己所在的位置区。若发现自己的位置区发生了变化，则主动联系无线网络，上报自己所在的位置；无线网络收到手机发来的位置变更信息后，就把它记载在数据库中，这个数据库称为位置寄存器。等以后无线网络收到该手机的被叫请求时，就首先查找位置寄存器，确定手机当前所处的位置区，再将被叫的请求发送到该位置区的所有基站，由这些基站对手机进行寻呼。实际中，为了避免网络资源浪费，系统会设定一个周期性的时间，要求手机每隔一定时间，不管位置区变化与否，都向网络汇报自己当前所在的位置区。对于逾期未报的手机，就把它当做"网络不可及"，直到收到它的下一次位置更新再改变状态。位置区的划分要适中，划得太大会浪费寻呼资源，划得过小手机会频繁上报位置区变更信息，同样浪费资源。

基站区指由置于同一基站点的 1 个或数个 BTS 包括的所有小区所覆盖的区域。为了方便手机找到基站并和基站建立联系，基站总是一刻不停地向外广播信息。

对 GSM 系统而言，不同的基站广播信息时所使用的频率不同，这样 GSM 手机就会扫描整个频段，按信号的强弱从最强信号开始逐一检查，直到找到合适的基站的广播信息。而 CDMA 手机锁定基站的方法是这样的：基站固定使用一个频率广播信息，手机只要调谐到这个频率,就可以收到基站的指引信息,从而找到基站。系统的控制载频在整个 CDMA 通信网络中是统一的。

为了使手机正确接收广播信号,就要同步信号。CDMA 系统和 GSM 系统类似,首先是广播导频信号和同步信号,然后再广播基站的标识和空口的结构参数。由于 GSM 相邻的基站和小区采取不同的频率进行广播,工作频率不同,因而不会产生干扰;CDMA 系统虽然采用一个固定的频率,但是相邻基站的扰码不同,也不会产生干扰。

扇区指采用基站识别码或全球小区识别进行标识的无线覆盖区域。当基站收发信台天线采用定向天线时,基站区分为若干个扇区;在采用全向天线时,扇区即为基站区。

图 3.2 所示的网元设备已多种多样了,而在一个城市,用户和基站的数量要多得多。比如手机用户,通常是几十万乃至上百万量级的,基站通常为几百到上千个,就连数量相对较少的 BSC,也有十几到几十台。管理这样庞大的一个系统需要科学的编号方法,一个好的编号计划需要满足以下两点:

➢ 编号具有唯一性,也就是用户的手机号唯一,信令点的编码也保持唯一;

➢ 编号要便于检索,比如 HLR 的寻址方式就是根据手机号码的第 4~7 位来判断手机的归属地。

在 GSM 网络里,有 5 个编号极其重要,分别是移动台国际 ISDN 号(Mobile Station International ISDN Number,MSISDN)、国际移动用户识别码(IMSI)、位置区识别码(Location Area Identity,LAI)、全球小区识别码(Cell Global Identifier,CGI)和基站识别色码(Base Station Identity Code,BSIC),下面分别对这 5 个号码进行讨论。至于其他的漫游号码(Mobile Station Roaming Number,MSRN)、切换号码 HONR、临时移动站标识(Temporary Mobile Station Identity,TMSI)、IMEI 号等,在移动网络维护或网优的时候会遇到,在此不做介绍。

1. 移动台国际 ISDN 号(MSISDN)

MSISDN,简单说就是用户的手机号码,而 IMSI 是国际移动用户识别码,即 SIM 卡的识别码。MSISDN 的具体结构如图 3.3 所示。

图 3.3　MSISDN 的组成

图中各部分解释如下:

国家码(Country Code,CC),即在国际长途电话通信网中要使用的标识号,中国为 86。

国内目的地码(National Destination Code,NDC),即网络接入号,也就是平时手机拨号的前 3 位。如中国移动 GSM 网的接入号为"134~139""150~152""157~159",中国联通 GSM 网的接入号为"130~132""155~156"。

用户号码(Subscriber Number,SN),采用等长 8 位编号计划。

MSISDN 的前面部分 CC+NDC+H0H1H2H3 其实就是用户所属 HLR 的地址。

如一个 GSM 移动手机号码为 861390943××××,86 是国家码(CC);139 是 NDC,

用于识别网络接入号；0943××××是用户号码的 SN，其中 0943 用于识别归属区，说明这是一个甘肃白银的用户。

2. 国际移动用户识别码(IMSI)

为了在无线路径和整个移动通信网上正确地识别某个移动用户，就必须为移动用户分配一个特定的识别码。这个识别码称为国际移动用户识别码 IMSI，用于移动通信网的所有信令中，存储在用户识别卡(SIM)、HLR、VLR 中。

MSISDN 与 IMSI 的关系有点类似于一个人的姓名与身份证号的关系，虽然大家平时都是以姓名相称呼，但是公安局也好、民政局也罢，还是会通过个人身份证号进行唯一识别。个人姓名可以修改，但是身份证号却不会变，同样，用户可以去运营商处修改手机号码，但只要 SIM 卡没扔，用户 IMSI 号还是不会变。

如图 3.4 所示，IMSI 号码结构为：IMSI = MCC + MNC + MSIN。

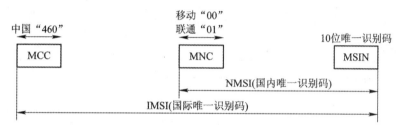

图 3.4　IMSI 号的组成

➤ 移动国家号码(Mobile Country Code，MCC)，由 3 位数字组成，唯一地识别移动用户所属的国家，我国为 460。

➤ 移动网号(Mobile Network Code，MNC)，由 2 位数字组成，用于识别移动用户所归属的移动网。中国移动的 GSM 公共陆地移动网络(PLMN，指由政府或它所批准的经营者，为公众提供陆地移动通信业务目的而建立和经营的网络)用 00 表示，中国联通的 GSM PLMN 用 01 表示。

➤ 移动用户识别码(Mobile Station Identification Number，MSIN)，采用等长 10 位数字构成，用于唯一地识别国内 GSM 移动通信网中的移动用户。

3. 位置区识别码(LAI)

位置区识别码(Location Area Identity，LAI)代表 MSC 业务区的不同位置区，用于移动用户的位置更新，当用户从一个区域到另外一个区域时，就用这个编号来进行识别。现网中通常一个 BSC 分配一个 LAI 号，这样比较简单。如图 3.5 所示，其号码结构为：LAI=MCC+MNC+LAC。

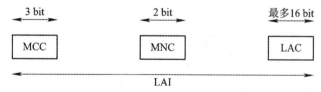

图 3.5　LAI 号的组成

前面已经介绍了 MCC，它用于识别一个国家，同 IMSI 中的前 3 位数字；MNC 用于识别国内的 GSM 网，同 IMSI 中的 MNC。

位置区码(Location Area Code，LAC)用于识别一个 GSM 网中的位置区，LAC 的最大长度为 16 bit，在一个 GSM PLMN 中可定义 65 536 个不同的位置区。

4. 全球小区识别码(CGI)

如果说 LAI 能精确到某个用户处于哪个区域的话，那么全球小区识别码(Cell Global Identifier，CGI)甚至可以识别到这个用户具体是在哪个基站的哪个扇区下。通常情况下一个基站有 3 个扇区。它的结构是在位置区识别码(LAI)后加上一个小区识别码(CI)，如图 3.6 所示，其结构为：CGI＝MCC＋MNC＋LAC＋CI。

> MCC ＝ 移动用户国家码，用于识别一个国家；
> MNC ＝ 移动网号，用于识别国内的 GSM 网；
> LAC ＝ 位置区码；
> CI 为小区识别代码。

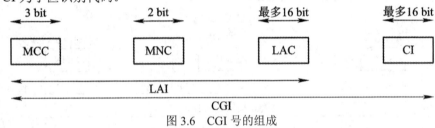

图 3.6　CGI 号的组成

5. 基站识别色码(BSIC)

BSIC 用于识别采用相同载频的相邻的不同基站收发信台(BTS)，特别用于识别不同国家的边界地区采用相同载频的相邻 BTS。BSIC 结构为：BSIC＝NCC＋BCC，BSIC 占 6 bit，其中，网络色码(Network Color Code，NCC)占高 3 位、基站色码(Base station Color Code，BCC)占低 3 位。

NCC 用来唯一地识别相邻国家不同的 PLMN，相邻国家要具体协调 NCC 的配置。

BCC 用来唯一地识别采用相同载频的相邻 BTS。

3.3　GSM 网络接口及帧结构

空中接口可以称得上是一个无线通信系统"皇冠上的明珠"，研发、维护和网优的很多工作都是围绕空中接口展开的。

3.3.1　GSM 网络接口

在移动通信系统中，将传输网元间信号的通道称为接口。一个接口代表两个相邻实体间的连接点，它可承载不同实体间的信息流和协议。GSM 系统在制定技术规范时，就对系统功能、接口等作了详细规定，以便于不同公司的产品可以互连互通，为 GSM 系统的实施提供了灵活的设备选择方案，GSM 系统接口情况如图 3.7 所示。对于 GSM 而言，主要有 3 类接口，它们分别是：

> 手机和基站的接口，俗称"空中接口"，在 GSM 中称作"Um"接口。它是 GSM

系统中最重要、最复杂的接口,用于移动台与 GSM 系统的固定部分之间的互通。

➢ BSC 和 BTS 间的接口,在 GSM 中称作"Abis"接口。采用标准的 2048 Mb/s 或 64 kb/s PCM 数字传输链路来实现,支持所有向用户提供的服务,并支持对 BTS 无线设备的控制和无线频率的分配。Abis 口是私有的,各个厂家可以自己定义,这就使得不同厂家的 BSC 和 BTS 不能兼容,容易造成垄断。于是,到了 3G 时代,在运营商的干预下,这个接口在制定标准的时候也变成了开放的。

➢ MSC 与 BSC 间的互连接口,在 GSM 中称作"A"接口。其物理连接是通过采用标准的 2048 Mb/s PCM 数字传输链路来实现的,接口传送的信息包括对移动台及基站管理、移动性及呼叫接续管理等。A 接口也是开放的,它是无线接入网与无线核心网的分界线,通常将 A 接口靠近用户的这一侧称为无线接入网,包括 BSC 和 BTS,而把 MSC、HLR 这些设备称为无线核心网。

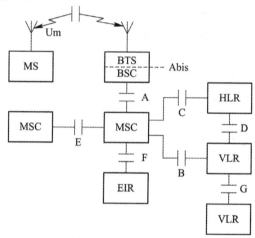

图 3.7 GSM 系统接口

这 3 类接口中,Um 接口和 A 接口是开放的,而 Abis 接口是私有的,各个厂家可以自己定义。Abis 接口的私有性,决定了 BSC 和 BTS 必须是同一个厂家的,否则无法对接,这在应用中造成了很多不便。为了便于互联互通,在 3G 网络中,这个接口在制定标准时也变为开放的。A 接口则是无线接入网与无线核心网的分界线,通常把 A 接口靠近用户的这一侧称为无线接入网,包含 BSC 和 BTS,而把 MSC、HLR 等设备称为无线核心网。

网络子系统内部接口包括 B、C、D、E、F、G 接口。它们的功能分别如下。

1. B 接口

B 接口定义为移动交换中心(MSC)与访问用户位置寄存器(VLR)之间的内部接口。B 接口用于 MSC 向 VLR 询问有关移动台(MS)当前位置信息或者通知 VLR 有关 MS 的位置更新信息等。

2. C 接口

C 接口定义为 MSC 与归属位置寄存器(HLR)之间的接口,用于传递路由选择和管理信息。两者之间是采用标准的 2.048 Mb/s PCM 数字传输链路实现的。

3. D 接口

D 接口定义为归属位置寄存器(HLR)与访问位置寄存器(VLR)之间的接口,用于交换移动台位置和用户管理的信息，保证移动台在整个服务区内能建立和接收呼叫。由于 VLR 综合于 MSC 中，因此 D 接口的物理链路与 C 接口相同。

4. E 接口

E 接口定义为相邻区域的不同移动交换中心 MSC 之间的接口。用于移动台从一个 MSC 控制区到另一个 MSC 控制区时交换有关信息，以完成越区切换。接口的物理链接方式是采用标准的 2048 Mb/s PCM 数字传输链路实现的。

5. F 接口

F 接口定义为 MSC 与移动设备识别寄存器(EIR)之间的接口，用于交换相关的管理信息。该接口的物理链接方式也是采用标准的 2.048 Mb/s PCM 数字传输链路实现的。

6. G 接口

G 接口定义为两个访问位置寄存器(VLR)之间的接口。当采用临时移动用户识别码(TMSI)时，此接口用于向分配 TMSI 的 VLR 询问此移动用户的国际移动用户识别码(IMSI)的信息。G 接口的物理链接方式与 E 接口相同。

除此，GSM 系统通过 MSC 与公用电话交换网络 PSTN 互连，MSC 与 PSTN 或 ISDN 交换机之间物理链接采用 2.048 Mb/s 的 PCM 数字传输链路实现。

3.3.2　GSM 空中接口帧结构

我们都知道，空中接口的频谱资源非常有限，GSM 不但是一个频分复用系统，还是一个时分复用系统，在频域上，GSM 每个频点占 200 kHz，它在时间域上又分成 8 个时隙，每个时隙 0.577 ms，可以承载 1 个用户。可以这样理解，8 个时隙提供给 8 个用户来使用，每个用户通话 0.577 ms，下一个 TDMA 帧轮到该用户说话(如图 3.9 所示，26 个 TDMA 帧，持续时长 120 ms)，间隔时长为 120/26≈4.615 ms，这只是举了一个例子，实际中这 8 个时隙中的 0 号时隙用于管理控制整个系统，即作为广播控制信道(Broadcast Control Channel，BCCH)时隙，1～7 号时隙用于承载业务。GSM 的时隙和帧结构如图 3.8 所示。

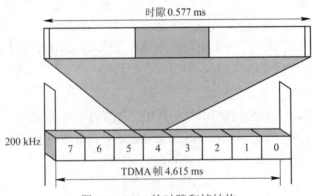

图 3.8　GSM 的时隙和帧结构

在 TDMA 中，每个载频被定义为一个 TDMA 帧，相当于 FDMA 系统中的一个频道，每帧包括 8 个时隙(TS0～TS7)，要有 TDMA 帧号，这是因为 GSM 的特性之一是客户保密性好，是通过在发送信息前对信息进行加密实现的。计算加密序列的算法是以 TDMA 帧号为一个输入参数，因此每一帧都必须有一个帧号。有了 TDMA 帧号，移动台就可判断控制信道 TS0 上传送的是哪一类逻辑信道。

GSM 帧结构含有如图 3.9 所示的 5 个层次，即时隙、TDMA 帧、复帧、超帧和超高帧。时隙是物理信道的基本单元。TDMA帧号是以 3 小时 28 分 53 秒 760 毫秒(2 715 648 个 TDMA 帧)为周期循环编号的，每 2 715 648 个 TDMA 帧为一个超高帧，超高帧是持续时间最长的 TDMA 帧结构，可以用作加密和跳频的最小周期。每一个超高帧又可分为 2048 个超帧，一个超帧持续时间为 6.12 s，是最小的公共复用时帧结构；每个超帧又是由复帧组成的。

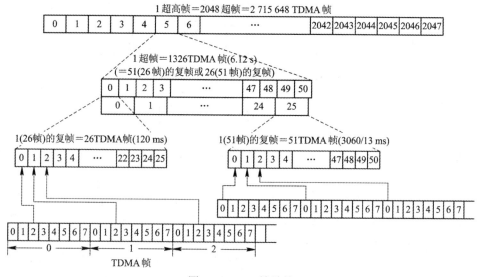

图 3.9 GSM 帧结构

为了满足不同速率的信息传输的需要，复帧分为两种类型：

➢ 26 帧的复帧——它包括 26 个 TDMA 帧，持续时长 120 ms，这种复帧用于携带业务信道(Traffic CHannel，TCH)；

➢ 51 帧的复帧——它包括 51 个 TDMA 帧，持续时长 3060/13 ms，这种复帧用于携带 BCCH、SDCCH 和 CCCH。

超帧是一个连贯的 51×26 的 TDMA 帧，由 51 个 26 帧的复帧或 26 个 51 帧的复帧构成；超高帧由 2048 个超帧构成。

3.4 GSM 业务流程

GSM 系统是一个复杂、先进的数字蜂窝移动通信系统，无论是移动用户与固定用户，还是移动用户之间建立通信，必须涉及系统中多个网元协同工作，下面主要讨论位置登记、呼叫建立过程和越区切换与漫游。

3.4.1 位置登记

位置登记(或称注册)是通信网为了跟踪移动台的位置变化，而对其位置信息进行登记、删除和更新的过程，位置登记过程如图 3.10 所示。GSM 系统的位置更新包括三个方面：

➤ 移动台的位置登记;

➤ 当移动台从一个位置区进入另一个位置区时,所进行的通常意义的位置更新;

➤ 在一定的时间内,网络与移动台无联系,移动台自动地、周期性地与网络联系,核对数据。

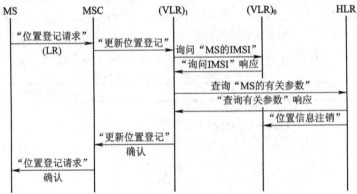

图 3.10　位置登记过程举例

位置登记包括首次登记、IMSI 分离附着,位置更新与删除,强制登记、周期性位置登记等过程。下面分别介绍:

(1) 首次登记、IMSI 分离/附着:当新的移动用户在接受网络服务去开机登记时,它的登记信息通过空中接口送到网络的 VLR 中,并再次进行鉴权登记。同时 HLR 也要随时知道移动台的位置,它通过 D 接口向 VLR 索取该信息。当登记完成时,网络将对新移动用户的国际移动用户识别码(IMSI)的数据作"附着"标记,若用户关机,MSC/VLR 将对该用户的 IMSI 的数据作"分离"标记,即去其"附着"。

(2) 位置更新与删除:当移动台处于开机空闲状态,MS 将随时接收网络发来的当前小区的位置识别信息,并将它存储起来,若下一次接收的位置标志与原存储的位置标志不同,则表示移动台发生了位置移动,此时 MS 将发送位置更新请求信息,网络将更新(注册)到新的 VLR 区域,同时 HLR 也将随之更新,之后 HLR 将向旧的 VLR 发出"注销该用户有关数据"的消息。

(3) 强制登记、周期性位置登记:若网络无法接收移动台的正确消息,而此时移动台还处于开机状态并可接收网络发来的消息,这时网络无法知道移动台的状态。为了解决此问题,系统采取了强制登记措施,如系统要求用户在一个特定时间内登记一次。这种位置登记过程就叫周期位置更新。

之所以需要在新旧 VLR 中传递 IMSI,是因为对于每次位置更新或呼叫尝试,MSC/VLR 都将给 MS 分配一个新的 TMSI,并且 TMSI 与 IMSI 之间有一定的算法转换关系。新 VLR 位置更新的确定,首先要获取 MS 的 IMSI,才能够分配新的 TMSI,而 IMSI 的发送要尽可能不在空中接口上进行,因此需要在新旧 VLR 中传递 IMSI。

3.4.2　呼叫建立过程

1. 移动台被呼过程

下面以固定电话上呼叫移动台(手机)为例,说明移动台的被呼过程,详细过程如图 3.11

所示。呼叫处理过程实际上是一个复杂的接续过程，包括交换中心间一些命令的交换和操作处理、识别定位呼叫的用户、选择线路和建立信道的连接等。下面将详细地介绍这一处理过程。

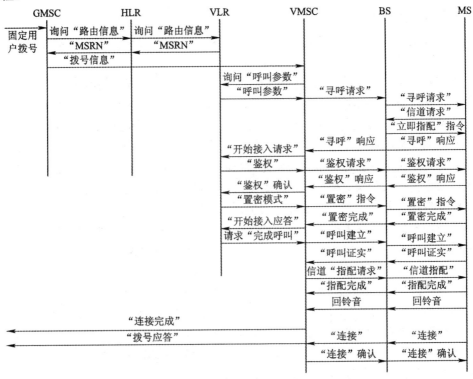

图 3.11　移动用户被呼的接续过程

固话用户呼叫手机用户时，主要分为下面五步：

(1) 固定网的用户拨打移动用户的电话号码。

(2) 固定电话网(程控交换网)交换机分析用户所拨打的移动用户的号码。

(3) 固定电话交换中心接到用户的呼叫后，根据用户所拨打的移动用户的号码分析得出此用户是要接入移动用户网，这样就将接续转接到移动网的关口移动交换中心 GMSC，关口移动交换中心分析用户所拨打的移动用户的号码。

因为移动交换中心没有被呼用户的位置信息，而用户的位置信息只存放在用户登记的归属寄存器(HLR)和访问登记表(VLR)中，所以移动交换中心分析用户所拨打的移动用户的号码得到被呼用户所在的归属寄存器的地址，取得被呼用户的位置信息。由此得到被呼用户的所在地区，同时也得到与该用户建立话路的信息，这个过程称为归属寄存器查询。

(4) 关口移动交换中心找到当前为被呼移动用户服务的移动交换中心，由正在服务于被呼用户的移动交换中心得到呼叫的路由信息，正在服务于被呼用户的移动交换中心是由其产生的一个移动台漫游号码(Mobile Station Roaming Number，MSRN)给出呼叫路由信息的。这里由访问登记表分配的移动台漫游号码是一个临时移动用户的号码，该号码在接续完成后即可以释放给其他用户使用。

(5) 移动交换中心与被呼叫的用户所在基站连接，完成呼叫。

关口移动交换中心接收包含移动台漫游号码的信息并进行分析，得到被叫的话路信息。最后向正在为被呼用户服务的移动交换中心发送携带有移动台漫游号码的呼叫建立请求消息，正在为被呼用户服务的移动交换中心接到此消息，找到被叫用户，通过其所在基站完成呼叫。

2. 移动台主叫过程

当一个移动用户要建立一个呼叫时，只需拨被呼用户的号码，再按"发送"键，移动用户则开始启动程序。

首先，移动用户通过随机接入信道(Random Access Channel，RACH)向系统发送接入请求消息，移动交换中心便分配给它一个专用信道，查看主叫用户的类别并标记此主叫用户忙，若系统允许该主叫用户接入网络，则移动交换中心发证实接入请求消息，主叫用户发起呼叫，如果被呼叫用户是固定用户，则系统直接将被呼用户号码送入固定网(PSTN)，固定网将号码连接至目的地。这种连接方式与固定电话的区别仅仅在于发送端的移动性，就是说移动台先接入移动交换中心，移动交换中心再与固定电话网相连，之后就和平时的电话接续没有什么差别了，由固定电话网接到被呼叫的用户端。

如果被呼号是同一网中的另一个移动台，则移动交换中心以类似从固定网发起呼叫的处理方式，进行归属寄存器的请求过程，转接被呼用户的移动交换机，一旦接通被呼用户的链路准备好，网络便向主呼用户发出呼叫建立证实，并给它分配专用业务信道(TCH)。主呼用户等候被呼用户响应证实信号，这时完成移动用户主呼的过程。也就是说，移动台呼叫移动台是"移动台呼叫固定电话网用户"和"固定电话网用户呼叫移动台"两者的结合。中间常常需要固定网(PSTN)做两者之间的信息交换。但由于移动台的移动性，就造成呼叫过程更复杂，要求也更高。其复杂之处在于移动台与移动交换中心之间的信息交换，包括基站与移动台之间的连接以及基站与移动交换中心之间的连接。

3.4.3　越区切换与漫游

越区切换是指将当前正在进行的移动台与基站之间的通信链路从当前基站转移到另一个基站的过程。

越区切换的主要过程为 BTS 首先要通知 MS 随时测量其周围基站的信号强度、广播控制信道的载频、信号强度和传输质量，并且以一定的时间间隔向正在为此移动台服务的BSC 报告，BSC 根据这些信息对周围小区进行比较排队(也就是"定位")，与此同时 BSC也要测量它与移动台的通话质量和信道性能。当语音质量下降到一定门限值以下时，BSC就根据移动台的报告结合其本身测量的情况，决定是否切换。切换的种类有：

(1) 同一个 BSC 控制区内不同小区之间的切换，也包括不同扇区之间的切换。

(2) 同一个 MSC 控制区内不同 BSC 之间的切换。

(3) 不同 MSC 控制区内的切换。

下面以同一个 MSC 控制区内不同 BSC 之间的切换为例，说明其切换流程，具体步骤如图 3.12 所示，流程如下：

➤ BSC1 发起切换流程，把切换请求及切换目的小区标识一起发给 MSC。

➤ MSC 根据位置区小区表判断目的小区属于哪个 BSC，并向 BSC2(即目标 BSC)发送切换请求。

➤ BSC2 向目标 BTS 预订并激活一个 TCH。

➤ BSC2 把包含有频率、时隙及发射功率的参数通过 MSC、BSC1 和源 BTS 传到 MS。

➤ MS 在新的频点上通过快速随路控制信道(Fast Associated Control Channel，FACCH)
发送接入突发脉冲。

➤ 目标 BTS 收到此脉冲后，回送时间提前量信息至 MS。

➤ MS 发送 HANDOVER COMPLETE 消息，通过 BSC2 传送至 MSC。

➤ MSC 通知 BSC1 释放 TCH，同时释放 BSC1 的 A 接口电路资源。

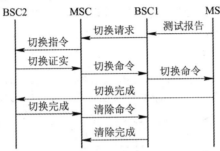

图 3.12 同一 MSC 不同 BSC 间的切换

3.5 第三代移动通信技术

3G 的最初动力还是源于那个有点遥远的梦想，即"任何人"在"任何时间""任何
地点"和"任何另外一个人"进行"任何方式的信息交换"。前面 4 个"任何"在大哥大
时代和 2G 时代已经实现了，而第 5 个"任何"，则一直是人们努力的方向。基于 GSM 的
GPRS、EDGE 和基于 IS-95 的 CDMA 1x 向这个方向靠近了一步，它们可以完成一些低速
率的信息交换，比如发彩信、上 WAP 网、聊 QQ 等，但对于视频以及多媒体数据的传输，
还是有点力不从心。

随着互联网越来越深地渗入我们的生活，以 iPhone 和 Android 为代表的智能手机的异
军突起，较好地实现了第 5 个"任何"。3G 用户和业务的迅速增长，让看惯世间风云的金
融大鳄摩根斯坦利也发出这样的惊叹："移动互联网正在以史无前例的速度在增长！"这
充分说明了移动互联网发展的速度的确超乎想象。

在 3G 的 3 大标准中，以 WCDMA 的应用最为成熟广泛，而且 3G 的 3 大标准又都以
CDMA 作为空中接口的基础，彼此有很多相似之处。因此，本节以 WCDMA 为例来介绍
3G 网络结构。WCDMA 实现了将无线通信与互联网等多媒体通信相结合的新一代移动通
信系统，它能够处理图像、音乐、视频流等多种媒体形式，提供包括网页浏览、电话会议、
电子商务等多种信息服务。为了提供这些服务，无线网络必须能够支持不同的数据传输速
度，也就是说在室内、室外和行车的环境中能够分别支持至少 2 Mb/s、384 kb/s 以及 44 kb/s
的传输速度。

为了提高下载速率和增加用户数，又要考虑降低建网成本、向下兼容，3GPP 推出了
Release 99(R99)规范，其核心网结构源自 GSM 核心网，主要变化发生在空中接口。从 GSM
到 3G，空中接口由 FDMA、TDMA 变成了 CDMA。而从 3G 到其后续演进 LTE，OFDM

技术又取代了 CDMA。虽然从 GSM 网络演变到 UMTS，WCDMA 代表着无线接入技术的巨大进步，但是 UMTS 核心网在 3GPP 的 Release 99 规范中并没有发生较大的变动，UMTS 陆地无线接入网络 UTRAN 和 GERAN 通过无线接入网连接到相同的核心网中。

通用移动通信系统 UMTS 是采用 WCDMA 空中接口技术的第三代移动通信系统，通常也把 UMTS 系统称为 WCDMA 通信系统。UMTS 是 IMT-2000 的重要成员，主要是由欧洲、日本等国家和地区的移动通信设备供应商提出的。UMTS 系统采用了与第二代移动通信系统类似的结构，包括无线接入网络 RAN 和核心网络 CN。其中 RAN 用于处理所有与无线有关的功能，而 CN 处理 UMTS 系统内所有的语音呼叫和数据连接，并实现与外部网络的交换和路由功能。UTRAN、CN 与 UE 一起构成了整个 UMTS 系统。其系统结构如图 3.13 所示。

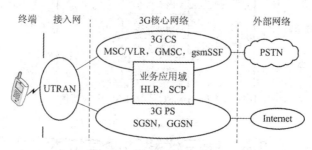

图 3.13　UMTS 的系统结构

从 3GPP R99 标准的角度来看，UE 和 UTRAN 由全新的协议构成，其设计基于 WCDMA 无线技术。而 CN 则采用了 GSM/GPRS 的定义，这样可实现网络的平滑过渡，此外在第三代网络建设初期能实现全球漫游。

UMTS 支持可变速率的业务量及 QoS 的高比特率承载业务。同时，也能以有效的方式支持突发和非对称业务，这将允许 UMTS 引入一系列新的业务如多媒体和 IP 业务等。

一般的 UMTS 系统的物理结构分为两个域：用户设备域和基本结构域。用户设备域是用户用来接入 UMTS 业务的设备，用户设备通过无线接口与基本结构相连接。基本结构域由物理节点组成，这些物理节点完成终止无线接口和支持用户通信业务需要的各种功能。基本结构域是共享的资源，它为其覆盖区域内的所有授权用户提供服务。

1. 用户设备域

用户设备域包括具有不同功能的各种类型设备。它们可能兼容一种或多种现有的接口(固定或无线)设备，用户设备域分为移动设备(Mobile Equipment, ME)域和用户业务识别单元(Universal Subscriber Identity Module, USIM)域。

(1) ME 域：其功能是完成无线传输和应用。移动设备还可以分为实体，如完成无线传输和相关功能的移动终端(MT)，包含端到端应用的终端设备(TE)。对移动终端没有特殊的要求，因为它与 UMTS 的接入层和核心网有关。

(2) USIM 域：其功能包含安全地确定身份的数据和过程。这些功能一般存入智能卡中。它只与特定的用户有关，而与用户所使用的移动设备无关。

2. 基本结构域

基本结构域可进一步分为直接与用户相连接的接入网域和核心网域，两者通过开放接口连接。接入网域由与接入技术相关的功能组成，而核心网域的功能与接入技术无关。从功能方面来看，核心网域又可以分为分组交换业务域 PS 和电路交换业务域 CS。但是，网络和终端可以只具有分组交换功能或电路交换功能，也可以同时具有两种功能。

(1) 接入网域。接入网域由管理接入网资源的物理实体组成，并向用户提供接入到核心网域的机制。对于 UMTS 系统接入网的标准，现在只包括 UTRAN，其他类型的接入网有待进一步研究。UTRAN 是一种新的接入网，为了使 UMTS 网络能够在两种接入网下运行，特别定义了 UTRAN 和基站子系统(BSS)接入网的互操作。从网络发展及漫游和切换的角度看，UMTS 系统应后向兼容 GSM 网络。所以 UMTS 将允许运营商引入新的技术，如 ATM、IP 等。UMTS 将支持各种接入方法，以便于用户利用各种固定和移动终端接入 UMTS 核心网和虚拟原籍环境(VHE)业务。在所有情况下，接入到 UMTS 网需要使用 UMTS 的用户业务识别单元。UMTS 的移动终端设计成运用于各种无线接入环境。

(2) 核心网域。核心网域由提供网络支持特性和通信业务的物理实体组成。提供的功能包括用户位置信息的管理、网络特性和业务的控制、信令和用户信息的传输机制等。核心网域又可分为服务网域、原籍网域和传输网域。

① 服务网域：与接入网域相连接，其功能是呼叫寻路和将用户数据与信息从源传输到目的地。它既和原籍网域联系以获得与用户有关的数据和业务，又和传输网域联系以获得与用户无关的数据和业务。

② 原籍网域：管理用户永久的位置信息。用户业务识别单元与原籍网域有关。

③ 传输网域：它是服务网域和远端用户间的通信路径。

3.6　WCDMA 网络结构

WCDMA 系统网络单元构成示意图如图 3.14 所示，由图可以看出 WCDMA 系统的网络单元包括四个部分。

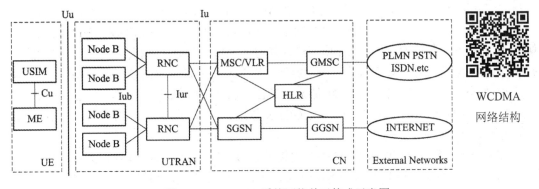

图 3.14　WCDMA 系统网络单元构成示意图

1. 用户终端设备(UE)

用户终端设备(User Equipment，UE)主要包括移动设备 ME 和用户业务识别单元 USIM 两部分，ME 是通过 Uu 接口进行无线通信的无线终端；USIM 是一张智能卡，记载有用户标识，可执行鉴权算法，并存储鉴权、密钥及终端所需的一些预约信息，提供用户身份识别。图 3.14 中，UE 通过 Uu 接口与网络设备进行数据交互，为用户提供电路域和分组域内的各种业务功能，包括普通语音、数据通信、移动多媒体、Internet 应用等。

2. UMTS 陆地无线接入网(UTRAN)

UTRAN 包含一个或几个无线网络子系统 RNS。一个 RNS 由一个无线网络控制器 RNC 和一个或多个基站(Node B)组成。UTRAN 可分为 Node B 和 RNC 两部分。

(1) Node B 是 WCDMA 系统的基站(即无线收发信机)，包括无线收发信机和基带处理部件。转换在 Iub 和 Uu 接口之间的数据流，它也参与无线资源管理，主要完成 Uu 接口物理层协议的处理。它的主要功能是扩频、调制、信道编码及解扩、解调、信道解码，还包括基带信号和射频信号的相互转换等。

(2) 无线网络控制器 RNC 主要完成连接建立和断开、切换、宏分集合并、无线资源管理控制等功能。

具体如下：

➢ 执行系统信息广播与系统接入控制功能。

➢ 切换和 RNC 迁移等移动性管理功能。

➢ 宏分集合并、功率控制、无线承载分配等无线资源管理和控制功能。

3. 核心网络(CN)

CN 负责与其他网络的连接和对 UE 的通信和管理。主要功能实体如下：

(1) 移动交换中心/访问位置寄存器(MSC/VLR)是 WCDMA 核心网 CS 域功能节点，它通过 Iu-CS 接口与 UTRAN 相连，通过 PSTN/ISDN 接口与外部网络(PSTN、ISDN 等)相连，通过 C/D 接口与 HLR/AUC 相连，通过 E 接口与其他 MSC/VLR、GMSC 或 SMC 相连，通过 CAP 接口与 SCP 相连，通过 Gs 接口与 SGSN 相连。MSC/VLR 的主要功能是提供 CS 域的呼叫控制、移动性管理、鉴权和加密等功能。通常把通过 MSC/VLR 相连接的网络部分称为 CS 域。

(2) 网关 MSC 节点(Gateway Mobile Switching Center，GMSC)是 WCDMA 移动网 CS 域与外部网络之间的网关节点，是 UMTS PLMN 与外部 CS 网络连接的交换设备，所有出入的 CS 交换业务都经过 GMSC。它通过 PSTN/ISDN 接口与外部网络(PSTN、ISDN、其他 PLMN)相连，通过 C 接口与 HLR 相连，通过 CAP 接口与 SCP 相连。它的主要功能是完成 VMSC 功能中的呼入呼叫的路由功能及与固定网等外部网络的网间结算功能。

(3) 服务 GPRS 支持节点(SGSN)是 WCDMA 核心网 PS 域功能节点，它通过 Iu-PS 接口与 UTRAN 相连，通过 Gn/Gp 接口与 GGSN 相连，通过 Gr 接口与 HLR/AUC 相连，通过 Gr 接口与 MSC/VLR 相连。

SGSN 的主要功能是提供 PS 域的路由转发、移动性管理、会话管理、鉴权和加密等。

(4) 网关 GPRS 支持节点(GGSN)是 WCDMA 核心网 PS 域功能节点，通过 Gn/Gp 接口与 SGSN 相连，通过 Gi 接口与外部数据网络(Internet/Intranet)相连。GGSN 提供数据包在 WCDMA 移动网和外部数据网之间的路由和封装。GGSN 需要提供 UE 接入外部分组网络的关口功能，从外部网的观点来看，GGSN 就好像是可寻址 WCDMA 移动网络中所有用户 IP 的路由器，需要同外部网络交换路由信息。

(5) 归属位置寄存器(HLR)是 WCDMA 核心网 CS 域和 PS 域共有的功能节点，它通过

C 接口与 MSC/VLR 或 GMSC 相连，通过 Gr 接口与 SGSN 相连，通过 Gc 接口与 GGSN 相连。HLR 的主要功能是提供用户的签约信息存放、新业务支持、增强的鉴权等功能。

4. 外部网络(External Networks)

外部网络分为以下两类：

➢ 电路交换网络(CS Networks)提供电路交换的连接，例如通话服务。ISDN 和 PSTN 均属于电路交换网络。

➢ 分组交换网络(PS Networks)提供数据包的连接服务，Internet 属于分组交换网络。

3.7　WCDMA 系统接口和帧结构

UMTS 标准没有对网元的内在功能进行具体的规范，但定义了逻辑网络元素间的接口，其中主要的开放接口包括：

(1) Cu 接口。Cu 接口是 USIM 卡和 ME 之间的电气接口，Cu 接口采用标准接口。

(2) Uu 接口。Uu 接口是 WCDMA 的无线接口。UE 通过 Uu 接口接入到 UMTS 系统的固定网络部分，可以说 Uu 是 UMTS 系统中最重要的开放接口。

(3) Iu 接口。Iu 接口是连接 UTRAN 和 CN 的接口。类似于 GSM 系统的 A 接口和 Gb 接口，Iu 接口是一个开放的标准接口，这也使通过 Iu 接口相连接的 UTRAN 与 CN 可以分别由不同的设备制造商提供。

(4) Iur 接口。Iur 接口是连接 RNC 之间的接口，是 WCDMA 系统特有的接口，用于对 RAN 中移动台的移动管理。例如在不同的 RNC 之间进行软切换时，移动台所有数据都是通过 Iur 接口从正在工作的 RNC 传到候选 RNC。Iur 是开放的标准接口。

(5) Iub 接口。Iub 接口是连接 Node B 与 RNC 的接口，Iub 接口也是一个开放的标准接口。这也使通过 Iub 接口相连接的 RNC 与 Node B 可以分别由不同的设备制造商提供。

WCDMA 系统的主要接口如图 3.14 所示。

3.7.1　WCDMA 与 2G 空中接口的区别

本节主要讲述 2G 中的 GSM 和 IS-95(CDMA 1x 系统的标准)空中接口与 WCDMA 的空中接口的比较。由于其他 2G 空中接口，如日本的 PDC 和 US-TDMA(主要应用在美洲地区)的接口基于 TDMA，跟 GSM 有更多的相似之处。2G 系统主要用在宏小区中并提供话音业务。3G 与 2G 相比，具有如下新需求：

➢ 最高可达 2 Mb/s 的比特速率；

➢ 根据不同带宽需求支持可变比特速率；

➢ 支持不同服务质量要求的业务，例如语音、视频和分组数据复用到一条单一的连接中；

➢ 满足从对时延敏感的实时业务(话音业务)到比较灵活的尽力而为型的分组数据的时延要求；

➢ 支持从 10% 的误帧率到 10^{-6} 的误比特率的质量要求；

➢ 与 2G 系统共存及支持增加覆盖范围和负载均衡而能够在 2G、3G 系统之间进行切换；

   ➤ 支持上、下行链路业务量不对称的服务，如浏览网页造成的下行链路负载远大于上行链路负载；

   ➤ 高频谱利用率；

   ➤ 支持 FDD、TDD 两种模式的共存。

   下面通过表 3.1 和表 3.2 分别列出 WCDMA 与 GSM、IS-95 在空中接口方面的主要区别。

表 3.1　WCDMA 和 GSM 空中接口的主要区别

	WCDMA	GSM
载波间隔	5 MHz	200 kHz
频率重用因数	1	1～18
功率控制频率	1500 Hz	2 Hz 或更低
服务质量控制	无线资源管理算法	网络规划(频率规划)
频率分集	5 MHz 频率的带宽使其可采用 Rake 接收机进行多径分集	跳频
分组数据	基于负载的分组调度	GPRS 中基于时隙的调度
下行链路发射分集	支持以提高下行链路的容量	标准不支持，但可以应用

表 3.2　WCDMA 和 IS-95 空中接口的主要区别

	WCDMA	IS-95
载波间隔	5 MHz	1.25 MHz
码片速率	3.84 Mchip/s	1.2288 Mchip/s
功率控制频率	1500 Hz 上、下行链路都有	上行链路：800 Hz；下行链路：慢速功率控制
基站同步	不需要	需要，典型的做法是通过 GPS
频率间切换	需要，使用分槽方式测量	可以采用，但未规定具体的测量方法
有效的无线资源管理算法	支持，提供所请求的 QoS	不需要，因其是只为传送话音设计的网络
分组数据	基于载荷的分组调度	把分组数据作为短时电路交换呼叫来处理
下行链路发射分集	支持，以获得更高的下行链路容量	标准不支持

   空中接口的不同反映了 3G 系统的新要求。例如，为支持更高的比特速率，需要 5 MHz 的带宽。WCDMA 中采用发送分集来提高下行链路容量，以支持具有上、下行链路容量非对称特性的业务。第二代的标准并不支持发送分集。而在 3G 系统中则要把不同比特速率、不同服务种类和不同质量要求的业务混合在一起，这就需要有先进的无线资源管理算法来保障服务质量并达到足够大的系统吞吐量。还有，在新系统中对非实时的分组数据的支持也很重要。

WCDMA 和 IS-95 都采用直接序列 CDMA。从表 3.2 可知：

➤ WCDMA 的码片速率为 3.84 Mchip/s，比 IS-95 中的 1.2288 Mchip/s 高，这样就能提供更多的多径分集，尤其是在小的市内小区。2.7.1 节中已讨论了分集技术对系统性能提高的重要性。尤其值得强调的是，利用多径分集，可以改善信号覆盖。

➤ 与窄带的 2G 系统相比，在高比特速率的情况下，更高的码片速率还需要有更高的中继增益。

➤ WCDMA 上、下行链路中都采用快速闭环功率控制。在下行链路中使用快速功率控制能够提高链路性能和增加下行链路的容量，但需要相应的移动台要有 SIR 估计和外环功率控制的新功能，由于 IS-95 的移动台没有此项功能，因此，IS-95 只在上行链路中使用快速闭环功率控制技术。

IS-95 系统的应用主要针对宏小区，IS-95 的基站需要同步，而同步的完成依赖于 GPS 信号，因此宏小区基站一般位于电线杆或屋顶这些易于接收 GPS 信号的地方。为了摆脱接收 GPS 信号来同步的限制，WCDMA 的设计采用了异步基站，这也使得 WCDMA 的切换与 IS-95 当中的略有不同。在 WCDMA 中，为了使每个基站的几个载频能得到最大化的使用，频率间的切换尤为重要。IS-95 中没有对频率间的切换做出详细规定，使得频率间的切换比较困难。总之，在开发 3G 空中接口的过程中，从 2G 空中接口中获得的经验发挥了很大的作用。

3.7.2　WCDMA 的帧结构

本章 3.3.2 节介绍了 GSM 空中接口的帧结构，下面我们对照 GSM 了解一下 WCDMA 空中接口的帧结构。

由图 3.15 所示的 WCDMA 帧结构可以看出，它与 GSM 帧结构有很多相似之处，为了加深理解，我们可以总结出以下几点：

➤ WCDMA 占用 5 MHz 带宽，而 GSM 占用 200 kHz 带宽；

➤ WCDMA 一个帧长度为 10 ms，GSM 一个 TDMA 帧长度为 4.615 ms；

➤ WCDMA 一个帧有 15 个时隙，而 GSM 只有 8 个时隙，但应该注意，WCDMA 中的时隙不是时分复用分配给很多用户，而是给一个用户的。

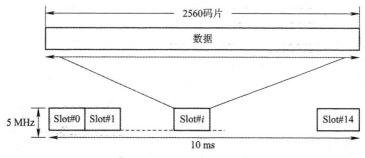

图 3.15　WCDMA 帧结构

由表 3.2 可知，WCDMA 的码片速率为 3.84 Mchip/s，那么其一帧的码片数就是 3.84 Mchip/s×10×10⁻³=38 400 chip，因此每个时隙的码片数为 38 400/15=2560 chip，这就是图 3.15 所示的一个时隙占用 2560 个码片的由来。

3.8　WCDMA 业务流程

3.8.1　终端开机、搜索网络、驻留

终端开机就停留在空闲模式下，通过非接入层标识如 IMSI、TMSI 或 P-TMSI 等标志来区分，它的首要任务就是找到网络 PLMN 并和网络取得联系。只有这样，才能获得网络的服务。UE 在选定的 PLMN 中搜索一个合适的小区，选择该小区以提供服务，并监测该小区的控制信道，这个过程称为小区驻留。UE 在空闲模式下的行为可以细分为 PLMN 选择和重选，小区的选择、重选和位置登记。空闲模式下的 UE 行为如图 3.16 所示。

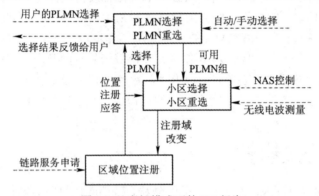

图 3.16　空闲模式下的 UE 行为

当 UE 开机后，首先应该选择一个 PLMN。当选中了一个 PLMN 后，就开始选择属于这个 PLMN 的小区。当找到这样的一个小区后，从系统信息(广播)中就可以知道临近小区(neighboring cell)的信息，这样，UE 就可以在所有这些小区中选择一个信号最好的小区，驻留下来。紧接着，UE 就会发起位置登记过程(attach or location update)。成功后，UE 就驻留在这个小区中了。驻留的作用有 4 个：

- ➢ 使 UE 可以接收 PLMN 广播的系统信息。
- ➢ 可以在小区内发起随机接入过程。
- ➢ 可以接收网络的寻呼。
- ➢ 可以接收小区广播业务。

当 UE 驻留在小区中，并登记成功后，随着 UE 的移动，当前小区和临近小区的信号强度都在不断变化。UE 就要选择一个最合适的小区，这就是小区重选过程。

当 UE 重选小区后，发现这个小区属于另外一个 LA 或者 RA，UE 就要发起位置更新，使网络获得最新 UE 的位置信息。UE 通过系统广播信息中的 SIB1 发现 LA 或者 RA 的变化。

如果位置登记或者更新不成功，比如当网络拒绝 UE 时，或者当前的 PLMN 出了覆盖区，UE 可以进行 PLMN 重选，以选择另外一个可用的 PLMN。

3.8.2　UE 主叫流程

当 UE 想发起一个呼叫时，UE 要使用无线接口信令与网络建立通信，并发送一个包

含有被叫用户号码的消息,即 Iu 接口上的 SETUP 消息。CN 将建立一个到该 UE 的通信信道,并使用被叫方地址创建一个 IAM 消息发送到被叫方,具体流程如图 3.17 所示。

(1) UE 在随机访问信道上发送信道申请的消息给网络。

(2) 网络回应快速响应的消息,使得 UE 可占用指定的专用信道。

(3) UE 向无线网络服务侧发初始服务请求消息呼叫服务申请。

(4) 网络将发起鉴权和加密过程。

(5) 在发送安全模式完成的消息之后,UE 通过发送通话设置的消息给无线网而发起呼叫的建立过程。

(6) 网络将回通话建立的消息。

(7) 在网络发起固定网络的呼叫建立之前要为 UE 分配一个通信信道。

(8) 当被叫振铃时,网络则要向主叫 UE 发一个响铃的消息。

(9) 当被叫方应答后,将发送一个通话连接消息给网络,网络再将其传给主叫侧。

(10) 当从主叫 MS 回通话连接确认的消息之后即完成了呼叫建立的过程。

图 3.17　移动起始呼叫建立过程

3.8.3　UE 被叫流程

UE 被叫发生在移动用户作被叫时的情况,此时由网络发起呼叫的建立过程,具体流程如图 3.18 所示。CN 收到 IAM 消息后,若允许该到来的呼叫建立,则 CN 要使用无线接口信令寻呼 UE。当 MS 以 PAGEACK 消息回应,CN 收到后即建立一个到 MS 的通信信道。

PSTN 呼叫 UE,呼叫从无线网络服务侧的端局入口开始。端局通过本地位置查询器查询 UE 当前所在的移动交换中心的号码,并将呼叫转接给当前的移动交换中心,之后交换中心向无线网络发送一个寻呼消息,在寻呼信道上广播该寻呼消息。

(1) 被叫 UE 监测到该寻呼,将向无线网络发送一个信道请求,无线网络回应立即指配命令,指示 UE 使用指定的信令信道。

(2) 然后 UE 将在该信令信道上发送一个寻呼响应消息,无线网络收到 UE 的寻呼响应消息后，将发起鉴权和加密过程。

(3) 无线网络将发送通话设置消息给 UE，该消息中包含有该呼叫的承载能力。

(4) 当 UE 从无线网络接收到通话设置的消息，它将回应一个通话建立的消息。如果协商的承载能力参数有变化，则该消息中要包含有承载能力信息。

(5) 当 CN 从 RNS 接收到通话建立的消息时，无线网络发送无线承载关联申请的消息要求进行无线信道的指配，无线网络将通过向 UE 发指配消息，命令 UE 调节到一个指定的通信信道上，UE 调到指定的信道上之后，将向无线网络发送指配完成消息。

(6) UE 之后会发送无线承载关联相应的消息。

(7) UE 发送呼叫振铃的消息指示被叫用户振铃。

(8) 当被叫用户应答时，被叫 UE 将发送一个通话连接的消息到无线网络。

(9) 无线网络回应通话连接确认消息，呼叫建立过程结束。

图 3.18　移动被叫建立过程

3.8.4　普通 CS 64K 可视电话业务回落

3G 相对于 2G，有一个非常显著的区别，即 3G 网络电路域可提供包括视频电话在内的多媒体业务，但在 3G 网络为用户提供多媒体服务时，用户可能会由于多种原因而导致可视电话呼叫失败，即出现多媒体业务回落或业务更改的情况。比如：当一个支持视频通话的终端 UE 发起视频呼叫时，由于某种原因，导致视频呼叫失败，但是网络和用户设备的状况仍然满足进行一次音频通话的条件，为满足客户的通话需求，此次视频呼叫的结果将会演变成一次音频通话，这种情况就是业务回落。这时应由网络通过接口信令通知主叫终端，以便主叫终端执行业务回落所需的操作。下面以被叫已签约且位于 WCDMA 网中，但当前被叫手机不支持可视电话业务或被叫手机虽支持可视电话业务，但所在位置的无线网络不足以支持可视电话业务为例，介绍回落流程，具体如图 3.19 所示。

(1) WCDMA 主叫用户发起呼叫请求，SETUP 消息中携带两个承载能力参数(Bearer Capability，BC)，BCmm(Bearer Capability multimedia)是多媒体承载，BCs(Bearer Capability

Speech)是语音承载，多媒体业务优先；

(2) 3G MSC 向被叫 HLR 发送路由信息请求消息 SRI，其中承载参数是多媒体；

(3) 被叫 HLR 检查被叫用户的签约情况，如果用户已签约多媒体业务，HLR 向被叫 MSC 发送漫游号码请求消息(Provide Roaming Number，PRN)，携带承载参数是多媒体；

(4) 被叫 MSC 检查 PRN 消息中的承载参数，如果 MSC 是 2G MSC，则不能识别消息中的多媒体参数，如果 MSC 已升级成 3G/2G MSC，则判断被叫用户所在网络是 2G 还是 3G 接入网，如果是 2G 接入网，则不支持多媒体业务，向 HLR 返回失败响应，原因是承载业务不支持(Bearer Service Not Provisioned)，或者功能不支持(Facility Not Supported)；

(5) HLR 向主叫 MSC 返回路由信息失败响应，其原因值与被叫 MSC 返回的漫游号码失败响应 PRN 消息中的原因值一致；

(6) 主叫 MSC 收到路由信息失败响应后，再次向被叫 HLR 发送路由信息请求消息 SRI，其中承载参数是语音；

(7) 被叫 HLR 检查被叫用户的签约情况，如果允许语音业务，HLR 向被叫 MSC 发送漫游号码请求消息 PRN，其中承载参数是语音；

(8) 被叫 MSC 向 HLR 发送漫游号码响应消息，携带被叫用户的漫游号码；

(9) HLR 向主叫 MSC 发送路由信息响应消息，携带被叫用户的漫游号码；

(10) 主叫 MSC 收到被叫漫游号码后，向被叫 MSC 发起初始地址消息 IAM，开始正常的 ISUP 局间语音呼叫流程，建立主叫和被叫之间的语音通信；

(11) 主叫 MSC 向主叫 UE 返回呼叫确认消息，携带承载参数是语音。

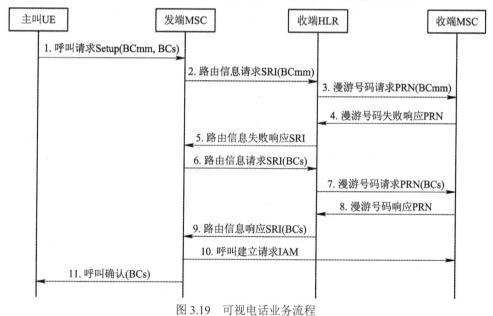

图 3.19 可视电话业务流程

3.9 系统间切换

在移动用户发起的一次业务接入过程中或者在一次正在进行的通话期间，由于用户的移动性，当其所在的位置由一个小区变更到另一个小区的时候，改变小区的选择便成为移动通信系统需要提供的一项非常重要的功能，而这一功能正是通过切换过程来实现的。切换功能的完备与否直接关系到整个系统的频谱利用率和为用户提供的服务质量的好坏。

切换判决(即切换发生的时机)和服务区 SAI 选择是切换操作的基本参数。首先，当通话中的 UE 越出当前小区时，需要进行切换以保证现有通话不被中断；其次，当通话中的 UE 改变小区能够避开较强的干扰，或者当 UE 的"优选小区"拥塞时，UE 应当切换到临近小区，以保证能够获得可靠的服务质量。

根据不同的切换目的，可以有多种切换判决方法。保证通话目的切换的依据是上行和下行的传输质量(如传输误码率、传输损耗、边缘地域的传播时延等)。这些测量值是执行切换的判决基础，UE 和基站会有规律地测量上行、下行传输质量和接收电平，UE 会把记录的结果以每秒两次的频度报告给基站。由于拥塞引发的切换过程，需要依据每个基站的当前负载量进行判决，这个值只有 MSC Server 和 RNC 知道。这个过程要求在给定小区内，由于话务量原因，命令一定量的 UE 进行切换，而不明确指明是哪些 UE。因此，这类切换还要结合其他判决方法和相应的测量。

引起切换的原因有很多，按照移动用户在切换过程中接入的移动通信系统的不同，可以将切换进行如下分类：

(1) 系统内切换：UMTS 内切换，指 UMTS 移动用户在 UMTS 内部 RNS 之间进行切换；GSM 内切换，指 GSM 移动用户在 GSM 内部 BSS 之间进行切换。

(2) 系统间切换：系统间切换是指 UMTS 移动用户在移动过程中，从 3G/2G 覆盖区移动到 2G/3G 覆盖区时发生的切换。具体又可以分为从 UMTS 到 GSM 的切换，以及从 GSM 到 UMTS 的切换。

作为系统间切换的最基本要求，GSM 系统要能对 UMTS 系统的 RNC ID 进行识别，而 UMTS 也要能对 GSM 小区号进行识别，同时 GSM 和 UMTS 必须支持相互之间的服务质量参数的转换(即 2G channel type 与 3G QoS 之间的转换)，以保证为用户提供可靠的服务质量。同时还需终端的支持，如双模手机。

如果按照切换过程需要涉及的设备实体进行分类，大致可以分为以下几类：

(1) RNS 内切换：这种切换过程不需要 CN 的介入，整个过程对上级核心网是透明的。如果是两个 RNC 之间进行的切换，则需要有 Iur 接口支持。

(2) MSC Server 内切换：MSC Server 内部 RNC/BSC 之间(包括：RNC 与 RNC、BSC 与 BSC、RNC 与 BSC)的切换，切换需要有 MSC Server 的介入。

(3) MSC Server 间切换：不同 MSC Server 所属 RNC/BSC 之间的切换，切换需要两个或三个 MSC Server 同时介入。对于 MSC Server 间切换，又可细分为：

➤ 局间基本切换(移动用户从一个 MSC Server(MSC ServerA)所属的小区切换到另外一个 MSC Server(MSC ServerB)所属的小区)；

➤ 局间后续切换回 MSC ServerA(移动用户发生基本局间切换到 MSC ServerB 后，再次切换，又切换回 MSC ServerA 所属的小区)；

➤ 局间后续切换到第三方(移动用户发生基本局间切换到 MSC Server 后，再次切换，切换到另外一个 MSC Server(MSC ServerBP)所属的小区)。

小　结

本章主要介绍了 2G 网络中的 GSM 和 3G 网络中的 WCDMA 网络的系统组成、网络接口和业务流程。通过上述内容的学习，读者可以加深对移动通信系统无线接入网网络组成及业务流程的理解和认识，同时了解到 WCDMA 系统采用的结构与 GSM 系统是一样的。但是，WCDMA 的功能需要适应更高速率的数据，因此网元和接口类型都与 GSM 系统有差异。

习　题　3

1. 分别画出 GSM 和 WCDMA 系统的组成框图，并说明各网元之间的接口作用。

2. 简述 GSM 系统中的第一次位置登记过程。

3. 写出 GSM 系统的 GSM900 和 1800 的频段、频带带宽、载频间隔、全双工载频间隔及调制方式。

4. 选择题：

(1) 下面哪个是数字移动通信网的优点(　　)。

A. 频率利用率低　　　　　　　　　　　　B. 不能与 ISDN 兼容

C. 抗干扰能力强　　　　　　　　　　　　D. 话音质量差

(2) GSM 系统的开放接口是指(　　)。

A. NSS 与 NMS 间的接口　　　　　　　　B. BTS 与 BSC 间的接口

C. MS 与 BSS 间的接口　　　　　　　　　D. BSS 与 NMS 间的接口

(3) 位置更新过程是(　　)发起的。

A. 移动交换中心(MSC)　　　　　　　　　B. 拜访寄存器(VLR)

C. 移动台(MS)　　　　　　　　　　　　　D. 基站收发信台(BTS)

(4) MSISDN 的结构为(　　)。

A. MCC + NDC + SN　　　　　　　　　　B. CC + NDC + MSIN

C. CC + NDC + SN　　　　　　　　　　　D. MCC + MNC + SN

(5) LA 是(　　)。

A. 一个 BSC 所控制的区域　　　　　　　B. 一个 BTS 所覆盖的区域

C. 等于一个小区　　　　　　　　　　　　D. 由网络规划所划定的区域

(6) GSM 系统的开放接口是指(　　)。

A. NSS 与 NMS 间的接口　　　　　　　　B. BTS 与 BSC 间的接口

C. MS 与 BSS 的接口　　　　　　　　　　D. BSS 与 NMS 间的接口

(7) 如果小区半径 $r = 15$ km，同频复用距离 $D = 60$ km，用面状服务区组网时，可用的单位无线区群的小区最少个数 N 为(　　)。

A. 4　　　　　　　B. 7　　　　　　　　C. 9　　　　　　　　　D. 12

(8) 已知接收机灵敏度为 0.5 μV，这时接收机的输入电压电平为(　　)。

A. −3 dBμV　　　　　B. −6 dBμV　　　　　C. 0 dBμV　　　　D. 3 dBμV

(9) GSM 系统中，为了传送 MSC 向 VLR 询问有关 MS 使用业务等信息，在 MSC 与 VLR 间规范了(　　)。

A. C 接口　　　　B. E 接口　　　　　　C. A 接口　　　　D. B 接口

(10) GSM 的用户计费信息(　　)。

A. 在 BSC 内记录　　　　　　　　　B. 在 BSC、MSC 及计费中心中记录

C. MSC 中记录　　　　　　　　　　D. 以上都不是

(11) NSS 网络子系统所包括的网络单元有(　　)。

A. MSC、BSC、AUC、VLR　　　　　B. MSC、VLR、HLR、AUC、EIR

C. BSC、TC、VLR、MSC、EIR　　　 D. MSC、VLR、AUC、HLR、BSS

(12) IMSI(　　)。

A. 由 15 位二进制组成　　　　　　　B. 携带有 HLR 的地址信息

C. 包含有当前服务于 MS 的 VLR 的信息　　D. 是国际移动台(设备)识别号

5. 填空题：

(1) 为了对_____保密，VLR 可给来访移动用户分配_____的 TMSI 号码，它只在本地使用，为一个 4 字节的 BCD 编码。

(2) 数字 PSMN 可提供的业务分为_____和_____。基本业务按功能可分为_____和_____。

(3) 在数字移动通信系统中，移动台与基站间的接口称为_____；BTS 与 BSC 间的接口称为_____；BSC 与 MSC 间的接口称为_____。

(4) GSM 系统中，移动台开机后，移动台停靠在小区的_____载波，_____时隙，_____信道上守候。

进 阶 篇

第 4 章　LTE 的发展背景

　　GSM 网络演进到 GPRS/EDGE 和 WCDMA/HSDPA(High Speed Downlink Packet Access，高速下行分组接入)网络可以提供更多样化的通信和娱乐业务，降低无线数据网络的运营成本，使无线性能大大提高，但这仅仅是往宽带无线技术演进的开始，在知识产权(Intellectual Property Rights，IPR)、应对市场挑战和满足用户需求等方面，还有很多局限。而在 CDMA 通信系统形成的特定历史背景下，3G 所涉及的核心专利只被少数公司持有，在 IPR 上形成一家独大的局面。专利授权费用成为厂家的沉重负担，可以说，3G 厂商和运营商在专利问题上处处受到掣肘，业界迫切需要改变这种不利局面。

　　面对高速发展的移动通信市场的巨大诱惑和大量低成本、高带宽的无线技术快速普及，众多非传统移动运营商也纷纷加入了移动通信市场，并引进了新的商业模式。例如，Google 与互联网业务提供商 Earthlink 合作，并在美国旧金山全市提供免费的无线接入服务，双方共享广告收入，并将广告收入作为其主要盈利途径，Google 更将这种新的运营模式申请了专利。另外，大量的酒店、度假村、咖啡厅和饭馆等，由于本身业务竞争激烈的原因，因此也都提供免费的 WiFi 无线接入服务。Skype 软件在这些免费的无线宽带接入基础上，新增了几乎免费的语音及视频通信业务。这些新兴力量给传统移动运营商带来了前所未有的挑战，加快了网络的演进，满足用户更多需求，因此提供新型业务成为在激烈竞争中的唯一选择。与此同时，用户期望运营商提供不低于 1Mb/s 的无线接入速度、小于 20 ms 的系统传输延迟以及在高移动速度环境下的全网无缝覆盖，但最根本的问题是广大用户要能够负担得起终端设备和网络服务费用。

　　这些要求远远超出了现有网络的能力，因此从空中接口技术和网络结构方面寻找改进的突破口势在必行。WCDMA/HSDPA 与无线保真(Wireless-Fidelity，WiFi)、全球微波接入互操作性(World Interoperability for Microwave Access，WiMAX)等无线接入方案相比，其空中接口和网络结构过于复杂，虽说在支持移动性和 QoS(Quality of Service，服务质量)方面具有优势，但在每比特成本、无线频谱利用率和传输时延方面存在明显的缺陷。国内传统电信设备商和运营商在 4G 正式商用前面临前所未有的挑战。用户的需求，市场的挑战和 IPR 的掣肘共同推动了 3GPP(3rd Generation Partnership Project，第 3 代合作项目)组织在 4G 出现之前加速制定新的空中接口和无线接入网络标准。2004 年 11 月，3GPP 多伦多"UTRAN 演进"会议收集了无线接入网 R6 版本之后的演进意见，在随后的全体会议上，"UTRA 和 UTRAN 演进"研究项目得到 26 个组织的支持，并最终获得通过。这也表明了 3GPP 组织运营商和设备商成员共同研究 3G 技术演进版本的强烈愿望。

　　LTE 系统同时定义了频分双工(Frequency Division Duplexing，FDD)和时分双工(Time Division Duplexing，TDD)两种方式，但由于无线技术的差异、使用频段的不同以及各个厂家的利益等因素，LTE FDD 支持阵营更加强大，标准化和产业发展都先于 LTE TDD。2005

年 12 月,3GPP 标准化组织经过激烈讨论,批准采用由北电等厂家提出的 OFDM 和 MIMO 方案作为 LTE 的唯一标准。2007 年 11 月,3GPP 会议通过了 27 家公司联署的 LTE-TDD 融合帧结构的建议,同意了 LTE-TDD 的两种帧结构。

经过漫长的技术改进,2012 年 1 月,3GPP 最终确立了 LTE 标准,它能够实现更高的数据传输速率、更短的时延、更低的成本,更高的系统容量以及改进的覆盖范围来满足市场需求。4G 网络及 4G 业务的应用将不断推动下一代移动网络业务的发展。

4.1　什么是 4G?

4G 就是第四代移动通信系统,它可称为广带接入和分布式网络,其网络结构是一个采用全 IP 的网络结构。LTE 是应用于手机及数据卡终端的高速无线通信标准,该标准基于旧有的 GSM/EDGE 和 UMTS/HSPA(High-Speed Packet Access, 高速分组接入技术)网络技术,并使用调制技术提升网络容量及速度。该标准由 3GPP 于 2008 年第四季度于 Release 8 版本中首次提出,并在 Release 9 版本中进行少许改良。LTE 是 3G 的演进,并非人们普遍认为的 4G 技术,只是高速下行分组接入往 4G 发展的过渡版本,是 3.9G 的全球标准,LTE 关注的核心是无线接口和无线组网架构的技术演进问题。

TD-LTE 是 LTE-TDD 的商业名称,尽管被贴上了“TD 系列”的标签,但必须澄清的是,TD-LTE 和 TD-SCDMA 其实并没有什么关系,TD-LTE 在性质上与 TD-SCDMA 是完全不同的。事实上,无论是从技术实质和产品构成,还是从标准的形成和开发来看,TD-LTE 都不是由 TD-SCDMA 演进发展而来的,在标准战略上,TD-LTE 走的也是一条与 TD-SCDMA 完全不同的路线,所谓的 TD-LTE 就是国际主流 4G 标准 LTE 中的 LTE TDD 模式。LTE FDD 和 LTE TDD 大部分的基础技术都是一样的,主要区别在于 FDD 为频分双工,而 TDD 为时分双工。

LTE 在 20 MHz 的频谱带宽下能够提供下行 326 Mb/s 与上行 86 Mb/s 的峰值速率。考虑到需要提供比 3G 更高的数据速率与未来可能分配的频谱,LTE 需要支持高于 5 MHz 的传输带宽,IEEE 组织只是针对宽带无线制式的物理层和媒介接入控制层制定了标准,并没有对高层进行规范。LTE 技术与其说是演进(Evolution),不如说是革命(Revolution),无论是在无线接口技术还是组网架构上,LTE 相对于以往的无线制式都发生了革命性的变化。LTE 取消了 CS 域和 RNC 节点,LTE 网络架构更加简单化、扁平化,减少了网络节点和系统复杂度,从而减小了系统延时,改善了用户体验。

4.2　4G 的特点

4G 为什么这么快?

4G 移动通信系统具有如下特征:

传输速率更快:对于大范围高速移动用户(250 km/h)数据速率为 2 Mb/s;对于中速移动用户(60 km/h)数据速率为 20 Mb/s;对于低速移动用户(室内或步行者),数据速率为 100 Mb/s。

频谱利用效率更高:4G 在开发和研制过程中使用和引入了许多功能强大的突破性技术,明显提高了频谱效率,比 R6 的频谱效率提高了 2~4 倍;4G 网络下行速率可达到 100~

150 Mb/s，比 3G 快 20～30 倍，上传的速度也能达到 20～40 Mb/s。

网络频谱更宽：每个 4G 信道将会占用 100 MHz 或是更多的带宽，相当于 WCDMA 网络的 20 倍及以上。

容量更大：4G 将采用新的网络技术(如空分多址技术、载波聚合等)来极大地提高系统容量，以满足未来大信息量的需求。

灵活性更强：4G 系统采用智能技术，可自适应地进行资源分配，采用智能信号处理技术对信道条件不同的各种复杂环境进行信号的正常收发。另外，用户将使用各式各样的设备接入到 4G 系统。

实现更高质量的多媒体通信：4G 网络的无线多媒体通信服务将包括语音、数据、影像等，大量信息透过宽频信道传送出去，让用户可以在任何时间、任何地点接入到系统中，因此 4G 也是一种实时的、宽带以及无缝覆盖的多媒体移动通信。

兼容性更平滑：4G 系统具备全球漫游、接口开放、能跟多种网络互联、终端多样化以及能从 3G 平稳过渡等特点。

LTE 是新一代宽带无线移动通信技术，与 3G 采用的 CDMA 技术不同，LTE 以 OFDM 和 MIMO 技术为基础，频谱效率是 3G 增强技术的 2～3 倍。LTE-Advanced 是国际电联认可的第四代移动通信标准(另一 4G 标准是 IEEE 家族的 WiMAX-Advanced，是一项高速无线数据网络标准，主要用在城域网，由 WiMAX 论坛提出并于 2001 年 6 月完成)。在无线链路方面，1G 通信系统采用时分复用，2G 系统 GSM 的无线链路采用时分加频分复用，而 IS-95 则采用窄带 CDMA 技术，3G 系统 UMTS 和 CDMA 2000 都以宽带 CDMA 技术为基础，而 LTE 系统则以 OFDM 作为基本的无线链路技术。

在早期的以话音业务为主的系统中，信息传输占用的带宽较小，信息传输速率较低。随着数字信号处理技术和射频技术的发展，移动通信系统的无线带宽越来越大，信息传输速率越来越高，呈现出指数增长的态势，如图 4.1 所示。LTE 系统的无线链路峰值速率可达 100 Mb/s 以上，LTE-A 的峰值速率最高可达 1 Gb/s 以上，LTE-A Pro 的理论峰值速率最高可达 25 Gb/s 以上，5G 的峰值速率最高可达 20 Gb/s 及以上。

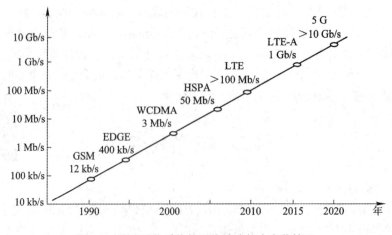

图 4.1　移动通信系统的无线链路能力变化情况

21 世纪初，"移动"和"高速"这两项移动通信网络的能力，使计算机设备得以随时随地接入互联网,从而催生了移动互联网。特别在 3G 移动通信系统普及后,移动互联网的用户数和业务种类都在迅猛增长。除了继承传统的信息获取、社交和即时通信等互联网业务外,还出现了支付、学习、游戏、健康等诸多领域的业务。

截至 2019 年 9 月底,全国 1000 Mb/s 以上接入速率的固定互联网将全世界数百亿的计算机设备及其背后的人和事物连接在一起,这将会为人类社会带来更多变革。例如技术方面,基于 TCP/IP 的移动互联网推动了云计算和物联网的进一步发展。

工业和信息化部的数据显示,我国 2008 年 3G 投资约为 600 亿元,2009 年 3G 移动通信网络直接投资 1609 亿元,共建设通信基站 32.5 万个,大规模的通信基础设施投资必然带动相关产业的发展。从 2010 年开始,我国 3G 无线通信网络尤其是 TD-SCDMA 制式的 3G 网络进入二期建设阶段。3G 移动通信网络建设深度和广度的延伸,将带来大量的移动通信基础设施投资,从而为我国通信设备制造业的发展提供良好机遇。另一方面,3G 移动通信的工作频率多在 1800～2400 MHz 之间,较 2G 移动通信的 800～900 MHz 提高了一倍多。在相同的功率下,随着 3G 移动通信的发展,其基站在更高工作频率下的覆盖面积将会降低,从而需要增加基站数量,相应的基站设备的市场容量也将增大。我国目前 4G 移动通信的工作频率较 3G 更宽更高,所需相应的基站数量与基站设备数量将进一步增多,需要相当高的投资规模。2019 年中国移动、中国联通和中国电信 4G 用户数分别为 7.34 亿、2.39 亿和 2.66 亿,4G 基站数分别为 241 万、86 万和 138 万。从全球 4G 网络下载速度来看,中国高于全球平均水平。根据有关数据分析,2018 年全球 77 个国家 4G 的下载速度一日内最高达到 22.1 Mb/s,日平均下载速度为 15.9 Mb/s。2019 年中国电信、中国联通和中国移动的 4G 平均下载速度为 20.24 Mb/s、30.11 Mb/s 和 20.03 Mb/s,中国联通是国内 4G 网速最快运营商。综合来看,国内运营商 4G 网络性能位于全球前列。

4.3　LTE 的频段

无线电波承担着越来越多的电信业务,而所有的无线电业务都离不开无线电频率,就像车辆必须行驶在道路上。根据无线网络发展,LTE 也离不开无线电频率的划分。LTE 支持全球 2G/3G 主流频段,同时支持一些新增频段。目前 LTE 在不同频段的一个较宽的范围内作定义,每一个频带都具有一个或多个独立的载波。LTE 有 LTE TDD 和 LTE FDD 两种制式,二者相比,主要差别在于空中接口的物理层上,LTE TDD 系统上下行则使用相同的频段在不同的时隙上传输,LTE FDD 系统空口上下行传输采用一对对称的频段接收和发送数据,高层信令除了媒质接入控制(Medium Access Control,MAC)层和无线资源控制(Radio Resource Control,RRC)层有少量差别外,其他方面基本一致。表 4.1 为 LTE TDD 和 LTE FDD 主要技术对比。

全球及中国 4G 频段划分情况如表 4.2 所示,其中,中国移动获得了 1880～1900 MHz、2320～2370 MHz、2575～2635 MHz 共 130 MHz 的频段;中国联通获得了 2300～2320 MHz、2555～2575 MHz 共 40 MHz 的频段;中国电信获得了 2370～2390 MHz、2635～2655 MHz 共 40 MHz 的频段。

表 4.1　LTE TDD 和 LTE FDD 主要技术对比

名　称	时分双工(LTE TDD)	频分双工(LTE FDD)
信道带宽	1.4、3、5、10、15、20	1.4、3、5、10、15、20
多址方式	DL：OFDMA；UL：SC-FDMA	DL：OFDMA；UL：SC-FDMA
编码方式	卷积码、Turbo 码	卷积码、Turbo 码
调制方式	QPSK、16QAM、64QAM	QPSK、16QAM、64QAM
功控方式	开闭环结合	开闭环结合
语音解决方案	CSFB/SRVCC	CSFB/SRVCC
帧结构	Type2	Type1
子帧上下行配置	多种子帧上下行配比组合	子帧全部上行或下行
重传(HARQ)	进程数与延时随上下行配比不同而不同	进程数与延时固定
同步	主副同步信号符号位置不连续	主副同步信号位置连续
天线	自然支持 AAS	不能方便地支持 AAS
波束赋形	支持(基于上下行信道互易性)	未商用(无上下行信道互易性)
随机接入前导	Format 0~4，且一个字帧中可以传输多个随机接入资源	Format 0~3
参考信号	DL：支持 UE 专用 RS 和小区专用 RS；UL：支持 DMRS 和 SRS，SRS 可以位于 UpPTS 信道	DL：仅支持小区专用 RS；UL：支持 DMRS 和 SRS，SRS 位于业务子帧中
MIMO 模式	支持 TM1~TM8，常用 TM2，3，7，8	支持 TM1~TM6，常用 TM2，3

表 4.2　全球及中国 4G 频段划分

频段	上行频率/MHz	下行频率/MHz	双工模式	频段/MHz	间距/MHz
1	1920~1980	2110~2170	FDD	2100	190
2	1850~1910	1930~1990	FDD	1900	80
3	1710~1785	1805~1880	FDD	1800	95
4	1710~1755	2110~2155	FDD	1700	400
5	824~849	869~894	FDD	850	45
6	830~840	875~885	FDD	850	45
7	2500~2570	2620~2690	FDD	2600	120
8	880~915	925~960	FDD	900	45
9	1749.9~1784.9	1844.9~1879.9	FDD	1800	95
10	1710~1770	2110~2170	FDD	1700	400
11	1427.9~1447.9	1475.9~1495.9	FDD	1500	48
12	699~716	729~746	FDD	700	30
13	777~787	746~756	FDD	700	31
14	788~798	758~768	FDD	700	30
15	1900~1920	2600~2620	FDD		700

频段	上行频率/MHz	下行频率/MHz	双工模式	频段/MHz	间距/MHz
16	2010～2025	2585～2600	FDD		575
17	704～716	734～746	FDD	700	30
18	815～830	860～875	FDD	850	45
19	830～845	875～890	FDD	850	45
20	832～862	791～821	FDD	800	41
21	1447.9～1462.9	1495.9～1510.9	FDD	1500	48
22	3410～3490	3510～3590	FDD	3500	100
23	2000～2020	2180～2200	FDD	2000	180
24	1626.5～1660.5	1525～1559	FDD	1600	101.5
25	1850～1915	1930～1995	FDD	1900	80
26	814～849	859～894	FDD	850	45
27	807～824	852～869	FDD	850	45
28	703～748	758～803	FDD	700	55
29		716～728	FDD	700	
30	2305～2315	2350～2360	FDD	2300	45
31	452.5～457.5	462.5～467.5	FDD	450	10
...					
65	1920～2010	2110～2200	FDD		190
66	1710～1780	2110～2200	FDD		400
67	N/A	738～758	FDD		
68	698～728	753～783	FDD		55
33	1900～1920		TDD	2100	
34	2010～2025		TDD	2100	
35	1850～1910		TDD	1900	
36	1930～1990		TDD	1900	
37	1910～1930		TDD	1900	
38	2570～2620		TDD	2600	
39	1880～1920		TDD	1900	
40	2300～2400		TDD	2300	
41	2496～2690		TDD	2500	
42	3400～3600		TDD	3500	
43	3600～3800		TDD	3700	
44	703～803		TDD	700	
45	1447～1467		TDD	1450	
46	5150～5925		TDD		

　　各国频率监管机构为 4G 移动通信运营商分配某些频段内的某些频率，供其 4G 无线接入网络使用。在表 4.2 中，频段编号为 39、40、41 等用于 TDD 系统；频段编号为 1、3 等用于 FDD 系统。目前，CDMA95 使用的 800 MHz、GSM 使用的 900 MHz 和 1800 MHz，也在我国频率监管单位的重耕(Refarming)许可下逐步用于 LTE FDD 系统。

　　国际上，频段编号为 1、33、34 是 3G 系统最早使用的核心频段。此外，北美的 LTE 网络主要使用频段编号为 4 (1700 MHz / 2100 MHz，常称为 AWS 频段)、5 (850 MHz)、2 和 25 (1900 MHz，常称为 PCS 频段)。欧洲 LTE 网络主要使用频段编号为 7 (2600 MHz)、3 (1800 MHz，也用于与 GSM) 和 20 (800 MHz)。全球 4G 移动运营商们可能使用的频段数量加起来非常多，这要求终端具备跨多个频道的接收机。各国使用的 LTE 频段如果能够相对集中，会有利于支持有限频段的终端在不同国家使用和漫游。

　　LTE 承载带宽根据信道带宽 $BW_{channel}$ 和传输带宽配置 N_{RB} 理论进行定义。N_{RB} 定义为在 LTE 中分配的资源块(RB)数。一个 RB 包括 12 个子载波。它占有 180 kHz 的标称带宽。尽管规范支持传输带宽配置 N_{RB} 采用 $6 \leqslant N_{RB} \leqslant 110$ 范围内的任何值，可是所有 RF 要求只能使用表 4.3 中所示信道带宽和传输带宽配置(即需配置的资源块数目)对应关系。当发射信号时，表 4.3 中所示的 6 种信道带宽分别需要配置 6、15、25、50、75 和 100 个资源块。

表 4.3　LTE 信道带宽中的传输带宽配置(N_{RB})

信道带宽 $BW_{channel}$/MHz	1.4	3	5	10	15	20
传输带宽配置 N_{RB}	6	15	25	50	75	100

　　不是所有 LTE 频段与信道带宽的组合方案都是有意义的。表 4.4 给出了标准所支持的组合，这些组合是建立在运营商的使用上的。需要注意的是，在表 4.4 中，如果方案具有较高的信道带宽，则标准会在更多的可用频谱内支持该方案。例如，在频段 1、2、3、4 内，标准支持带宽为 20 MHz 的 LTE；但在频段 5 和频段 8 内，标准不支持带宽为 20 MHz 的 LTE。反过来，当 LTE 的信道带宽低于 5 MHz 时，标准会在较少的可用频谱(如频段 5 和频段 8)内支持该方案，或者在具有 2G 迁移场景的频段(如频段 2、5、8)内支持该方案。

　　对于 LTE 而言，上下行载波频率用绝对频点 EARFCN 表示，取值范围为 0～65 535。绝对频点 EARFCN 计算公式如下：

$$F_{DL} = F_{DL\_low} + ch\_raster \times (N_{DL} - N_{offs\_DL}) \tag{4-1}$$

$$F_{UL} = F_{UL\_low} + ch\_raster \times (N_{UL} - N_{offs\_UL}) \tag{4-2}$$

式中，F_{DL}、F_{UL} 分别为下行和上行中心频率；N_{DL}、N_{UL} 分别为下行和上行绝对频点；$ch\_raster = 100$ kHz，它代表信道栅格(channel raster)，是用于调整 LTE 载波频率位置的最小单位。信道栅格的值是一个人为设计值，表示各个不同的频点之间的间隔应该满足的条件，相当于是把无线频谱(一条很宽的马路)按照这个条件划分成了若干条车道(只不过车道可宽可窄，但任意两个车道之间的中心距离为 100 kHz 的整数倍)。详细描述可参考 3GPP 36.104。LTE 常用频带和绝对频点对应关系如表 4.5 所示。

表 4.4　标准所支持的具有标准灵敏度(×)和松弛灵敏度(○)传输带宽

频段	1.4 MHz	3 MHz	5 MHz	10 MHz	15 MHz	20 MHz	频段	1.4 MHz	3 MHz	5 MHz	10 MHz	15 MHz	20 MHz
1			×	×	×	×	...						
2	×	×	×	×	○	○	17						
3	×	×	×		○	○	...			×	×	×	×
4	×	×	×	×			33						
5	×	×	×	○			34	×	×	×	×	×	×
6			×	○			35	×	×	×	×	×	×
7			×	×	×	○	36			×	×	×	×
8	×	×	×	○			37			×	×	×	×
9			×	×	○	○	38			×	×	×	×
10			×	×	×	×	39			×	×	×	×
11			×	○	○	○	40			×	×	×	×
12							41			×	×	×	×
13	×	×	○	○			42			×	×	×	
14	×	×	○	○			43						

表 4.5　常用频带和频点对应关系

频段	下　行			上　行		
	起始频率 F_{DL_low}/MHz	起始频点 N_{offs_DL}	频率范围 N_{DL}	起始频率 F_{UL_low}/MHz	起始频点 N_{offs_UL}	频率范围 N_{UL}
33	1900	36 000	36 000~36 199	1900	36 000	36 000~36 199
34	2010	36 200	36 200~36 349	2010	36 200	36 200~36 349
35	1850	36 350	36 350~36 949	1850	36 350	36 350~36 949
36	1930	36 950	36 950~37 549	1930	36 950	36 950~37 549
37	1910	37 550	36 550~37 749	1910	37 550	36 550~37 749
38[D]	2570	37 750	37 750~38 249	2570	37 750	37 750~38 249
39[F]	1880	38 250	38 250~38 649	1880	38 250	38 250~38 649
40[E]	2300	38 650	38 650~39 649	2300	38 650	38 650~39 649

表 4.5 中，38、39 频段表示用于 TDD LTE 中国移动室外覆盖，40 频段表示用于 TDD LTE 中国移动室内覆盖。

小　结

本章主要介绍了 LTE 移动通信发展的背景，4G 的概念、特点以及频段划分情况，可以帮助读者认清 LTE 技术发展的优势及亮点，明了移动通信网络演进的脉络，从而为后续的学习打好基础。

习　题　4

1. 单选题：

(1) LTE is specified by(　　)。

A. ITU　　　　　　B. 3GPP　　　　　　C. 3GPP2　　　　　　　D. IEEE

(2) LTE 是在(　　)协议版本中首次发布的。

A. R99　　　　　　B. R6　　　　　　C. R7　　　　　　　D. R8

(3) LTE 网络中，系统最高可以支持(　　)的移动速度。

A. 120 km/h　　B. 350 km/h　　　　C. 450 km/h　　　　D. 360 km/h

(4) LTE 的设计目标是(　　)。

A. 高数据速率　　　　　　　B. 低时延

C. 分组优化的无线接入技术　　D. 以上都正确

2. 多选题：

(1) LTE 的双工方式可以采用 FDD 和 TDD，其中 TDD 的优势在于(　　)。

A. 支持非对称频谱

B. 对于非对称业务资源利用率高

C. 信道估计更简单，功率控制更精确

D. 多普勒影响小，移动性支持好

(2) 在 20 MHz 系统带宽下，LTE 的最初设计目标上下行支持的瞬间峰值速率(2T2R)分别是(　　)。

A. 100 Mb/s 和 50 Mb/s　　　　　B. 50 Mb/s 和 150 Mb/s

C. 50 Mb/s 和 100 Mb/s　　　　　D. 100 Mb/s 和 300 Mb/s

3. 简述 4G 移动通信的特点。

4. 简述 GSM、TD-SCDMA、WLAN 和 TD-LTE 四种网络的业务类型。

5. 简述 LTE 移动通信系统发展的契机。

6. 简述我国三大运营商对 LTE 频谱的划分情况。

第 5 章　LTE 关键技术

LTE 通信系统为了实现其提出的目标，就要克服无线传播环境中的各种干扰和效应，为此，LTE 系统需要采用多种关键技术。下面对这些关键技术进行介绍。

5.1　OFDM 概述

LTE 标准体系中最基础、最复杂、最有个性的地方是物理层。OFDM 是 LTE 物理层最基础的技术，即 MIMO 技术、带宽自适应技术、动态资源调度技术，都是在 OFDM 技术之上得以实现的。可以说，没有 OFDM 就没有 LTE。而物理层技术中受芯片制约较大、实现较困难的技术有两种：OFDM 和 MIMO。OFDM 是由多载波技术 MCM 发展而来的。OFDM 既属于调制技术，也属于复用技术。采用快速博里叶变换 FFT 可以很好地实现 OFDM 技术，但在当时，由于技术条件限制，实现博里叶变换的设备复杂度过大且成本高昂，发射机和接收机振荡器的稳定性难以保证，射频功率放大器的线性度要求难以保证。因此，很长一段时间内，OFDM 技术的应用仅局限在军事领域，难以扩展到民用通信设备。

自 20 世纪 80 年代以来，随着 DSP 芯片技术的发展，FFT 技术实现了设备向低成本、小型化的方向发展，使得 OFDM 技术走向了高速数字移动通信的领域。首批应用 OFDM 技术的无线制式有 WLAN、WiMAX 等。

5.1.1　OFDM 的机遇

多址方式是任何无线制式的关键技术，CDMA 和 OFDMA 是当初 LTE 标准制定时所面临的两大选择。但最终没有选择 CDMA 的原因有 3 个：

首先，CDMA 技术不适合宽带传输，CDMA 技术相对于 GSM 技术来说，只不过是增加了系统容量，提高了系统抗干扰能力，但 CDMA 在大带宽时，扩频实现困难，器件复杂度增加，这就是 WCDMA 不能把带宽从 5 MHz 增加到 20 MHz 的根本原因，更不要说支持 100 MHz 的情况，CDMA 根本无法胜任。但 OFDM 技术不存在这个问题。

其次，CDMA 技术绝大多数属于高通的专利，使用方每年都要缴纳高额的专利费用，这对 CDMA 制式的发展有很大的制约作用，OFDM 技术专利期限已过，不存在专利方面的限制，可以摆脱高通公司在 CDMA 上的专制。

最后，从频谱利用率上对两种多址方式进行评估，在 5 MHz 带宽时，二者的频谱效率相近，在更高带宽时，OFDM 的优势才逐渐显现。总之，LTE 如果用 CDMA 方式演进，且可重用物理层的很多技术，有利于 UTRAN 版本的平滑升级，但无法满足 LTE 制定的带宽配置灵活、时延低、容量大、系统复杂度低等演进目标。OFDM 是真正适用于宽带传输的技术，LTE 采用 OFDM，空中接口的处理相对简单，有利于设计全新的物理层架构，有利于使用更大的带宽，有利于更高阶的 MIMO 技术的实现，降低终端复杂性，方便实现 LTE 的演进目标。

5.1.2　OFDM 的实质

实际上，OFDM 是多载波调制的一种。在传统的并行数据传输系统中，整个信号频段被划分为 N 个相互不重叠的频率子信道。每个子信道传输独立的调制符号，然后再将 N 个子信道进行频率复用。这种避免信道频谱重叠看起来有利于消除信道间的干扰，但是这样又不能有效利用频谱资源。OFDM 是一种能够充分利用频谱资源的多载波传输方式。常规频分复用与 OFDM 的信道分配情况如图 5.1 所示。可以看出，OFDM 至少能够节约 1/2 的频谱资源。

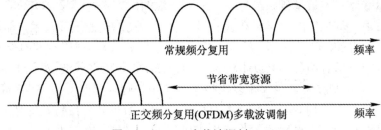

图 5.1　OFDM 多载波调制

第一、第二、第三代移动通信中都用到了频分多路复用(Frequency Division Multiplexing，FDM)技术。这种技术将整个系统的频带划分为多个带宽互相隔离的子载波，接收端通过滤波器，将所需的子载波信息接收下来。通过保护带宽隔离不同子载波，虽可以避免不同载波的互相干扰，但牺牲了频率利用效率。还有，当子载波数达成百上千的时候，滤波器的实现就非常困难了。

OFDM 虽然也是一种 FDM，但是它克服了传统的 FDM 频率利用效率低的缺点，接收端也无滤波器去区分子载波。OFDM 就是利用相互正交的子载波来实现多载波通信的技术。在基带相互正交的子载波就是类似{sinωt, sin2ωt, sin3ωt}和{cosωt, cos2ωt, cos3ωt}的正弦波和余弦波，属于基带调制部分。基带相互正变的子载波再调制到射频载波 ω_c 上，成为可以发射的射频信号。

在接收端，将信号从射频载波上解调下来，在基带用相应的子载波通过码元周期内的积分把原始信号解调出来。基带其他子载波信号与信号解调所用的子载波由于在一个码元周期内积分结果为 0，相互正交，所以不会对信息的提取产生影响。

整个 OFDM 调制/解调过程如图 5.2 所示。

OFDM 的调制解调流程如下：

➢ 发射机在发射数据时，将高速串行数据转为低速并行，利用正交的多个子载波进行数据传输；

➢ 各个子载波使用独立的调制器和解调器；

➢ 各个子载波之间要求完全正交、各个子载波收发完全同步；

➢ 发射机和接收机要精确同频、同步，准确进行位采样；

➢ 接收机在解调器的后端进行同步采样，获得数据，然后转为高速串行。

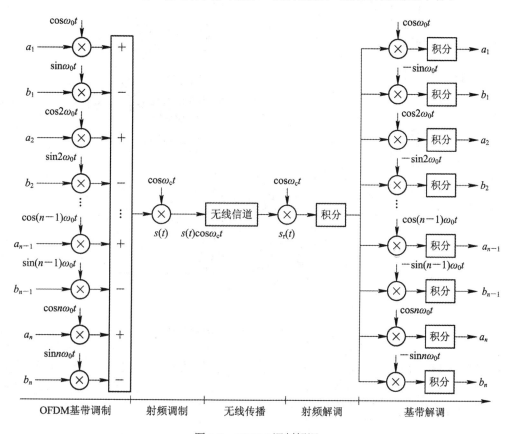

图 5.2　OFDM 调制解调

在时域上，信号为一个非周期矩形波，如图 5.3(a)所示；在频谱上，满足 $A=\mathrm{sinc}(f)=\mathrm{sin}f/f$ 的曲线，如图 5.3(b)所示。假若有很多路不同的方波信号，如图 5.3(c)所示，在基带经过不同频率的子载波调制，形成了如图 5.3(d)所示的基带信号频谱图，经过射频调制，最终传送出去的射频信号的频谱图如图 5.3(e)所示。

子载波之间的频率间隔为 OFDM 符号周期的倒数，每个子载波的频谱都是 sinc( )函数，该函数以子载波频率间隔为周期反复地出现零值，这个零值正好落在了其他子载波的峰值频率处，所以对其他子载波的影响为零。

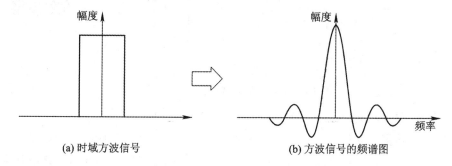

(a) 时域方波信号　　　　　　　　(b) 方波信号的频谱图

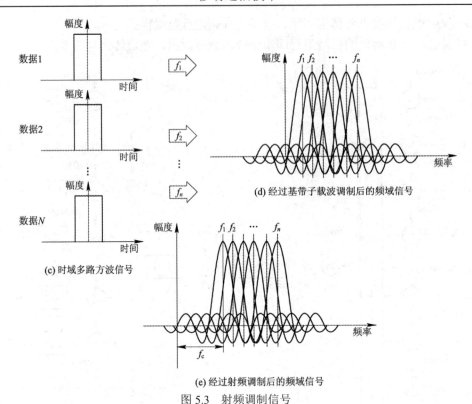

(c) 时域多路方波信号

(d) 经过基带子载波调制后的频域信号

(e) 经过射频调制后的频域信号

图 5.3　射频调制信号

经过基带多个频点的子载波调制的多路信号，在频域中，是频谱相互交叠的子载波，由于这些子载波相互正变，原则上彼此携带的信息互不影响。在接收端，通过相应的射频解调和基带解调过程，可以恢复出原始的多路方波信号。

5.1.3　OFDM 的实现过程

OFDM 系统实现如图 5.4 所示，它包含很多功能模块，其中关键的功能模块有三个。

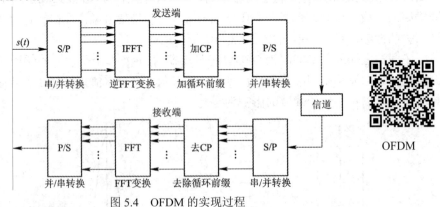

图 5.4　OFDM 的实现过程

1. 串/并、并/串转换模块

无线信号在空中传播，对信号传播影响较大的是多径效应。多径效应，是指无线电波经过一点发射出去，经过直射、绕射、反射等多种路径到达接收端的时间和信号强度是不同的。到达时间不同，称为多径时延或时间色散。到达的信号强度不同，称为选择性衰落。由于路径不同造成的衰落可以称为空间选择性衰落；而在宽带传输系统中，不同频率在空间中的衰落特性是不一样的，这称为频率选择性衰落。

多径时延会引起符号间干扰 ISI，增大系统的自干扰。频率选择性衰落易引起较大的信号失真，需要信道均衡操作，以便纠正信道对不同频率的响应差异(如图 5.5 所示)，尽量恢复信号发送前的样子，带宽越大，信道均衡操作越难。

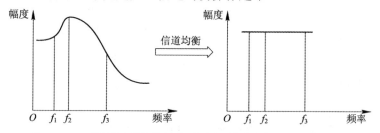

注：f_1、f_2、f_3 分别是宽带信号中不同频率信道均衡操作后理想频率响应

图 5.5　频率选择性衰落

在 OFDM 系统中，并行传输技术可以降低符号间干扰，简化接收机信道均衡操作，便于 MIMO 技术的引入。在发射端，用户的高速数据流经过串/并转换后，成为多个低速率码流，每个码流可用一个子载波发送，如图 5.6 所示。这是一种并行传输技术，它可使每个码元的传输周期大幅增加，降低了系统的自干扰。当多径时延 τ 比码元周期 T 大很多时，可能会带来比较严重的自干扰；相反地，当多径时延比码元周期小时，系统的自干扰减少。在高速宽带通信中，码元周期较小，多径时延与码元周期相比大了很多，自干扰比较严重。使用并行传输技术，可以延长码元周期，降低自干扰。

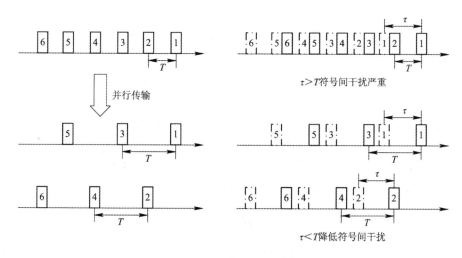

图 5.6　并行传输降低符号干扰

对于宽带单载波传输，为了克服频率选择性衰落引起的信号失真，需要增加复杂信道的均衡操作。使用并行传输技术将宽带单载波转换为多个窄带子载波操作，每个子载波的信道响应近似没有失真，这样，接收机的信道均衡操作非常简单，极大地降低了信号失真，效果如图 5.7 所示。

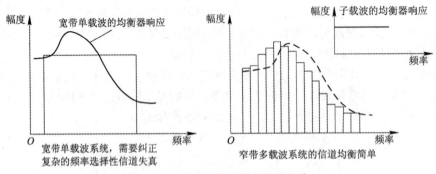

图 5.7　窄带并行传输简化均衡操作

2. FFT、逆 FFT 变换模块

OFDM 要求各个子载波之间相互正变，在理论上已证明，使用 FFT 可以较好地实现正交变换。但在 OFDM 发明初期，快速傅里叶变换需要的采样点太多，当时的 DSP 运算不过来。20 世纪 90 年代，DSP 运算速度足够快，才使得通过 FFT 实现 OFDM 成为可能，从而也为系统小型化和降低成本奠定了基础。

在发射端，OFDM 系统使用逆快速傅里叶变换 IFFT 模块来实现多载波映射叠加过程，经过 IFFT 模块可将大量窄带子载波频域信号，变换成时域信号，如图 5.8 所示。

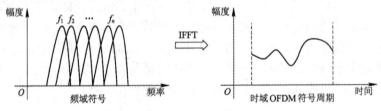

图 5.8　IFFT 变换

在接收端，OFDM 系统不能用带通滤波器来分隔子载波，而是用 FFT 模块把重叠在一起的波形分隔出来。

总之，OFDM 系统在调制时，使用 IFFT；在解调时，使用 FFT。

3. 保护间隔 CP 模块

为了克服多径时延导致 OFDM 符合到达接收端引起的符号间干扰，同样由于多径时延的问题，使得不同子载波到达接收端后，不能再保证绝对的正交性，为此引入了子载波间干扰 ICI，如图 5.9 所示。此后，为了克服多径效应和定时误差引起的 ISI 符号间干扰，A.Peled 和 A.Ruizt 提出了添加保护间隔 CP(模块)的思想，CP(Cyclic Prefix)也称循环前缀。

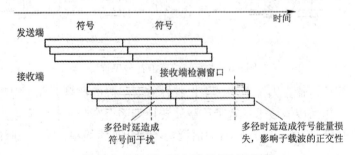

图 5.9　多径时延引起符号间干扰问题

循环前缀就是将每个 OFDM 符号的尾部一段复制到符号之前，从而为单个的 OFDM 符号创建一个保护带，如图 5.10 所示，在信噪比边缘损耗中被丢掉，以极大地减少符号间干扰。加入 CP 后，可以使接收到的 OFDM 呈现循环卷积，循环卷积就可进行 FFT 计算，正交载波调制的 CP 特点如下：

(1) 必须是 OFDM 符号最后一段时间的重复；

(2) CP 时间必须大于最大多径时延，否则不能完全消除子载波间干扰(Inter-Carrier Interference，ICI)。

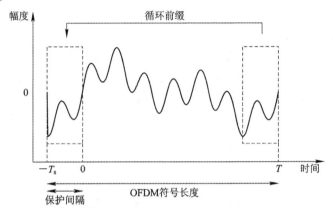

图 5.10　OFDM 符号的循环前缀

通常，当保护间隔占到 20%时，功率损失也不到 1dB，但是带来的信息速率损失达 20%，而在传统的单载波系统中存在信息速率(带宽)的损失。插入保护间隔可以消除符号间干扰(Inter Symbol Interference，ISI)和多径所造成的 ICI 的影响，因此这个代价是值得的。

5.1.4　OFDM 的优缺点

OFDM 系统受到人们越来越广泛的关注，其原因在于 OFDM 系统存在以下主要优点：

➢ 把高速数据流通过串并转换，使得每个子载波上的数据符号持续长度相对增加，从而可以有效地减小无线信道的时间弥散所带来的 ISI，这样就减小了接收机内均衡的复杂度，有时甚至可以不采用均衡器，仅通过采用插入循环前缀的方法消除 ISI 的不利影响。

➢ 由于各个子载波之间存在正交性，OFDM 系统允许子信道的频谱相互重叠，因此与常规的频分复用系统相比，OFDM 系统可以最大限度地利用频谱资源。各个子信道中的这种正交调制和解调可以采用快速傅里叶变换(Fast Fourier Transformation，FFT)和快速傅里叶反变换(Inverse Fast Fourier Transformation，IFFT)来实现，很容易通过使用不同数量的子信道来实现上行和下行链路中不同的传输速率。无线数据业务通常都呈现非对称性，即下行链路中传输的数据量要远大于上行链路中的数据传输量。另一方面，移动终端功率一般小于 1 W，在大蜂窝环境下传输速率低于 10～100 kb/s。而基站发送功率可以较大，有可能提供 1 Mb/s 以上的传输速率。因此无论从用户数据业务的使用需求，还是从移动通信系统自身的要求考虑，都希望物理层支持非对称高速数据传输，而 OFDM 系统可以轻松应对。

➢ 无线信道存在频率选择性，不可能所有的子载波都同时处于比较深的衰落情况中，因此可以通过动态比特分配以及动态子信道的分配方法，充分利用信噪比较高的子信道，从而提高系统的性能。

➤ OFDM 系统可以容易地与其他多种接入方法相结合使用，构成 OFDMA 系统，其中包括多载波码分多址(MultiCarrier Code Division Multiple Access，MC-CDMA)、跳频 OFDM 以及 OFDM-TDMA 等等，使得多个用户可以同时利用 OFDM 技术进行信息的传递。因为窄带干扰只能影响一小部分的子载波，因此 OFDM 系统可以在某种程度上抵抗这种窄带干扰。

OFDM 系统内由于存在多个正交子载波，输出信号是多个子信道的叠加，因此与单载波系统相比，存在以下主要缺点：

➤ 易受频率偏差的影响。

➤ 由于子信道的频谱相互覆盖，这就对它们之间的正交性提出了严格的要求，然而由于无线信道存在时变性，在传输过程中会出现无线信号的频率偏移，例如多普勒频移，或者由于发射机载波频率与接收机本地振荡器之间存在的频率偏差，都会使得 OFDM 系统子载波之间的正交性遭到破坏，从而导致子信道间的信号相互干扰，这种对频率偏差敏感是 OFDM 系统的主要缺点之一。

➤ 存在较高的峰值平均功率比。

➤ 与单载波系统相比，由于多载波调制系统的输出是多个子信道信号的叠加，因此当多个信号的相位一致时，所得到的叠加信号的瞬时功率就会远远大于信号的平均功率，导致出现较大的峰值平均功率比 PAPR，这就对发射机内放大器的线性提出了很高的要求。如果放大器的动态范围不能满足信号的变化，则会为信号带来畸变，使叠加信号的频谱发生变化，从而导致各个子信道信号之间的正交性遭到破坏，产生相互干扰，使系统性能恶化。

5.2　MIMO 多天线技术

不断提高的空中接口吞吐率，是无线制式发展的动力和目标，MIMO 多天线技术是 LTE 大幅度提升吞吐率的物理层关键技术。

MIMO

5.2.1　MIMO 技术基本原理

MIMO 表示多输入多输出。MIMO 系统在发射端和接收端均采用多天线(或阵列天线)和多通道。在图 5.11 中，传输信息流 $S(k)$ 经过空时编码形成 N 个信息子流 $C_i(k)$，$i=1$，…，N。这 N 个信息子流由 N 个天线发射出去，经空间信道后由 M 个接收天线接收。多天线接收机利用先进的空时编码处理能够分开并解码这些数据子流，值得注意的是，这 N 个子流同时发送到信道，各发射信号占用同一频带，因而并未增加带宽。若各发射、接收天线间的通道响应独立，则多入多出系统可以创造多个并行空间信道，通过这些信道独立地传输信息，数据传输率必然可以提高，从而实现最佳的处理。

MIMO 技术是移动通信领域中无线传输技术的重大突破。通常，多径效应会引起衰落，因而被视为有害因素，然而，MIMO 却能将多径效应作为一个有利因素加以利用，即 MIMO 技术利用空间中的多径因素，在发送端和接收端采用多个天线通过空时处理技术实现分集增益或复用增益，充分利用空间资源，提高频谱利用率。

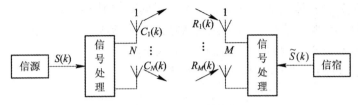

图 5.11　MIMO 系统原理

MIMO 技术最早是由马可尼(Marconi)于 1908 年提出的，利用多天线来抑制信道衰落多天线信息技术。它在发送端和接收端使用多天线同时发送和接收信号，若各发送、接收天线之间的信道冲激响应独立，就构成了多个并行的空间信道。MIMO 能够在不增加带宽的情况下成倍地提高通信系统的容量，是无线通信的重大突破。

系统容量是表征通信系统最重要的标志之一，表示了通信系统最大传输率。当信道为独立的瑞利衰落信道，发送天线和接收天线的个数分别为 N 和 M 且都很大时，信道容量 C 近似为

$$C = \min(N, M)B \, \mathrm{lb}(\frac{\rho}{2}) \tag{5-1}$$

式中，B 为带宽；ρ 为接收端的平均信噪比。

式(5-1)表明，当功率和带宽一定时，MIMO 系统的最大容量随最小天线数的增加而线性增加。而在同样条件下，在接收端或发射端采用多天线或天线阵列的普通智能天线系统时，其容量仅随天线数的对数增加而增加。相对而言，MIMO 在提高无线通信系统的容量方面具有极大的潜力。也就是说，可以利用 MIMO 信道使无线信道容量成倍提高，在不增加带宽和天线发射功率的情况下，频谱利用率得以成倍提高。MIMO 技术可以利用多径效应使信号的可靠性更高。但对于频率的选择性衰弱却无能为力。

为了方便理解 MIMO 系统，此处以图 5.12 为例来说明。

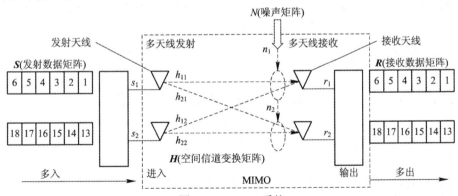

图 5.12　MIMO 系统

如图 5.12 所示，在发射端有两个天线，每个天线发射的数据流分别为 s_1、s_2，经过无线信道后到达接收端，接收端也有两个天线，每个天线接收到的数据流分别为 r_1、r_2。任何一个天线接收到的数据流，都是两个天线的发射数据流经过空间无线信道传播后，在接收端叠加的结果，当然还要考虑白噪声 n_1、n_2 对系统的影响。于是有以下两式：

$$r_1 = h_{11}s_1 + h_{12}s_2 + n_1 \tag{5-2}$$

$$r_2 = h_{21}s_1 + h_{22}s_2 + n_2 \tag{5-3}$$

其中：h_{11} 为从发射数据流 s_1 到接收端 r_1 无线信道的影响因子；h_{21} 为从发射数据流 s_1 到接收端 r_2 无线信道的影响因子；h_{12} 为从发射数据流 s_2 到接收端 r_1 无线信道的影响因子；h_{22} 为从发射数据流 s_2 到接收端 r_2 无线信道的影响因子。

s_1、s_2 和 r_1、r_2 的关系可以用如下矩阵来表示：

$$\begin{bmatrix} r_1 \\ r_2 \end{bmatrix} = \begin{bmatrix} h_{11} & h_{12} \\ h_{21} & h_{22} \end{bmatrix} \begin{bmatrix} s_1 \\ s_2 \end{bmatrix} + \begin{bmatrix} n_1 \\ n_2 \end{bmatrix} \tag{5-4}$$

定义 $S = \begin{bmatrix} s_1 \\ s_2 \end{bmatrix}$，为发射数据流向量；$R = \begin{bmatrix} r_1 \\ r_2 \end{bmatrix}$，为接收数据流向量；$N = \begin{bmatrix} n_1 \\ n_2 \end{bmatrix}$，为噪声影响向量(均值为 0，方差为 1 的加性高斯噪声向量)；$H = \begin{bmatrix} h_{11} & h_{12} \\ h_{21} & h_{22} \end{bmatrix}$，为空间信道变换矩阵，于是接收数据流和发送数据流的关系为

$$R = HS + N \tag{5-5}$$

MIMO 是一种多天线技术，设 M_r 为接收天线数目，M_t 为发射天线数目，则天线配置可以表示为：接收天线数目乘以发射天线数目，即 $M_r \times M_t$，目前常见的天线配置有 1×2、2×2、2×4、4×4 等。

空间信道变换矩阵 H 也是 $M_r \times M_t$ 维矩阵，不同的无线环境和不同的天线配置条件下，H 中的各组成元素就会不一样，于是信道模型就不一样了。信道模型变化了，信道容量也会相应有所变化。

MIMO 系统是在发射端和接收端同时采用多天线的技术。但是从广义上说，单进单出 SISO、单进多出 SIMO、多进单出 MISO 也是 MIMO 的一种特例，但从狭义上讲，只有多个信号流在空中并行发送，多个接收端同时接收的系统才是 MIMO 系统。

5.2.2 MIMO 技术极限容量

早在 1948 年，香农给出了 SISO 无线信道的极限容量公式为

$$C = B \,\text{lb}\left(1 + \frac{S}{N}\right) \tag{5-6}$$

其中，B 代表信道带宽，S/N 代表接收端的信噪比。

由香农公式可以得出提高信噪比、增加带宽可以提高无线信道的容量。在理论上，只要增加某个用户的发射功率 P，就可以提高接收端的信号强度 S，在噪声 N 不变的情况下，可以增加信噪比 S/N，从而增加信道容量。

但遗憾的是，发射功率不可能无限地提高，它不但受限于发射端的功放技术和无线电管委会的无线设备最大发射功率的规定，而且还受限于由于用户发射功率的增加导致的对其他用户增加的干扰。因此无线信道的信噪比 S/N 不可能通过增加发射功率无限地增加，信道容量也不可能无限地增加。

带宽的增加也会增加信道的容量，如同拓宽马路有助于提高车辆的通行数量和通行速

度一样。但是无线制式的带宽不能无限地增加，拓展马路会增加成本，增加带宽也会增加无线制式的实现成本。

在一定的带宽条件，如单天线发射、单天线接收的情况下，无论使用什么样的编码和调制方式，都不能使系统容量超过香农公式的容量极限。现代无线制式广泛使用的 Turbo编码以及 LDPC 编码，使信道容量基本逼近香农的信道容量极限。

实验证明，无论是 SIMO 还是 MISO 的信道容量都会随着接收天线数或发射天线数的增加而增加，二者为对数关系。也就是说，发射分集和接收分集都可以改善接收端的信噪比，从而提高信道容量和频谱效率，但对信道容量的提升有限，仅为对数关系。

若在发送端和接收端都采用多天线，则成为 MIMO 系统，该系统可等效为多个 SIMO或 MISO 系统。MIMO 系统相当于既并行又交叉的多个信道同时传送数据。

当 $\boldsymbol{H}$ 为正交矩阵(天线之间相互独立、互不相干的情况下)时，贝尔实验室给出了 MIMO系统的信道极限容量公式为

$$C = \min(M_{\mathrm{r}}, M_{\mathrm{t}})B \ \mathrm{lb}\left(1 + \frac{\lambda P_{\mathrm{t}}}{\delta}\right) \tag{5-7}$$

其中，λ 为空间信道转换矩阵 $\boldsymbol{HH}^{\mathrm{H}}$ 的特征根；P_{t} 为发射天线的发射功率，接收天线处白噪声的幅度服从方差为 δ 的高斯分布。由式(5-7)可知，MIMO 系统容量会随着发射端或接收端天线数较小的一方 $\min(M_{\mathrm{r}}, M_{\mathrm{t}})$ 的增加而增加。

总的来说，MIMO 技术的目的是提供更高的空间分集增益：联合发射分集和接收分集两部分的空间分集增益，提供更大的空间分集增益，保证等效无线信道更加"平稳"，从而降低误码率，进一步提升系统容量。

5.2.3　MIMO 工作模式

为了提高信息传送效率的工作模式，就是 MIMO 的复用模式；为了提高信息传送可靠性的工作模式，就是 MIMO 的分级模式。空分复用模式 SM 的思想如图 5.13 所示，指的是把 1 个高速的数据流分割为几个速率较低的数据流，分别在不同的天线进行编码、调制，然后发送。天线之间相互独立，一个天线相当于一个独立的信道。接收机利用空间均衡器分离接收信号，然后解调、解码，将几个数据流合并，恢复出原始信号。

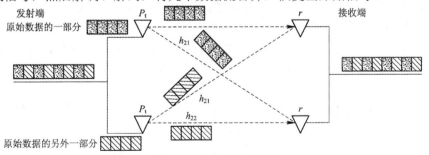

图 5.13　空分复用的思想

空时复用常用的空时编码技术有预编码(图 5.14)和每天线速率控制(Per-Antenna Rate Control，PARC)，预编码技术把原始数据流两个符号分为一组进行变换，如某一组为 s_1、

s_2，转换成并行数据流 z_1、z_2，然后由不同的天线发出去，二者的关系如(5-8)式所示：

$$\begin{bmatrix} z_1 \\ z_2 \end{bmatrix} = \begin{bmatrix} v_{11} & v_{12} \\ v_{21} & v_{22} \end{bmatrix}\begin{bmatrix} s_1 \\ s_2 \end{bmatrix} \tag{5-8}$$

其中，$\begin{bmatrix} v_{11} & v_{12} \\ v_{21} & v_{22} \end{bmatrix}$ 为预编码矩阵，它就是负责把数据流转换到天线端口的数学变换公式。

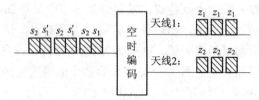

图 5.14　空时复用的预编码技术

PARC(图 5.15)则直接根据每个天线的信道条件调节其信息发送速度。天线信道条件好的，速率快一些；反之，速率慢一些。速率控制本身也是一种空时编码，只不过一路天线速度快一些，另一路慢一些而已。在天线口，PARC 的空时编码所做的工作就是直接把速率调节好的两列数据搬到天线口发射，不做变换。所以空时编码矩阵为

$$\begin{bmatrix} z_1 \\ z_2 \end{bmatrix} = \begin{bmatrix} s_1 \\ s_2 \end{bmatrix} \tag{5-9}$$

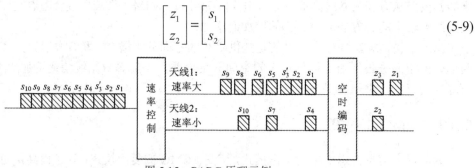

图 5.15　PARC 原理示例

空间分集(Space Diversity，SD)的思想是制作同一个数据流的不同版本，分别在不同的天线进行编码、调制，然后发送，如图 5.16 所示，这个数据流可以是原来要发送的数据流，也可以是原始数据流经过一定的数学变换后形成的新数据流。接收机利用空间均衡器分离接收信号，然后解调、解码，将同一数据流的不同接收信号合并，恢复出原始信号。空间分集可以起到可靠传送数据的作用。

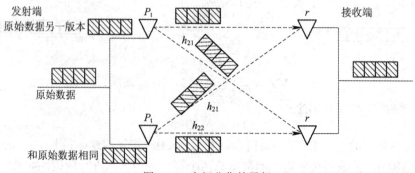

图 5.16　空间分集的思想

不管是复用技术，还是分集技术，都是把一路数据变成多路数据的技术，即都涉及空时编码技术。

空间分集常用的技术有空时块编码(Space Time Block Coding，STBC)、空频块编码(Space Frequency Block Code，SFBC)、时间/频率转换传送分集 (Time/Frequency Switch Transmit Diversity，TSTD/FSTD)和循环延时分集(Cycle Delay Diversity，CDD)。

STBC 的主要思想是在空间和时间两个维度上安排数据流的不同版本，可以有空间分集和时间分集的效果，从而降低信道误码率，提高信道可靠性。如图 5.17 所示。在天线 1 上，两个符号 s_1、s_2 分别放在 1 个子帧两个时隙的第一个 OFDM 符号周期上；在天线 2 上，这两个符号调换一下时隙位置，把它们的另一个版本 " $-s_2^*$ "、" s_1^* " 分别放在这个子帧的两个时隙上。

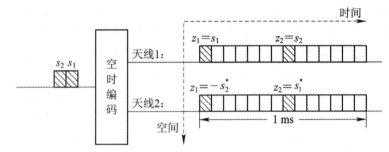

图 5.17　STBC 技术原理示意

SFBC 的主要思想是在空间和频率两个维度上安排数据流的不同版本，可以有空间分集和频率分集的效果。在天线 1 上，两个符号 s_1、s_2 分别放在两个相邻的子载波上；在天线 2 上，这两个符号调换一下子载波的位置，把它们的另一个版本 " $-s_2^*$ "、" s_1^* * " 分别放在这两个子载波上。

TSTD/FSTD 也是在空间和时间两个维度上安排数据流的不同部分，可以有空间分集和时间分集的效果。在天线 1 上依次发送数据流的各个符号，延迟一段时间后，在天线 2 上再开始依次发送这个数据流。

TSTD/FSTD 矩阵表示形式如图 5.18 所示。

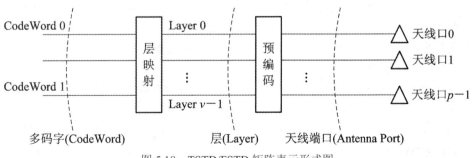

图 5.18　TSTD/FSTD 矩阵表示形式图

CDD 也是在空间和时间两个维度上安排数据流的，CDD 技术原理示意如图 5.19 所示。CDD 有空间分集和时间分集的效果。在天线 1 上和天线 2 的时隙位置上，交叉安排符号流 s_1、s_2，符号排队等待发射，在第一个符号周期，该符号放到天线 1 上发射，在下一个符号周期，下一个符号放到天线 2 上发射，依此类推。

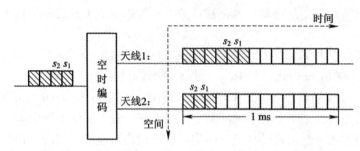

图 5.19　CDD 技术原理示意

多天线技术主要是指空间分集、空间复用、空间多址 SDMA 和波束赋形(Beam Forming)，下面对它们进行比较说明。

空间分集是利用天线之间的不相关性来实现的，这个不相关性要求天线间距在 10 个 λ(电磁波波长)以上。空间分集可以是多个天线发射、一个天线接收(即发射分集，属于 MISO 方式)，也可以是一个天线发射、多个天线接收(接收分集，属于 SIMO 方式)。分集的目的不是提高链路容量，而是提高链路质量。

空间复用也是利用天线之间的不相关性来实现的，空间复用一般需要多个发射天线、多个接收天线，它是一种 MIMO 方式，也可以是智能天线方式。在复用时，并行发射和接收多个数据流，目的是提高链路的容量(峰值速率)而不是提高链路的质量。

天线之间彼此独立而且链路质量较好的情况，有助于提升复用的效率，可以使用复用度较高的数据传输方式；在天线相关性较高和链路质量较差时，复用度不能太高，需要降低复用数据流的数目，甚至不复用，只发送单个数据流。或者，将工作模式转换成空间分集和波束赋形。

空分多址 SDMA，是利用相同的时隙、相同的子载波，通过不同的天线传送多个终端用户的数据。不同用户的数据如果要彼此相互区别，就要求天线之间具有不相关性。空分多址的主要目的是通过空间上区别用户，在链路上容纳更多的用户，提高用户的容量。

波束赋形利用电磁波之间的相干特性，将电磁波的能量(波束)集中于某个特定的方向上。也可以这样理解，波束赋形是利用天线阵元之间的相关性来实现的，不同于上述分集、复用、多址的方式。

空间分集、复用、多址都是利用天线之间的不相关特性，因此，波束赋形要求天线之间的距离小一些，通常在 $\lambda/2$ 左右。

波束赋形的主要目的是增强覆盖和抑制干扰。通过波束赋形，使波束主瓣对准有用信号的方向，增强了有效覆盖范围，同时使波束的零深对准干扰方向，抑制了干扰。

使用波束赋形的多天线系统，就是传统的智能天线技术 SA，也叫自适应天线系统 AAS。TD-SCDMA 系统的关键技术就是智能天线，在现在的无线制式中，智能天线的概念正在逐步弱化，MIMO 系统则被认为是实现频谱效率提升的优选技术。

智能天线实现空间复用、空分多址的效果，与用户位置分布有很大关系，当用户比较集中时，复用或多址的效果就比较差。而 MIMO 技术实现的空间复用和空分多址的效果和用户位置分布没有任何关系。

MIMO 技术要求利用天线之间的不相关性，而智能天线要利用天线之间的相关性。当天线之间存在较大的相关性时，MIMO 技术的空间复用、空分多址的效果就比较差。而在此条件下，智能天线的波束赋形效果却比较好。MIMO 技术利用天线之间相互独立性，可以有效地克服多径效应的影响，比较适合在密集城区或高层楼宇场景使用；而智能天线则利用的是天线之间的相关性，克服多径效应影响的能力有限，但对克服用户间的干扰有较好的效果。

MIMO 系统可根据不同的系统条件、变化的无线环境采用不同的工作模式，LTE release 9 协议中定义了以下八种 MIMO 下行传输模式，采用哪种模式由高层通过 RRC 信令消息通知 UE。

(1) TM1：为单天线工作模式，信息通过单天线发送的工作模式，适用于未布放双通道的室分系统。

(2) TM2：为开环发射分集，同一信道的多个信号副本分别通过多个衰落特性相互独立的信道进行发送，提高传输可靠性。适用于信道质量不好时，如在小区边缘，增强小区覆盖。

(3) TM3：为开环空间复用，终端不反馈信道信息，发射端根据预定义的信道信息确定发射信号。在不同的天线上人为制造"多径效应"，一个天线正常发射，其他天线引入相位偏移环节。多个天线的发射关系构成复矩阵，并行地发射不同的数据流。这个复矩阵在发射端随机选择，不依赖接收端的反馈结果，就是开环空间复用。适合于信道质量高且空间独立性强时，提高用户吞吐率。

(4) TM4：为闭环空间复用，需要终端反馈信道信息，发射端采用该信息进行信号预处理以产生空间独立性。根据预定义的信道信息确定发射信号，发射端在并行发射多个数据流时，根据反馈的信道估计结果，选择制造"多径效应"的复矩阵，就是闭环空间复用。适合于信道质量高且空间独立性强时，终端静止时性能好，提高用户吞吐率。

(5) TM5：为多用户 MIMO，基站使用相同时频资源将多个数据流发送给不同用户，接收端利用多副天线对干扰数据流进行取消和零陷。主要用来提高小区的容量。

(6) TM6：为 Rank=1 的闭环发射分集，作为闭环空间复用的一特例，只传输一个数据流，也就是说空间信道的秩 Rank=1，发射端采用单层预编码，使其适应当前的信道。这种工作模式主要适合于小区边缘，提高传输可靠性。

(7) TM7：为单流波束赋形，发射端利用上行信号来估计下行信道特征，在下行信号发送时，每根天线上乘以相应的特征权值，使其天线阵发射信号具有波束赋形效果，能够有效对抗干扰。适合于信道质量不好时，如在小区边缘，增强小区覆盖。

(8) TM8：为双流波束赋形模式，结合复用和智能天线技术，进行多路波束赋形发送，既提高用户信号强度，又提高用户峰值和均值速率。可以用于小区边缘也可以应用于其他场景，降低干扰，提高吞吐率。

传输模式是针对单个终端而言的。同小区不同终端可以用不同的传输模式，eNB 自行决定某一时刻对某一终端采用什么类型的传输模式。模式 3 到模式 8 中均含有发射分集，当信道质量急剧恶化时，eNB 可以快速切换至模式内发射分集模式，提高终端接收增益。

5.2.4　MIMO 系统的实现

下面以图 5.20 所示信息的物理层处理为例来说明 MIMO 的实现。

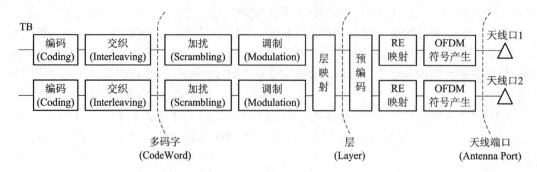

图 5.20　LTE 物理层信息处理过程

图 5.20 中的 TB(Transport block)为传输块，TB 块到达物理层，要经历如下 4 个过程。

(1) 编码。编码使数据流具有纠错和抗干扰能力，增加信息传送的可靠性，使之能够应对无线环境的险恶变化，但是增加了冗余比特，使有用信息的传输比例减少。

(2) 交织。交织的过程是打乱原来的比特流顺序，这样连续的深衰落对信息的影响实际作用在打乱顺序的比特数据流上，在恢复原来的顺序后，这个影响就不是连续的，而变成离散的了，这样就可以方便地根据冗余比特恢复原始数据。

(3) 加扰。加扰是对编码后的数据逐比特地与扰码序列进行运算。扰码序列是一种 PN 序列。PN 序列可将数据间的干扰随机化，可以对抗干扰；同时使用 PN 序列加扰，类似给数据上了一把锁，而 PN 序列就好比钥匙。也就是说，加扰起到保密的作用，可以对抗窃听。

(4) 调制。调制是将比特数据流映射到复平面上的过程，也叫做复数调制。QAM 是幅度、相位联合调制的技术，它同时利用了载波的幅度和相位来传递信息。LTE 的复数调制有 BPSK、QPSK、16QAM、64QAM。对比一下，在 3G 中的 HSDPA 中，最高阶的调制方式仅到 16QAM，而 LTE 最高阶的调制方式可到 64QAM。样点数目越多，其传输效率越高，例如具有 16 个样点的 16QAM 信号，每个样点表示一种矢量状态，16QAM 有 16 态，每 4 位二进制数规定了 16 态中的一态，16QAM 中规定了 16 种载波和相位的组合，16QAM 的每个符号和周期传送 4 比特。64QAM 的每个符号和周期传送 6 比特，所以 LTE 采用 64QAM 调制方式，比 3G 中的 16QAM 速率提升 50%。

完成调制后，基带将进行 MIMO 相关的处理。将信道编码、调制后的比特数据流送到发送天线端口进行层映射和预编码。数据流的数量和发送天线数量是不一致的，将数据流比特送到不同的发送天线、不同时隙、不同子载波上，是一个比较复杂的数学变换过程。这个过程使用层映射与预编码来完成。增加层映射的目的就是为了将复杂的数学变换简单化，无线环境非常复杂，要根据无线环境选择 MIMO 的应用模式。层映射(layer mapping)和预编码(precoding)共同组成了 LTE 的 MIMO 部分。下面分别介绍层映射和预编码。

(1) 层映射。层映射就是将编码调制后的数据流按一定规则重新排列，将彼此独立的码字映射到空间概念层上。层映射可以使原本串行的数据流有了初步的空间概念，将码字映射到并行的数据流上，层数是可并行传输的数据流个数，一般来说小于等于信道矩阵的秩。唯一例外的是分集，层数是天线的逻辑端口个数。MIMO 的原理类似解线性方程组，每层上的符号就是待解的未知数。这个空间概念层是到物理天线端口的中转站，通过这样的转换，原来串行的数据流就有了空间的概念。层映射的位置关系如图 5.21 所示。

图 5.21 中的数字序列代表承载二进制比特 0 和 1 的 15K 子载波的幅度值的序列。由于"层"映射发生在物理层编码、调制之后，因此，每个流采用了相同的物理编码和调制策略，而不同"层"的天线数据，在同一时刻，无线信道的状况有可能差异很大，因此在实际中无法实现。于是后来用码字 Code Word 到"层"layer 的映射，这里不再详述。

图 5.21　层映射原理示意

(2) 预编码。预编码过程是将层数据映射到不同的天线端口、不同的子载波上和不同的时隙上，以实现分集或复用的目的。预编码过程就是空时编码的过程。经过预编码过程后的数据已经确定了天线端口，也就是说，确定了空间维度的资源，在每个天线端口上，将预编码后的数据对应在子载波和时隙组成的二维物理资源 RE 上，接下来生成 OFDM 符号，插入 CP，然后从各个天线端口发送出去。预编码原理示意如图 5.22 所示。

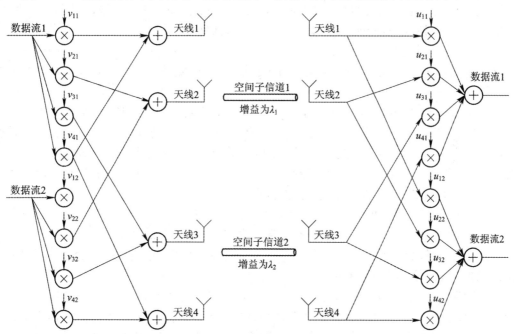

图 5.22　预编码原理示意

在接收端，通过多天线接收机，可将接收下来的信号从 OFDM 的时频资源读取相应的数据，经过预编码与层映射逆过程，然后解调、去扰、去交织、解码，最后恢复出原始信息比特。层映射、预编码及其逆过程，如同求解线性方程组的未知数一样，只不过发送过程和接收过程要求解的未知数不一样而已。

到此为止，就完成了信息在物理层的处理。

5.3　LTE 的其他关键技术

HARQ

除了 OFDM 和 MIMO，还有很多其他的关键技术应用于 LTE。下面主
要介绍以下 6 种。

5.3.1　混合自动重传技术 HARQ

LTE 中混合自动重传(Hybrid Automatic Repeat Request，HARQ)主要是系统端对编码数
据比特的选择重传以及终端对物理层重传数据合并。在这里涉及两个方面，一个是自动重
传请求(Automatic Repeat Request，ARQ)技术，另一个是前向纠错(Forward Error Correction，
FEC)技术。也可以说，HARQ=ARQ+FEC，FEC 是一种编码技术，编码的作用主要是保证
传输的可靠性，具有自动纠错的能力。举例说明：如果要传输信息 0，则可以发 0000；如
果收到干扰变成了 0001 或者 1000，则 FEC 可以纠正为 0000，从而增加了容错率，而若只
发一个 0，则一旦干扰成了 1 就会造成误码。而假如接收端收到的是 1100，由于 1 和 0 一
样多，所以会认为是错码，从而要求重传，触发 ARQ。而 ARQ 技术在收到信息后，会通
过 CRC(Cyclic Redundancy Check，循环冗余检验)校验位进行校验；如果发现错误了或者
压根就没收到这个包，则会回 NAK(Negative Acknowledgment，没有应答)要求重传；否则，
回 ACK(Acknowledge character，确认字符)，说明已经收到了。

HARQ 有两种运行方式。

(1) 跟踪(Chase)或软合并(Soft Combining)方式，即数据在重传时，与初次发射时的数
据相同。

(2) 递增冗余(Incremental Redundancy，IR)方式，即重传时的数据与发射的数据有所不
同。其原理为信息在进入通信系统后，首先进行调制和编码，经过调制的信息相当于压缩，
是比较小的信息，第一次先发这个信息。而经过编码的信息是带冗余的信息，如果第一次
发送失败，则第二次会将编码后的信息发射出去，由于冗余信息有纠错的功能，所以增加
了重发的可靠性，但在接收端需要更大的内存。

HARQ 的流程如下：

(1) eNB 发一个包给 UE，UE 没有解调出来，回 NAK 给 eNB。

(2) eNB 将包的另外一部分发给 UE，UE 通过将两次发送的包进行软合并，解出来回
ACK，eNB 收到后继续发其他包。

这里要强调一点，HARQ 发端每发一个包都会启动一个 timer(计时器)，如果 timer 时
间到了还没有下一个包到来，则 eNB 会认为这是最后一个包，会发一个指示给 UE，告诉
它发完了，防止最后一个包丢失。而 UE 侧也有计时器，回 NAK 后计时器开始，到时候
如果还没有收到重发，就会放弃这个包，由上层进行纠错。而且不同 QoS 的 HARQ 机制
也不同，如 VoIP 之类的小时延业务，可能就会不要求上层重发，丢了就丢了，保证时延。

5.3.2　自适应编码 AMC

自适应调制编码(Adaptive Modulation and Coding，AMC)就是可以根据无线环境和数

据本身的要求来自动选择调制和编码方式。LTE 支持 BPSK、QPSK、16QAM 和 64QAM
四种调制方式以及卷积、Turbo 等编码方式。早在 3G 的设计之初，设计人员就认定足够
大的功率是保证高速传输之根本，所以 3G 和 4G 都摒弃了之前通过功率控制方式来改善
无线信道的做法，而采用了速率控制，就是通过不同的调制和解码方式来适应信道环境。

AMC 是通过信道估计，获得信道的瞬时状态信息，根据无线信道变化选择合适的调
制和编码方式。网络侧根据用户瞬时信道质量状况和目前无线资源，选择最合适的下行链
路调制和编码方式，从而提高频带利用效率，使用户达到尽量高的数据吞吐率。当用户处
于有利的通信地点时(如靠近基站或存在视距链路)，用户数据发送可以采用高阶调制和高
速率的信道编码方式，如 16QAM 和 3/4 编码速率，从而得到高的峰值速率；而当用户处
于不利的通信地点时(如位于小区边缘或者信道深衰落)，网络侧则选取低阶调制方式和低
速率的信道编码方案，如 QPSK 和 1/2 编码速率，来保证通信质量。

1. AMC 原理

图 5.23 为 OFDM 系统中 AMC 调制实现原理框图。在发射端，输入的信号经过编码、
调制、OFDM 信号的产生，然后发射出去，经过时变信道后，在接收端，经过 OFDM 信
号的接收、解调、译码，最后得到所需要的数据。其中的编码采用的是 Turbo 码，调制方
式采用的是 QPSK 或 16QAM。

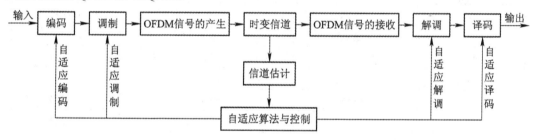

图 5.23　OFDM 系统自适应编码调制实现原理

当前的信道状态信息可以通过信道估计得到，然后通过一定的自适应
算法来控制输入端的编码、调制以及接收端相应的解调和译码。其中，编
码和译码的自适应调节参数是 Turbo 码的码率，码率根据信道状态来自适
应地调整。同样，调制和解调的方式也是根据信道状态来确定选择 QPSK
和 16QAM 两种中的一种。

AMC

2. AMC 的实现

一个 OFDM 符号由多个子信道组成，而每个子信道又由多个子载波组成。OFDM 符
号各个子载波上的信噪比可以通过信道估计得到，如果反馈每个子载波上的信噪比来确定
其采用的调制编码方式，那么大量的反馈信息将严重削弱 AMC 的吞吐率优势，也很难实
现。因此，实际上不是以子载波为单位反馈信噪比，而是以子信道为单位反馈信噪比，所
以，子信道的信噪比需要由该子信道上所有子载波的信噪比等效得到，然后根据这个等效
的有效信噪比，通过某种自适应算法确定该子信道应当采用的调制编码速率。

3. AMC 的实现步骤如下

(1) 根据各个子载波上的信噪比计算子信道等效的有效信噪比。

(2) 根据该有效信噪比，通过门限判决的自适应算法确定调制编码速率。

UE 会周期性地测量无线信道，并上报信道质量指示(Channel Quality Indicator，CQI)、物理小区标识(Physical Cell Identifier，PCI)和秩指示(Rank Indicator，RI)。其中，CQI 就是 UE 对无线环境的一个判断，eNB 会根据上报的 CQI 选择相应的调制和编码方式，同时兼顾缓存中的数据量，最后决定调制方式、HARQ、资源块大小等发射给终端。表 5.1 为不同 CQI 对应的调制、编码速率以及效率。

表 5.1　CQI 对应编码和调制方式

CQI 等级	调制方式	信息速率(编码速率 × 1024)	效　率
0	超　出　范　围		
1	QPSK	78	0.1523
2	QPSK	120	0.2344
3	QPSK	193	0.3770
4	QPSK	308	0.6016
5	QPSK	449	0.8770
6	QPSK	602	1.1758
7	16QAM	378	1.4766
8	16QAM	490	1.9141
9	16QAM	616	2.4063
10	64QAM	466	2.7305
11	64QAM	567	3.3223
12	64QAM	666	3.9023
13	64QAM	772	4.5234
14	64QAM	873	5.1152
15	64QAM	948	5.5547

表 5.1 展示了 R8 版本中规定的 16 种不同的编码调制方式与 CQI 的对应关系，表中 CQI 等级为 0 代表无效，即当前无线环境无法传数据；当 CQI 等级为 15 时，代表本地网无线环境最好。从表 5.1 可知，调制方式决定了调制阶数，调制阶数意味着每个符号中所传送的比特数。如 QPSK 对应的调制阶数为 2，同理，16QAM 的调制阶数为 4，64QAM 的调制阶数为 6。码率为传输块中信息比特数与物理信道总比特数之间的比值，即

$$码率 = \frac{传输块中信息比特数}{物理信道总比特数} = \frac{信息速率}{1024} = \frac{信息比特数}{物理信道总符号数 \times 调制阶数} = \frac{效率}{调制阶数}$$

由此可见，CQI 等级决定了下行调制方式和传输块的大小。CQI 值越大，所采用的调制阶数越高，效率越大，所对应的传输块也越大，因此所提供的下行峰值吞吐量越高。

5.3.3　高阶调制

一般来说，每种调制方式都有特定的"星座图"，一种调制方式的"星座点"越多，每个点代表的比特数就越多，在同样的频带带宽下提供的数据传输速率就越快。

　　QAM 是幅度、相位联合调制的技术，它同时利用了载波的幅度和相位来传递信息比特，因此在最小距离相同的条件下可实现更高的频带利用率。由于 QAM 的频带利用率的提高是以牺牲一定误码率为代价的，因此选择多进制的 QAM 调制，需要先预测信道质量，电平数不一定越高越好。实验证明，在相同信噪比的情况下，64QAM 的误码性能比 16QAM 的差，误码率高。下面分别说明在历代移动通信系统中都采用过的调制方式。

　　早期 GPRS 采用的调制方式是高斯最小频移键控 GMSK，最大速率不过 171.2 kb/s。后来演进到 EDGE，换成了 8PSK，最大速率提高到了 473.6 kb/s。

　　在 WCDMA 系统中，从 R4 阶段的正交相移键控 QPSK(2 Mb/s)到 HSPA 的 16QAM(14.4 Mb/s)，再到 HSPA+ 的 64QAM(21 Mb/s)，调制方式的改进带来的速率提升是显而易见的。

　　在 TD-SCDMA 中，从 R4 阶段的 QPSK(640 kb/s 到 HSPA 的 16QAM(2.8 Mbit/s)，还可以升级到 HSPA+ 的 64QAM(4.2 Mbit/s)。

　　在 TD-LTE 系统中最高可采用 64QAM。样点数目越多，其传输效率越高。64QAM 星座图如图 5.24 所示。

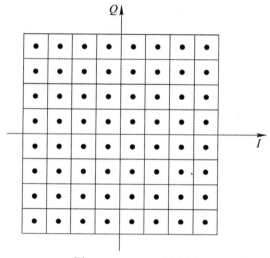

图 5.24　64QAM 星座图

越是高性能(速率高)的调制方式，其对信号质量(信噪比)的要求越高，这是高阶调制的缺点。

5.3.4　MAC 调度算法

　　在 LTE 中，资源的分配是以资源块 RB "给谁用" 来决定的，那么就牵扯到一个使用先后和多少的问题，这就需要由 eNB 的 MAC 调度算法来决定。在这里讲几种常见的 MAC 调度算法。

1. 最大 C/I 算法

　　由于 UE 在空间中是随机的，那么所处的无线环境也不同，无线环境优(C/I 优)的 UE 会上报更大的 CQI，从而获得更高的速率。如果想获得最大的扇区吞吐量，则最好的办法就是将 RB 都给 C/I 最优的用户。

这个算法最大的好处就是能获得最大的扇区吞吐量和资源利用率，但是也有致命的缺点，就是不公平，那些处在覆盖中间和边缘的用户由于 *C/I* 不如处在覆盖中心的用户，可能就没有得到 RB 的机会，所以就产生了第二种算法，轮询算法。

2. 轮询算法

轮询算法就像它的名字，每个用户轮着来，避免了最大 *C/I* 算法无法兼顾弱势用户的情况，扇区下每个用户平均分配 RB 资源，但是牺牲了扇区的最大吞吐量和资源利用率。

3. 比例公平算法

从上面两种调度算法看，都有优点和缺点，于是将上面两种算法结合，便产生了比例公平算法。

比例公平算法的初衷是既要考虑到用户所处的 *C/I*，保证一些优质用户的网速，同时又要兼顾分配的公平，保证人人都有 RB 分配。为了方便，这里使用公式(5-10)说明：

$$U = \beta \frac{C/I}{1 + \sum T} \tag{5-10}$$

其中，*U* 代表这个用户的权重，*T* 代表这个用户的吞吐量，*β* 代表用户的 QoS 等级。也就是说，这个用户的权重和 *C/I* 成正比，和一定时期内的历史吞吐量成反比。举例说明，U_1 的 *C/I* 比 U_2 的优，所以在一开始，U_1 的权重高，它先获得 RB；随着时间的推移，U_1 的吞吐量逐渐增加，它的权重也在下降，当低于 U_2 时，U_2 获得 RB，从而实现公平比例的调度。在这里需要说明，LTE 里最小的资源粒子是 RE，但是能够调度的最小单位是 RB，因为 RE 太小了，调度的粒度太小会使调度频繁和复杂。

4. 持续调度与半持续调度和动态调度

上述三种调度方法都是动态调度的细分，调度在时间分配上还分为持续调度和半持续调度。其中持续调度是电路域的思想，将资源一直给一个用户，在 LTE 里是不用的。而半持续调度用在 LTE 里，就是将一段很长时间的 RB 都分给一个用户，比较典型的业务就是 VoIP，至少要保证通话这段时间里拥有 RB。

5.3.5　小区间干扰消除

众所周知，LTE 是一个正交的系统，但是这个正交只限于小区内，即是小区内所有的用户正交，不存在互相干扰；可是，不同小区的用户间不正交，就会产生小区间的干扰。实验证明，LTE 网络在边缘处的衰减很快，为此，LTE 采用如下方法来抑制小区间干扰。

1. 加扰

加扰技术出现在 2G 时代，主要作用是随机化解决干扰，例如用手机的电子序列号 ESN 去异或信号，使其避免全 0 或者全 1，增加解调的可靠性。在 LTE 中也是一样，不同的小区用不同的 UE ID、小区 ID 和时隙的起始位置等加扰。

一般情况下，加扰在编码之前，调制之后进行比特级别的加扰。而且不同的信道加扰的扰码因素也不一样，例如物理下行链路共享信道(Physical Downlink Shared Channel，PDSCH) / 物理上行控制信道(Physical Uplink Control Channel，PUCCH) / 物理上行共享信

道 (Physical Uplink Shared Channel，PUSCH)用的是小区 ID，用户设备号 UEID 和起始时隙位置，物理多播信道(Physical Multicast Channel，PMCH)用的是多媒体广播多播服务单频网系统指示号(Multimedia Broadcast multicast service Single Frequency Network System Indentification Number，MBSFNSID)和起始时隙位置，物理广播信道(Physical Broadcast Channel，PBCH) / 物理下行链路控制信道(Physical Downlink Control Channel，PDCCH) / 物理控制格式指示信道(Physical Control Format Indicator Channel，PCFICH) / 物理混合 ARQ 指示信道(Physical Hybrid ARQ Indicator Channel，PHICH)用的是小区 ID 和起始时隙位置来做扰码因素。

2. 跳频

跳频也是 2G 时代的技术，通过跳频可以避免同一频率上的干扰。目前 LTE 上下行都支持跳频。大多数信道都支持子帧内的跳频，PUSCH 支持子帧间的跳频。

3. 发射端波束赋形

发射端波束赋形的思想是通过波束赋形技术的运用，提高目标用户的信号强度，同时主动降低干扰用户方向的辐射能量(假如能判断出干扰用户的位置)，此消彼长来解决小区间干扰。

4. 小区间的干扰协调

小区间的干扰协调的思想就是以小区协调的方式对资源使用进行限制，包括限制频率资源的可用性，或者限制功率资源可用性来使边缘用户得以区分。主要分为频率资源协调和功率资源协调两种方式。

5.3.6 载波聚合

1. 概述

根据香农信息论，信道容量随信道带宽呈等比增长。如果有更多的频谱资源，就能获得更高的传输速率。LTE R8/9 协议支持最大 20 MHz 带宽，即 FDD 系统的上行和下行分别可使用最多 20 MHz 频率资源，而 TDD 系统则是上行和下行共用最大 20 MHz 频率。当调制阶数、编码速率、MIMO 流数等难以进一步提高时，若希望进一步提高物理层传输速率，就需要加大系统带宽，即定义超过 20 MHz 的更大带宽。

另一方面，由于频谱资源的稀缺，很多移动通信运营商并不能获取连续的 20 MHz 频率资源，但可能有多个小带宽的频谱"碎片"，例如 3 个 5 MHz 的频段。尽管可以使用这些资源来组建三层同频网络，但是单个终端的传输速率受限于 5 MHz 带宽，不能进一步提升。

考虑到传输速率的提升需求，以及充分利用离散的小带宽频谱资源的需求，LTE-A R10 协议使用载波聚合(Carrier Aggregation，CA)技术，将多个带宽资源"聚合"在一起，同时承载一个终端的数据传输，载波聚合的示意图如图 5.25 所示，一个分量载波(Component Carriers，CC)被称作一个被聚合的载波。分量载波的带宽可以为 1.4 MHz、3 MHz、5 MHz、10 MHz、15 MHz 或 20 MHz。最多可由 5 个载波聚合在一起用于上行或下行传输，最大聚合带宽为 100 MHz(FDD 系统的上下行带宽加起来可达到 200 MHz)。通过载波聚合，

LTE-A R10 可支持下行 1 Gb/s 和上行 500 Mb/s 的数据。相比于直接增大带宽的方式，例如将最大带宽增至 100 MHz，载波聚合具有更多优点，也增加了系统的复杂度。LTE-A Pro(Long Term Evolution-Advanced Pro) R13 将载波聚合增强到了最大 32 个载波，可聚合多达 620 MHz 频谱资源。另外，载波聚合技术不需要对 LTE 物理层进行大的改动，就能极大提高对现有系统的利用率，对电信运营商而言，既减少了大量的投资，又大大缩短了 LTE-A 系统的建设和商用时间。

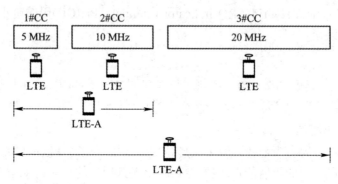

图 5.25　LTE-A 载波聚合

当一个基站使用了载波聚合时，从 LTE R8/9 终端看来，每个载波仍是一个普通的 LTE 载波，正常发送各物理信道物理信号，有自己的 PCI，可供没有载波聚合能力的终端正常接入。当服务 LTE 终端时，空口各层的处理和过程仍遵循 R8/9 协议，即载波聚合可后向兼容 LTE 终端。因此即使工作在载波聚合状态下，空口链路层的绝大部分工作方式仍与非载波聚合时相同。

对于支持载波聚合的 LTE-A 终端，基站可以为其配置 1~5 个服务小区。在这些服务小区中，有一个是主服务小区 Pcell，其余的是辅服务小区 Scell。载波聚合终端使用的载波(即频率资源)称为该终端的上行和下行成员载波。主小区的载波称为主成员载波(Primary Component Carrier，PCC)，辅小区的载波则为辅成员载波(Secondary Component Carrier，SCC)。

主小区是终端初始接入的小区(除非发生切换)。主小区与终端建立 RRC 信令连接，并控制 RRC 连接重配置、重建立、释放，并承载非接入层(Non-Access Stadium，NAS)信令的传递。从 NAS 层和核心网看来，终端连接在主小区，终端在不同小区间的切换也由主小区控制。辅小区只是在需要时为终端提供额外的空口资源，基站和终端并不通过辅小区传递 RRC 信令。辅小区可以同时提供下行资源和上行资源，也可只提供下行资源，因此下行和上行载波聚合的成员载波个数可以不同。基站通过 RRC 专用信令为具备载波聚合能力的终端配置辅小区和辅载波的相关工作参数，并在有需要时启动载波聚合数据传输。

从空中链路层看，分组数据汇聚协议(Packet Data Convergence Protocol，PDCP)层和 RLC 层并不知晓载波聚合的存在，因此它们仍按 LTE R8/9 协议定义的方式工作。MAC 层负责多个成员载波上的数据聚合，从而从上层屏蔽了 CA 功能，如图 5.26 所示。基站和终端的 MAC 层为每个 CC 维护一个独立的 HARQ 实体，负责各个 CC 上的 MMC 层重传。

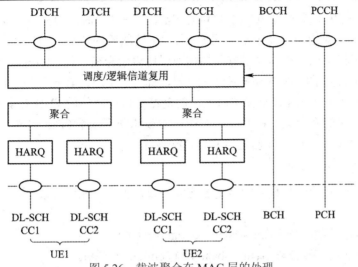

图 5.26　载波聚合在 MAC 层的处理

基站 MAC 层的调度器负责所有 CC 的终端调度和空口资源分配。基站有以下两种方式下发物理层的空口资源分配信令。

1) 非跨载波调度

通常情况下，一个成员载波上的空口资源分配由该成员载波上的物理层下行控制信道 PDCCH 指示。对于 FDD 系统，上行成员载波的资源分配由同服务小区的下行成员载波的 PDCCH 指示。

2) 跨载波调度

某些情况下，可用一个成员载波的 PDCCH 上发送的指令，指示其他辅成员载波上的空口资源分配(主 CC 的资源分配只能由主 CC 的 PDCCH 指示)。跨载波调度会增加资源分配的复杂度，一般用于异构网络同频干扰严重的场景。

终端的 MAC 层负责将上行数据分配在多个 CC 的资源上传输。上行待传输数据量通过 MAC 层的缓存区状态报告 (Buffer Status Report，BSR)在主小区的上行 CC 上发送。上行控制消息(包括 HARQ 反馈、调度请求、周期性信道状态信息等)只能在主服务小区的物理层上行控制信道 PUCCH 上发送。

物理层在每个 CC 上进行独立的编码、调制、多天线发送等处理。当使用跨频段载波聚合时，不同频段的无线信号质量可能不同。即使是载波内载波聚合，不同载波上的干扰也可能不同，因此要进行独立的链路自适应。

对于 TDD 系统，如果两个载波上的上下行子帧配置不同，则聚合在一起会出现终端在一个时刻同时发送和接收的情况。LTE-A R11 支持异子帧配比的 TDD 载波聚合，使得子帧配置不同的小区可以应用 CA。此时，在某些子帧位置上，有的载波是下行子帧，有的子帧是上行子帧。如果终端配置了双工器，则可以分开上行和下行传输，从而工作在这些子帧上。对于没有双工器的终端，则需要通过调度来避免让这些终端工作在需要同时收发的子帧上。此外，不同的上下行子帧配比也让上行调度时序和 HARQ 反馈时序更为复杂。异子帧配比的 CA 可应用在某些场景下。例如，可以在某个低频率载波上用较多的上行子帧来提高上行覆盖性能，而在高频率载波上配置较多的下行子帧来满足下行速率需求。当某些频段(例如 B39)上需要与 3G 的 TD-SCDMA 系统共存时，LTE 载波需使用子帧配置 2(3：1)，而在其他频道上可使用子帧配置 1(2:2)来跨频段的 CA。

载波聚合不仅可以将相同双工方式的物理层传输聚合在一起，还可以将 FDD 和 TDD 这两种不同双工方式的物理层传输聚合在一起，称为 FDD+TDD 载波聚合(F+T CA)，F+T CA 在 LTE-A R12 中标准化。支持 F+T CA 的基站可以同时使用 FDD 频谱和 TDD 频谱资源来提升无线链路的吞吐量。在 F+T CA 中，主载波既可以是 FDD 载波，也可以是 TDD 载波。TDD 做主载波时的时序问题也需要特殊设计。

2. CA 分类

根据聚合在一起的成员载波频谱是否连续，或是否位于相同频段，可将载波聚合分为 3 类：

(1) 频段内连续载波聚合(Intra-band Contiguous CA)。

(2) 频段内非连续载波聚合(Intra-band Noncontiguous CA)。

(3) 跨频段载波聚合(Inter-band CA)。

从设备实现，特别是终端实现的角度看，不同的 CA 类型对于射频器件的要求不同。频段内连续 CA 最容易实现，只需支持最大带宽的滤波器和基带处理器。FFT 和 IFFT 可以同时对多个载波进行处理，不同成员载波的中心工作频点的间隔为 300 kHz 的整数倍，这是为了兼顾 100 kHz 的最小搜索间隔和 15 kHz 子载波间隔，取最小公倍数。频段内非连续 CA 和跨频段 CA 则需要多个滤波器，或者一个非常宽频的滤波器。宽频滤波器会引入更多的噪声和非系统带宽内的干扰信号，因此实际中多采用多个滤波器来实现非连续的载波聚合。当希望使用超过 20 MHz 的带宽时，由于频谱分配经常是非连续的，非连续的载波聚合更有利于充分利用频谱资源。

由于 LTE 的工作频段很多，再考虑各个频段的各种系统带宽组合，如若支持所有的载波聚合可能组合，则会大幅提升终端成本。针对不同小区的不同频率资源分配和使用需求，3GPP 定义了有限的载波组合工作频段，包括频段内 CA 的工作频段，以及跨频段 CA 的带宽组合。终端可以支持其中的一部分工作频段，例如，中国的 TDD 终端会支持 B39 + B41 (CA_39-41)，FDD 终端会支持 B3 + B8，欧洲的 FDD 终端会支持 B3 + B7 或 B20 + B7，美国则会使用 B4 + B17 等组合。

终端可以支持的最大载波聚合带宽和载波数也可以不同。LTE-A R10/11 定义了 A、B、C 三类 CA 带宽能力，LTE-A R12 增加了 D、E 和 F，R13 增加了 I。随着应用市场的不断增加，出现了更多的频率聚合部署的情景，为了简单、清晰有效地表述出不同频率部署情景下的载波聚合，3GPP 提出了聚合传输带宽(Aggregated Transmission Bandwidth Configuration，ATBC)、聚合带宽等级(CA Bandwidth class)和载波聚合配置(CA configuration)三个概念。ATBC 标识了被聚合物理资源块的总数量；CA Bandwidth class 指示被聚合 ATBC 的最大数和分量载波的最大数。其聚合传输带宽配置的载波数分别如下：

➢ 等级 A 为 ATBC≤100，分量载波最大数量为 1(无 CA 能力)。

➢ 等级 B 为 ATBC≤100，分量载波最大数量为 2。

➢ 等级 C 为 100 < ATBC≤200，分量载波最大数量为 2。

➢ 等级 D 为 200<ATBC≤300，分量载波最大数量为 3。

➢ 等级 E 为 300<ATBC≤400，分量载波最大数量为 4。

➢ 等级 F 为 400<ATBC≤500，分量载波最大数量为 5。

➢ 等级 I 为 700<ATBC≤800，分量载波最大数量为 8。

载波聚合技术同其他相关技术的应用发展相互紧密联系。一方面极大地提高了频率利用效率，另一方面又减少了切换次数，解决了一连串因频繁切换所带来的问题。

小　　结

本章主要介绍了 LTE 通信系统的关键技术 OFDM、MIMO、HARQ、AMC、高阶调制、小区干扰消除和载波聚合技术，重点介绍了这些技术的工作原理、实现步骤、分类方法等，定性分析了这些关键技术如何影响移动通信系统的性能。本章目的是让读者对 LTE 通信系统的关键技术加深理解，掌握这些关键技术的工作原理和实现流程，为后续章节的学习打好基础，同时也为将来的实践工作提供理论依据。

习　题　5

1. 单选题：

(1) LTE 系统中，相对于 16QAM，应用 64QAM 的优点是(　　)。

A. 提升了频谱利用率　　　　　　　　B. 提升了抗噪声、抗衰落性能

C. 降低了系统误码率　　　　　　　　D. 实现更简单

(2) LTE 系统的最大带宽为(　　)。

A. 5 MHz　　　　　　B. 10 MHz　　　　　C. 20 MHz　　　　　　D. 40 MHz

(3) MIMO 广义定义是(　　)。

A. 多输入多输出　　　　B. 少输入多输出　　　　C. 多输入少输出

(4) 20 MHz 带宽下，采用两天线接收，下行峰值数据速率最高可以达到(　　)。

A. 100 Mb/s　　　B. 10 Mb/s　　　　C. 50 Mb/s　　　　D. 20 Mb/s

(5) 10 W/20 W 输出功率换算正确的是(　　)。

A. 35/38 dBm　　　　　　　　　　　B. 38/41 dBm

C. 40/43 dBm　　　　　　　　　　　D. 43/45 dBm

(6) 下行物理信道一般处理过程为(　　)。

A. 加扰，调整，层映射，RE 映射，预编码，OFDM 信号产生

B. 加扰，层映射，调整，预编码，RE 映射，OFDM 信号产生

C. 加扰，预编码，调整，层映射，RE 映射，OFDM 信号产生

D. 加扰，调整，层映射，预编码，RE 映射，OFDM 信号产生

2. 多选题：

(1) OFDM 抗多径干扰的方法包括(　　)。

A. 保护间隔　　　B. 循环前缀　　　　C. 分集接收　　　　D. 时分复用

(2) 以下所列举的 MIMO 系统增益中, (　　)是利用空间信道衰落的相对独立性获得的。

A. 阵列增益　　　B. 分集增益　　　　　C. 空间复用增益　　　D. 干扰抑制增益

(3) 多天线技术优点包括(　　)。

A. 阵列增益　　　B. 分集增益　　　　　C. 空间复用增益　　　D. 抗多径衰落增益

(4) OFDM 的优点包括(　　)。

A. 频谱效率高　　B. 抗频率选择性衰落　C. PARP 高　　　　　D. 对频偏敏感

(5) MIMO 天线可以起(　　)作用。

A. 收发分集　　　B. 空间复用　　　　　C. 赋形抗干扰　　　　D. 用户定位

3. 判断题:

(1) 4*2 MIMO 的 RANK(或者叫"秩")最大为 4。(　　)

(2) 基于非竞争的随机接入过程, 其计入前导的分配是由网络侧分配的。(　　)

(3) SFBC 是一种发射分集技术, 主要获得发射分集增益, 用于 SINR 较低的区域, 比如小区边缘。与 STBC 相比, SFBC 是空频二维的发射分集, 而 STBC 是空时二维的发射分集。(　　)

(4) LTE 系统是上行同步的系统。上行同步只要是为了消除小区内不同用户之间的干扰。(　　)

(5) MIMO 的信道容量与空间信道的相关性有关。信道相关性越低, MIMO 信道容量越大。(　　)

(6) MIMO 模式分为分集和复用。分集主要用于提升小区覆盖, 而复用主要提升小区容量。(　　)

4. 简述 LTE 多天线技术种类以及各自的作用。

5. 简述 OFDM 和 MIMO 技术的工作原理、特点及其优势。

6. LTE 有哪些关键技术? 请做简单说明。

7. LTE 上下行各采用了哪些多天线技术?

8. 简述 OFDM 与传统 FDM 的差别。

第6章　LTE 无线网络系统

LTE 系统分为两部分，包括演进分组核心网 (Evolved Packet Core，EPC)和演进 UMTS 陆地无线接入网 (Evolved UMTS Terrestrial Radio Access Network，E-UTRAN)，EPC 和 E-UTRAN 合在一起称为 EPS (Evolved Packet System，演进分组系统)。演进后的接入网由 eNodeB 组成，去掉了 2G/3G 系统中的 BSC/RNC 功能实体，以减少用户面和控制面的时延。演进后的核心网 EPC 主要包括移动管理实体(Mobility Management Entity，MME)、业务网关(Serving Gateway，S-GW)、分组数据网关 (PDN Gateway，P-GW)、归属用户服务器(Home Subscriber Server，HSS)和策略与计费规则功能单元(Policy and Charging Rules Function，PCRF)。EPS 的网络结构如图 6.1(a)所示。

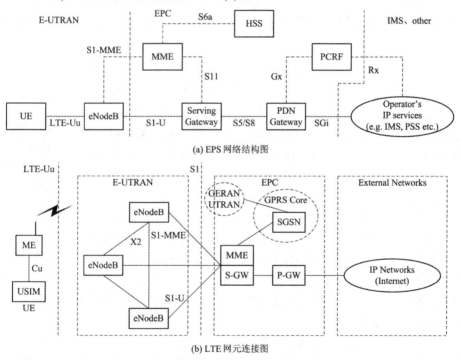

图 6.1　LTE 系统结构图

EPC 提供通向外部数据网络(例如互联网、公司局域网)和运营商业务(例如彩信、多媒体广播与多播业务)的通道，支持多种不同接入技术(例如 EDGE、WCDMA、LTE、WLAN、CDMA 2000 等)之间的移动切换。

E-UTRAN 负责所有激活终端(例如传送数据的终端)与无线相关的功能。终端直接接入无线网络的演进基站 eNodeB，然后通过 EPC 获得相应的服务。

EPC 包括控制平面和用户平面，移动性管理实体 MME 是工作在控制平面的节点。用户平面由服务网关 S-GW 和分组数据网网关 P-GW 组成。P-GW 是所有接入技术的通用锚点，无论它们是在一种接入技术之内移动，还是在多种接入技术之间移动，都为所有用户提供一个稳定的 IP 接入点。

S-GW 是 3GPP 移动网络内的锚点，负责接入 eNodeB，为 LTE 接入用户的移动提供服务。移动性管理实体功能与网关功能分离，即控制平面/用户平面分离，有助于网络部署、单个技术的演进以及全面灵活的扩容。

系统架构演进(System Architecture Evolution，SAE)是分组交换网 (Packet Switching，PS)核心网网络架构向 4G 演进的工作项目的名称。它是一个同时支持 GSM、WCDMA/HSPA 和 LTE 技术的通用分组核心网，实现用户在 LTE 系统和其他系统之间无缝移动，实现从 3G 到 LTE 的灵活迁移，也能够集成采用基于客户端和网络的移动 IP、WiMAX 等的非 3GPP 接入技术。

为了便于理解，可以这么认为：SAE 和 LTE 所研究的对象，分别被称为 EPC 和 E-UTRAN，这两个概念构成了我们要学习的 4G 网络。

上一章我们学习了 LTE 系统的关键技术，那么要怎么实现这些关键技术呢？本章就来学习一下 LTE 系统的网络架构，包括网络系统的组成单元即网元，以及这些网元之间的接口协议和各个网元设备的功能。通过本章的学习可以对 4G 网络结构有一个总体的认识。

6.1　LTE 系统结构

LTE 采用了与 2G、3G 均不同的空中接口技术，即基于 OFDM 技术的空中接口技术，并对传统 3G 的网络架构进行了优化，采用扁平化的网络架构，亦即接入网 E-UTRAN 不再包含 RNC，仅包含节点 eNodeB，提供 E-UTRA 用户面 PDCP/RLC/MAC/物理层协议的功能和控制面 RRC 协议的功能，实现了承载控制分离，全 IP 组网。

3G-4G 网络系统

网络扁平化指的是无线接入部分从 3G 时代的 RNC 与 Node B 两个设备演进为 eNodeB 一个节点。用户面在核心网网络部分只经过 S-GW 一个节点，不再经过对等 2G、3G 网络 SGSN 的 MME 网元。MME 只处理信令相关流程。通过这种结构，移动数据网络在 4G 时代实现了承载控制分离。

EPC 网络的另一个特点是全面 IP 化，指的是整个移动数据网络除空口部分外的其他全部接口均已实现 IP 化。

4G 网络的网络架构 LTE 系统结构如图 6.1(b)所示：整个 LTE 系统由 EPC、eNodeB 和用户设备(UE)三部分组成。在日常生活中，UE 可看作是我们的手机终端，E-UTRAN 可以看作是遍布城市的各个基站(可以是大的铁塔基站，也可以是室内悬挂的只有路由器大小的小基站)，而 EPC 可以看作是运营商(中国移动/中国联通/中国电信)的核心网服务器，核心网包括很多服务器，有处理信令的，有处理数据的，还有处理计费策略的等等。其中，EPC 负责核心网部分，EPC 控制处理部分称为 MME，数据承载部分称为 S-GW；eNodeB 负责接入网部分，也称 E-UTRAN；UE 指用户终端设备。下面详细地介绍每一个网元的名称与作用。从图 6.1 中可以看到 GERAN(2G 无线接入网)和 UTRAN(3G 无线接入网)，这反映了 4G 从 2G/3G 网络过度而来，这种互操作场景会在相当长的一段时间内存在。

1. UE

用户设备 UE 是指用户的手机、平板电脑、智能手表，和其他可以利用 LTE 上网的设备。Release 8 和 Release 9 版本中分为 5 个等级，其中，等级 5 终端能提供的速率最高。Release 10 版本新增加了 3 个终端等级。不同等级终端支持的调制方式和接收 MIMO 空间复用的层数也有所不同。

2. eNB

eNB 是 eNodeB 的简写，它是 LTE 网络中的基站，为用户提供空中接口(Air Interface)，用户设备可以通过无线连接到 eNB，然后基站再通过有线连接到运营商的核心网。LTE 的 eNB 除了具有原来 NodeB 的功能之外，还承担了原来 RNC 的大部分功能，负责无线资源管理、上下行数据分类和 QoS 执行、空口的数据压缩和加密。eNB 和 MME 完成信令处理，与 S-GW 一起完成用户面数据转发等。eNB 相当于面向终端的一个汇聚节点。在这里注意，我们所说的无线通信，仅仅只是手机和基站这一段是无线的，其他部分例如基站与核心网的连接，基站与基站之间互相的连接，核心网中各设备的连接全部都是有线连接。一台基站(eNB)要接受很多台 UE 的接入，所以 eNB 要负责管理 UE，包括资源分配、调度、管理接入策略等。

3. 移动管理实体 MME

MME 是核心网中最重要的实体之一，主要负责控制面的移动性管理、会话管理、用户鉴权和密钥管理、分配用户临时身份标识、NAS 层信令的加密和完整性保护、TA list 管理、S-GW 选择、漫游控制、合法监听等。MME 相当于 LTE 网络总的管家，所有的内部事务和外部事务均由 MME 总体协调完成。MME 功能与网关功能分离，这种控制平面/用户平面分离的架构，有助于网络部署、单个技术的演进以及全面灵活的扩容。

MME 池区是一个移动台可通过它移动而不改变 MME 服务器的地区。每个池区由一个或多个 MME 控制，而每一个基站通过 S1-MME 接口连接到一个池区内的所有 MME，池区可以重叠。通常情况下，网络运营商可能配置一个池区去覆盖一个网络大区域，例如主城市，当主城市信令负载增加时网络运营商也会增加 MME 池区。

4. 服务网关 S-GW

S-GW 主要负责 UE 用户面处理、路由和数据的转发、3GPP 定义的不同接入方式间的接入、eNB 间切换、分组路由和转发功能、IP 头压缩、IDLE 态终结点、下行数据缓存、基于用户和承载的计费、路由优化和用户漫游时 QoS 和计费策略实现功能等。除切换外，对于每个与 EPS 系统相关联的 UE，每个时刻仅有一个 S-GW 为之服务。

S-GW 服务区是有一个或多个服务网关的地区，移动台通过它可移动而不改变服务网关。每一个基站通过 S1-U 接口连接到一个服务区域的所有网关。S-GW 服务区不一定对应 MME 池区。

MME 池区与 S-GW 服务区都是由较小的、不重叠的单元即跟踪区域(TA)形成的，这些都是用来追踪待机和类似于 UMTE 和 GSM 定位和路由区的移动台位置。

5. 公共数据网关 P-GW

P-GW 负责用户数据包与其他网络的处理。P-GW 是整个 LTE 架构与互联网的接口，所以 UE 如果想访问互联网就必须途经 P-GW 实体；P-GW 作为数据承载的锚点；提供包转发、包解析、合法监听、基于业务的计费、业务的 QoS 控制，以及负责和非 3GPP 网络间的互联等。

6. 归属用户服务器 HSS

HSS 是 EPS 中用于存储用户签约和登记信息的服务器，是 2G/3G 网元 HLR 的演进和升级，它主要负责管理用户的签约数据及移动用户的位置信息。HSS 用于 4G 网络，而 HLR 用于 2G/3G 网络。实际部署时，由于 HSS 与 HLR 在网络中功能类似，所存储数据有较多重复，故多合设，对外呈现为 HSS 与 HLR 融合设备。MME 要依赖于终端用户的签约信息来建立和管理数据连接。MME 还要将终端连接到网络的状态记录到 HSS 中。HSS 中还保存了用户可接入的外部网络标识，以接入点名称(Access Point Name，APN)形式记录。HSS 中的认证中心(Authentication Center，AuC)负责安全通信的密钥管理。

7. 策略与计费规则功能单元 PCRF

PCRF 完成动态 QoS 策略控制和动态的业务数据流的计费控制功能，同时还提供基于用户签约信息的授权控制功能。P-GW 识别业务流，通知 PCRF，PCRF 再下发规则，决定业务是否可用，以及提供给该业务的 QoS。

6.2　LTE 协议结构

不同承载对上层协议有不同的要求。不同的协议，所提供的服务也截然不同。相对于 2G、3G 网络，4G EPC 网络在全面 IP 化之后，接口协议种类大大减少。在用户面，4G 网络仍然沿用 2G、3G 时代的协议结构，与外部 PDN 相连的 SGi 接口，采用 TCP/IP 协议栈。移动宽带网络目的是完成移动终端和 Internet 的连接，与 Internet 相连的边界节点要使用和 Internet 一致的协议。

6.2.1　空中接口协议栈

空中接口是指终端和接入网之间的接口，通常也称之为无线接口。通常空口定义了基站和终端间的链路层和物理层的通信协议。终端操作系统的 TCP/IP 协议栈封装好 IP 数据包后，交付给空口链路层协议栈。链路层对 IP 数据包进行一系列处理，使其安全、可靠、有效地在物理层传递，而在空口物理层则定义了无线信号在无线信道的传输方式和物理层控制信息的交互方式。

空中接口是指 UE 和 eNB 之间的接口 Uu，通常也称之为无线接口。由于 Uu 接口位于终端与基站之间，在这中间，终端跟基站会建立两种连接，即信令连接和数据连接，信令连接叫做 RRC Connection，相应的信令在信令无线承载(Signal Radio Bear，SRB)上进行传输(SRB 有三类，分别是 SRB0、SRB1 和 SRB2，SRB 可以理解为是传输信令的管道)，而数据的连接是逻辑信道，相关的数据在数据无线承载(Data Rad1 Bearer，DRB)上传输。这两个连接是终端与网络进行通信所必不可少的。

LTE 中，SRB 作为一种特殊的无线承载(Radio Bearers，RB)，仅仅用来传输 RRC 和 NAS 消息，在协议 36.331 中，定义了 SRBs 的传输信道：

➢ SRB0 用来传输 RRC 消息，在公共(通用)控制信道 (Common Control CHannel，CCCH)

上传输。

➤ SRB1 用来传输 RRC 消息(也许会包含 NAS 消息)，在 SRB2 承载的建立之前，具有比 SRB2 更高的优先级。在专用控制信道(Dedicated Control CHannel，DCCH)上传输。

➤ SRB2 用来传输 NAS 消息，具有比 SRB1 更低的优先级，并且总是在安全模式激活之后才配置 SRB2。

注意：

(1) SRB0 在信令建立过程中不需要建立；SRB1、SRB2 会在 RRC Connection Setup 和 RRC Reconfig 消息里面配置 RRC Connection Request，在 SRB0 上传输，SRB0 一直存在，用来传输映射到 CCCH 的 RRC 信令。

(2) UE 收到 NodeB 的 RRC Connection Setup 信令后，UE 和 NodeB 之间的 SRB1 就建立起来了。

(3) eNodeB 向 UE 发送 RRC Connection Reconfiguration 消息，建立 SRB2 和 DRB。

无线接口协议主要是用来建立、重配置和释放各种无线承载业务的。无线接口协议栈根据用途分为用户平面协议栈和控制平面协议栈。用户面的协议处理用户感兴趣的数据，而控制面的协议处理只有网络元素本身感兴趣的信令消息。协议栈有两个主要的层，上层在特定的 LTE 操纵信息，下层从一个点向另一个点传输信息。这些层在 E-UTRAN 称为无线网络层和传输网络层。

协议有三种类型：

(1) 信令协议。信令协议定义一种两个设备可以相互交换信令消息的语言。

(2) 用户协议。用户协议在用户名操控数据，最常帮助路由网络中的数据。

(3) 底层传输协议。底层传输协议从一个点向另一个点传输数据和信令信息。

空中接口较复杂，MME 通过发送信号信息控制着移动台的高级行为。然而，MME 和移动台之间的信息传输没有直达的路径。为解决该问题，空中接口分为接入层 AS 和非接入层 NAS，高层信令消息位于 NAS 层，利用 S1 和 Uu 接口的 AS 层协议被传输。

1. 控制平面协议

控制平面协议负责用户无线资源的管理、无线连接的建立、业务的 QoS 保证和最终的资源释放，控制面协议结构如图 6.2 所示。

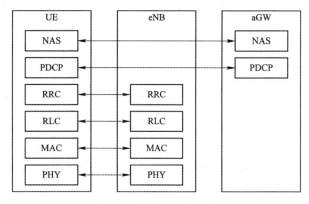

图 6.2　控制平面协议栈

控制平面协议栈主要包括非接入层 NAS、无线资源控制子层 RRC、分组数据汇聚子层 PDCP、无线链路控制子层 RLC 及媒体接入控制子层 MAC。控制平面的主要功能由上层的 RRC 层和 NAS 实现。

NAS 控制协议实体位于终端 UE 和移动管理实体 MME 内，主要负责非接入层的管理和控制。实现的功能包括：EPC 承载管理、鉴权、产生 LTE - IDLE 状态下的寻呼消息、移动性管理、安全控制等。

RRC 协议实体位于 UE 和 eNode B 网络实体内，主要负责接入层的管理和控制，实现的功能包括：系统消息广播，寻呼建立、管理、释放，RRC 连接管理，无线承载(Radio Bearer, RB)管理，移动性功能，终端的测量和测量上报控制。

PDCP 在网络侧终止于 eNB，需要完成控制面的加密、完整性保护等功能。

RLC 和 MAC 在网络侧终止于 eNB，在用户面和控制面执行功能没有区别。

2. 用户平面协议

用户平面协议用于执行无线接入承载业务，主要负责用户发送和接收的所有信息的处理，如图 6.3 所示。

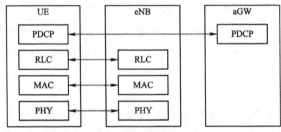

图 6.3　用户平面协议栈

用户平面协议栈主要由 MAC、RLC、PDCP 三个子层构成。

(1) PDCP 主要任务是头压缩，用户面数据加密。

(2) MAC 子层实现与数据处理相关的功能，包括信道管理与映射、数据包的封装与解封装、HARQ 功能、数据调度、逻辑信道的优先级管理等。

(3) RLC 实现的功能包括数据包的封装和解封装、ARQ 过程、数据的重排序和重复检测、协议错误检测和恢复等。

接口是指不同网元之间的信息交互方式。既然是信息交互，就应该使用彼此都能看懂的语言，这就是接口协议。接口协议的框架称为协议栈。根据接口所处的位置分为空中接口和地面接口，相应的协议也分为空中接口协议和地面接口协议。

6.2.2　S1 接口协议栈

LTE 空中接口是 UE 和 eNodeB 的 LTE-Uu 接口，地面接口主要是 eNodeB 之间的 X2 接口，以及 eNodeB 和 EPC 之间的 S1 接口。eNB 之间由 X2 接口互连(如图 6.1(b)所示)，每个 eNB 又和 EPC 通过 S1 接口相连。S1 接口的用户面终止在 S-GW 上，S1 接口的控制面终止在 MME 上。控制面和用户面的另一端终止在 eNB 上。

1. S1 接口用户平面

S1 接口用户平面位于 eNodeB 和 S-GW 之间，连接 eNodeB 和 S-GW 之间的接口为 S1-U(S1 User Plane)。S1-U 接口提供 eNodeB 和 S-GW 之间用户平面协议数据单元

(Protocol Data Unit，PDU)的非保障传输。S1 接口用户平面协议栈如图 6.4 所示。S1-U 的传输网络层建立在 IP 层之上，UDP/IP 协议之上采用 GTP-U(GPRS Tunnel Protocol User Plane，GPRS 隧道传输协议用户平面)来传输 S-GW 和 eNodeB 之间的用户平面 PDU。

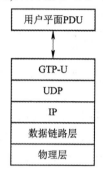

图 6.4　S1 接口用户平面(eNB-S-GW)

GTP-U 协议具备以下特点：

➢ GTP-U 协议既可以基于 IPv4/UDP 传输，也可以基于 IPv6/UDP 传输；
➢ 隧道端点之间的数据通过 IP 地址和 UDP 端口号进行路由；
➢ UDP 头与使用的 IP 版本无关，两者独立。

S1 用户平面无线网络层协议功能如下：

➢ 在 S1 接口目标节点中指示数据分组所属的 SAE 接入承载；
➢ 移动过程中尽量减少数据的丢失；
➢ 错误处理机制；
➢ 多媒体广播组播业务(Multimedia Broadcast Multicast Service，MBMS)支持功能；
➢ 分组丢失检测机制。

2. S1 接口控制平面

S1 接口控制平面位于 eNodeB 和 MME 之间，连接 eNodeB 和 MME 之间的接口为 S1-C(S1 Control Plane)。S1 接口控制平面协议栈如图 6.5 所示。与用户平面类似，传输网络层建立在 IP 传输基础上；为了可靠传输信令消息，在 IP 层之上增加了 SCTP 层；应用层的信令协议为 S1-AP(S1 应用协议)。

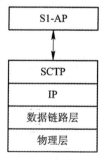

图 6.5　S1 接口控制平面(eNB-MME)

在 IP 传输层，PDU 的传输采用点对点方式。每个 S1-C 接口实例都关联一个单独的 SCTP，与一对流指示标记作用于 S1-C 公共处理流程中；只有很少的流指示标记作用于 S1-C 专用处理流程中。

MME 分配的针对 S1-C 专用处理流程的 MME 通信上下文指示标记，以及 eNodeB 分配的针对 S1-C 专用处理流程的 eNodeB 通信上下文指示标记，都应当对特定 UE 的 S1-C 信令传输承载进行区分。通信上下文指示标记在各自的 S1-AP 消息中单独传送。

S1 接口控制面主要具备以下功能：

(1) EPS 承载服务管理功能，包括 EPS 承载的建立、修改和释放。

(2) S1 接口 UE 上下文管理功能。

(3) LTE-ACTIVE 状态下针对 UE 的移动性管理功能。包括 Intra-LTE 切换和 Inter-3GPP-RAT 切换。

(4) S1 接口寻呼功能。寻呼功能支持向 UE 注册的所有跟踪区域内的小区中发送寻呼请求。基于服务 MME 中 UE 的移动性管理内容中所包含的移动信息，寻呼请求将被发送到相关 eNB。

(5) NAS 信令传输功能。提供 UE 与核心网之间非接入层的信令的透明传输。

(6) S1 接口管理功能。如错误指示、S1 接口建立等。

(7) 网络共享功能。

(8) 漫游与区域限制支持功能。

(9) NAS 节点选择功能。

(10) 初始上下文建立功能。

(11) S1 接口的无线网络层不提供流量控制和拥塞控制功能。

6.2.3　X2 接口协议栈

X2 接口是 eNodeB 之间的互连接口，支持数据和信令的直接传输。eNodeB 之间通过 X2 接口互相连接，形成了网状网络。这是 LTE 相对传统移动通信网的重大变化，产生这种变化的原因在于网络结构中没有了 RNC，原有的树型分支结构被扁平化，使得基站承担更多的无线资源管理任务，需要更多地和相邻基站直接对话，从而保证用户在整个网络中的无缝切换。X2 也分为两个接口，一个为 X2-C，连接 X2 接口控制平面，一个为 X2-U，连接 X2 接口用户平面。

1. X2 接口用户平面

X2 接口用户平面提供 eNodeB 之间的用户数据传输功能。X2 的用户平面协议栈如图 6.6 所示，与 S1-U 协议栈类似，X2-U 的传输网络层基于 IP 传输，UDP/IP 之上采用 GTP-U，来传输 eNodeB 之间的用户面 PDU。

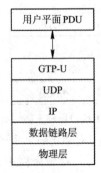

图 6.6　X2 接口用户平面(eNB- eNB)

2. X2 接口控制平面

X2 接口控制平面(X2-CP)定义为连接 eNB 之间接口的控制面。X2 接口控制面的协议栈如图 6.7 所示，传输网络层建立在 SCTP 上，SCTP 是在 IP 上。应用层的信令协议表示为 X2-AP(X2 应用协议)。

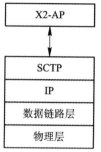

图 6.7 X2 接口控制平面

当每个 X2-C 接口含一个单一的 SCTP 并具有双流标识时，将被应用于 X2-C 的一般流程。当具有多对流标识时，仅应用于 X2-C 的特定流程。源 eNB 为 X2-C 的特定流程分配源 eNB 通信的上下文标识，目标 eNB 为 X2-C 的特定流程分配目标 eNB 通信的上下文标识。这些上下文标识用来区别 UE 特定的 X2-C 信令传输承载。通信上下文标识通过各自的 X2-AP 进行消息传输。

X2-AP 协议主要支持以下功能：

(1) UE 在 EMM-CONNECTED 状态时的 LTE 接入系统内的移动性管理功能。如在切换过程中由源 eNB 到目标 eNB 的上下文传输；源 eNB 与目标 eNB 之间用户平面隧道的控制、切换取消等。

(2) 上行负载管理功能。

(3) 一般性的 X2 接口管理和错误处理功能，如错误指示等。

(4) eNB 之间应用层数据交换。

(5) 跟踪功能。

6.3 LTE 编号和识别

在 4G 之前的网络中，每个网络都与公共陆地移动网标识 PLMN 相关联，其包含三位移动台国家码(Mobile Country Code，MCC)和两位移动台网络代码 (Mobile Network Code，MNC)。例如中国的 MCC 为 460，中国电信的 MNC 为 03 或 05。MME 标识 MMEI 能在特定网络识别 MME，它包括 8 位 MME 组代码 (MME Code，MMEC)和 16 位 MME 组标识 (MME Group Identifier，MMEGI)，通过引入网络标识，和 MMEI 顺序连接起来，就获得了全球唯一 MME 标识 GUMMEI，它可识别世界任何地方的 MME。

同样，每个跟踪区有两个主要标识。16 位跟踪区域代码 TAC 识别特定网络内的小区，而 E-UTRAN 小区全球标识(E-UTRAN Cell Global Identifier，ECGI)识别世界任何地方的小区。对于空中接口，物理小区标识也很重要，它是一个从 0 到 503 的数字，能把小区与它的近邻区分开。

移动台也与几个不同的标识相关联。其中最重要的是国际移动设备标识 IMEI，这是对于移动设备的独一无二的标识，另外，国际移动用户标识 IMSI 是对于 UICC 和 USIM 的独一无二的标识。

IMSI 是入侵者需要复制移动台的一个量，所以我们需尽可能地避免在空中接口传送它。相反，一个服务 MME 使用临时标识识别移动台，并定期更新。有三种类型的临时标识比较重要：

➤ 32 位 MME 临时移动用户标识(M-TMSI)，唯一识别 MME 中的 UE。

➤ 40 位的 SAE 临时移动用户标识(S-TMSI)，在 M-TMSI 前面添加 8 位 MME 代码生成，用于在 MME 池内识别移动台，是临时 UE 识别号。

➤ 在 S-TMSI 前依次添加 PLMN-ID 和 MMEGI，生成最重要的全球唯一临时标识 GUTI，这是移动台使用的临时标识，可以减少 IMSI、IMSI 等用户私有参数暴露在网络传输中。

6.4 LTE 帧结构

上、下行信息如何复用有限的无线资源，这是所有无线制式必须考虑的双工技术问题。LTE 标准支持两种双工模式。于是，LTE 定义了两种帧结构：FDD 帧结构和 TDD 帧结构。

FDD 和 TDD 两种双工方式分配的频段不同、范围大小也不同。运营商已获得的 FDD 频段更多一些。由于各厂家利益不同，取得的频段不同，产业链成熟状况不同，因而二者的发展有所不同。

在 3G 制式中，WCDMA 采用 FDD 双工技术，在全球范围内应用较广；而 TD-SCDMA 采用 TDD 双工技术，在中国获得了比较成功的应用。受此影响，LTE FDD 标准化与产业化程度领先于 LTE TDD，支持 LTE FDD 的阵营更加强大。2007 年年底，3GPP RAN 1 会议通过了多家公司联署的 LTE TDD 统一帧结构。在 TD-SCDMA 的帧结构基础上发展起来的 LTE TDD 帧结构，为 TD-SCDMA 向 LTE 的演进奠定了技术基础。

3GPP 在制定 3G 标准时，并没有考虑 FDD 和 TDD 在一个体系中实现。LTE 则在整个标准的制定过程中充分考虑了 FDD 和 TDD 双工方式在实现过程的异同，增大二者实现的共同点，减少二者的差异之处。

LTE FDD 和 LTE TDD 帧结构设计的差别，会导致系统实现方面相应的不同，不过主要的不同集中在物理层(PHY)的实现上，而在媒质接入控制(MAC)层、无钱链路控制(RLC)层的差别不大，在更高层的设计上几乎没有不同。

从设备实现的角度来讲，LTE TDD 和 LTE FDD 相比，差别仅在于物理层软件和射频模块硬件(如滤波器)，网络侧绝大多数网元可以共用，这就使得 TDD 的相关厂家可以共享 FDD 成熟的产业链带来的便利。但终端射频模块存在差异，这样，终端的发展成熟度决定了 LTE TDD 和 LTE FDD 各自网络的竞争力。

6.4.1 频段分配

LTE 不但支持 1.4 MHz、3 MHz、5 MHz、10 MHz、15 MHz、20 MHz 等多种带宽配

置，还支持从 700 MHz 到 2.6 GHz 等多种频段。

根据协议规定，LTE 系统定义的工作频段有 40 个，使用的频段考虑了对现有无线制式频段的再利用。每个频段都有一个编号和一定的范围，部分工作频段之间会有重叠。编号 1~32 为 FDD 频段，如表 6.1 所示；编号 33~40 为 TDD 频段，如表 6.2 所示。其中，FDD 的一些编号还没有分配具体频点，如表 6.1 中 15、16、18 到 32。

表 6.1　FDD 频段

LTE FDD 频段	上行(UL)	下行(DL)	双工模式
	上行频率范围/MHz	下行频率范围/MHz	
1	1920~1980	2110~2170	FDD
2	1850~1910	1930~1990	FDD
3	1710~1785	1805~1880	FDD
4	1710~1755	2110~2155	FDD
5	824~849	869~894	FDD
6	830~840	875~885	FDD
7	2500~2570	2620~2690	FDD
8	880~915	925~960	FDD
9	1749.9~1784.9	1844.9~1879.9	FDD
10	1710~1770	2110~2170	FDD
11	1427.9~1452.9	1475.9~1500.9	FDD
12	698~716	728~746	FDD
13	777~787	746~756	FDD
14	788~798	758~768	FDD
…	…	…	…
17	704~716	734~746	FDD
…	…	…	…

表 6.2　TDD 频段

LTE TDD 频段	上行(UL)	下行(DL)	双工模式
	上行频率范围/MHz	下行频率范围/MHz	
33	1900~1920	1900~1920	TDD
34	2010~2025	2010~2025	TDD
35	1850~1910	1850~1910	TDD
36	1930~1990	1930~1990	TDD
37	1910~1930	1910~1930	TDD
38	2570~2620	2570~2620	TDD
39	1880~1920	1880~1920	TDD
40	2300~2400	2300~2400	TDD

LTE 采用 OFDM 技术，子载波间隔为 15 kHz，每个子载波为 2048 阶 IFFT 采样，则

LTE 采样周期为 $T_s = 1/(2048 \times 15\,000) = 0.033$ μs，则基带采样率为 30.72 MHz，LTE 采样率分别为 WCDMA 和 TD-SCDMA 的 8 倍和 24 倍，简化了 WCDMA/TD-SCDMA/LTE 多模终端设计，降低了系统复杂度。在 LTE 中，帧结构时间描述的最小单位是采样周期 T_s。

6.4.2　FDD 帧结构

FDD 双工方式为对称的(上下行不同的频点)频段配置，LTE FDD 类型的无线帧长为 10 ms，每帧含 10 个子帧、20 个时隙，每个子帧有 2 个时隙，每个时隙为 0.5 ms，如图 6.8 所示，LTE 的每个时隙又可以有若干个物理资源块(Physical Resource Block，PRB)，每个 PRB 含有多个子载波。

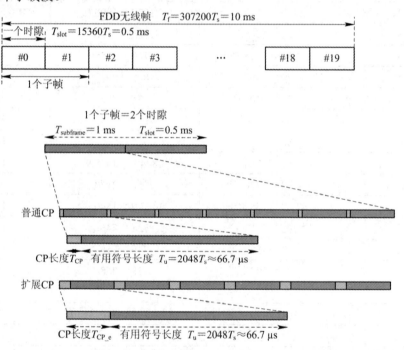

T_{CP}：$160T_s \approx 5.1$ μs(第1个OFDM符号的CP长度)，$144T_s \approx 4.7$ μs(剩余的6个OFDM符号的CP长度)
T_{CP_e}：$512T_s \approx 16.7$ μs

图 6.8　LTE FDD 帧结构

LTE 的时隙颗粒度取得很细的原因是：LTE 有很苛刻的时延要求，在负载较轻的情况下，用户面延迟小于 5 ms。为了满足这么苛刻的数据传输延迟要求，LTE 系统必须使用很短的交织长度(TTI)和自动重传请求(ARQ)周期。

LTE 的时隙长度为 0.5 ms，但若在这么短的时间内进行一次调度的话，信令面的开销会很大，因此对器件的要求较高。一般将调度周期 TTI 设为一个子帧的长度(1 ms)，包括两个资源块 RB 的时间长度。因此，一个调度周期内，资源块 RB 都是成对出现的。

FDD 帧结构不但支持半双工 FDD 技术，还支持双工 FDD 技术。半双工(Half Duplex)技术就是指上、下行两个方向的数据传输可以在一个传输通道上进行，但是不能同时进行。全双工(Full Duplex)技术是上、下行两个方向的数据不但可以在一个传输通道上进行，而且可以同时进行。

一个常规时隙包含 7 个连续的 OFDM 符号，为了克服符号间干扰(ISI)，需要加入 CP，CP 的长度与覆盖半径有关，要求的覆盖范围越大，需要配置的 CP 长度就越长。但过长的 CP 配置也会导致系统开销过大。在一般覆盖要求下，配置普通长度的 CP 即可满足要求。但是需要广覆盖的场景则要配置增长的扩展 CP。

MBMS 应用的场景，由于需要多个同频小区同时进行数据发送，为了避免不同位置的基站多径时延的不同，需要采用扩展的 CP。

上、下行普通 CP 配置下的时隙结构如图 6.9 所示。在一个时隙中，第 0 个 OFDM 符号的循环前缀 CP 长度和其他 OFDM 符号的 CP 长度是不一样的。第 0 个 OFDM 符号的 CP 长度为 $160T_s$，约为 5.2 μs；而其他 6 个 OFDM 符号的 CP 长度为 $144T_s$，约为 4.7 μs；每个 OFDM 周期内有用符号的长度为 $2048T_s$，约为 66.7 μs。7 个 OFDM 符号的周期，有用符号长度和 CP 长度之和正好为 $15360T_s$，约合 0.5 ms。

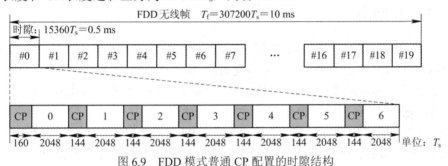

图 6.9   FDD 模式普通 CP 配置的时隙结构

上、下行扩展 CP 配置下的时隙结构如图 6.10 所示。扩展 CP 配置下，每个时隙的 OFDM 符号数目为 6，而且一个时隙内，每个 OFDM 符号周期的长度是一样的，每个 OFDM 符号中有用符号的长度为 $2048T_s$，约为 66.7 μs，但 CP 的长度扩展为 $512T_s$，约为 16.7 μs。这样在扩展模式下，比普通 CP 模式下的符号周期增加了约 12 μs，因此一个时隙 0.5 ms 内的符号个数减少了一个。

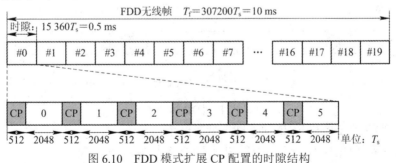

图 6.10   FDD 模式扩展 CP 配置的时隙结构

在下行方向(且只有在下行方向)，为了支持独立载波的 MBSFN 传播，增加了子载波间隔 $\Delta f = 7.5$ kHz 情况下扩展 CP 配置的时隙结构，其情况如表 6.3 所示，分析 $\Delta f = 7.5$ kHz 的扩展 CP 的时隙结构，每时隙 OFDM 符号数目降低为 3 个，OFDM 符号周期增长了很多，能够支持较大覆盖范围的数据传送，在一个时隙内，每个 OFDM 符号周期的长度由扩展的 CP 和扩展的有用符号组成。每个 OFDM 符号中有用符号的长度增加为 $4096T_s$，约为 133.3 μs；扩展 CP 的长度为 $1024T_s$，约为 33.3 μs。因此，$\Delta f = 7.5$ kHz 的扩展 CP 的时隙结构比 $\Delta f = 15$ kHz 的时隙结构的 OFDM 符号周期增加一倍。

表6.3　不同 CP 配置的时隙结构对比

CP 配置	子载波间隔	下行 OFDM CP 长度	上行 SC-FDMA CP 长度	有用符号长度	子载波 RB 数目	每时隙符号数目
普通 CP	Δf = 15 kHz	符号 0 CP 长度为160；符号 1～6 CP 长度为 144	符号 0 CP 长度为160；符号 1～6 CP 长度为 144	2048	12	7
		符号 0～5 CP 长度为 512	512 时隙#0～#5	2048		6
扩展 CP	Δf = 7.5 kHz	符号 0～2 CP 长度为 1024	无	4096	24(仅限下行)	3(仅限下行)

6.4.3　TDD 帧结构

LTE TDD 帧格式的形成过程比较复杂。最初的提案中有两个版本：一个是与 FDD 帧结构类似的帧格式 FS1，另外一个是兼容现有的 TD-SCDMA 的帧格式 FS2。在标准形成过程中，经过各个利益集团的博弈、让步，最后形成了融合二者特色的帧结构，与 LTE FDD 帧长度一致，但保留了 TD-SCDMA 的一些特色元素。

LTE TDD 也采用 OFDM 技术，子载波间隔和时间单位均与 FDD 相同，帧结构与 FDD 类似，如图 6.11 所示。每个 10 ms 帧由 10 个 1 ms 的子帧组成，每个子帧包含 2 个 0.5 ms 的时隙。

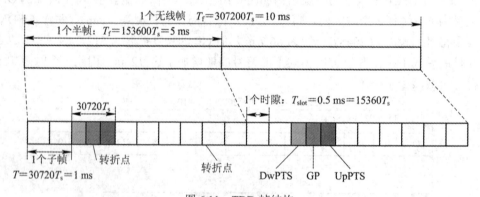

图 6.11　TDD 帧结构

LTE 的 TDD 帧结构和 FDD 的不同之处有两个：
➢ 存在特殊子帧(由 DwPTS、GP 以及 UpPTS 构成)，总长度为 1 ms；
➢ 存在上、下行转换点。

TD-LTE 和传统的 TD-SCDMA 的 TDD 帧结构相比，相同的是每帧长度是 10 ms，每半帧长度是 5 ms，也分常规时隙和特殊时隙，存在上、下行时隙转换点且上、下行时隙转换点可调，但二者也有如下不同：
➢ 每半帧包含的时隙数目不同；
➢ 两者时隙的长度不同。

LTE 特殊时隙的长度是可调的。

TD-SCDMA 的 TDD 子帧有 7 个常规时隙(TS0～TS6)，每个时隙的长度为 0.675 ms；TD-LTE 的 TDD 每个常规时隙长度为 0.5 ms，但每两个时隙组成一组进行调度。

TD-SCDMA 有 3 个特殊时隙：DwPTS(下行导频时隙，长为 75 μs)、GP(保护间隔，长为 75 μs)和 UpPTS(上行导频时隙，长为 125 μs)，特殊时隙总长度为 0.275 ms。

TD-LTE 的 TDD 也有三个特殊时隙，总长度为 1 ms，DwPTS/GP/UpPTS 的长度是可调的。在 TD-LTE 的 10 ms 帧结构中，上、下行子帧的分配策略是可以设置的。

每个帧的第一个子帧固定地用做下行时隙来发送系统广播信息，第二个子帧固定地用做特殊时隙，第三个子帧固定地用做上行时隙。后半帧的各子帧的上、下行属性是可变的，常规时隙和特殊时隙的属性也是可调的。协议规定了 0～6 共 7 种 TD-LTE 帧结构上、下行配置策略，如表 6.4 所示。

表 6.4　TDD 帧结构上下行配置参数表

上、下行配置	上、下行转换周期	上、下行配比 DL∶UL	LTE 子帧号									
			0	1	2	3	4	5	6	7	8	9
0	5 ms	2∶3	D	S	U	U	U	D	S	U	U	U
1	5 ms	3∶2	D	S	U	U	D	D	S	U	U	D
2	5 ms	4∶1	D	S	U	D	D	D	S	U	D	D
3	10 ms	7∶3	D	S	U	U	U	D	D	D	D	D
4	10 ms	8∶2	D	S	U	U	D	D	D	D	D	D
5	10 ms	9∶1	D	S	U	D	D	D	D	D	D	D
6	5 ms	5∶5	D	S	U	U	U	D	S	U	U	D

帧长为 10 ms，每个无线帧由两个 5 ms 长的半帧组成。每个半帧由 5 个 1 ms 长的子帧组成，每个半帧包括 8 个时长 0.5 ms 的时隙和 DwPTS、GP 和 UpPTS 3 个特殊时隙，3 个特殊时隙的总时长为 1 ms。每个特殊时隙的长度可变。其他时隙的长度和 OFDM 符号的长度与 FDD 保持一致。

在表 6.4 中，D 代表下行，S 代表特殊时隙(也算下行)，U 代表上行。从表中可以看出，帧结构支持 5 ms 和 10 ms 切换点周期。

如果下行到上行转换点周期为 5 ms，特殊子帧存在于两个半帧中；

如果下行到上行转换点周期为 10 ms，特殊子帧只存在于第一个半帧中。

子帧 0 和子帧 5 以及 DwPTS 总是用于下行传输。UpPTS 和紧跟于特殊子帧后的子帧专用于上行传输。

DwPTS 传什么和特殊子帧的配置有关，某些配置下的 DwPTS 只能传主同步信号(Primary Synchronization Signal，PSS)，某些配置下的 DwPTS 可以同时传下行数据，只是可用的 PRB 数有限制。

DwPTS 和 UpPTS 的长度可配置，DwPTS 的长度为 3～12 个 OFDM 符号，UpPTS 的长度为 1～2 个 OFDM 符号，相应的 GP 长度为 1～10 个 OFDM 符号。

DwPTS 也可用于传输 PCFICH、PDCCH、PHICH、PDSCH 和 P-SCH(主同步信号)等控制信道和控制信息。其中，DwPTS 时隙中下行控制信道的最大长度为两个符号，且主同步信道固定位于 DwPTS 的第三个符号。

不同的特殊时隙 DwPTS、GP、UpPTS 的长度，在 LTE 的 TDD 帧中也是可配置的，如表 6.5 所示。

TDD 的一个子帧长度包括 2 个时隙，普通 CP 配置的情况下，TDD 的一个子帧长度是 14 个 OFDM 符号周期，而在扩展 CP 配置的情况下，TDD 的一个子帧长度为 12 个 OFDM 符号周期。

相对而言，UpPTS 的长度比较固定，只支持一个符号和两个符号两种长度，以避免过多的选项，简化系统设计。GP 和 DwPTS 具有很大的灵活性，这主要是为了实现可变的 GP 长度和 GP 位置，以支持各种尺寸的小区半径。

表 6.5　特殊时隙长度配置

特殊时隙长度	普通 CP(OFDM 符号数，共 14 个)			扩展 CP(OFDM 符号数，共 12 个)		
配置序号	DwPTS	GP	UpPTS	DwPTS	GP	UpPTS
0	3	10	1	3	8	1
1	9	4	1	8	3	1
2	10	3	1	9	2	1
3	11	2	1	10	1	1
4	12	1	1	3	7	2
5	3	9	2	8	2	2
6	9	3	2	9	1	2
7	10	2	2			
8	11	1	2			

6.4.4　物理资源的相关概念

无线信号在 LTE 空口是以频分和时分复用进行传输的，就像车辆运输货物需要道路空间资源一样，无线信号传输所使用的资源是时间和频率。可以从时域和频域两个维度定义和理解 LTE 空口资源，时频资源可以形象地表示成网格的形式，一个或多个"时频格"用来传输某一类信息，通过协议的预先约定以及控制信令的实时指示，基站和终端可以对哪些时频资源上是何种信号及如何接收和解调信号达成一致。终端除了要知道时频资源划分，还要知道基站所使用的工作频段、带宽和频点，才能与基站在同一无线链路上通信。

在时域中，LTE 空口传输的时间轴分为连续的、单位长度为 10 ms 的无线帧，每个无线帧包含 10 个长为 1 ms 的子帧，每个子帧又进一步分为两个长为 0.5 ms 的时隙，如图 6.12 所示。

在频域中，OFDM 系统的最小单位是子载波间隔 Δf，LTE 中 $\Delta f = 15$ kHz。在空口资源分配时，往往将 N 个子载波一起使用，称为一个子带，并将 $N\Delta f$ 称为子带带宽。空口资源分配中的 N 为 12，即频域子带带宽为 $15 \times 12 = 180$ kHz。

LTE 物理资源相关的概念包括物理资源块、资源粒子、资源组和控制信道单元，下面分别对它们进行介绍。

(1) 物理资源块(PRB)。PRB 是一个 0.5ms 时隙和 12 个连续的子载波组成的区域，也就是说，一个 PRB 时域长为 0.5ms，频域带宽为 180kHz，可容纳 7×12=84 个资源粒子(Resource Element，RE)。人们在衡量频域大小时会经常用 RE 或 PRB 的编号来指明。有了 RE 和 PRB 的定义后，LTE 空口时频资源可以用网格来表示，如图 6.12 所示。在资源分配时，并不直接指定 PRB，而是指定虚拟 RB(Virtual Resource Block，VRB)，VRB 定义了资源的分配方式，其大小和 PRB 是一样的，也是一个时隙(0.5 ms)和 12 个连续的子载波。很多文献中 PRB 和 RB 是一个概念，即 RB 占用一个时隙，由 12 个连续的子载波和 7 个 OFDM 组成，本书中不做区分。

在上行和下行的数据传输中，基站的调度器以 RB 为单位给终端分配时频资源，资源大小取决于多种因素，例如待发送的数据、信道质量等。每个终端在每个子帧使用的 RB 数(以及调制编码方式)可以灵活改变。

RB 是基站调度器进行资源分配的最小单元，主要用于资源分配。根据配置的扩展循环前缀或普通循环前缀不同，每个 PRB 占 0.5 ms，12 个子载波，7 个 OFDM 符号(前 2 个传送控制信令，后 5 个传送数据)。

RB 的结构如图 6.12 所示，一个无线帧共有 10 个子帧，每个子帧 1 ms，包含 2 个时隙，如图所示代表 2 个资源块，横轴 14 个格子代表 14 个 OFDM 符号，纵轴 12 个格子代表 12 个子载波。参考信号是为了让用户对信号质量进行测量以及信道估计所用，因此对于多天线端口的情况，如在某一天线端口上存在参考信号的话，它所对应的另外的天线端口相应的位置就不能够传送任何信号，以避免对参考信号造成干扰。在无线通信中，导频信号是一串收发双方都知道的固定序列，若导频信号在传输中出现失真问题，到接收端根据已知的固定序列进行比对，就能对信道进行校正。图 6.12 中所示的参考信号就是参考导频信号，从图中可以看出，两个 RB 中含有 8 个参考信号，也即每 3 个子载波有 1 个导频符号，比起每个子载波都放导频信号来说还是节约了不少资源。

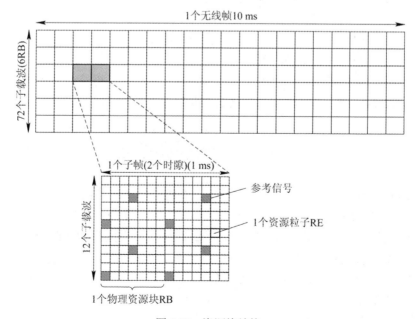

图 6.12　资源块结构

当使用常规 CP 时，一个下行时隙包含 7 个 OFDM 符号；当使用扩展 CP 时，一个下行时隙包含 6 个 OFDM 符号。

(2) 资源粒子(RE)。RE 是网络的最小资源单位。传输数据时，时域的一个 OFDM 符号和频域的一个子载波构成了 LTE 空口二维时域的最小单位，称为资源粒子 RE。由图 6.12 可知，一个 RB 由 84 个 RE 组成。RE 可以用来承载调制信息、参考信息或不承载信息。对于多天线应用，每个发射天线都会对应一个 RE，同一个 RE 可以被多个发射天线复用。

在传输控制信息的物理控制信道上，LTE 还使用资源组 (Resource Element Group，REG) 和控制信道单元 (Control Channel Element，CCE) 作为时频资源单位。

(3) 资源组(REG)。每个 REG 包含了 4 个资源粒子 RE，它是为控制信道资源分配的资源单位，主要针对物理控制格式指示信道 PCFICH 和物理 HARQ 指示信道 PHICH 速率很小的控制信道资源分配，提高资源的利用效率和分配灵活性。

(4) 控制信道单元(CCE)。每个 CCE 对应 9 个 REG。CCE 用于数据量相对较大的 PDCCH 的资源分配，每个用户的物理下行控制信道 PDCCH 只能占用 1、2、4、8 个 CCE，称为聚合级别。

REG 和 CCE 主要用于一些下行控制信道的资源分配，比如 PHICH、PCFICH 等。

6.4.5　LTE 物理层

LTE 物理层是 4G 系统区别于其他移动通信系统的最主要之处。对于负责向高层提供数据传输服务的 LTE 物理层，可以通过 MAC 子层并使用传输信道来接入这些服务。可以支持成对的和不成对的频谱，支持频分双工 FDD 模式和时分双工 TDD 模式。

物理层是基于资源块，以带宽不可知的方式进行定义的，从而允许 LTE 物理层适用于不同的频谱分配。一个资源块在频域上或者占用 12 个带宽为 15 kHz 的子载波，或者占用 24 个宽度为 7.5 kHz 的子载波，在时域上持续时间为 0.5 ms。

在具体的实现过程中，系统的发送侧和接收侧需要区分比特级处理和符号级处理。以发送侧为例，比特级处理是数据处理的前端，主要是将二进制数据进行添加 CRC 校验位、信道编码、速率匹配以及加扰的处理之后发送至下一级处理；符号级处理则是将加扰之后数据进行调制、层映射、传输预编码、资源块映射并经过天线将数据发送出去。

6.5　无线承载和信道

4G 移动通信系统使用"承载"的概念将 IP 数据传递进一步细分，具有相同 QoS 指标的一个或多个业务数据流构成一个 EPS 承载。LTE 空口为 EPS 承载提供了无线承载。从协议模型上，可以把无线承载看作 LTE 空口的链路层(更准确地说是 PDCP 子层)为上层(用户面的 IP 层或控制面的 RRC)提供的通信服务。无线承载分为以下两类：

(1) 数据无线承载 DRB：传输 IP 数据包。一个 DRB 对应一个 EPS 承载。

(2) 信令无线承载 SRB：传递 RRC 信令，在 RRC 消息中还可携带 NAS 信令。SRB 有 3 种，分别为 SRB0、SRB1 和 SRB2。

每个无线承载(包括 DRB 和 SRB)在 PDCP 层和 RLC 层都有独立的协议实体为它服务。所谓实体 Entity,是指协议的一个具体运行实例。协议与实体的关系类似于程序代码与进程的关系。一个无线承载有一对分别位于基站和终端的 PDCP 实体,而一个 PDCP 实体对应一个或两个 RLC 实体。而在 MAC 层,不再区分一个 MAC SDU 中的信息是来自一个无线承载的还是多个无线承载的,即 MAC 实体与承载无对应关系,基站或终端中仅存在一个 MAC 实体。

在 PDCP 和 RLC 层,数据的传递服务可以用无线承载来标记和区分,两个层间的服务接入点(Service Access Point,SAP)与承载一一对应。在 MAC 层和物理层,不再区分无线承载,而是使用信道来区分各子层向上层提供的服务接入点。

信道就是信息的通道。不同的信息类型需要经过不同的处理过程。广义地讲,发射端信源信息经过层三(网络层)、层二(数据链路层)、层一(物理层)处理,再通过无线环境到接收端,经过层一、层二、层三的处理被用户高层所识别的全部环节,就是信道。也可以说,信道就是信息处理的流水线。上一道工序和下一道工序是相互配合、相互支撑的关系。上一道工序把自己处理完的信息交给下一道工序时,要有一个双方都认可的标准,这个标准就是业务接入点 SAP。协议的层与层之间需要许多这样的业务接入点,以便接收不同类别的信息。狭义地讲,不同协议之间的 SAP 就是信道。

信道是不同类型的信息按照不同传输格式,用不同的物理资源承载的信息通道。根据信息类型和处理过程的不同可将 LTE 信道分为逻辑信道、传输信道、物理信道三种,这与 UMTS 的信道分类方法一样。

从协议栈角度来看,逻辑信道在 MAC 层和 RLC 层之间,传输信道在物理层和 MAC 层之间,物理信道位于物理层。逻辑信道与传输信道的映射由 MAC 层负责,在物理层用物理信道来区分数据和控制信息的发送和接收,如图 6.13 所示。

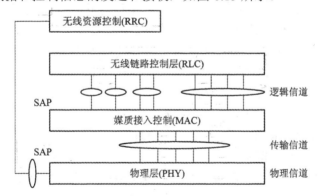

图 6.13　资源块结构

逻辑信道关注的是传输什么样的内容,什么类别的信息。信息首先要被分为两种类型:控制消息(控制平面的信令,如广播类消息、寻呼类消息)和业务消息(业务平面的消息,承载着高层传来的实际数据)。逻辑信道是高层信息传到 MAC 层的 SAP。

传输信道关注的是怎样传和形成怎样的传输块(TB)。不同类型的传输信道对应的是空中接口上不同信号的基带处理方式,如调制编码方式、交织方式、冗余校验方式、空间复用方式等。根据资源占有程度的不同,传输信道还可以分为共享信道和专用信道。前者是多个用户共同占用信道资源,而后者是由某一个用户独占信道资源。

传输信道和逻辑信道与 MAC 层强相关。传输信道是物理层提供给 MAC 层的服务，MAC 可以利用传输信道向物理层发送和接收数据；而逻辑信道则是 MAC 层向 RLC 层提供的服务，RLC 层可以使用逻辑信道向 MAC 层发送和接收数据。

MAC 层一般包括很多功能模块，如传输调度模块、MBMS 功能模块、传输块 TB 产生模块等。经过 MAC 层处理的消息向上传给 RLC 层的业务接入点，要变成逻辑信道的消息；向下传送到物理层的业务接入点，要变成传输信道的消息。

物理信道就是信号在无线环境中传送的方式，即空中接口的承载媒体。物理信道对应的是实际的射频资源，如时隙(时间)、子载波(频率)、天线口(空间)。物理信道就是确定好编码交织方式和调制方式，在特定的频域、时域、空域上发送数据的无线通道。根据物理信道所承载的上层信息不同，定义了不同类型的物理信道。

LTE 和 UMTS 的信道结构相比，其信道结构做了很大简化。传输信道从原来的 9 个减为现在的 5 个，物理信道从 20 个简化为 LTE 的上行 3 个、下行 6 个，再加上 2 个参考信号。

6.5.1　逻辑信道

MAC 层通过逻辑信道向 RLC 层提供数据传输服务，逻辑信道是由它所携带信息的类型定义的。MAC 层将不同类型的数据(IP 层数据或信令数据)进行分类，分派到逻辑定义的信道上传输。根据逻辑信道里传输的信息类型，将其分为传输 RRC 信令的控制逻辑信道和传输用户数据(即 IP 层数据)的数据逻辑信道。

1. 五个控制信道

MAC 层提供的控制信道有以下五个：

(1) 广播控制信道。广播控制信道 BCCH 是广播消息的通道，面向辖区内的所有用户传输广播控制信息。BCCH 是网络到用户的一个下行信道，它传送的信息是在用户实际工作开始之前，做一些必要的通知工作。它是协调、控制、管理用户行为的重要信息。

(2) 寻呼控制信道。寻呼控制信道 PCCH 类似于寻人启事，当不知道用户具体处在哪个小区的时候，用于发送寻呼消息。PCCH 是一个网络到用户的下行信道，一般用于被叫流程(主叫流程比被叫流程少一个寻呼消息)。

(3) 公共控制信道。公共控制信道 CCCH 类似主管和员工之间多人工作时协调工作时信息交互的通道。CCCH 是上、下行双向和点对多点的控制信息传送信道，在 UE 和网络没有建立 RRC 连接的时候使用。

(4) 专用控制信道。专用控制信道 DCCH 类似领导和某个亲信之间面授机宜、协调彼此工作的信息通道。DCCH 是上、下行双向和点到点的控制信息传送信道，在 UE 和网络建立了 RRC 连接以后使用。

(5) 多播控制信道。多播控制信道(MultiCast Control Channel，MCCH)类似领导给多个下属下达搬运一批货物命令，指挥多个下属干活时协调彼此工作的信息渠道。MCCH 是点对多点从网络侧到 UE 侧(下行)的 MBMS 控制信息的传送信道。一个 MCCH 可以支持一个或多个多播业务信道 (Multicast Traffice Channel MTCH)配置。MCCH 在 UMTS 的信道结构中没有相关定义。网络侧类似一个电视台节目源，UE 则是接收节目的电视机，而MCCH 则是为了顺利发送电视台节目给电视机而发送的控制命令，让电视机做好相关接收准备。

当使用演进型组播广播多媒体业务(evolved Multimedia Broadcast and Multicast Service，eMBMS)系统支持多媒体广播组播业务 MBMS 时，需要专用的点对点逻辑信道，MCCH 和多播业务信道 MTCH 分别承载 eMBMS 的控制信令和数据。

2. 两个业务信道

MAC 层提供的业务信道有以下两个：

(1) 专用业务信道。专用业务信道(Dedicated Traffic Channel，DTCH)类似待搬运货物的通道，这个入口按照控制信道的命令或指示，把货物从这里搬到那里，或从那里搬到这里。DTCH 是 UE 和网络之间的点对点和上、下行双向的业务数据传送渠道。

(2) 多播业务信道。多播业务信道 MTCH 类似要搬运大批货物的通道，也类似一个电视台到电视机的节目传送通道。MTCH 是 LTE 中区别于以往制式的一个特色信道，是一个点对多点的从网络侧到 UE(下行)传送多播业务 MBMS 的数据传送渠道。

3. LTE 与 UMTS 逻辑信道的比较

LTE 逻辑信道和 UMTS 中定义的逻辑信道对比如表 6.6 所示，BCCH、PCCH、CCCH、DCCH 这四个控制信道和 DTCH 业务信道是两者共有的。控制信道 MCCH、业务信道 MTCH 是 LTE 为了支持 MBMS 而设立的逻辑信道，在 UMTS 中没有定义。

表 6.6　LTE 和 UMTS 逻辑信道对比

逻辑信道类型	LTE 逻辑信道	3GPP UMTS 主要逻辑信道	信息方向
控制信道	广播控制信道(Broadcast Control Channel，BCCH)		下行
	寻呼控制信道(Paging Control Channel，PCCH)		下行
	公共控制信道(Common Control Channel，CCCH)		上行、下行
	专用控制信道(Dedicated Control Channel，DCCH)		上行、下行
	—	共享控制信道(Shared Control Channel，SHCCH；仅为 TDD 模式)	上行、下行
	多播控制信道(Multicast Control Channel，MCCH)	—	下行
业务信道	专用业务信道(Dedicated Traffic Channel，DTCH)		上行、下行
	—	公共业务信道(Common Traffic Channel，CTCH)	下行
	多播业务信道(Multicast Traffic Channel，MTCH)	—	下行

6.5.2　传输信道

传输信道定义了空中接口中数据传输的方式和特性。传输信道可以配置物理层的很多实现细节，同时物理层可以通过传输信道为 MAC 层提供服务。传输信道关注的不是传什么，而是怎么传。物理层通过传输信道为 MAC 层提供数据传输服务。与逻辑信道不同的是，传输信道是由它发送信息的方式来定义的。传输信道并不在意其内部传输的数据是什么类型，因此没有"控制/数据传输信道"这样的划分，而是分为下行和上行传输信道。

UMTS 的传输信道分为两类：专用信道和公共信道。公共信道资源是小区内的所有用户或一组用户共同分配使用的；而专用信道是由单个用户使用的资源。

LTE 传输信道没有定义专用信道，只有公共信道，一个可行的分类方法是将 LTE 传输信道分为上行和下行信道。但 LTE 的共享信道(SCH)支持上、下行两个方向，为了区别，将 SCH 分为 DL-SCH 和 UL-SCH。LTE 与 UMTS 传输信道的对比如表 6.7 所示。

表 6.7　LET 与 UMTS 传输信道对比

传输信道类型	LTE 传输信道		3GPP UMTS 传输信道
下行信道	广播信道(Broad Channel，BCH)		
	寻呼信道(Paging Channel，PCH)		
	下行共享信道 (Downlink Shared Channel，DL-SCH)		前向接入信道(Forward Access Channel，FACH)
			下行共享信道(Downlink Shared Channel，DSCH)
			专用信道(Dedicated Channel，DCH)
			高速下行共享信道(High Speed Downlink Shared Channel for HSDPA，HS-DSCH)
	多播信道(Multicast Channel，MCH)		—
上行信道	随机接入信道(Random Access Channel，RACH)		
	上行共享信道(Uplink Shared Channel，UL-SCH)		公用分组信道(Common Packet Channel，CPCH)
			专用信道(Dedicated Channel，DCH)
			增强型专用信道(Eahanced DCH for HSUPA，E-DCH)

1. LTE 的四个下行传输信道

(1) 广播信道。广播信道(Broadcast Channel，BCH)，为广而告之的消息规范了预先定义好的固定格式、固定发送周期、固定调制编码方式，不允许灵活机动。BCH 是在整个小区内发射的、固定传输格式的下行传输信道，用于给小区内的所有用户广播特定的系统消息。

(2) 寻呼信道。寻呼信道(Paging Channel，PCH)规定了"寻人启事"传输的格式，将"寻人启事"贴在公告栏之前(映射到物理信道之前)，要确定"寻人启事"的措辞、发布间隔等。寻呼信道是在整个小区内发送寻呼信息的一个下行传输信道。为了减少 UE 的耗电，UE 支持寻呼消息的非连续接收 (Discontinuous Reception，DRX)。为支持终端的非连续接收，PCH 的发射与物理层产生的寻呼指示的发射是前后相随的。

(3) 下行共享信道。下行共享信道(Downlink Shared Channel，DL-SCH)规定了待搬运货物的传送格式。DL-SCH 是传送业务数据的下行共享信道，支持自动混合重传(HARQ)；支持编码调制方式的自适应调制(AMC)；支持传输功率的动态调整；支持动态、半静态的资源分配。

(4) 多播信道。多播信道(Multicast Channel，MCH)规定了给多个用户传送节目的传送格式，是 LTE 的规定区别于以往无线制式的下行传送信道。在多小区发送时，支持 MBMS 的同频合并模式 MBSFN。MCH 支持半静态的无线资源分配，在物理层上对应的是长 CP 的时隙。

2. 两个上行信道

LTE 上行传输信道有以下两个：

(1) 随机接入信道。随机接入信道(Random Access Channel，RACH)规定了终端要接入网络时的初始协调信息格式。RACH 是一个上行传输信道，在终端接入网络开始业务之前使用。由于终端和网络还没有正式建立连接，RACH 信道使用开环功率控制。RACH 发射信息时是基于碰撞(竞争)的资源申请机制(有一定的冒险精神)。

(2) 上行共享信道。上行共享信道(Uplink Shared Channel，UL-SCH)和下行共享信道一样，也规定了待搬运货物的传送格式，只不过方向不同。UL-SCH 用来传送业务数据，是从终端到网络的上行共享信道，同样支持混合自动重传 HARQ，支持编码调制方式的自适应调整(AMC)；支持传输功率动态调整；支持动态、半静态的资源分配。上述传输信道所采用的编码方案如表 6.8 所示。

表 6.8　传输信道的编码方案

传输信道	编码方案	编码速率
UL-SCH	Turbo 编码	1/3
DL-SCH		
PCH		
MCH		
BCH	咬尾卷积码(Tail Biting Convolutional Coding)	1/3
RACH	N/A	N/A

6.5.3　物理信道

物理信道承载 MAC 层递交给物理层的传输块(Transport Block，TB)。物理信道是高层信息在无线环境中的实际承载。在 LTE 中，物理信道是由一个特定的子载波、时隙和天线口确定的。即在特定的天线口上，对应的是一系列资源粒子 RE。

一个物理信道是有开始时间、结束时间、持续时间的。物理信道在时域上可以是连续的，也可以是不连续的。连续的物理信道持续时间由开始时刻到结束时刻，不连续的物理信道则须明确指示清楚由哪些时间片组成。

物理信道通过 OFDM 的时分和频分复用在下行时频传输资源上。在时间上，下行的每个子帧(包括 TDD 的特殊时隙 DwPTS)分为控制域和数据域。

控制域占用下行子帧的前 1 个、2 个或者 3 个 OFDM 符号，用于传输物理层和 MAC 的控制信息。物理层控制信道(PDCCH、PCFICH 和 PHICH)都在控制域内。注意，TDD 系统的 1 和 6 子帧(特殊时隙 DwPTS)上的控制域只占用前 1 个或 2 个 OFDM 符号。

数据域占用剩余的 OFDM 符号，用于传输 MAC 层交付的用户面或控制面数据。发送广播消息的 PBCH 和携带同步信息的下行同步信号使用固定的、周期出现的时频位置。其余的时隙资源主要用于物理层数据信道 PDSCH。在一个子帧中，可以同时有发向多个终端的 DL-SCH/PDSCH，这些信道通过 OFDMA 复用在一起。

CRS(Cell-specific Reference Signal，小区专用参考信号)散布在控制域和数据域中，URS(UE-specific Reference Signal，UE 专用参考信号)和信道状态信息参考信号 (Channel State Information Reference Signal，CSI-RS)则只随 PDSCH 发送。

在 LTE 中，度量时间长度的单位是采样周期 Ts。UMTS 中度量时间长度的单位则是码片周期 Tchip。物理信道主要用来承载传输信道来的数据，但还有一类物理信道无需传输信道的映射，直接承载物理层本身产生的控制信令或物理信令。这些物理信令和传输信道映射的物理信道一样，是有着相同的空中载体的，可以支持物理信道的功能。

1. 两大处理过程

物理信道一般要进行两大处理过程：比特级处理和符号级处理。

从发射端角度看，比特级处理是物理信道数据处理的前端，主要是在二进制比特数据流上添加 CRC 校验，进行信道编码、交织、速率匹配以及加扰。

加扰之后进行的是符号级处理，包括调制、层映射、预编码、资源块映射、天线发送等过程。

在接收端，处理顺序与发射端刚好相反，即先为符号级处理，然后为比特级处理。

2. 下行物理信道

下行方向有六个物理信道，它们分别为：

(1) 物理广播信道 PBCH：辖区内的大喇叭，但并不是所有广而告之的消息都从这里广播(映射关系在下一节介绍)，部分广而告之的消息是通过下行共享信道(PDSCH)通知大家的。PBCH 承载的是小区 ID 等系统信息，用于小区搜索过程。

(2) 物理下行共享信道 PDSCH：用于承载下行用户的业务数据。

(3) 物理下行控制信道 PDCCH：用于指示 PDSCH 相关的传输格式、资源分配和 HARQ 信息等。好比发号施令的嘴巴，不干实事，但干实事的 PDSCH 需要它的协调。PDCCH 传送用户数据的资源分配的控制信息。

举例来说，在 UMTS 中，UE 在预定时刻监听物理层寻呼指示信道(PICH)，此信道指示 UE 是否去接受寻呼消息。在 LTE 中因为 PDCCH 传输时间很短，引入 PICH 节省的能量有限，所以没有 PICH，寻呼指示依靠 PDCCH。UE 依照特定的 DRX 周期在预定时刻监听 PDCCH。同样 UMTS 有随机接入响应信道(AICH)，指示 UE 随机接入成功。在 LTE 中，也没有物理层的随机接入响应信道，随机接入响应同样依靠 PDCCH。

(4) 物理控制格式指示信道 PCFICH：类似藏宝图，指明了控制信息(宝藏)所在的位置。PCFICH 是 LTE 的 OFDM 特性强相关的信道，承载的是控制信道在 OFDM 符号中的位置信息。

(5) 物理 HARQ 指示信道 PHICH：用于 eNB 向 UE 反馈和 PUSCH 相关的确认/非确定(ACK/NACK)信息，承载的是混合自动重传 HARQ 的消息。

(6) 物理多播信道 PMCH：用于传播 MBMS 的相关数据。类似可点播节目的电视广播塔，PMCH 承载多播信息，负责把从高层来的节目信息或相关控制命令传给终端。

每一种物理信道根据其承载的信息不同，对应着不同的调制方式，如表 6.9 所示。

表 6.9　物理信道及其调制方式

物理信道	调制方式	物理信道	调制方式
PBCH	QPSK	PCFICH	QPSK
PDCCH	QPSK	PHICH	BPSK
PDSCH	QPSK，16QAM，54QAM	PMCH	QPSK，16QAM，64QAM

PDSCH 和 PMCH 可根据无线环境的好坏，选择合适的调制方式。当信道质量好时选择高阶调制方式，如 64QAM；质量差时选择低阶，如 QPSK。其他信道不可变更调制方式。

3. 上行物理信道

上行方向有三个物理信道。

(1) 物理随机接入信道。物理随机接入信道 PRACH 用于随机接入、发送随机接入需要的信息、Preamble 等，承载 UE 想接入网络时的叩门信号——随机接入前导，网络一旦答应了，UE 便可进一步和网络沟通信息。

(2) 物理上行共享信道。物理上行共享信道 PUSCH 是一个上行方向踏踏实实干活的信道。PUSCH 也采用共享的机制，承载上行用户数据。当基站为终端分配了 PUSCH 时，终端就可以在发送上行数据的同时，使用 PUSCH 发送上行控制信息 UCI。如图 6.14 所示，控制信息与数据(UL-SCH 信道)通过单载波频分多址(Single-Carrier Frequency-Division Multiple Access，SC-FDMA)复用在相同 RB 中。对于不支持 PUSCH 的 PUCC 同时发送的 LTE 终端，它们在发送 PUSCH 时不再发送 PUCCH；而基站可以预知哪些 PUSCH 会替代 PUCCH 发送 UC1。

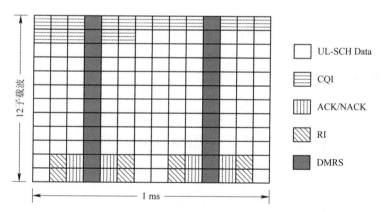

图 6.14　PUSCH 承载上行控制信息

PUSCH 上发送的控制信息只包括 ACK/NACK 和 CSI。在上行传输中，终端可以通过 MAC 层的缓冲状态报告，告诉基站还有多少数据有待发送，因此，终端不再需要使用 PUSCH 发送 SR 信息。

控制信息在 PUSCH 上发送时，使用 AMC 和功率控制实现链路自适应。控制信息对误块率的要求较高，严于数据的要求。但此时控制信息虽然与 UL-SCH 数据一起发送，却没有 HARQ 重传，因此，要让控制信息使用更低阶的 MCS。为了避免专门的信令来指示该 MCS，LTE 协议规定控制信息的调制方式与数据是一样的，但编码速率不同。控制信息和数据的编码率差异相对固定，这样 PUSCH 上的数据业务在基站的控制下做 AMC 时，控制信息也在同时做 AMC，不需要 PDCCH 信道指示额外的 MSC 值。

物理上行控制信道 PUCCH 承载物理层工作所需的信令。与下行不同的是，用于处理上行信号和数据传输的辅助信息(例如传输块大小、调制方式、时频资源位置等参数)是由基站指配的，不需要终端再告知基站，因此不需要类似的 PDCCH 下行控制消息(Downlink Control Information，DCI)的相关内容。PUCCH 好比上行方向发号施令的嘴巴，但干实活的 PUSCH 需要它的协调。PUCCH 承载着 HARQ 的 ACK/NACK，调度请求 SR 信息，信道质量指示 CQI 等信息。

由表 6.10 可知，PUSCH 可根据信道质量好坏选择相应的调制方式。PUCCH 有两种调制方式，PRACH 则采用 ZC(Zadoff-Chu)随机序列。ZC 序列是自相关特性较好的一种序列(在一点处自相关值最大，在其他处自相关值为 0；具有恒定幅值的互相关特性，较低的峰均比特性)，在 LTE 中，发送端和接收端的子载波频率容易出现偏差，接收端需要对这个频偏进行估计，使用 ZC 序列可以进行频偏的粗略估计。

表 6.10　上行物理信道的调制方式

物理信道	调制方式
PUCCH	BPSK，QPSK
PUSCH	QPSK，16QAM，64QAM
PRACH	Zadoff-Chu 序列

6.6　物理信号

物理信号是物理层产生并使用的、有特定用途的一系列无线资源粒子 RE。物理信号并不携带从高层来的任何信息，类似没有高层背景的底层员工，在配合其他员工工作时，彼此约定好使用的信号。它们对高层而言不是直接可见的，即不存在高层信道的映射关系，但从系统观点来讲是必需的。

在基站向终端的下行数据传输中，基站的 MAC 层通过传输信道将 MAC PDU 递交给物理层。一个 MAC PDC 在物理层称为一个传输块 TB。物理层使用下行物理信道将传输块编码、调制，经过 OFDM 和 MIMO 处理，通过无线信号发送到无线信道。终端的物理层在下行物理信道上接收到信号后，将其恢复为 MAC 层 PDU。在无线信道上有多个 OFDMA 同时传输数据，因此基站的物理层在发送时要把多个传输信道复用到一起，终端在接收时要将它们区分开来。

下行方向上定义了两种物理信号：参考信号(Reference Signal，RS)和同步信号(Synchronization Signal，SS)，上行方向只定义了一种物理信号 RS。

6.6.1　下行参考信号

终端使用相干接收来检测和解调无线信号时，要利用某个已知的信号序列来获取信道信息，该信号称为导频信号或参考信号。参考信号除了用于下行信道估计外，还用于下行信道质量测量、小区选择/重选、路损估计等。参考信号是 LTE 物理层进行相干解调和链路自适应的关键所在，物理层技术的实现离不开合理的参考信号设计。下行物理层有两类信号。

1. 参考信号

参考信号 RS 也可称为导频信号，是由发射端提供给接收端用于信道估计或信道探测的一种已知信号，下行参考信号以 RE 为单位。

RS 本质上是一种伪随机序列，不含任何实际信息。这个随机序列通过时间和频率组成的资源单元 RE 发送出去，便于接收端进行信道估计，也可以为接收端进行信号解调提供参考，类似 CDMA 系统中的导频信道。RS 信号如同潜藏在人群中的特务分子，不断把一方的重要信息透露给另一方，便于另一方对这一方的情况进行判断。

频谱、衰落、干扰等因素都会使得发送端信号与接收端收到的信号存在一定偏差。信道估计的目的是使接收端找到此偏差，以便正确接收信息。

信道估计并不需要时时刻刻进行，只需关键位置出现一下即可。即 RS 离散的分布在时、频域上，它只是对信道的时、频域特性进行抽样而已。

为保证 RS 能够充分且必要地反映信道时频特性，RS 在天线口的时、频单元上必须有一定规则。

RS 分布越密集，则信道估计越准确，但开销会很大，占用过多无线资源会降低系统传递有用信号的容量。RS 分布不宜过密，也不宜过分散。RS 在时、频域上的分布遵循以下准则：

➢ RS 在频域上的间隔为 6 个子载波。
➢ RS 在时域上的间隔为 7 个 OFDM 符号周期。
➢ 为最大程度降低信号传送过程中的相关性，不同天线口的 RS 出现位置不宜相同。

LTE 的参考信号设计在不断地演进和完善。LTE 的下行物理层有多种参考信号，R8/9 版本的下行参考信号为 CRS 和 URS。由于这些参考信号设计与 MIMO 技术使用密切相关，结合相应章节会更好地理解它们。LTE-A 定义了新的用于下行信道状态信息测量的 CSI-RS；用于 MBSFN 的参考信号 MRS，此外，下行还有用于定位 R10 版本引入的参考信号 PRS，终端可根据多个小区的 PRS 来定位。

其中，CRS 主要用于：

➢ 下行各控制信道(PBCH、PDCCH、PCFICH、PHICH)的相干解调；
➢ 下行数据信道(PDSCH)的大多数传输模式的相干解调；
➢ 下行信道质量估计；
➢ 路径损耗估算；
➢ 测量参考信号接收功率(Reference Signal Receiving Power，RSRP)和参考信号接收质量(Reference Signal Receiving Quality，RSRQ)，用于小区选择、重选和切换判断的服务小区和邻区测量。

CRS 被称为小区特定的参考信号，也叫公共参考信号，是一串特殊的序号序列，所谓小区特定是指这个参考信号与一个基站端的天线口(天线端口 0～天线端口 3)相对应。在每个小区中，基站在特定的时频资源上发送特定的 CRS 符号，这些位置和符号都是由协议规定并与物理小区标识 PCI 相关的。终端通过下行同步过程获知 PCI，就可以知道这个小区 CRS 时频资源位置和 CRS 符号序列是如何约定的。

CRS 用于波束成型技术(不基于码本)以外的其他下行传输技术的信道估计和相关解调。LTE 下行所有子帧的所有 RB 内都包含有 CRS(严格来说，MBSFN 子帧的数据域除外)，这样发送 PDSCH 的所有 RB 内都有 CRS 符号。CRS 序列的各个符号呈栅格状分散在 RB

中，这样有助于时频二维的信道估计和差值。如图 6.15 所示。

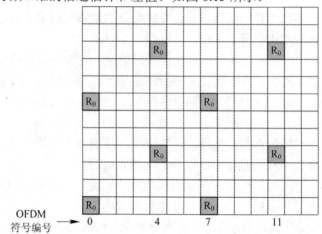

图 6.15　单天线口的 CRS 时频资源位置

为支持 MIMO 技术，除了时域和频域，CRS 还要让终端分辨出信道的空域维度，不管下行信号是从基站的多少路物理天线通道发送出来的，从终端的角度来看，从空间上可区分出多少路参考信号，就可以有多少个分集或复用的维度。换句话说，终端并不能直接"看到"基站的物理天线通道数，而是通过参考信号"分辨出"发送不同参考信号序列的天线个数。终端看到的天线是通过参考信号作为参照物区分出来的，称为逻辑的天线端口。

如图 6.15 所示，图中只标记了一个 CRS 序列，意味着该小区使用单天线端口。此时 CRS 序列出现在每个子帧中的第 1、5、8、12 个 OFDM 符号上(或说每个时隙的第 1 和第 5 个符号上)，从频域上来看，CRS 符号间隔为 6 个子载波，符号间的 CRS RE 位置在频域上错开了 3 个子载波，这样每个 RB 有 4 个 CRS RE。

当小区在空间维度上发送两个 CRS 序列时，称小区使用两天线端口。此时，仍是每个 RB 的第 1、5、8、12 个 OFDM 符号上发送 CRS。对每个天线端口来说，这些 OFDM 符号上间隔为 3 个子载波的 4 个 RE 位置上，有两个发送 CRS 符号，另外两个留空，不发送任何符号。在一个天线端口发送的 CRS 的 RE 位置上，另一个天线端口发送功率为零，这样两个天线端口的 CRS 间无相互干扰，即通过频分复用获得正交性，使终端可以在空间维度上区分这两个端口的信道，从而提高空间分集和复用的接收性能。从每个天线端口看，CRS RE 的频域间隔仍为 6 个子载波，每个 RB 共有 8 个 CRS RE 位置，每个天线端口使用其中 4 个发送 CRS，导频开销约为 9.5%。

当 CRS 序列在空间上有 4 个时，称小区使用 4 天线端口。4 天线端口的 CRS 比两天线端口占用更多的时频资源。前两个天线端口 CRS 位置与两天线端口的是一样的，第 3 和第 4 个天线端口的 CRS 则在第 2 和第 9 的 OFDM 符号上。在任何一个天线端口发送的 CRS 的 RE 位置上，其他天线端口发射功率为零。第 3 天线端口的 CRS 位置与第 1 天线端口在第 1 个和第 8 个 OFDM 符号上的 CRS 位置相邻，第 4 个天线端口的 CRS 位置与第 2 个天线端口在第 1 个和第 8 个 OFDM 符号上的 CRS 位置相邻。这样每个 RB 共有 12 个 CRS RE 位置，第 1、2 天线端口 CRS 各使用其中的 4 个，第 3、4 天线端口 CRS 各使用其中的两个。导频开销约为 14.3%，比 2 端口时略大。后两个天线端口的 CRS 密度只有前两个的一半，这主要考虑到 4 流空分复用一般只适用于低速场景，频域上较稀疏的导频对信道估计的准确度影响不大，因此没必要增加过多的导频开销。图 6.16 为 2/4 天线端口的 CRS 时频资源映射情况。

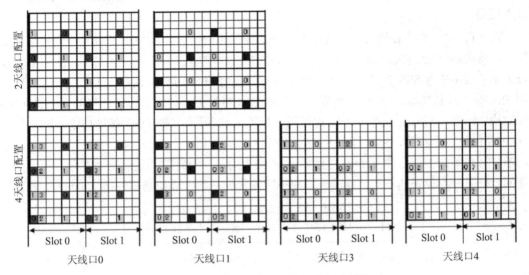

图 6.16　2/4 天线口的 CRS 时频资源映射情况

参考信号的位置因天线数和 CP 类型(使用的是普通 CP 还是扩展 CP)而不同。本节讨论了普通 CP 配置时的参考信号位置，对扩展 CP 配置时的 CRS 的时频资源位置稍有不同。

由于 CRS 的重要性，人们希望它受到的干扰越小越好。不同天线端口的 CRS 在频域上错开，可确保同一小区的 CRS 在空间维度无相互干扰。而为了降低同频相邻小区间的 CRS 相互干扰，也要将相邻小区的 CRS-RE 在频域相互错开。单天线端口系统，CRS-RE 频域的位置由 PCI 模 6 值作为偏移来确定，若两个相邻小区的 PCI 模 6 值不同，则它们的 CRS 频域位置不同，相互无干扰。对于 2/4 天线端口的系统，相邻小区 PCI 模 3 值的不同可以让它们的 CRS 无相互干扰。因此，在配置小区 PCI 时要让同频相邻小区的 PCI 模 3 或模 6 错开。

注意，频域错开仅避免了 CRS 相互干扰，而邻小区的 PDSCH 业务数据发送也同样会干扰 CRS，因此它一般与 CRS 功率提升一起使用。

当 PDSCH 使用非码本的单流或多流波束赋形进行传输时，要使用终端专用参考信号 URS 进行信道估计和解调。波束赋形要动态调整下行发送信号的幅度和相位，形成指向特定终端的波束。在非码本的波束赋形中，终端需要知道基站对信号的加权情况，才能正确接收信号。而 CRS 是不能进行波束赋形的，否则会影响到其他无法使用波束赋形的信道的解调。因此，需要使用 URS 替代 CRS。URS 和 PDSCH 一起进行 MIMO 预编码和波束赋形，每层数据都有一个相应的 URS，终端使用 URS 获得的信道就是一个经过赋形权值变换的等效信道，从而直接对数据信号进行相干解调。

URS 只需出现在使用波束赋形进行传输的 RB 上，否则会带来不必要的开销。LTE 的 R8/9 协议分别定义了两种 URS，称为 R8 URS 和 R9 URS，分别用于传输模式 7 和传输模式 8 的相干解调。LTE-A R10 协议定义了 R10 URS，用于传输模式 9。R11 为更好支持 COMP 对 URS 做了进一步改进。注意，有时也将 URS 称为解调参考信号 (Demodulation Reference Symbol，DMRS)，但为了与上行的 DMRS 区分开，本书使用 URS。

2. 下行同步信号

下行同步信号包括 PSS 和辅同步信号(Secondary Synchronization Signal，SSS)，供同步接入使用。

在 LTE 中，同步在通信的过程中扮演着重要的角色，LTE 的每个子载波的信号都需要同步，因此每个无线帧(10 ms)都存在同步信号。LTE 中的同步信息包含两部分：主同步信号 PSS 和从同步信号 SSS。PSS 总是处于第 1 个时隙或第 11 个时隙的最后一个 OFDM 符号上，而 SSS 和 PSS 紧挨着，一般位于倒数第二个 OFDM 符号上。具体而言，LTE TDD 和 LTE FDD 帧结构中，同步信号的位置/相对位置不同，如图 6.17 所示。在 TDD 帧结构中，PSS 位于 DwPTS 的第三个符号，SSS 位于 5 ms 第一个子帧的最后一个符号；在 FDD 帧结构中，主同步信号和辅同步信号位于 5 ms 的第一个子帧内的前一个时隙的最后两个符号。利用主、辅同步信号相对位置的不同，终端可以在小区搜索的初始阶段识别系统是 TDD 还是 FDD。

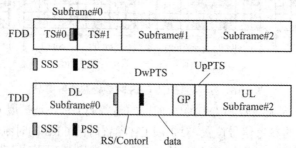

图 6.17　SSS 和 PSS 在 FDD 和 TDD 子帧的位置

当支持最大 8 层的 MIMO 传输时，终端需要获得从基站多个发射天线通道到终端多个接收天线之间的信道信息，特别是信道的空间特征。CRS 最大支持 4 个天线端口，不能满足 8 层传输的需要(发射和接收天线通道的个数不能小于 MIMO)。URS 是经过预编码(赋形)后发送的，不能用于估计信道状态信息。因此，LTE-A R10 为多层 MIMO 传输定义了专门的信道状态信息参考信号 CSI-RS，可以支持基站天线通道为 1、2、4、8 等多种情况下的下行信道信息测量，这些测量信息只用于链路自适应，不用于相干解调。为了准确获得空间信道信息，通常每个物理发射天线通道都需要发送一个 CSI-RS，因此 CSI-RS 端口和物理天线通道一般情况下是等同的。终端必须区分出不同天线通道的 CSI-RS，才能获得信道的空间特征。这就要求一个小区可以发送多个正交的 CSI-RS，在 LTE R10 中最多 8 个，对应的天线端口为端口 15～端口 22。CSI-RS 序列形式和 CRS 相似。

终端除了测量本小区 CSI-RS 并将获得的下行信道反馈给基站外，还可以通过测量邻区的 CSI-RS 获取邻区信道信息，用于实现小区间协作多点处理。此时，相邻小区的 CSI-RS 也需要正交，使终端可以获准获知和反馈多个小区的信道信息，这就需要让更多的 CSI-RS 复用在一起。

在一个 RB 中，一个天线通道的 CSI-RS 占用同一子载波上的两个 RE。属于不同发射天线通道的 CSI-RS 通过频分和码分复用在一起。码分复用的正交码长度为 2，即两个 RE 可承载两个 CSI-RS，支持两个天线通道。支持 4/8 天线的 CSI-RS 在码分的基础上通过频分复用在一起，每个 CSI-RS 占用 4 个或 8 个 RE。

基站通过 RRC 专用信令(CSI-RS-Config)将 CSI-RS 的端口总数(1、2、4、8)、RE 资源

位置编号、周期和子帧位置、发射功率偏置等信息通知给终端。尽管使用了终端专用信令，但 CSI-RS 的参数配置一般是小区公用的，不同终端可使用不同周期测量 CSI-RS。考虑到频域资源冲突或兼容 R8/9 终端等问题，在发送同步信号、广播信道、关键系统信息 SIB1 和寻呼消息的子帧上，或是 TDD 模式的特殊子帧上，基站都不会发送 CSI-RS。

　　CSI-RS 将链路自适应所使用的信道信息测量功能与信道估计相干解调功能分离，其密度和开销比 CRS 小很多。数据解码仍使用 URS，这为参考信号的发送提供更大的灵活性。在不考虑后向兼容问题时，基站可不必在每个子帧上都发送 CRS，甚至完全不发送 CRS。

6.6.2　下行同步信号

　　为了让终端在接收 MIB 和其他下行数据之前获取下行同步，LTE 基站下行发送两种物理同步信号：主同步信号 PSS 和辅同步信号 SSS。它们各自的作用如下：

　　➢ PSS 提供终端获取时隙、子帧(1 ms)和半帧(5 ms)的起止位置；用于符号时间对准，频率同步以及部分小区的 ID 侦测。

　　➢ SSS 提供无线帧的边界，即区分前半帧和后半帧，从而获得 10 ms 的帧同步；用于帧时间对准，CP 长度侦测及小区组 ID 侦测。

　　➢ PSS 和 SSS 一方面让终端获得时间和频率同步，另一方面让终端获知小区的 PCI。

　　在频域里，不管系统带宽是多少，主/从同步信号总是位于系统带宽的中心(中间的 64 个子载波上，协议版本不同，数值不同)，占据 1.25 MHz 的频带宽度。这样的好处是即使 UE 在刚开机的情况下还不知道系统带宽，也可以在相对固定的子载波上找到同步信号，方便进行小区搜索，如图 6.18 所示。时域上同步信号的发送也须遵循一定规则，为了方便 UE 寻找，要在固定的位置发送，不能过密也不能过疏。

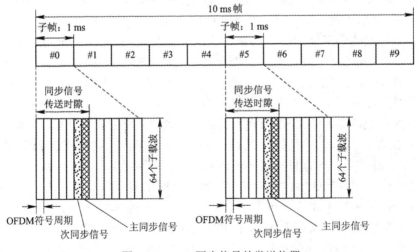

图 6.18　FDD 同步信号的发送位置

　　协议规定，FDD 帧结构传送的同步信号位于每帧(10 ms)的第 0 个和第 5 个子帧的第 1 个时隙中；主同步信号位于该传送时隙的最后一个 OFDM 符号里；从同步信号位于该传送时隙的倒数第二个 OFDM 符号里。

　　时域中 LTE TDD 的同步信号位置与 FDD 不一样。TDD 中，PSS 位于特殊时隙 DwPTS

里，位置与特殊时隙的长度配置有一定关系；SSS 位于 0# 子帧的 1# 时隙的最后一个符号里，如图 6.19 所示。

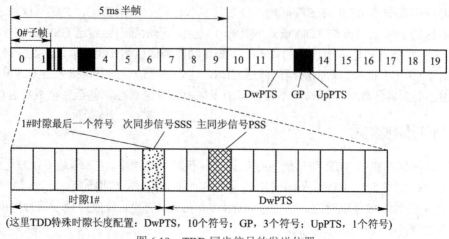

(这里TDD特殊时隙长度配置：DwPTS，10个符号；GP，3个符号；UpPTS，1个符号)

图 6.19　TDD 同步信号的发送位置

上行参考信号 RS 类似下行参考信号的实现机制。也是在特定的时频单元中发送一串伪随机码，类似 TD-SCDMA 里的上行导频信道(UpPCH)，用于 E-UTRAN 与 UE 的同步及 E-UTRAN 对上行信道进行估计。

在接收时，终端首先检测 PSS。PSS 每 5 ms 出现在某个子帧的最后一个 OFDM 符号上，终端检测到 PSS 后，可以知道 5 个子帧(半个无线帧)的结束位置，但还不知道它是在一个无线帧的前半部还是后半部。注意：LTE 系统还有扩展 CP 的配置，即一个子帧中可能有 7 个或者 6 个 OFDM。

PSS 放在最后一个符号，因此终端还不知道是哪种配置。正确接收到 PSS 后，终端可获知信道信息，随后可使用相干接收机来检测 SSS。如果两个相邻小区的 PCI 模 3 值相等，即 PSS 相同，则会影响基于 PSS 的信道估计，从而影响 SSS 的相干接收。因此，一方面在分配 PCI 时，要避免相互干扰较强的两个小区不适用模 3 相等的 PCI；另一方面终端可采用非相干的接收算法来提高 SSS 的检测性能。长短 CP 配置不同会造成 SSS 相对 PSS 的时域位置不同，终端要对两个位置都尝试检测。

两种 SSS 序列(SSS0 和 SSS1)分别出现在无线帧的前半部和后半部，因此终端检测出 SS 后，再结合固定的时域资源划分，就可以判断出无线帧的起始和结束位置，即获取帧同步了。注意：终端实际上可以只检测出一种 SSS 序列即可得到帧同步，从而加快了同步的速度。终端还根据 PSS 和 SSS 的相对时域距离，判断出空口的双工方式和 CP 配置。

PSS 和 SSS 的序列生成都与 PCI 有关。LTE 的 PCI 共 504 个，分为 168 个 PCI 组(记为 $N_{ID}^{(1)}$)，每个组里有 3 个 PCI(记为 $N_{ID}^{(2)}$)。PSS 信号的三个序列与每个 PCI 组中的一个 PCI 对应，或者说，与 PCI 模 3 值中的一个对应。168 个 SSS 序列与 PCI 组是一一对应的。这样，终端在捕获了 PSS 和 SSS 后，就可以知道所在小区的 PCI 了，即

$$PCI = 3 \times N_{ID}^{(1)} + N_{ID}^{(2)}$$

从 PSS 和 SSS 获取下行同步和 PCI 后，终端就可以推断出该小区的 CRS 时频资源和导频序列了。

接着终端可以根据帧同步来判断出 PBCH 的时频位置，并使用 PCI 所对应的小区参考信号 CRS，解调 PBCH 获取 MIB 消息。从 MIB 中终端又可获知小区用的系统带宽、天线端口数、PHICH 位置。协议规定了 PCFICH 的频域位置，接收控制格式标示 (Control Format Indicator，CFI)，确定控制域范围。控制域里去掉 PCFICH 和 PHICH 占用的 RE 后，就可以知道 PDCCH 的 CCE 位置了。这样终端就可以接收 PDCCH，并根据 PDCCH 中指示的 DCI，进一步在 PDSCH 上接收 SIB1 等系统消息。注意，从 PSS 和 SSS 只是获得了无线帧的边界，SFN 还需要从 MIB 中获得。

6.6.3 上行物理层

LTE 使用 SC-FDMA 作为上行的基本传输方式。类似下行，一个上行 RB 由 12 个子载波和 7 个 SC-FDMA 符号组成。上行也分为数据信道和控制信道，在不同的时频资源上传输。

上行物理层信道包括：

➢ 物理上行共享信道 PUSCH：承载上行传输信道 UL-SCH，也可承载控制信令；

➢ 物理上行控制信道 PUCCH：不承载传输信道，只发送物理层需要的控制信息，总是在系统带宽的两边发送；

➢ 物理随机接入信道 PRACH：承载传输信道 RACH，与同一子帧上的 PUSCH 频分复用在一起，只用于随机接入过程。

由于上行使用 SC-FDMA 的单载波限制，LTE 终端在发送 PUSCH 时不再发送 PUCCH。LTE-A R10 协议则通过分簇的 SC-FDMA 支持 PUSCH 和 PUCCH 同时发送，但在实际网络中较少使用。当使用载波聚合时，终端在辅小区的上行载波不发送 PUCCH，因此不会出现辅小区同时发送 PUSCH 和 PUCCH 的情况。与下行一样，下行物理层数据传输需要依靠上行参考信号进行信道估计和相干解调。此外，上行参考信号还被基站用于信道质量估计、信道状态测量、功率控制、定时估计等物理层功能和过程中。上行有两个参考信号。

1. 解调参考信号

解调参考信号 DMRS 用于 UE 和 E-UTRAN 已建立业务连接，用于 PUSCH 和 PUCCH 信道的估计和解调，总是随 PUSCH 和 PUCCH 一起发送，也就是说，DMRS 和 PUSCH/PUCCH 是在相同的 PRB 上发送的。PUSCH 的 DMRS 占用每个时隙中间的一个 SC-FDMA 符号(第 4 个符号)，每个 RB 有 1 个 SC-FDMA 符号用于 DMRS，即 DMRS 和 PUSCH 是时分复用在一起的。PUCCH 的 DMRS 占用每个 RB 中间的 1 个或 2 个 SC-FDMA 符号。DMRS 是便于 E-UTRAN 解调上行信息的参考信号。

DMRS 和探测参考信号 (Sounding Reference Signal，SRS)都是自 ZC 序列生成的同一套基础序列，但由于它们的功用不同，其时隙和分配方式也有所差别。PUSCH 所用的 DMRS 主要用于信号解调，两者一起发送；而同一小区各终端的 PUSCH 是通过频分的时分加以区分的。因此，同小区各终端可以重用同样的 DMRS 序列，同频相邻小区的 DMRS 序列则要相异，以避免干扰。PUCCH 所用的 DMRS 却不同。为降低开销，同小区多个终端的 PUCCH 是通过频分、时分和码分复用在一起的，因此同一 RB 上不同终端的 PUCCH DMRS 必须正交，也即 PUCCH DMRS 还承担码分复用的作用。SRS 则是独立于 PUSCH 发送的，一个小区内可能有大量终端要发送 SRS，要用多种复用方式(时域、频域、码分)，降低 SRS 的开销。

从频域上来看，一个终端的 DMRS 与 PUSCH 占用的频段一样，即若一个终端上行使用 M 个子载波的 PUSCH 发送数据，则 DMRS 也占用 M 个子载波。没有必要在终端使用的频带之外为它配置 DMRS。又因为一个子帧内有两个 RB，则一个 PUSCH 所用的 DMRS 由两个长度(即序列符号个数)=M 的导频序列组成。因为 PUSCH 的上行资源分配总是以一个 RB 即 12 个子载波为最小单位的，所以 M 总是 12 的倍数。

对于 PUCCH，DMRS 也使用与 PUCCH 等长的频域资源。由于一个终端的 PUCCH 总是只占用一个 RB，所以 PUCCH 的 DMRS 长度为 12。而其占用的具体时域位置(SC-FDMA 符号位置)根据 PUCCH 格式的不同而不同。

2. 探测参考信号

探测参考信号 SRS 用于 UE 和 E-UTRAN 未建立业务连接，用于上行信道测量，占用每个子帧的最后一个 SC-FDMA 符号。处于空闲态的 UE，无 PUSCH 和 PUCCH 可以寄生。这种情况下 UE 发送的 RS 信号，不是某个信道的参考信号，而是无线环境的一种参考导频信号，常称作环境参考信号 SRS。这时 UE 没有业务连接，仍然给 E-UTRAN 汇报一下信道环境。既然是参考信号，就需要方便被参考。要做到容易被参考，就需要在约定好的固定位置出现。

在时域中，终端通过"及时"发送 SRS 来让基站获知信道的时变特效。基站可以让终端周期性地发送 SRS 来获得"及时"信息。确定 SRS 的发送周期和周期中的时域位置。首先，一个子帧内的 SRS 发送位置是确定的，然而一个小区可以用于 SRS 发送的子帧位置是由系统消息广播的，最后一个终端所用的 SRS 子帧由基站通过 RRC 专用信令配置。

为降低开销，SRS 只占用 SC-FDMA 符号发送，总是位于子帧的最后，如图 6.20 所示。如果一个子帧中有 SRS 发送，那么 PUSCH 只能使用其余的 13 个符号。在 TDD 系统中，SRS 还可以使用特殊子帧中的 UpPTS 发送。由于 UpPTS 上没有 PUSCH，发送 SRS 不影响数据传输。当 UpPT 的长度为 2 个符号时，例如特殊时隙配置 7(10：2：2)，2 个符号都可用于 SRS。

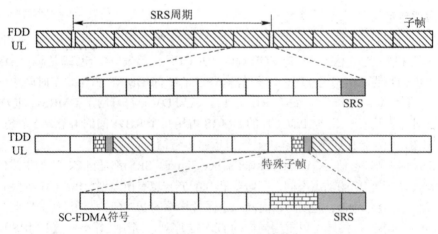

图 6.20　FDD 和 TDD 的 SRS 时域位置示意图

为适配不同的 SRS 容量需求，LTE 可以灵活配置一个无线帧中包含 SRS 子帧的数量，供小区内的多个终端发送 SRS 使用。TDD 和 FDD 系统各有 16 种配置。基站通过 RRC 广播消息(SIB2 中的 SRS-SubframeConfig 参数)告知本小区使用的配置编号，该编号指示了包含 SRS 子帧的周期和 SRS 子帧的时域位置偏置，这样终端就知道了小区内有哪些子帧可能被用于 SRS 发送。配置 SRS 的子帧周期可以是 2、5、10、20、40、80、160、320。

例如，对于 TDD 系统，配置编号 0 对的 SRS 子帧周期为 5 ms，子帧偏置为 1，即在特殊子帧 UpPTS 上发送 SRS。不同小区可以使用不同的配置，例如在 FDD 系统中，相邻的 3 个小区可分别使用编号为 3、4、5 的配置，相互错开 SRS 子帧，从而避免小区间的 SRS 干扰。

为保证 SRS 不被同小区的 PUSCH 干扰，在一个小区中所有配置了 SRS 的子帧上，只能使用前 13 个 SC-FDMA 符号发送 PUSCH。极端的情况下，每个子帧都配置 SRS，开销约为 7%。在不需要 SRS 的 LTE 小区，即上行信道的即时消息作用不大时，例如覆盖高铁的小区，可关闭 SRS(配置编号为 15)，避免不必要的开销。

在频域，终端在整个系统带宽上发送 SRS 来让基站获知信道的频选特效。当 LTE 系统带宽较大时，位于小区边缘的终端可能没有足够的功率一次发送全带宽的 SRS(或基站接收到的 SRS 功率太小，影响性能)。为避免发送这种大带宽的 SRS，可以让终端只在某个较窄的频带上发送 SRS，或者在不同时刻不同频域位置的较窄带宽上发送 SRS，通过几次跳频的探测来"遍历"全部系统带宽的频域特性。

6.6.4　信道映射

信道映射是指逻辑信道、传输信道、物理信道之间的对应关系，这种对应关系包括底层信道对高层信道的服务支撑关系及高层信道对底层信道的控制命令关系。LTE 的信道映射关系如图 6.21 所示。

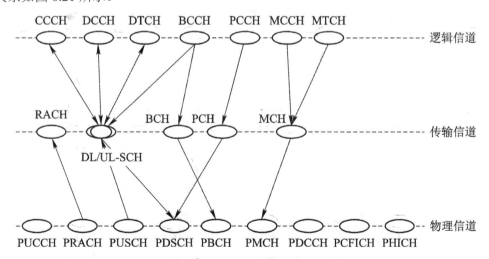

图 6.21　LTE 的信道映射关系

从图中可以看出 LTE 信道映射的关系有以下几个规律：

(1) 高层一定需要底层的支撑，工作需要落地；

(2) 底层不一定都和上层有关系，只要干好自己分内的活，无须全部走上层路线；

(3) 无论是传输信道还是物理信道，共享信道干的活种类最多；

(4) 由于信道简化、信道职能加强，映射关系变得更加清晰，传输信道 DL/UL-SCH

功能强大，物理信道 PUSCH、PDSCH 比 UMTS 干活的信道增强了很多。

6.7 物理层过程

LTE 无线系统的物理层过程很重要。因为无线信道环境不断变化，需要不断地调整系统参数。在终端开机、重新激活时，需要和系统握手，当终端移动时，需要实现切换和漫游。在终端和基站交互大量数据的时候，需要大量的协调和配合工作，也需要进行各种自适应操作。这些都需要物理层过程的参与，从而完成各种配置的预设和重调。主要涉及以下三个方面：

➤ 终端要搜索到服务自己的网络，然后接入网络，这就涉及小区搜索过程和随机接入过程；

➤ 在交互过程中，终端和网络都需将功率调节到合适的大小，以增强覆盖或抑制干扰，这就是功率控制过程；

➤ 网络想找到某一个终端，与其建立业务连接，这就是寻呼过程。

网络的自适应能力依赖于对无线环境的精确感知，测量过程为网络的自适应提供依据。终端和网络的有用信息交互，依赖于共享信道的物理层过程。LTE 中，有下行物理层过程(小区搜索过程、下行功率控制、寻呼过程、手机下行测量过程、下行共享信道物理过程)和上行物理层过程(随机接入过程、上行功率控制、基站上行测量过程、上行共享信道物理过程)。

6.7.1 小区搜索过程

无线通信制式中，终端和基站建立无线通信链路的前提是必须先进行小区搜索。

在两种情况下必须进行小区搜索：一是用户开机，当终端开机后，为了接入到合适的移动通信网络，要搜索并发现周围可用的蜂窝小区，称为小区搜索；二是小区切换。在 LTE 中，用户终端开机或小区切换时，需要和小区取得新的联系，和小区的时频保持同步，获取小区的必要信息。

小区搜索过程中，用户 UE 要达到以下三个目的：

(1) 下行同步：符号定时、帧定时、频率同步。

(2) 获取目标小区的物理层小区标识号 PCI。

(3) 获取广播信道(BCH)的解调信息。

为了读取 BCH 信息，终端首先要与基站建立时间同步和频率同步，这是通过基站发送的下行同步信号实现的。频率同步是终端找到小区的工作频点，时间同步是终端找到无线帧和子帧的起始位置。由前面的 LTE 物理层介绍可以看到，只有确认出无线资源的时频位置，才能正确接收各个物理信道。BCH 信道广播的信息有：小区的传输带宽(LTE 中各小区传输带宽不固定)、发射天线的配置信息(每个基站天线数目可能不一致)、循环前缀(CP)的长度(单播、多播业务 CP 长度不同)等。

助力 UE 完成小区搜索过程的功臣是三个信道：

➤ 同步信道(SS、SCH)，包括主同步信道(PSS、P-SCH)和从同步信道(SSS、S-SCH)。

➢ 参考信道(RS)。

➢ 广播信道(BCH)。

小区的搜索过程分为图 6.22 所示的四个步骤:

第一步,从 PSS 信道上获取小区的组内 ID。

第二步,从 SSS 信道上获取小区组号,范围是 0～167。协议规定了 3 个 PSS 信号,使用长度为 62 的频域 Zadoff-Chu(ZC 序列,较好的自相关特性和较低峰均比),分别对应小区组内 ID。SSS 信号则使用二进制 M 序列,有 168 种组合,与 168 个物理层小区标识组对应。所以 UE 把 PSS 和 SSS 接收下来后就可以确定小区标识。先获取组内顺序号,再获取小区组的顺序号。

第三步,UE 接收下行参考信号(DL-RS),用来进行精确的时频同步。DL-RS 是 UE 获取信道估计信息的指示灯。对于频率偏差、时间提前量、链路衰落情况,UE 从这里了解清楚,然后在时间和频率上紧跟基站的步伐。

第四步,UE 接收小区广播信息。完成前三步后 UE 就完成了和基站的时频同步,可以接受基站面向小区内所有 UE 的广播信号。有需要就听一下,从广播信号上可以获得下行系统带宽值、天线配置、本小区的系统帧号等。

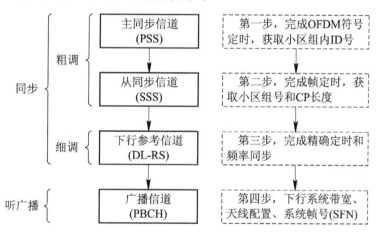

图 6.22　小区搜索四大步骤

以往的无线制式,下行系统带宽和天线配置是固定的。在 LTE 中得益于 OFDM、MIMO,配置是灵活的,但增加了这部分信令开销。

6.7.2　在合适的位置寻找合适的信息

SS 信号和 BCH 信道是小区搜索时 UE 最先捕获的物理信道。因此必须保证用户在没有任何先验信息情况下能够得到这些信息,因此,要在时域和频域上安排固定位置。

每个帧发送两次同步信号,通过前面的学习可知,PSS 和 SSS 在时域上的位置 TDD 和 FDD 不一样。在 FDD 中,PSS、SSS 分别在第 0 个和第 5 个子帧的第一个时隙的最后两个符号位置上。在 TDD 中,PSS 在 DwPTS 上,SSS 在第 0 个子帧的第 1#时隙的最后一个符号上。

BCH 在 SS 之后被用户接受,因此二者须有一个固定的时间间隔 τ,如图 6.23 所示。

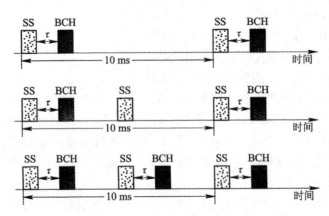

图 6.23　SCH 和 BCH 的时间位置关系

　　在每个下行帧中，SS 和 BCH 可以发送一次或多次，SS 和 BCH 数目也可不同，终端需要知道 BCH 出现的时隙位置，否则无法找到它。不管小区总传输带宽多大，SCH 信道和 BCH 信道只在小区传输带宽的中心位置传输，而且 SCH、BCH 总是占用相同的带宽(1.25 MHz)，其中有用子载波数目是 64 个，中间有一个直流子载波(DC)，UE 实际需要处理 63 个子载波。

　　在小区搜索开始时，监测系统的中心带宽为 1.25 MHz。利用同步信道进行下行同步，获取小区标识。然后还是在这 1.25 MHz 中心带宽上，接收 BCH 相关的解调信息。UE 从 BCH 的解调信息中获取了分配的系统带宽，然后将工作带宽偏移到指定的频带位置上，至此才可以进行数据传输，整个过程如图 6.24 所示。

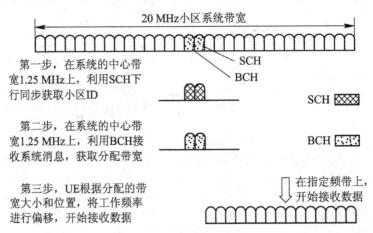

图 6.24　在中心带宽接收 SCH 和 BCH 信息

6.7.3　随机接入过程

　　随机接入过程主要完成用户信息在网络侧的初始注册。通过小区搜索，用户知道了网络侧的信息。而通过随机接入，网络侧又知道了用户的必要信息。

　　LTE 的随机接入过程和 UMTS 随机接入过程不同，LTE 不仅要完成用户信息的初始注册，还需要完成上行时频同步与用户上行带宽资源的申请。

在 LTE 中,上行时频同步和重新申请上行带宽资源,都需要启动随机接入过程来完成。大致来说启动随机接入过程的场景有以下三种:

➢ 开机;

➢ UE 从空闲状态到连续状态;

➢ 发生切换。

根据接入时终端的同步状态不同,随机接入过程可分为同步随机接入和非同步的随机接入。

➢ 同步随机接入过程已经处于同步状态,没有上行同步的目的,主要的目的只是上行带宽资源的申请,而同步的随机接入过程较少使用。

➢ 非同步随机接入是在用户 UE 没有上行同步或者失去上行同步时,需要和网络侧请求资源分配时所使用的接入过程。

上述两种随机接入过程的区别是针对两种流程其选择随机接入前缀的方式。前者为 UE 从基于冲突的随机接入前缀中依照一定算法随机选择一个随机前缀;后者是基站侧通过下行专用信令给 UE 指派非冲突的随机接入前缀。

上行失步情况下,终端和网络侧都不知道彼此间的距离,容易导致基站的上行接收窗错位。这就要求时域采用特殊的 Preamble 结构(加 CP)来克服可能的时间窗错位,Preamble 的时隙结构如图 6.25 所示。

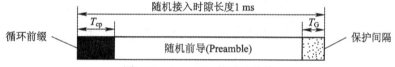

图 6.25 Preamble 的时隙结构

随机接入在接入用户数目较多时基于竞争会发生严重的冲突碰撞,降低系统容量。一般采用基于资源预留的接入机制。在随机接入过程中一定要选用冲突概率小、相关性较低的同步序列,做上行同步。Zadoff-Chu 满足这个要求。

随机接入前导消息 Preamble 的位置,在时域上是可配置的,在频域上一般位于 PUCCH 信道的内侧,如图 6.26 所示。

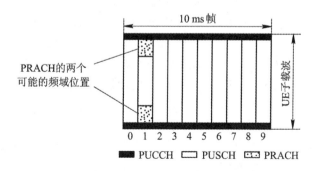

图 6.26 随机接入 Preamble 频率位置占用

对于物理层来讲,物理层的随机接入过程包含两个步骤:

➢ 发送:UE 发送随机接入 Preamble;

➢ 应答:eUTRAN 对随机接入的响应。

UE 物理层首先要从高层(传输层的 RACH 信道)获取随机接入的 PRACH 信道参数，包括：

(1) PRACH 信道配置信息(时域、频域上的信道结构信息)；

(2) 前导 Preamble 格式(前导用于上行时钟对齐和 UE 识别符，系统规定其由 Zadoff-Chu 序列产生)；

(3) 前导发射功率；

(4) Preamble 根序列及其循环位移参数(小区用来解调前导消息)。

在 LTE 中，随机接入信道(PRACH)只包括前导消息(Preamble)，但较 UMTS 的前导消息内涵更加丰富一些。正文消息在共享信道 PUSCH 上进行传输。物理层随机接入过程不包括正文消息的发送过程。

LTE 基站发送给终端随机接入的应答内涵丰富，既包括 PDCCH 信道上发送的回应指示，也包括 PDSCH 信道上发送的具体回应内容，如图 6.27 所示。

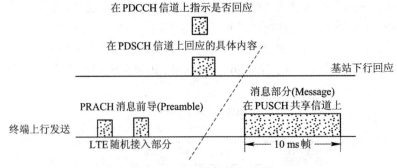

图 6.27　LTE 随机接入过程

基站通过 PDSCH 信道告知 UE 随机接入允许的内容(UL-SCH grant)，这个内容需要传给 UE 的传输层后，在共享 SCH 信道上才能被解析。随机接入响应准许(UL-SCH grant)包括：无限资源 RB 指派情况、调制编码信息、功率控制命令、是否请求 CQI 等信息。UE 根据随机接入响应准许的要求，在上行 PUSCH 信道上发送随机接入的消息部分。

随机接入的具体过程(图 6.27)如下：

(1) UE 高层请求触发物理层随机接入过程。高层在请求中指示 Preamble index、Preamble 目标接收功率、相关的随机接入无线网络临时标识(Random Access Radio Network Temporary Identifier，RA-RNTI)，以及随机接入信道的资源情况等信息。

(2) UE 决定随机接入信道的发射功率。由于随机接入在与网络侧建立联系之前发生，因此采用开环功率控制。终端在 PARCH 信道发射随机接入前导消息(Preamble)时，自己根据高层指示计算一个发射功率，如下式：

$$发射功率 = preamble 的目标接收功率 + 路径损耗$$

这个发射功率小于终端最大发射功率，路径损耗为 UE 通过下行链路估计的值。若网络侧无反应，则 UE 会一直增加发射功率。

(3) UE 以计算出的发射功率，选择 Preamble 随机序列，在指定的随机接入信道资源中发射单个 Preamble。

(4) 在传输层设置的时间窗内，UE 尝试侦测以其 RA-RNTI 标识的下行控制信道 PDCCH。如果侦测到，则把相应的下行信道 PDSCH 送往传输层。传输从共享信道中解析出接入允许的响应信息。之后开始在 PUSCH 信道上给基站传送正文消息。

(5) 在规定时间内，如果没有收到响应，那么物理层反馈 "NACK" 给传输层，并退出随机接入过程。

6.8　功率控制过程

6.8.1　下行功率分配

LTE 下行主要使用 AMC 和 HARQ 进行链路自适应，下行发射功率并不做动态的调整，一般尽量用满最大功率。LTE 空口的子帧分为控制域和数据域，因为功率分配是在频域上的分配，因此将控制域和数据域分开讨论。

严格地说，LTE 的下行方向是一种功率分配机制，而不是功率控制。不同的物理信道和参考信号之间有不同的功率配比。在这种功率分配机制下对下行链路的可靠性、传输的有效性也有很大的作用。

为方便后续讨论，先学习参数 EPRE(Energy Per Resource Element)，即每个 RE 上发送的能量大小。功率分配需限制在基站最大发送功率以内，即一个 OFDM 符号上所有 RE 的 EPRE 总和，应小于等于最大发射功率。最简单的情况是，总功率平均分配到每个 RE 上。

1. 控制信道功率提升

在控制域上有 PCFICH、PHICH 和 PDCCH。由于 PCFICH 和 PHICH 的重要性较高，因此可以增大它们的发射功率，即增大它们所在 RE 上的 EPRE 来提高可靠性，或者对抗小区的同频干扰。在小区内待调度终端不多，PDCCH 并未占用全部控制域时，可能有 RE 空余，此时增加 PCFICH 或 PHICH 的功率，仍可以保证不超过总功率的限制。这相当于这些控制信道 "借用" 了那些空闲 RE 上的功率来加大自己的发射功率，有时称为功率提升。由于相邻小区的 PCFICH 和 PHICH 在频域上相互错开，功率提升后并不会相互干扰。

某些位于小区边缘的终端的 PDCCH 也可以借用其他 RE 的功率进行功率提升，此时小区中心终端的 PDCCH 可少用 CCE，或者降低发射功率，来出让功率。注意，PDCCH 功率提升后，会加大对相邻小区控制域的干扰，因此需在合适场景下使用。

由于控制信道的调制方式采用 QPSK 或 BPSK，终端通过相干解调在这些信道上接收数据时，只需要知道信号的相位信息而不需要幅度信息，因此，基站若改变 PCFICH、PHICH 和 PDCCH 的发射功率，是不需要通知终端的。

2. PDSCH 的 CRS 功率分配

在数据域上有 PDSCH 和各类参考信号(CRS、URS 和 CSI-RS 等)。CRS 作为重要的参考信号，需保障足够的 EPRE。

PDSCH 通常使用平均功率分配，而在某些场景下，例如使用基于 SFR 的 ICIC 技术时，希望对某些终端加大发射功率，而对某些终端降低发射功率。

对于使用 QAM 调制的 PDSCH, 终端在相干解调时不仅需要相位信息, 同时也需要幅度信息, 幅度信息需要通过参考信号(CRS 或 URS)来辅助获取。例如, 终端在使用 CRS 解调 PDSCH 时, 要知道 CRS 调制符号接收功率的差值, 才能区分出不同幅度的 16QAM 或 64QAM 星座点。此外, 上行功率控制需要终端估计路损, 而路损等于基站的 CRS 发射功率减去 RSRP。

因此, 在 LTE 空口的下行传输中, CRS 的发射功率是一个定值。基站要把 CRS 下行发射功率信息, 即 CRS 信号的 EPRE, 通过 RRC 广播信息(SIB2 中的 Reference Signal Power 参数)告诉小区的所有终端。注意: 如果 PDSCH 使用 URS 进行解调 TM7/8/9, 则 URS 的 EPRE 的 PDSCH 保持一致, 终端不依赖 CRS 发射功率信息也可以正常接收。

对于 TM2/3/4/5/6 这几种需要与 CRS 一起发送的 PDSCH, 其发射功率又有两种情况: 一种是没有 CRS 的 OFDM 符号上的, 另一种是有 CRS 的 OFDM 符号上的。由于 CRS 的发射功率可以灵活配置, 但整个频带上的总发射功率又受到限制, 因此这两类符号上的 PDSCH EPRE 可能与 CRS EPRE 相同, 也可能不同。

PDSCH 功率控制的主要目的是补偿路损和慢衰落, 保证下行数据链路的传输质量。 PDSCH 的发射功率是与 RS 发射功率成一定比例的, 它的功率是根据 UE 反馈的 CQI 与目标 CQI 的对比来调整的, 是一个闭环功率控制过程。

在基站侧, 保存着 UE 反馈的上行 CQI 值和发射功率的对应关系表。这样, 基站收到什么样的 CQI, 就知道用多大的发射功率, 可达到一定的信噪比(SINR)目标。

3. LTE 与 CDMA 功率控制对比

功率控制是 CDMA 中必不可少的技术, CDMA 是自干扰系统, 其有较明显的远近效应, 若无功率控制, 则在大话务量时, CDMA 系统将会因自身干扰而无法工作, 因此, 功率控制是 CDMA 克服远近效应的利器。LTE 使用 OFDMA 技术, 没有明显的远近效应, 这样, LTE 对功率控制的依赖性大大降低。但是 LTE 中也采用功率控制, 利用其可以降低干扰(尤其是小区间的干扰)、提高信噪比、提升小区吞吐量的特点, 使得功率控制技术在 LTE 中虽不及 CDMA 系统中重要, 但也必不可少。

CDMA 采用快速功率控制来避免远近效应及对抗快衰落。LTE 系统中, 虽然频率复用因子可以为 1, 但不同小区间的同频干扰制约了系统容量, 因而在 LTE 中, 采用慢速功率控制来补偿路损和阴影衰落变化。

在 CDMA 系统中, 每个用户的信号都会占用整个带宽, 对小区内、外造成的干扰为宽带干扰。功率控制的重点为抑制小区内的干扰。

在 LTE 系统中, 每个用户只会占用一部分系统带宽(多个子载波), 而且每个用户占用的子载波数量和位置不一样。因此对小区内和小区间的干扰为窄带干扰, 是一种频率选择性干扰。在 LTE 中, 小区间的干扰对系统性能影响比较大, 因此 LTE 不但要进行小区内的功率控制, 还要进行小区间的功率控制。

在 CDMA 系统中, 功率控制针对整条链路的总发射功率, 而在 LTE 中却有所不同。下行功率控制每个 RE 上的能量 EPRE; 上行功率控制则控制每个 SC-FDMA 符号上的能量。LTE 与 CDMA 功率控制技术比较如表6.11所示。

表 6.11　LTE 与 CDMA 功率控制技术比较

	CDMA	LTE
远近效应	明显	不明显
自干扰	明显	无
功控目的	对抗快衰落	补偿路损、阴影衰落的变化
功控周期	快速功控	慢速功控
主要抑制干扰类型	小区内宽带干扰	小区间窄带干扰
功控范围	小区内	小区间、小区内
控制什么功率	整条链路的总发射功率	下行：每个 RE 上的能量 EPRE 上行：每个 SC-FDMA 符号上的能量

6.8.2　LTE 上行功率控制

根据功率控制执行方是否需要对方反馈控制信息，分开环功率控制(无需反馈)和闭环功率控制(需反馈)。开环功率控制是在没有接收方反馈信息的情况下使用的。例如，在随机接入过程中，无须专门的反馈信令开销，但控制精度较差。当无线信道环境突然变化时，会造成一定程度的不连续发射，甚至由同步状态变成了失步状态，无法获取反馈信息，这时就需要开环功率控制。

闭环功率控制基于接收方的反馈信息进行控制，反映了实际的信道变化，但需要专门的反馈信令开销。闭环功率控制可以精确地控制功率并跟上信道环境的变化。在同步状况良好及数据连续发送的时候，为达到比较精确的功控目的，需要闭环功率控制，如上行共享信道和下行共享信道的功率控制过程。

基站可通过开环功率控制和闭环功率控制来调整上行信道和信号的发射功率，包括PUSCH、PUCCH 和 SRS。为了辅助相干接收，上行 DMRS 的发送功率与 PUSCH 一致，无需额外控制。开环功控参数由基站通过 RRC 广播信息和 RRC 专用信令通知给终端。闭环功控命令由 PDCCH 的 TPC 信令通知给终端。除了随上行或下行调度信令一起发送的TPC 外，有一类专用于功率控制的 PDCCH DCI。

基站在进行闭环功率控制时需要知道终端的剩余功率情况，终端通过 MAC PDU 的MAC CE 上报 PHR。SRS 则可以比 PUSCH 的发送功率更高，以提高信道估计的性能。

LTE-A R10 协议支持上行载波、PUSCH、PUCCH 同时传输。当 LTE-A 终端在基站的配置下同时发送 PUCCH 和 PUSCH 时，要使用 PUCCH 功率控制参数为 PUCCH 先分配功率，然后再给 PUSCH 分配功率，以保障信令传输的可靠性。PUSCH 还有 HARQ 和 AWC等链路自适应方式来弥补功率不足。

闭环功率控制还可分为以 SIR 为控制目标的内环功率控制和以 BLER 为控制目标的外环功率控制。功率控制按照功率控制的方向又可分为上行(反向)功率控制和下行(前向)功率控制。

在 LTE 中，上行功率控制对小区间的干扰控制起到比较大的作用，同时上行功率控制还可以最大程度地节省终端发射功率、延长电池的使用时间。因此，上行功率控制是

LTE 重点关注的部分，小区内的上行功率控制，分别控制上行共享信道 PUSCH、上行控制信道 PUCCH、随机接入信道 PRACH 和上行参考信号。PRACH 信道总是采用开环功率控制的方式。其他信道/信号的功率控制，通过下行 PDCCH 信道的 TPC 信令进行闭环功率控制。

当使用 LTE-A 上行载波聚合时，各个载波的传播特性可能不同，不同载波甚至可能属于不同的站点(跨站载波聚合)，因此需要能够为各个上行载波配置不同的开环功率控制参数。闭环功控命令 TPC 则由主小区的 PDCCH 下发。这样各成员载波上的 PUSCH 可以独立进行只在主小区的上行载波上发送。辅小区下行载波上发送的下行资源调度信令所携带TPC 则用于 PUCCH 资源分配，而非 PUCCH 功控。

由于终端的总功率有限(LTE 终端为 23 dBm)，单个载波的最大发射功率不能超过该总功率。但是，多个载波的最大发射功率总和是可以超过终端总功率的，这是因为终端不总是用载波聚合进行上行传输。基站可以通过 RRC 专用信令为辅小区上行载波配置单载波的最大发射功率，该值作为各载波开环功控的最大功率值。

在辅小区的上行开环功控中，一般终端使用该辅小区的下行载波进行 RSRP 测量和路损估算。在某些场合，如异构网络中，辅小区下行载波可能因同频干扰而无法准确测量，此时终端可以使用主小区的下行载波计算路损。基站通过 RRC 专用信令配置终端使用主小区的下行载波或是辅小区的下行载波来估算路损。

6.9　寻呼过程

寻呼，就是网络寻找某个特定 UE 的过程。用户被呼叫时，网络侧发起的呼叫建立过程一定包括寻呼过程。这也是 UE 主叫和被叫流程不一样的地方。寻呼流程并不是一个纯粹的物理层过程，也需要高层的配置和指示。

1. 不连续接收技术

如果一个 UE 在始终不停地查看是否有自己的寻呼信息，会导致手机耗电增加。在一个寻呼过程中，多数时间 UE 处于睡眠状态，只在预定时间醒来监听一下是否有属于来自网络的寻呼信息。多数时间休息，少数时间监听，是一种不连续接收(DRX)技术。

2. LTE 和 WCDMA 寻呼过程对比

两者寻呼过程大致相同，但实现该过程所使用的信道略有不同。WCDMA 中，UE 大多数时间休息，只在预定时刻监听物理层寻呼指示信道(PICH)。

UE 在 PICH 看是否有自己的寻呼信息。一旦发现有属于自己的寻呼信息，它立刻到指定位置(S-CCPCH 信道上)去寻找自己的寻呼指示信息。

先发送一个寻呼指示，再发送一个 UE 的寻呼消息，可以使 UE 休息更长时间。因为寻呼指示的时长比寻呼信息时长小很多，且并不是每次寻呼指示里都有某一 UE 的通知。

LTE 中，寻呼信息指示信道是 PDCCH，寻呼消息发送的信道是 PDSCH。LTE 也采用DRX 技术。

UE 在属于自己的特定时刻去监听 PDCCH 信道，如果在 PDCCH 信道上检测到自己的寻呼组的标识，该 UE 则需去解读 PDSCH，并将解码后的数据通过寻呼传输信道(PCH)传到 MAC 层。

在 PCH 传输块中，包含被寻呼的 UE 的标识。如果该 UE 没有在 PCH 上找到自己的标识，则丢弃这个信息，重新进入休眠，等待属于自己的下一个监听时刻的到来。

LTE 中没有专门的 PICH 寻呼消息指示信道，而是和其他指示消息一样，借用 PDCCH 信道来传送这些指示消息。这是因为 PDCCH 本身传输时间很短，引入专门的 PICH 节省的能量有限，但却增加了复杂度。

6.10　测　量　过　程

物理层的测量过程一般是有高层配置和控制的，物理层只提供测量而已。根据测量性质的不同，测量可分为同频测量、异频测量、异系统测量；根据测量的物理量不同，可分为电平大小测量、信道质量测量、负荷大小测量等。根据测量报告的汇报方式，可分为周期性测量、事件测量等。协议中一般根据测量的位置不同，将测量分为 UE 侧的测量、E-UTRAN 侧的测量。

1. UE 侧测量

UE 侧的测量有连接状态的测量和空闲状态的测量。手机处于连接状态的时候，E-UTRAN 给 UE 发送 RRC 连接重配置消息，这个消息相当于 E-UTRAN 对 UE 进行测量控制命令。这个命令包括：要求 UE 进行的测量类型及 ID，建立、修改、还是释放一个测量的命令，测量对象、测量数量、测量报告的数量和触发报告的方式(周期性报告、事件性汇报)等。

手机处于空闲状态的时候，E-UTRAN 的测量控制命令是用系统消息广播给 UE 的。UE 侧测量的参考位置在 UE 的天线连接口处。

UE 可以测量的物理量包括：

➢ 参考信号接收电平 RSRP：一定频带内，特定小区参考信号 RS 的多个 RE 的有用信号的平均接收功率(同一个 RB 内的 RE 平均功率)。

➢ 接收信号强度指示 RSSI：系统在一定频带内，数个 RB 内的 OFDM 符号的总接收功率的平均值，包含有用信号、循环前缀干扰、噪声在内的所有功率。E-UTRAN 内的 RSSI 主要用于干扰测量。

➢ 参考信号接收质量 RSRQ：是一种信噪比，即 RSRP 和 RSSI 的比值，RSRP 一般是单个 RB 的功率，RSSI 可能是 N 个 RB 的功率，所以 RSRQ $= (N \times$ RSRP$)/$RSSI。RSRQ 测量用于基于信道质量的切换和重选预判。

➢ UE 处于空闲状态时，进行小区选择或重选一般使用 RSRP；而 UE 处于连接状态进行切换时，通常需要比较 RSRP 和 RSRQ。如果只比较 RSRP，可能导致频繁切换；如果只比较 RSRQ，虽可减少切换次数，但可能导致掉话。

➢ 参考信号时间差 RSTD：UE 接收到的两个相邻小区发送的、同一子帧的时间差。

2. E-UTRAN 侧测量

E-UTRAN 侧测量的参考位置在天线的接口处，一般会指明是发射天线还是接收天线。测量参数分类总结如表 6.12 所示。

表 6.12　测量参数分类

手机测量	手机下行测量	RSRP
		RSSI
		RSRQ
		其他多系统间的测量
	手机时间差测量	RSTD
		手机接收发送时间差(UE Rx-Tx 时间差)
基站测量	基站发送功率测量	下行参考信号发射功率
		(DL RS Tx Power)
	基站上行测量	接收干扰功率(Received Interference Power)
		热噪声功率(Thermal Noise Power)
	基站时间差测量	基站接收发送时间差(Rx-Tx Time Difference)
		时间提前量(T_{ADV})
	干扰负荷测量	HII
		OI

6.11　共享信道物理过程

　　LTE 的物理共享信道是业务数据承载的主体,如图 6.28 所示。它还顺便携带一些寻呼消息、部分广播消息、上下行功控消息等。物理共享信道主要包括 PUSCH 和 PDSCH。这两个共享信道的物理层过程主要做三件事:数据传输、HARQ 和链路自适应。数据传输过程中出错了怎么办?这就需要 HARQ 过程来解决。数据传输过程还需要根据无线环境自适应调制传输方式。

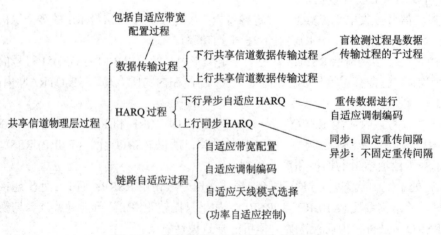

图 6.28　共享信道物理层过程的主要内容

6.11.1　数据传输过程

　　数据传输就是把要传送的数据,放到 LTE 时频资源上,通过天线发射出去,然后接收端在特定的时频资源上将这些数据接收下来。

不管是下行还是上行数据传输，干活的对象不一样，分别是 PDSCH、PUSCH，但负责协调调度的对象是一样的，都是 PDCCH。

PDCCH 携带的信息有时、频资源的位置，编码调制方式，HARQ 的控制信息等。基站是上下行资源调度的决策者，通过 PDCCH 控制上下行数据传输。通过 PDCCH 的格式控制，PDSCH 和 PUSCH 可以传送多种类型的数据。

系统需要配置 PDCCH 参数来决定如何分配和使用资源，主要依据以下 6 个因素：

(1) QoS 参数；

(2) 在 eNodeB 中准备调度的资源数据数量；

(3) UE 报告的信道质量指示(CQI)；

(4) UE 能力；

(5) 系统带宽；

(6) 干扰水平。

下行方向，在长度为 1 ms 的子帧结构中，1～3 个符号传送协调调度信息(PDCCH)，剩余的符号传送数据信息(PDSCH)，也就是说调度信息和对应的数据信息可以位于同一个子帧内。

在下行数据接收的时候，终端不断检测 PDCCH 所携带的调度信息。发现某个协调调度信息是属于自己的，则按照协调调度信息的指示接收属于自己的 PDSCH 数据信息。

在上行方向，终端需要根据下行的 PDCCH 的调度信息，进行上行数据的发送。由于无线传输和设备处理都需要时间，因而下行的 PDCCH 和上行的 PUSCH 之间存在时延。

对于 FDD，这个时延固定为 4 ms，即 4 个子帧，如图 6.29 所示。对于 TDD 模式，时延和上下行时隙的比例有关，但也必须大于等于 4 ms。

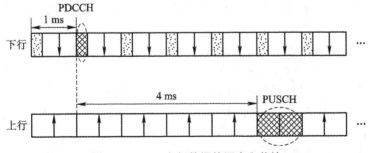

图 6.29　FDD 上行数据的调度和传输

上行数据在发送之前，终端需要等待基站给自己的下行协调调度信息，当发现自己允许传输数据时，则在 PUSCH 上发送自己的数据。对于某些较规律低速业务，如 VoIP，在 LTE 中为了降低 PDCCH 信令开销，定义了半持续调度 SPS 的模式。半持续调度的主要思想是对于较规则的低速业务，不需要每个子帧都进行动态资源调度。可以按照一次指令的方式，工作较长时间，从而节省信令开销。

6.11.2　盲检测过程

eNodeB 针对多个 UE 同时发送 PDCCH，终端若想保证接收到属于自己的控制信息，而不给系统带来过多开销，需要不断检测下行的 PDCCH 调度信息。但在检测之前，终端并不清楚 PDCCH 传输什么样的信息，使用什么样的格式，但终端知道自己需要什么。在这种情况下只能采用盲检测的方式。

了解盲检测之前应先了解无线网络临时标识 RNTI 和下行控制信息 DCI 两个概念。

RNTI 是高层用来告诉物理层，需要接收或者发送什么样的控制信息。根据不同的控制消息，RNTI 可以表示为 X-RNTI，分别有：

(1) SI-RNTI：基站发送系统消息的标识。

(2) P-RNTI：基站发送寻呼消息的标识。

(3) RA-RNTI：基站发送随机接入响应的标识，用户用来发送随机接入的前导消息。

(4) C-RNTI：基站为终端分配的用于用户业务临时调度的标识。

(5) TPC-PUCCH-RNTI：PUCCH 上行功率控制信息标识。

(6) TPC-PUSCH-RNTI：PUSCH 上行功率控制信息标识。

(7) SPS C-RNTI：半静态调度时，基站为终端分配的用于用户业务临时调度的标识，用法和 C-RNTI 一样。

(8) M-RNTI：基站为终端分配的用于 MBMS 业务临时调度的标识。

为提高终端 RNTI 的效率，根据 RNTI 属性的不同，将其分在公共搜索空间和 UE 特定搜索空间这两个不同的搜索空间中。前者每个 UE 都可以在此查找相应的信息；后者 UE 只能在属于自己的空间中搜索空间信息。SI-RNTI、P-RNTI、RA-RNTI 属于公共搜索空间的信息；其他 RNTI 属于 UE 特定的搜索空间的信息。

UE 使用 X-RNTI 对 PDCCH 进行盲检测，X-RNTI 如同开启 PDCCH 的钥匙。UE 既要查看公共搜索空间，又要查看 UE 特定搜索空间。终端要使用 SI-RNTI、P-RNTI、RA-RNTI 等公共钥匙查看公共搜索空间；基站为终端分配了 C-RNTI、TCP-PUCCH-RNTI 等私人钥匙，来开启自己的私人空间。

DCI 有上行资源调度信息、下行资源调度信息、上行功率控制信息。一个 DCI 对应一个 RNTI。每个 UE 在每一个子帧中只能看到一个 DCI。

针对不同的用途，物理层设计了不同的 DCI 格式。根据调度信息的方向(上行或下行)、调度信息的类型(Type)、MIMO 传输模式(Mode)、资源指示方式的不同，定义了不同的 DCI 格式，如表 6.13 所示。

时频资源指示告诉终端，信息被放了什么位置。协议定义了 3 种时频资源的指示方式：Type 0、Type 1、Type 2。

Type 0、Type 1 采用时、频资源分组。Type 2 是以资源起始位置，加上连续时、频资源块的长度，来定义时、频资源占用的位置。这种方式无须指示 RB 位置，信令开销小，但只能分配连续的 VRB。

X-RNTI 和 DCI 类是 PDCCH 通过加扰和 CRC 穿在身上的外衣，携带了很多标识自己特性的信息，可以让终端方便地识别出属于自己的、自己所需的控制信息。

终端就是根据这些控制信息的指示，在 PDSCH 信道特定时、频资源上，把属于自己的下行数据取下来。同时终端按照这些控制信息的要求，在 PUSCH 相应的时、频资源上用一定的功率把上行信息发出去。

表 6.13　DCI 格式

DCI 格式	被控制信息的方向	调度信息类型	天线传输模式	资源指示方式
DCI Format 0	上行	PUSCH 资源调度	—	Type 2
DCI Format 1	下行	单码字 PDSCH 调度信息	单天线、发送分集 (Mode 1、Mode 2)	Type 0/1
DCI Format 1A	下行	单码字 PDSCH 调度信息，随机接入的触发信息	单天线、发送分集 (Mode 1、Mode 2)	Type 2
DCI Format 1B	下行	带预编码信息的单码字 PDSCH 调度信息	闭环空间复用 (Mode 4)	Type 2
DCI Format 1C	下行	小型单码字 PDSCH 调度信息，如寻呼信息、随机接入响应、BCCH 调度信息等	单天线、发送分集 (Mode 1、Mode 2)	Type 2
DCI Format 1D	下行	带预编码信息和功率偏移量信息的单码字 PDSCH 调度信息	MU-MIMO (Mode 5)	Type 2
DCI Format 2	下行	资源调度信息	闭环空间复用 (Mode 4)	Type 0/1
DCI Format 2A	下行	资源调度信息	开环空间复用 (Mode 3)	Type 0/1
DCI Format 3	上行	PUSCH 和 PUCCH 的 2 bit 功率控制指令	—	—
DCI Format 3A	上行	PUSCH 和 PUCCH 的 1 bit 功率控制指令	—	—

基站要寻呼 UE，就要通过 P-RNTI 标识 PDCCH，并指示 DCI。UE 会用 P-RNTI 解码 PDCCH，并根据 DCI 的信息，在 PDSCH 上找到下行寻呼数据。

在随机接入过程中，UE 会在特定的时、频资源上，发送一个前导码 Preamble；基站根据收到 PARCH 消息(包括前导 Preamble)的时、频资源位置推算 RA-RNTI，并用该 RA-RNTI 标识 PDCCH，然后发送随机接入响应，该响应中包含基站为终端分配的临时调度标识号 TC-RNTI。

当随机接入成功后，便将 TC-RNTI 转正为 C-RNTI。

基站与终端建立连接后，通过 C-RNTI 或 SPS-RNTI 对 PDCCH 进行标识。终端对 PDCCH 察言观色，进而获得上下行调度信息。

6.11.3　HARQ 重传合并机制

HARQ 混合自动重传请求技术是 ARQ 自动重传请求和 FEC 前向纠错两种技术的结合。所谓混合，是指重传和合并技术的混合。

ARQ 是自动重传，但系统对错误的忍耐有限度，于是定义了最大重传次数。不但要重传，收到两次或多次重传的内容还要比对、合起来看，试图把正确的内容尽快找出来，以便降低重传次数，这就是 FEC 技术。

HARQ 的重传机制有三种：

(1) 停止等待 SAW；

(2) 回退；

(3) 选择重传。

停止等待 SAW 是发送每一帧数据后，等待接收方的反馈应答 ACK/NACK。一旦接收方反馈数据错误的 NACK，发送方就需要重发该数据，直到接收方反馈确认无误(ACK)后才发送新数据，如图 6.30 所示。

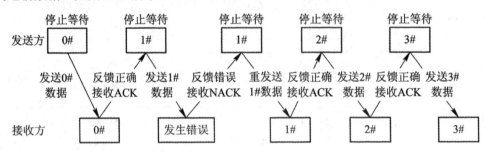

图 6.30　停止等待重传机制

回退是指按照数据帧的顺序不停地发送数据后，无须等待接收方的反馈，直到接收方反馈数据错误 NACK。发送方就重发出错数据帧和其后的所有数据帧，相当于回退了 N 帧，到出错帧处，然后继续顺序发送，如图 6.31 所示。

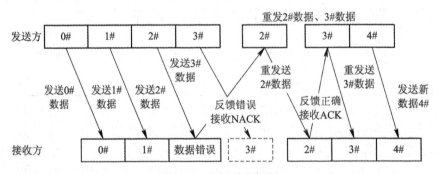

图 6.31　回退重发机制

选择重传是指发送方按照数据帧的顺序不停地发送数据，并将发送的数据存储，当接收方反馈数据错误 NACK，发送方就重发出错数据帧，如图 6.32 所示。

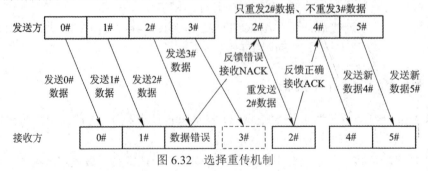

图 6.32　选择重传机制

LTE 中采用的重传机制是 SAW 协议。

HARQ 合并技术也有以下三类：

第一类 HARQ 是接收到错误数据后，直接丢弃，然后请求重传，接收到重传数据后自然无法进行合并，直接译码。

第二类 HARQ 是一种完全增量冗余 IR 的 HARQ 合并技术，接收到的错误数据不丢弃，重传完全是数据的编码冗余部分，而没有原始数据本身，也就是说重传的数据没有自解码功能，重传的冗余数据和错误数据合并以后进行再次解码。

第三类 HARQ 和第二类 HARQ 相同的地方是错误数据不丢弃，重传数据与错误数据合并；但不同的是第三类 HARQ 重传的数据具有自解码功能，有原始数据，也有冗余数据。

第三类 HARQ 又分为两种情况：第一种是每次重传的冗余版本完全一样，叫做 Chase 合并技术 CC；第二种是每次重传的冗余版本不一样，叫做部分增量冗余(部分 IR)的合并技术。

LTE 中使用的 HARQ 合并技术有：CC 和 IR。

➢ CC 技术可以重发原始数据和相同版本的冗余编码数据，提高正确解码的概率；

➢ IR 技术可以逐步发送不同的冗余版本，降低信道编码速率(对应于低阶的冗余编码版本)，提高编码增益。

当数据速率较高时一般使用不能自解码的第二类 HARQ；速率较低时可使用自解码的 Chase 合并或部分增量冗余技术。

6.11.4　LTE HARQ 过程

LTE 中，下行采用异步的自适应 HARQ，上行采用同步 HARQ。异步是指重传时间间隔不固定，同步指预定义的固定重传时间间隔。

对于单个 HARQ 进程来说，采用的是停止等待重传机制，1 个数据包发送出去以后，等待 ACK/NACK，如果出错则需要重传，直到数据包被正确接收或者超出最大重传次数被丢弃。下行 HARQ 过程如图 6.33 所示。

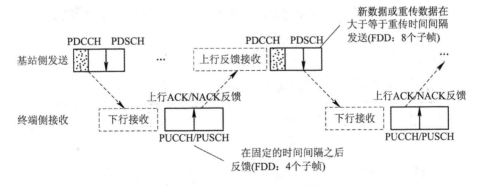

图 6.33　LTE 下行 HARQ 过程

在上行 HARQ 中，终端按照基站侧指示的上行资源调度方式，发送上行数据；基站接收后，在 PHICH 中反馈 ACK/NACK。若反馈 ACK，基站继续给终端发送上行资源调度信息，终端继续发送新数据；如果反馈 NACK，终端则进行数据重传，过程如图 6.34 所示。

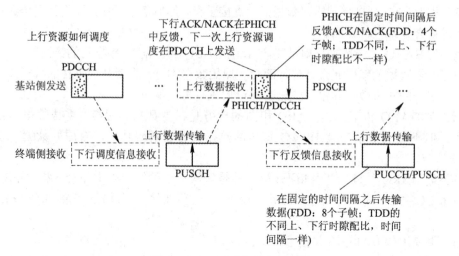

图 6.34　LTE 上行 HARQ 过程

　　LTE 中允许多个 HARQ 进程并行发送。并行发送的 HARQ 进程数取决于一个 HARQ 进程的 RTT(Round Trip Time，往返时间)。对于 FDD 来说，服务小区最多有 8 个下行 HARQ 进程；对于 TDD，服务小区的 HARQ 最多的进程数目取决于上、下行时隙配比。

6.12　EPC 网络

　　在 4G 时代，LTE 的 EPC 部分从 GSM、CDMA 的电路域系统演进到架构扁平化、承载控制分离、全 IP 组网的形态，如图 6.35 所示。无线接入部分从 2G 的 BSC 和 BTS、3G 时代的 RNC 和 NodeB 演进为 eNodeB 的一个节点。用户在核心网网络部分只经过 SAE-GW 一个节点，不再经过对等 2G、3G 网络的 SGSN，而是经过 MME 网元，通过这种结构，移动数据网络在 4G 时代实现了"承载控制分离"，这使得 4G 网络的网络架构更加简化。

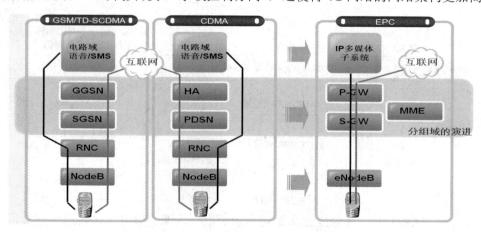

图 6.35　核心网架构向 EPC 演进图

LTE 网络所完成的工作是将移动终端以分组的方式连接到外部分组数据网络。这里有两个关键特性：

➤ 移动。该特性决定了终端是通过空中接口和网络侧连接的，并且网络结构必须有能力保证终端在移动过程中业务的连续。

➤ 分组。该特性要求网络中所有网元和接口必须支持分组方式的转发。分组(主要是 IP 协议)技术具备统计共享的特点。共享还含有资源抢占的意思。因此，网络必须能够保证优先级较高的业务优先分配到资源(QoS 控制)。

根据以上特点，EPC 除了具有 2G/3G 网络中相同功能的 eNB、HSS、PCRF 外，还新增了 MME、S-GW 和 P-GW。分组带来了 3 个方面的麻烦：

(1) 全面的 IP 化。LTE/EPC 网络除空口外全部接口均采用分组协议。分组协议各节点独立选择转发路径，因此端到端路径通常无法确定，致使定位复杂。同时为了在不可靠的分组网络层进行可靠交付，分组网络设计出复杂的传输层协议，给数据传送带来额外的复杂性。

(2) 复杂的 QoS 控制。分组协议资源共享，可能造成冲突和拥塞。网络各个节点必须有能力识别数据包的业务和优先级，在转发层面就实现分级 QoS 控制。

(3) 宽带。宽带又带来了大流量场景下问题定位的困难。

整个 LTE 网络的设计重点和维护难点都在以上 3 个方面。

承载与控制分离给运营商的好处是：MME 的集中设置，运营商能轻松管理网络，提升系统容量及资源利用率，并且由于用户面的直接传输能提升用户体验。网络规划将更简单，MME 的容量可根据用户数量及用户行为来设计，用户平面实体只需根据业务数据流量来设计即可，可保护运营商的投资。

1. EPC 主要接口介绍

EPC 的几个接口均要求能够可靠地传输消息。同时 EPC 网络网元间的信令接口往往承载成千上万的用户消息，每一个(或几个)消息得到响应，就能支撑一个用户的一次业务。所以 EPC 网络信令接口的可靠传输要求消息独立处理，彼此依赖。EPC 主要接口及功能如表 6.14 所示。

表 6.14　EPC 主要接口及功能

接口	协议	协议号	相关实体	接口功能
S1-MME	S1AP	36.413	eNodeB-MME	用于传送会话管理(SM)和移动性管理(MM)信息
S1-U	GTPv1	29.060	eNodeB-S-GW	在 GW 与 eNodeB 设备间建立隧道，传送数据包
S11	GTPv2	29.274	MME-S-GW	采用 GTP 协议，在 MME 和 GW 设备间建立隧道，传送信令
S3	GTPv2	29.274	MME-SGSN	采用 GTP 协议，在 MME 和 SGSN 设备间建立隧道，传送信令

续表

接口	协议	协议号	相关实体	接口功能
S4	GTPv2	29.274	S-GW-SGSN	采用 GTP 协议，在 S-GW 和 SGSN 设备间建立隧道，传送数据和信令
S6a	Diameter	29.272	MME-HSS	完成用户位置信息的交换和用户签约信息的管理
S10	GTPv2	29.274	MME-MME	采用 GTP 协议，在 MME 设备间建立隧道，传送信令
S12	GTPv1	29.060	S-GW-UTRAN	在 UTRAN 与 GW 之间建立隧道，传送数据
S2a	PMIPv6/MIPv4	RFC5213	P-GW-Trusted Non-3GPP IP Access	用于传送非 3GPP 接入的业务接入信息
S5/S8	GTPv2	29.274	S-GW-P-GW	采用 GTP 协议，在 GW 设备间建立隧道，传送数据包

如表 6.14 所示，在 P-GW 和 S-GW 之间的 S5/S8 接口，控制面采用 GTPv2 版本的协议；S1-U 接口采用 GTPv1 版本的协议。

2. EPC 网络的业务

通信的目的是丰富人们的沟通和生活。沟通是由人的五官通过"味、视、听、嗅、触"等感觉来完成的。业务，狭义上指呈现人类可听可视内容的部分；广义上指完成人类能理解的内容的业务过程(比如传递控制某种设备的信息)。

1) 从协议角度

从协议角度看 4G 的业务，业务所在的应用层位于 OSI 参考模型的第 7 层(如图 6.36 所示)。在 Internet 广泛采用的 TCP/IP 模型中，很多应用层直接设计在第 4 层传输层之上，少部分存在会话层。

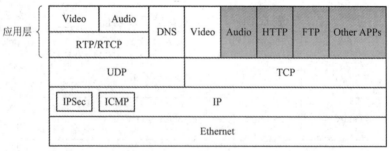

图 6.36 典型 TCP/IP 协议栈结构

移动数据网络处在信息传送管道"最后一公里"——无线，这个特殊的"地质构造"环境中。移动数据网络的无线特征(资源有限、终端移动)使得整个网络从上到下的协议栈异常复杂，这个管道不再像固定网络接入 Internet 那样有着简单的协议封装。移动数据网需要关心变化的连接和捉襟见肘的无线承载资源。因此，在信令面和用户面都有着复杂的接口协议。移动数据网络的空中接口部分，利用更加复杂的信道结构，来提升信道效率，最大化地利用每一兆频谱资源。所以，移动数据网络的应用层之下已经变得很复杂了。

由 iPhone 引领的智能终端的大发展，将终端业务入口从运营商转移到互联网厂商和 APP 开发者手中。如同地质上的"寒武纪生命大爆发"，终端的应用软件也迎来了爆炸式的增长，新的应用层出不穷。这些应用协议对网络维护的影响可以从网络对协议层次的参与上进行分析(如图 6.37 所示)。

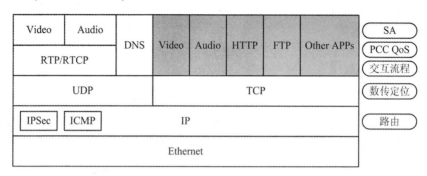

图 6.37　各协议栈相关的维护工作图

在应用层，设备(主要是 P-GW)会进行业务感知(Service Awareness，SA)，来根据不同的业务进行不同的计费或者控制；针对不同业务提供不同的 QoS，通过 P-GW 与 PCC 配合实现。

在传输层，传输层仍然使用 TCP 和 UDP 两种协议。正如前面提到的，在移动网络反复封装和大流量的场景下，这一层的问题定位也变得复杂。部分应用协议应用层或引入的会话层，会影响 TCP 的交互过程。在问题处理时，甚至无法厘清是应用层还是传输层的问题从而影响了最终用户的业务体验。

2) 从用户角度

从受众角度看，大致可以将 4G 业务分成以下几个部分：

(1) 公众应用：公众应用是针对一般普通用户手机上网的业务。

(2) 行业应用：行业应用是针对行业或者企业用户使用手机或特制终端的移动数据业务，比如电力远程抄表、移动 POS 机、远程监控通过 PS 网络传送数据等。

(3) 语音应用：为终端用户提供语音类业务。这部分业务之所以单独分类是因为目前用户在使用习惯上对语音的实时性和质量要求还是很高。另外，在 4G 网络建网初期，相对于其他数据业务，语音业务路径也十分特殊。

3. EPC 产品

EPC 核心网位于 LTE 基站 eNB 和业务网络之间，主要对 LTE 用户实现接入、移动性、会话等一系列的管理。EPC 核心网主要包含 MME、HSS、S-GW、P-GW 4 个网元。这 4 个网元的功能可以借助 ATCA 标准将 MME、SGW、PGW 和 HSS 功能融为一体，可以给移动通信用户提供方便快捷、安全可靠的 LTE 接入服务。

ATCA 是一种硬件标准，也是硬件平台的架构标准的名称(注意不是一个具体产品平台的名称)。采用 ATCA 标准可以制作以软硬结合方式实现电信业务的系统，也就是说，可以把平台功能和支撑功能固化在硬件单板中，采用软件方式实现各种业务和应用功能，例如 EPC 产品。

6.13　LTE 网络下关键信令流程

LTE 网络下基本信令流程包括小区搜索信令流程、随机接入流程、附着/去附着流程、主叫/被叫寻呼流程、切换流程、CSFB 流程等正常流程，还有一些附着异常、服务请求异常、承载异常等。

6.13.1　开机附着流程

附着(Attach)指的是 UE 进行实际业务前在网络中注册的过程，这是一个必要的过程，用户只有在附着成功后才可以接收来自网络的服务。而紧急呼叫则不需要附着过程，因为紧急呼叫在实际应用中不被认为是一种服务。附着过程始终由 UE 发起，主要包括如下两种：

(1) UE 开机时触发；

(2) UE 完全离开网络覆盖一段时间，则需重新附着。

附着过程将完成如下工作：

(1) 用户与网络相互鉴权，UE 与 MME 建立上下文；

(2) MME 为 UE 建立默认承载；

(3) UE 获得网络侧分配的 IP 地址；

(4) 用户位置登记；

(5) 临时身份标识(S-TMSI)的分配(避免在网络上传输 IMSI，防止攻击者跟踪用户的位置及活动状况)。

UE 刚开机时，先进行物理下行同步，搜索测量进行小区选择，选择到一个合适或者可接纳的小区后，驻留并进行附着过程。如图 6.38 所示，开机附着流程步骤说明如下：

(1) 处在 RRC_IDLE 态的 UE 进行 Attach 过程，发起随机接入过程，即 MSG1 消息；

(2) eNB 检测到 MSG1 消息后向 UE 发送随机接入响应消息，即 MSG2 消息；

(3) UE 收到随机接入响应后，根据 MSG2 的 TA 调整上行发送时间，向 eNB 发送 RRCConnectionRequest 消息申请建立 RRC 连接；

(4) eNB 向 UE 发送 RRCConnectionSetup 消息，包含建立 SRB1 信令承载信息和无线资源配置信息；

(5) UE 完成 SRB1 信令承载和无线资源配置，向 eNB 发送 RRCConnection-SetupComplete 消息，包括 NAS 层 Attach Request 消息；

(6) eNB 选择 MME，向 MME 发送 INITIAL UE MESSAGE 消息，包括 NAS 层 Attach Request 消息；

(7) MME 向 eNB 发送 INITIAL CONTEXT SETUP REQUEST 消息，包括 NAS 层 Attach Accept 消息；

(8) eNB 接收到 INITIAL CONTEXT SETUP REQUEST 消息，如果不包含 UE 能力信息，则 eNB 向 UE 发送 UECapabilityEnquiry 消息，查询 UE 能力；

(9) UE 向 eNB 发送 UECapabilityInformation 消息，报告 UE 能力消息；

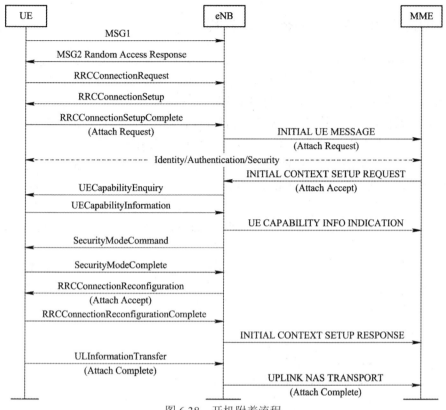

图 6.38　开机附着流程

（10）eNB 向 MME 发送 UE CAPABILITY INFO INDICATION 消息，更新 MME 的 UE 能力信息；

（11）eNB 根据 INITIAL CONTEXT SETUP REQUEST 消息中 UE 支持的安全信息，向 UE 发送 SecurityModeCommand 消息，进行安全激活；

（12）UE 向 eNB 发送 SecurityModeComplete 消息，表示安全激活；

（13）eNB 根据 INITIAL CONTEXT SETUP REQUEST 消息中的 ERAB 建立信息，向 UE 发送 RRCConnectionReconfiguration 信息进行 UE 资源重配，包括重配 SRB1 信令承载信息和无线资源配置，建立 SRB2、DRB 等；

（14）UE 向 eNB 发送 RRCConnectionReconfigurationComplete 消息，表示无线资源配置完成；

（15）eNB 向 MME 发送 INITIAL CONTEXT SETUP RESPONSE 响应消息，表明 UE 上下文建立完成；

（16）UE 向 eNB 发送 ULInformationTransfer 消息，包括 NAS 层 AttachComplete、Activate default EPS bearer context accept 消息；

（17）eNB 向 MME 发送上行直传 UPLINK NAS TRANSPORT 消息，包含 NAS 层 Attach Complete 消息。

注意：Attach 过程还涉及两个参数，一个是 Preamble 最大发送次数，其取值范围为(n3, n4, n5, n6, n7, n8, n10, n20, n50, n100, n200)，如果到达 Preamble 最大发送次数，UE 通知上层。

6.13.2　UE 发起的 Service Request 过程

当 UE 在 IDLE 模式下需要发送或接收业务数据时，会发起 Service Request 过程。当 UE 发起 Service Request 时，需先发起随机接入过程，Service Request 由 RRC Connection Setup Complete 携带上去，整个流程类似于主叫过程。

当下行数据到达时，网络侧先对 UE 进行寻呼，随后 UE 发起随机接入过程，并发起 Service Request 过程，在下行数据到达时发起的 Service Request 类似于被叫接入。

Service Request 流程就是完成初始化上下文设置，在 S1 接口上建立 S1 承载，在 Uu 接口上建立数据无线承载，打通 UE 到 EPC 之间的路由，为后面的数据传输做好准备。Service Request 流程如图 6.39 所示，具体步骤说明如下：

(1) 处在 RRC_IDLE 态的 UE 进行 Service Request 过程，发起随机接入过程，即 MSG1 消息；

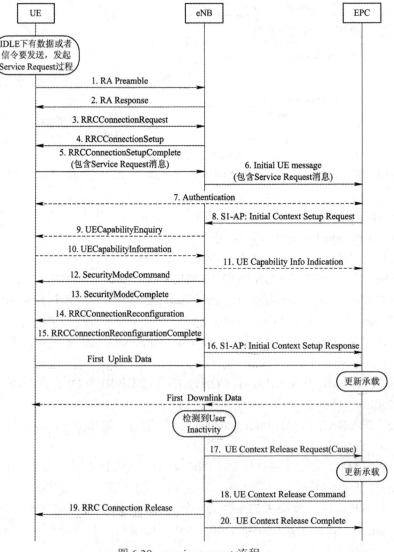

图 6.39　service request 流程

(2) eNB 检测到 MSG1 消息后，向 UE 发送随机接入响应消息，即 MSG2 消息；

(3) UE 收到随机接入响应后，根据 MSG2 的 TA 调整上行发送时机，向 eNB 发送 RRCConnectionRequest 消息，即 MSG3 消息；

(4) eNB 向 UE 发送 RRCConnectionSetup 消息，包含建立 SRB1 承载信息和无线资源配置信息；

(5) UE 完成 SRB1 承载和无线资源配置，向 eNB 发送 RRCConnectionSetupComplete 消息，包含 NAS 层 Service Request 信息；

(6) eNB 选择 MME 发送 Initial UE message 消息，包含 NAS 层 Service Request 消息；

(7) UE 与 EPC 间执行鉴权流程，与 GSM 不同的是，4G 鉴权是双向鉴权流程，提高了网络安全能力；

(8) MME 向 eNB 发送 Initial Context Setup Request 消息，请求建立 UE 上下文信息；

(9) eNB 接收到 Initial Context Setup Request 消息，如果不包含 UE 能力信息，则 eNB 向 UE 发送 UECapabilityEnquiry 消息，查询 UE 能力；

(10) UE 向 eNB 发送 UECapabilityInformation 消息，报告 UE 能力信息；

(11) eNB 向 MME 发送 UE Capability Info Indication 消息，更新 MME 的 UE 能力信息；

(12) eNB 根据 Initial Context Setup Request 消息中 UE 支持的安全信息，向 UE 发送 SecurityModeCommand 消息，进行安全激活；

(13) UE 向 eNB 发送 SecurityModeComplete 消息，表示安全激活完成；

(14) eNB 根据 Initial Context Setup Request 消息中的 ERAB 建立信息，向 UE 发送 RRCConnectionReconfiguration 消息进行 UE 资源重配，包括重配 SRB1 和无线资源配置，建立 SRB2 信令承载、DRB 业务承载等；

(15) UE 向 eNB 发送 RRCConnectionReconfigurationComplete 消息，表示资源配置完成；

(16) eNB 向 MME 发送 Initial Context Setup Response 响应消息，表明 UE 上下文建立，流程到此时完成了 service request，随后进行数据的上传与下载；

(17) 信令 17～20 是数据传输完毕后，对 UE 去激活过程，涉及 UE Context Release 流程。

注意：

➤ 在随机接入过程中，MSG1 和 MSG2 为底层消息，其中 MSG1 指 UE 在 RACH 上发送随机接入前缀，携带 Preamble 码；MSG2 指 eNodeB 侧接收到 MSG1 后，在 DL-SCH 上发送在 MAC 层产生随机接入响应(RAR)，RAR 响应中携带了 TA 调整和上行授权指令以及 T-CRNTI。

➤ MSG3(连接建立请求)指 UE 收到 MSG2 后，判断是否属于自己的 RAR 消息(借助 Preamble ID 核对)，并发送 MSG3 消息，携带 UE-ID。UE 的 RRC 层产生 RRCConnectionRequest，并映射到 UL-SCH 上的 CCCH 逻辑信道上发送。

6.13.3　被叫寻呼流程

寻呼是网络寻找 UE 时进行的信令流程，网络中被叫必须通过寻呼来响应，才能正常通信。为减少信令负荷，在 LTE 中寻呼触发条件有三种：

➤ UE 被叫(MME 发起)；

➤ 系统消息改变时(eNB 发起)；

➤ 地震海啸告警 Etws(不常见)。

寻呼过程的实现依靠 TA 来进行(相当于 2/3G 的 LAC)，需要说明的是寻呼的范围在 TAC 区内进行，不是在 TAC LIST 的范围内进行寻呼，TAC LIST 只是减少了位置更新次数，从另一个方面降低信令负荷。

寻呼指示在 PDCCH 信道上通知 UE 响应自己的寻呼消息(PDCCH 通知携带 P-RNTI，表示这是寻呼指示)，空口进行寻呼消息的传输时，eNB 将具有相同寻呼时机的 UE 寻呼内容汇总在一条寻呼消息里，寻呼消息内容被映射到 PCCH 逻辑信道中，并根据 UE 的 DRX 周期在 PDSCH 上发送。UE 并不是一次到位地找到属于自己的寻呼消息，而是先找到寻呼时机，如果是自己的寻呼时机就在 PDSCH 信道上查询并响应属于自己的寻呼内容。

为了降低 IDLE 状态下 UE 的电量消耗，UE 使用 DRX 技术接收寻呼消息。IDLE 状态下的 UE 在特定的子帧里面根据 P-RNTI 监听读取 PDCCH，这些特定的子帧称为寻呼时机 PO，PO 表示可能出现的子帧时刻。这些子帧所在的无线帧称为寻呼无线帧 PF，PF 表示寻呼消息应该出现在哪个系统帧号上。可以使用参数 PF 和 PO 来标识 UE 的寻呼时刻，一个 PF 帧可能包括 1 个或多个 PO 子帧，UE 只需要监听其中属于自己的那个 PO 子帧。

UE 通过相关的公式来确定 PF 和 PO 的位置。计算出 PF 和 PO 的具体位置后，UE 在自己可能的寻呼时机开始监听 PDCCH，如果发现有 P-RNTI(BS 用 P-RNTI 发送 paging)，那么 UE 在响应的位置上(PDSCH 信道)获取 Paging 消息，Paging 消息中携带具体的被寻呼的 UE 标识(IMSI 或 S-TMSI)。若在 PCH 上未找到自己的标识，UE 再次进入 DRX 状态。

按寻呼方式不同，有 S-TMSI 寻呼和 IMSI 寻呼。一般情况下，优先使用 S-TMSI 寻呼，当网络发生错误需要恢复时(例如 S-TMSI 不可用)，才发起 IMSI 寻呼。

按寻呼发起原因的不同也可分为被叫寻呼和小区系统消息改变时的寻呼(地震寻呼不考虑)，区别在于被叫寻呼由 EPC 发起，经 eNB 透传；而小区系统改变时寻呼由 eNB 发起。我们常说的寻呼，主要还是指被叫寻呼。图 6.40 所示的被叫寻呼流程步骤说明如下：

(1) 当 EPC 需要给 UE 发送数据时，则向 eNB 发送 Paging 消息；

(2) eNB 根据 MME 发的寻呼消息中的 TA 列表信息，在属于该 TA 列表的小区发送 Paging 消息，UE 在自己的寻呼时机接收到 eNB 发送的寻呼消息。

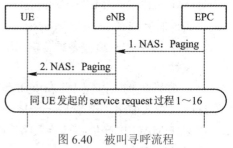

图 6.40　被叫寻呼流程

6.13.4　切换流程

当正在使用网络服务的用户从一个小区移动到另一个小区时，或由于无线传输业务负荷量调整、激活操作维护、设备故障等原因，为了保证通信的连续性和服务的质量，系统要将该用户与原小区的通信链路转移到新的小区上，这个过程就是切换。

本节所描述的均为 LTE 系统内切换。系统间切换需要 UE 支持，此处不做详细描述。在 LTE 系统中，切换可以分为站内切换、站间切换(或基于 X2 口切换、基于 S1 口切换)，当 X2 接口数据配置完善且工作良好的情况下就会发生 X2 切换，否则基站间就会发生 S1 切换。一般来说 X2 切换的优先级高于 S1 切换。

1. 测量事件类型和切换类型

对连接态的 UE 终端，E-UTRAN 通过专用信令消息下发 UE 测量配置信息。UE 根据 E-UTRAN 提供的测量配置信息进行测量，并上报测量报告，包括服务小区、邻区和监测到其他小区 RSRP 等信息。测量上报分为周期性上报和事件触发上报两类。其中事件触发上报是协议中为切换测量与判决定义的一个概念，涉及 6 类 LTE 系统内切换触发事件和 2 类异系统切换触发事件，如表 6.15 所示。

表 6.15　LTE 事件触发种类

事件	描　　述	规　　则	使用方法
A1	服务小区质量高于一个绝对门限	事件进入条件：Ms − Hys > Thresh 事件离开条件：Ms + Hys < Thresh	A1 用于停止异频/异系统测量，但在基于优先级的切换中，A1 用于启动异频测量
A2	服务小区质量低于一个绝对门限	事件进入条件：Ms + Hys < Thresh 事件离开条件：Ms − Hys > Thresh	A2 用于启动异频/异系统测量，但在基于优先级的切换中，A2 用于停止异频测量
A3	同频/异频邻小区质量比服务小区质量高于一个门限	事件进入条件：Mn + Ofn + Ocn − Hys > Ms + Ofs + Ocs + Off 事件离开条件：Mn + Ofn + Ocn + Hys < Ms + Ofs + Ocs + Off	A3 用于启动同频/异频切换请求和 ICIC 决策
A4	异频邻小区质量高于一个绝对门限	事件进入条件：Mn + Ofn + Ocn − Hys > Thresh 事件离开条件：Mn + Ofn + Ocn + Hys < Thresh	A4 用于启动异频切换请求
A5	服务小区质量低于一个绝对门限 1，而异频邻小区质量高于一个绝对门限 2	事件进入条件：Ms + Hys < Thresh1 & Mn + Ofn + Ocn − Hys > Threah2 事件离开条件：Ms − Hys > Thresh1 or Mn + Ofn + Ocn + Hys < Thresh2	A5 用于启动异频切换请求
A6	邻区信号质量加偏置后，质量高于预定门限	事件进入条件：Mn + Ocn − Hys > Ms + Ocs + Off 事件离开条件：Mn + Ocn − Hys < Ms + Ocs + Off	LTA-A R10 为载波聚合下的辅小区测量定义
B1	异系统邻小区质量高于某个门限值。用于测量高优先级的 RAT 小区	事件进入条件：Mn + Ofn − Hys > Thresh 事件离开条件：Mn + Ofn + Hys < Thresh	B1 用于启动异系统切换请求
B2	异系统邻小区质量高于一个绝对门限 2，而服务小区质量低于一个绝对门限门限 1。用于相同或低优先级的 RAT 小区的测量	事件进入条件：Ms + Hys < Thresh1 & Mn + Ofn − Hys > Thresh2 事件离开条件：Ms − Hys > Thresh1 or Mn + Ofn + Hys < Thresh2	B2 用于启动异系统切换请求

表 6.15 中的参数意义说明如下：

➢ Ms：为服务小区的测量结果，若用 RSRP 测量，则单位为 dBm，若用 RSRQ 测量，则单位为 dB。

➢ Hys：为本次事件的迟滞参数。单位为 dB。取值范围是 0～30，实际值＝取值×0.5 dB。

➢ Thresh：为此事件的门限参数。单位为 dB。

➢ Mn：邻小区的测量结果。

➢ Ofn：该邻区频率特定的偏置(即 offsetFreq 在 measObjectEUTRA 中被定义为对应于邻区的频率)，如 A4、A5、B1、B2 事件中默认值为 0。

➢ Ocn：为该邻区的小区特定偏置(即 cellIndividualOffset 在 measObjectEUTRA 中被定义为对应于邻区的频率)，同时如果没有为邻区配置，则设置为零。

➢ Ofs：为服务频率上频率特定的偏置(即 offsetFreq 在 measObjectEUTRA 中被定义为对应于服务频率)。

➢ Ocs：为服务小区的小区特定偏置(即 cellIndividualOffset 在 measObjectEUTRA 中被定义为对应于服务频率)，并设置为 0，如果没有为服务小区配置的话。

➢ Off：为事件 A3 的偏移参数(即 A3-Offset 为 reportConfigEUTRA 内为该事件定义的参数)。

➢ Ofn, Ocn, Ofs, Ocs, Hys, Off 单位为 dB。

在表 6.15 的 8 种切换事件中，大致情况为：A1～A6 事件都是在同系统(如 4G)内对比服务小区或邻区中质量较好的区域决定是否完成切换，B1、B2 事件为异系统(2G、3G、4G 之间)间对比质量优劣决定是否切换。具体来说，每种切换根据信号质量、容量、覆盖情况综合去评估，最终决定是否切换。A1～A6 逐步加入判别的条件，A1、A2 由质量触发，基于质量选择服务好的区域，而 A3、A4、A5、A6 由质量触发，但基于容量和覆盖去选择服务好的区域。其触发规则如下：

➢ A1 事件：服务小区质量高于一个绝对门限，用于关闭正在进行的频间测量和去激活 Gap。

➢ A2 事件：服务小区质量低于一个绝对门限，用于打开频间测量和激活 Gap。

➢ A3 事件：同优先级邻区比服务小区质量高于一个绝对门限，用于频内/频间基于覆盖的切换。

➢ A4 事件：邻区质量高于一个绝对门限，主要用于基于负荷的切换。

➢ A5 事件：服务小区质量低于一个绝对门限 1，且邻区质量高于一个绝对门限 2，用于频内/频间基于覆盖的切换。

➢ A6 事件：邻区信号质量加偏置后，质量高于预定门限时切换。

➢ B1 事件：异系统邻区质量高于一个绝对门限，用于基于负荷的切换。

➢ B2 事件：服务小区质量低于一个绝对门限 1 且异系统邻区质量高于一个绝对门限 2，用于基于覆盖的切换。

上述规则中，Gap 为测量时间，如 A2 事件，当服务小区质量低于一个绝对门限时，UE 启用 Gap，此时，它维持正常通话，不接收也不发送信号(因为在 ms 级，用户感知不到)，只专注于测量异频信号，一旦测量到质量好的异频信号，则切换。

下面以 LTE 同频小区间切换中使用的 A3 事件为例，来说明事件触发测量的工作流程。

当终端发现某一 LTE 同频邻区的信号质量加上一定的偏置值后大于服务小区信号质量，则认为满足 A3 进入条件。Mp、Ofp、Ocp 则是终端当前主服务小区的测量值、频点偏置值和小区偏置值，上述偏置值的取值范围都是 −24～24 dB。Hys 是一个迟滞值(取值为正)，用于防止乒乓效应。Off 则是与事件类型相关的偏置值，取值范围是 −15～15 dB。

终端物理层测量到的 RSRP 要先进行 RRC 层的平滑滤波，如果平滑后的 RSRP 值能满足 A3 进入的条件，且持续时间足够长，终端就向基站上报该同频邻区的测量结果，这个持续时间通过 timeToTrigger 参数设置，当终端处于高速或中速状态时，该值由参数 timeToTrigger-SF 进行调整，可使终端更快上报测量结果。

如果基站希望终端在满足 A3 退出条件时上报测量结果，则将 ReportOnLeave 参数置为 True。基站还可以指示测量上报中的信号质量类型(Report Quantity)、最大小区数量(Max Report Cells)、间隔多长时间上报一次(Report Interval)、上报次数(Report Amount)等。

终端通过 RRC 层的测量上报(Measurement Report)信令向基站发送测量结果。在测量结果(Measurement Results)中，首先用测量 ID 指出该结果是基于哪个测量配置，对于哪个测量对象的上报。一个 RRC 测量上报消息只包含对一个测量 ID 及其对应的测量对象的测量结果。当测量对象为 LTE 某个频点时，对于事件触发的测量配置，终端要上报触发测量事件的邻区 PCI 和 RSRP/RSRQ。此外，终端还要同时上报所有服务小区(使用载波聚合时包含主小区和辅小区)的 RSRP/RSRQ。

基站根据终端的测量上报来判断是否要将基站切换到一个小区上。如果满足网络设置的切换条件，则执行切换过程。用 A1、A2 事件进一步说明，假设 UE 占用 A 小区，且 A 小区异频 A1 的 RSRP 触发门限、异频 A2 的 RSRP 触发门限分别设置为 −88 dB、−90 dB(系统默认)，A1、A2 事件迟滞参数设置为 −2 dB(系统默认)。可以根据表 6.15 进行下面的判断：

(1) 根据 A1 事件触发条件 Ms − Hys(1) > Thersh(1) 可以算出：Ms > −86 dB 时关闭异频测量。

(2) 根据 A2 事件触发条件 Ms + Hys(1) > Thersh(2) 可以算出：Ms < −92 dB 时开启异频测量。

如图 6.41 所示，RSRP 为 −80～−85 dB 为红色区域，RSRP 为 −87～−91dB 为黄色区域、RSRP 为−93～−98 dB 为绿色区域。当 UE 测量到的 A 小区 RSRP 值为红色区域时，代表当前 UE 信号质量好，UE 不进行异频测量；当 UE 测量到的 A 小区 RSRP 值为绿色区域时，代表当前 UE 信号质量不好，UE 进行异频测量；当 UE 测量到的 A 小区 RSRP 值为黄色区域时，UE 是否进行异频测量取决于 UE 之前的状态，即 UE 的测量状态并不改变。

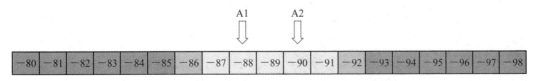

图 6.41　A1、A2 事件的 RSRP 值

LTE 在切换原因方面和 2G/3G 系统类似，也分为覆盖切换、质量切换等不同切换原因，表 6.16 为不同切换类型定义条件。

表 6.16　不同切换类型定义条件

切换类型		测 量 触 发
基于覆盖	同频切换	在 UE 建立无线承载时，eNB 通过信令 RRC 连接，重配置消息默认下发同频邻区测量配置信息
	异频/异系统切换	基于覆盖的异频/异系统切换切换测量配置在服务小区信号质量小于一定门限时下发
基于负载	异频/异系统切换	由 MLB(Mobility Load Balancing)算法触发
基于频率优先级	异频切换	服务小区信号质量大于一定门限时下发
基于业务	异频/异系统切换	在处理初始上下文建立请求消息或承载建立、修改、删除消息之后，判断识别 UE 的业务状态，识别出有需要切换的 CQI 用户。 异频：CQI 指定频点与当前频点不同时，触发异频测量，将 UE 切换到 QCI 指定的频点上。 异系统：含有某个 QCI(一般 QCI=1)的 UE，触发异系统测量，并切换到异系统
基于上行链路质量	异频/异系统切换	eNB 发现 UE 上行链路质量变差时，则触发基于上行链路质量的异频/异系统切换测量
基于 SPID 切换回 HPLMN	异频/异系统切换	判断 SPID 表中最高优先级的频点所属的 PLMN 是否与当前服务小区频点所属的 PLMN 相同，若不相同，则启动异频/异系统测量，测量对象为 SPID 表格中所有比服务小区所在频点优先级更高的异频/异系统邻区频点，收到 A4/B1/B2 测量报告后启动切换
基于距离	异频/异系统切换	当 eNB 发现 UE 上报的 TA 值超过某一门限时，则触发基于距离的异频/异系统测量
CSFB	异系统切换	当 UE 在 LTE 系统发起语音业务时，则启动异系统测量(只能是支持语音业务的异系统，包括 GERAN、UTRAN)，然后根据测量上报结果发起异系统切换

2. 切换发生的过程

在 LTE 系统中，当 UE 处于连接状态时，网络完全掌控 UE，不仅了解 UE 与源小区和邻区的信道质量，还了解整个网络的负载均衡情况。也就是说，信道条件的改变可能会触发 UE 切换，网络负载均衡的原因也有可能产生 UE 切换，这说明 LTE 切换已不是仅仅因为小区改变而产生 UE 切换，还有因整个网络负载均衡而使 UE 切换的情况，即 LTE 切换是 UE 辅助网络的快速切换，所以 LTE 切换涉及的网络实体有 eNB、MME 和 S-GW。为了辅助网络做出切换判决，源小区可以为 UE 配置测量，使 UE 在切换前上报服务区及邻区的信道质量或网络的负载情况，从而使网络侧可以合理地判决 UE 是否需要切换。

不管 UE 在什么位置，为了辅助网络切换，在切换之前，源小区会通过 RRC 连接重配置消息对 UE 进行测量配置，UE 再按照源小区下发的测量配置信息对源小区和邻区的信道质量与全网负载测量、评估、判决，并按事件触发上报、周期上报、事件触发周期上报等方式上报源小区，使其做好准备，而后 UE 切断与源小区链路，重建目标小区链路，完成切换。

基站通过终端上报的测量报告判决是否执行切换。

当判决条件达到时，执行以下步骤：

➢ 切换准备：目标网络完成资源预留；

➢ 切换执行：源基站通知 UE 执行切换，UE 在目标基站上连接完成；

➢ 切换完成：源基站释放资源、链路，删除用户信息。

值得注意的是 LTE 系统中，切换命令封装在消息 RRC_CONN_RECFG 信令消息中。此外，为了避免不必要的重配置，切换中 UE 还自动将切换前的目标小区配置转换为切换后的源小区配置，为下一轮切换做好用户层面的准备。

从切换原理上看，过程可分为两个层面：一个是控制层面，包括切换准备过程(含参数传递、切换判决)、切换执行过程(含信令生成、切换命令传输)和切换完成过程(含随机接入、路径转换)等；另一个是用户层面，主要包括数据前转过程等。当然，切换中的用户层面过程是伴随着控制层面过程同时发生的。真正切换时系统只涉及两个小区，源小区主要负责切换判决和切换准备，目标小区主要负责切换接纳和生成切换命令，作为切换主体的 UE 是在网络的控制下完成整个切换过程的。此外，有些切换在控制层面不仅关联到 eNB，还要关联到上层 MME 和 S-GW，流程复杂很多，但不管怎样，它们都要通过 eNB 与 UE 系统。下面将分析 LTE 小区切换流程，从中了解一些切换过程中终端与网络、UE 与 eNB 的关系。根据网元，LTE 切换可分为站内切换、X2 切换和 S1 切换三类。

3. 站内切换流程

当 UE 所在的源小区和要切换的目标小区同属一个 eNB 时，发生 eNB 内切换。eNB 内切换是各种情形中最为简单的一种，因为在这个切换过程中不涉及 eNB 与 eNB 之间的信息交互，也就是 X2、S1 接口上没有信令操作，只是在一个 eNB 内的两个小区之间进行资源配置，所以基站在内部进行判决，并且不需要向核心网申请更换数据传输路径。在图 6.42 中，1、2、3、4 为切换准备阶段，步骤 5、6 为切换执行阶段，RELEASE RESOURCE 为切换完成阶段。

由图 6.42 可以看出，前面的工作都是 UE 与源 eNodeB 间的操作，仅在"判决"阶段后才有 UE、源 eNodeB、目标 eNodeB 间的互操作。如源 eNodeB 对已经确定的目标 eNodeB 提出准入要求操作，或者在"执行"阶段的最后操作中，通过 RRC 由 UE 发向目标 eNodeB 指令"RRC Connection Reconfiguration Complete(连接重配置完成)"后，UE 连接目标 eNodeB 资源，释放源 eNodeB 资源等过程。具体流程分析如下：

(1) 源 eNodeB 向 UE 下发测量控制，通过 RRC Connection Reconfiguration 消息对 UE 的测量类型进行配置；

(2) UE 按照源 eNodeB 下发的测量控制在 UE 的 RRC 协议端进行测量配置，并向源 eNodeB 发送 RRC Connection Reconfiguration Complete 消息表示测量配置完成；

(3) UE 按照测量配置向源 eNodeB 上报测量报告；

(4) 源 eNodeB 根据测量报告进行判决，判决该 UE 将发生源 eNodeB 内切换，在新小区内进行资源准入，资源准入成功后为该 UE 申请新的空口资源；

(5) 资源申请成功后源 eNodeB 向 UE 发送 RRC Connection Reconfiguration 消息，指示 UE 发起切换动作；

(6) UE 接入目标 eNodeB 后源 eNodeB 发送 RRC Connection Reconfiguration Complete 消息指示 UE 已经接入目标 eNodeB。

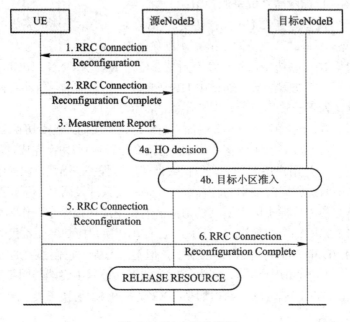

图 6.42　站内切换流程

图 6.42 中，RELEASE RESOURCE 表示目标 eNodeB 收到重配置完成消息后，释放该 UE 在源 eNodeB 占用的资源。

接入成功后会在目标 eNodeB 上报重配置完成信息，指示基站切换成功。目标 eNodeB 收到切换完成消息后，会按照目标 eNodeB 的配置给 UE 重新下发测量配置。

4. X2 切换流程

X2 接口是 LTE 网络中所有 eNB 间相互通信的标准接口。虽然 eNB 之间的小区切换完全可以通过 X2 接口完成许多通信数据交互，但这些交互的通信数据中仍有部分需要与上层系统 MME 联系才能真正完成切换，因此还是要用到 eNB 与 MME 之间的 S1 标准接口。需要指出的是，在 LTE 的小区切换中，X2 切换是系统最频繁的切换模式。

此种切换用于建立 X2 口连接的邻区间。当 UE 所在源小区和要切换的目标小区不属同一 eNB 时，发生 eNB 间切换。eNB 间切换流程复杂，需要加入 X2 和 S1 接口的信令操作。X2 切换的前提条件是目标基站和源基站配置了 X2 链路，且链路可用。

由以上分析可知，该切换流程较 eNB 内切换复杂，需要加入 X2 甚至是 S1 接口的信令操作，因而需要与上层的 MME 联系，流程如图 6.43 所示，X2 切换流程的相关说明如下。

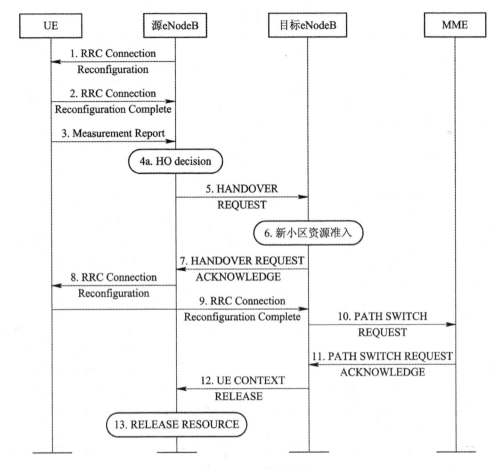

图 6.43　X2 切换流程

其中信令 1～7 为切换准备阶段，具体过程如下：

(1) 源 eNodeB 向 UE 下发测量控制，通过 RRC Connection Reconfiguration 消息对 UE 的测量类型进行配置；

(2) UE 按照源 eNodeB 下发的测量控制在 UE 的 RRC 协议端进行测量配置，并向源 eNodeB 发送 RRC Connection Reconfiguration Complete 消息表示测量配置完成；

(3) UE 按照测量配置向源 eNodeB 上报测量报告；

(4) 源 eNodeB 根据测量报告进行判决，判决该 UE 发生 eNodeB 间切换，也有可能负荷分担的原因触发切换；

(5) 源 eNodeB 向目标 eNodeB 发送 HANDOVER REQUEST 消息，指示目标 eNodeB 进行切换准备，目标 eNodeB 收到 HANDOVER REQUEST 后开始对切入的 ERABs 进行接纳处理；

(6) 目标 eNodeB 进行资源准入，为 UE 的接入分配空口资源和业务的 SAE 承载资源；

(7) 目标 eNodeB 资源准入成功后，向源 eNodeB 发送 "HANDOVER REQUEST ACKNOWLEDGE(切换请求确认)" 消息，指示切换准备工作完成。

信令 8～9 为切换执行阶段，具体工程如下：

(8) 源 eNodeB 将分配的专用接入签名配置给 UE，向 UE 发送 RRC Connection Reconfiguration 消息命令 UE 执行切换动作；

(9) UE 向目标 eNodeB 发送 RRC Connection Reconfiguration Complete 消息指示 UE 已经接入新小区，表示 UE 已经切换到了目标侧，同时，切换期间的业务数据转发开始进行。

信令 10～13 为切换完成阶段，具体过程如下：

(10) 目标 eNodeB 向 MME 发送 PATH SWITCH REQUEST 消息请求，请求 MME 更新业务数据通道的节点地址，通知 MME 切换业务数据的接续路径，从源 eNodeB 到目标 eNodeB；

(11) MME 成功更新数据通道节点地址，向目标 eNodeB 发送 PATH SWITCHREQUEST ACKNOWLEDGE 消息，表示可以在新的 SAE bearers 上进行业务通信；

(12) UE 已经接入新的小区，并且在新的小区能够进行业务通信，需要释放在源小区所占用的资源，目标 eNodeB 向源 eNodeB 发送 UE CONTEXT RELEASE 消息；

(13) 源 eNodeB 释放该 UE 的上下文，包括空口资源和 SAE bearers 资源。

分析上述流程，可以发现，当 eNodeB 接到测量报告后需要先通过 X2 接口向目标小区发送切换申请(目标小区是否存在接入资源)；得到目标小区反馈后(此时目标小区资源准备已完成)才会向终端发送切换命令，并向目标侧发送带有数据包缓存、数据包缓存号等信息的 SN Status Transfer 消息；待 UE 在目标小区接入后，目标小区会向核心网发送路径更换请求，目的是通知核心网将终端的业务转移到目标小区，更新用户面和控制面的节点关系；在切换成功后，目标 eNodeB 通知源 eNodeB 释放无线资源。X2 切换优先级大于 S1 切换，保证了切换时延更短，用户感知更好。

基于 X2 的 eNodeB 间切换与 eNodeB 内切换流程进行比较，发现切换流程的前四步是一样的，都是原小区直接与 UE 之间关于重配置信息的交互操作、了解 UE 所处的小区环境、由源小区判决 UE 是否应该切换和应该采用什么切换方式等问题，这说明前四步是所有切换方式必经的过程。将切换过程这样分段对于判断切换故障有一定指导性帮助，因为前四步是切换的共性问题，后面的过程才是不同切换类型的个性问题。

5. S1 切换流程

S1 切换发生在没有 X2 口或 X2 接口故障时，S1 切换流程与 X2 切换类似，只不过所有的站间交互信令及数据转发都需要通过 S1 口到核心网进行转发，时延比 X2 口略大。协议 36.300 中规定 eNodeB 间切换一般都要通过 X2 接口进行，但当如下条件中的任何一个成立时则会触发 S1 接口的 eNodeB 间切换：

(1) 源 eNodeB 和目标 eNodeB 之间不存在 X2 接口；

(2) 源 eNodeB 尝试通过 X2 接口切换，但被目标 eNodeB 拒绝。

从 LTE 网络结构来看，可以把两个 eNodeB 与 MME 之间的 S1 接口连同 MME 实体看作是一个逻辑 X2 接口。相比较于通过 X2 接口的流程，通过 S1 接口切换的流程在切换准备过程和切换完成过程中有所不同。如果同时配置了 X2 和 S1 链路，优先走 X2 切换。图 6.43 中的流程没有跨 MME 和 SGW，相对简单。即使涉及跨 MME，主流程差异也不大，只是主要在核心网的信令会更多一点而已。

S1 切换流程如图 6.44 所示，其中步骤 1～9 为切换准备过程，步骤 10、11 为切换执行过程，步骤 12～16 为切换完成过程。具体情况如下：

(1)～(4) 图中 1～4 步骤与 X2 切换相同，不做赘述；

(5) 源 eNodeB 通过 S1 接口的 HANDOVER REQUEST 消息发起切换请求，消息中包含 MME UE S1AP ID、源侧分配的 eNB UE S1AP ID 等信息；

(6) MME 向目标 eNodeB 发送 HANDOVER REQUEST 消息，消息中包括 MME 分配的 MME UE S1AP ID、需要建立的 EPS 列表以及每个 EPS 承载对应的核心网侧数据传送的地址等参数；

(7)～(8) 目标 eNodeB 分配后目标侧的资源后，进行切换入的承载接纳处理，如果资源满足，小区接入允许就给 MME 发送 HANDOVER REQUEST ACKNOWLEDGE 消息，包含目标侧分配的 eNB UE S1AP ID，接纳成功的 EPS 承载对应的 eNodeB 侧数据传送的地址等参数；

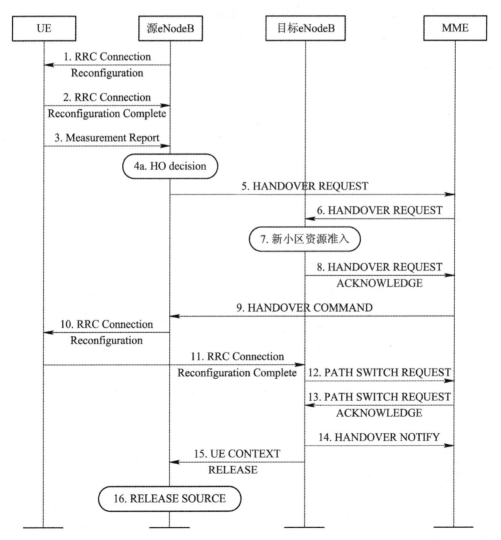

图 6.44　S1 切换流程

(9) 源 eNodeB 收到 HANDOVER COMMAND，获知接纳成功的承载信息以及切换期间业务数据转发的目标侧地址；

(10) 源 eNodeB 向 UE 发送 RRC Connection Reconfiguration 消息，指示 UE 切换指定的小区；

(11) 源 eNodeB 通过 eNB Status Transfer 消息，MME 通过 MME Status Transfer 消息，将 PDCP 序号通过 MME 从源 eNB 传递到目标 eNB，目标 eNB 收到 UE 发送的 RRC Connection Reconfiguration Complete 消息，表明切换成功；

(12) 目标 eNodeB 向 MME 发送 PATH SWITCH REQUEST 消息请求，请求 MME 更新业务数据通道的节点地址，通知 MME 切换业务数据的接续路径，从源 eNB 到目标 eNB，消息中包含源侧的 MME UE S1AP ID、目标侧分配的 eNB UE S1AP 、EPS 承载在目标侧将使用的下行地址；

(13) MME 成功更新数据通道节点地址，向目标 eNodeB 发送 PATH SWITCHREQUEST ACKNOWLEDGE 消息，表示可以在新的 SAE bearers 上进行业务通信；

(14) 目标 eNodeB 发送 HANDOVER NOTIFY 消息，通知 MME 目标侧 UE 已经成功接入。

(15) 源 eNodeB 收到"UE CONTEXT RELEASE"消息后，开始进入释放资源的流程。

发生基于 S1 的 eNodeB 间切换是因为源 eNodeB 不能通过 X2 与目标 eNodeB 直接交互，必须通过 S1 接口再经过 MME 作为交互中介，才能完成源 eNodeB 和目标 eNodeB 两者之间的信令交互。所以在上述流程中，凡是有"基于 X2 的 eNodeB 间切换"的源 eNodeB 与目标 eNodeB 间信令直接交互的流程，在"基于 S1 的 eNodeB 间切换"中都必须通过 MME 交接，这也是"基于 S1 的 eNodeB 间切换"要比"基于 X2 的 eNodeB 间切换"复杂的原因。

6. 异系统切换

E-UTRAN 的系统间切换可以采用 GERAN 与 UTRAN 系统间切换相同的原则。E-UTRAN 的系统间切换可以采用以下原则。

(1) 系统间切换是源接入系统网络控制的。源接入系统决定启动切换，准备并按目标系统要求的格式提供必要的信息。也就是说，源系统去适配目标系统。真正的切换执行过程由源系统控制。

(2) 系统间切换是一种后向切换，也就是说，目标 3GPP 接入系统中的无线资源在 UE 收到从源系统切换到目标系统的切换命令前已经准备就绪。

(3) 为实现后向切换，当接入网(RAN)级接口不可用时，将使用核心网(CN)级控制接口。

异系统切换的情形，发生在 UE 在 LTE 小区与非 LTE 小区之间的切换，切换过程中涉及到的信令流主要集中在核心网。以 UE 从 UTRAN 切换到 E-UTRAN 为例说明，UE 所在的 RNC 向 UTRAN 的 GPRS 服务支持节点 SGSN 发送切换请求，SGSN 需要与 LTE 的 MME 之间进行消息交互，为业务在 E-UTRAN 上创建承载，同时需要 UE 具备双模功能，使 UE 的空口切换到 E-UTRAN 上，最后再由 MME 通知 SGSN 释放源 UTRAN 上的业务承载。

6.13.5　紧急呼叫流程

带 USIM 卡的 UE 用户发起紧急呼叫时，MME 指示 eNodeB 需要将 UE 回落到 GERAN/UTRAN 网络。与普通语音呼叫相比，紧急呼叫业务流程无需进行位置更新流程处理。不带 USIM 卡的 UE 用户发起紧急呼叫时，由于该终端没有卡，因此也未在具体网络附着，此时的紧急呼叫流程与普通 RAN/UTRAN 网络的呼叫流程一样。

LTE 网络紧急呼叫流程如图 6.45 所示，具体说明如下：

(1) UE 发起 CS Fallback 呼叫业务请求。Extended Service Request 消息中的 service-type 信元指示业务类型为紧急呼叫业务；

(2) MME 指示 eNodeB，将 UE 回落到 CS 域；

(3) CS 域回落完成后，UE 向 2G/3G MSC 发起 CM Service Request 消息，消息中携带紧急呼叫标识；

(4) MSC 向 UE 返回 CM Service Accept 消息；

(5) UE 向 2G/3G MSC 发送 Emergency Setup 消息发起紧急呼叫。

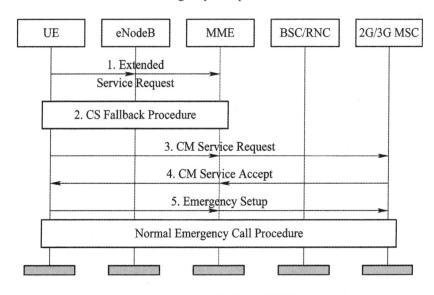

图 6.45　LTE 网络紧急呼叫流程

6.13.6　跟踪区更新 TAU 流程

为了确认移动台的位置，LTE 网络覆盖区将被分为许多个跟踪区 TA，其功能与 3G 的位置区 LA 和路由区 RA 类似，是 LTE 系统中位置更新和寻呼的基本单位。TA 用 TA 码标识，一个 TA 可包含一个或多个小区，网络运营时用 TAI 作为 TA 的唯一标识，TAI 由 MCC、MNC 和 TAC 组成，共计 6 字节。TAI LIST 长度为 8~98 字节，最多可包含 16 个 TAI，UE 附着成功时获取一组 TAI LIST(具体与 UE 关机前的状态有关)。移动过程中当 UE 检测到它进入了一个新的 TA(该 TA 的 TAI 不在 UE 注册的 TAI 列表中)时，或 UE 的周期性 TA 更新计时器过期时，以及 UTRAN 的"PMM"连接态(如 URA_PCH)的 UE 重选到 E-UTRAN

时，就要进行位置更新，即把新的 TA 更新到 TAI LIST 中，如果表中已经存在 16 个 TA，则替换掉最旧的那个。如果 UE 在移动过程中进入一个 TAI list 表单中的 TA 时，不发生位置更新。TA 更新成功与否直接关系到寻呼成功率问题，在 LTE 网络中为了实现 CSFB 流程，附着和位置更新都是联合的。

按 UE 状态不同，TAU 分为空闲态 TAU 和连接态 TAU；按更新内容不同，TAU 分为非联合 TAU(更新 TAI LIST)和联合 TAU(更新 TAI LIST ＋ LAU)。根据位置更新发生的时机，空闲态一般有设置激活和不设置激活的两种位置更新。设置激活就是位置更新后可立即进行数据传输。

1. 空闲态不设置 "ACTIVE" 的 TAU 流程

空闲状态就是 UE 不做业务，只是位置更新，比如周期性位置更新、移动性位置更新等。空闲态不设置 "ACTIVE" 的 TAU 流程如图 6.46 所示，具体说明如下：

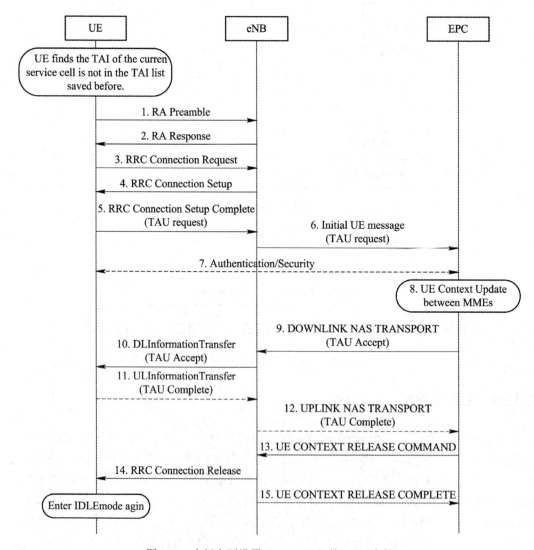

图 6.46　空闲态不设置 "ACTIVE" 的 TAU 流程

(1) 处在 RRC_IDLE 态的 UE 监听广播中的 TAI，不在保存的 TAU List 时，发起随机接入过程，即 MSG1 消息；

(2) eNB 检测到 MSG1 消息后，向 UE 发送随机接入响应消息，即 MSG2 消息；

(3) UE 收到随机接入响应后，根据 MSG2 的 TA 调整上行发送时机，向 eNB 发送 RRC Connection Request 消息；

(4) eNB 向 UE 发送 RRC Connection Setup 消息，包含建立 SRB1 承载信息和无线资源配置信息；

(5) UE 完成 SRB1 承载和无线资源配置，向 eNB 发送 RRC Connection Setup Complete 消息，包含 NAS 层 TAU request 信息；

(6) eNB 选择 MME，向 MME 发送 Initial UE message 消息，包含 NAS 层 TAU request 消息；

(7) UE 再次向 EPC 发送鉴权(Authentication)消息，确认 UE 是合法用户。

(8) 此时 UE 在新旧 MME 之间更新上下文信息(MME 变化，SGW 不变更的 TAU 过程)，建立新的 S5/S8 接口承载、删除原有 SGW 链接。

(9) MME 向 eNB 发送 DOWNLINK NAS TRANSPORT 消息，包含 NAS 层 TAU Accept 消息；

(10) eNB 接收到 DOWNLINK NAS TRANSPORT 消息，向 UE 发送 DLInformationTransfer 消息，包含 NAS 层 TAU Accept 消息；

(11) UE 将位置更新的完成消息传给 eNB，eNB 不做任何处理直接传给 MME，在 TAU 过程中，如果分配了 GUTI，UE 才会向 eNB 发送 ULInformationTransfer，包含 NAS 层 TAU Complete 消息；

(12) eNB 向 MME 发送 UPLINK NAS TRANSPORT 消息，包含 NAS 层 TAU Complete 消息；

(13) TAU 过程完成释放链路，MME 向 eNB 发送 UE CONTEXT RELEASE COMMAND 消息指示 eNB 释放 UE 上下文；

(14) eNB 向 UE 发送 RRC Connection Release 消息，指示 UE 释放 RRC 链路；

(15) eNB 向 MME 发送 UE CONTEXT RELEASE COMPLETE 消息进行响应。

2. 空闲态设置"ACTIVE"的 TAU 流程

当手机处于空闲状态，其做业务前或承载发生改变时，会触发位置更新命令。空闲态设置"ACTIVE"的 TAU 流程如图 6.47 所示，由图可以看到：第 1～12 步是 DLE 状态下发起不设置"ACTIVE"标识的 TAU 流程。接下来，UE 向 EPC 发送 First Uplink Data 上行数据，该信令包含承载更新信令，当 EPC 收到更新指令后，进行下行承载数据发送地址更新并向 UE 发送下行数据。

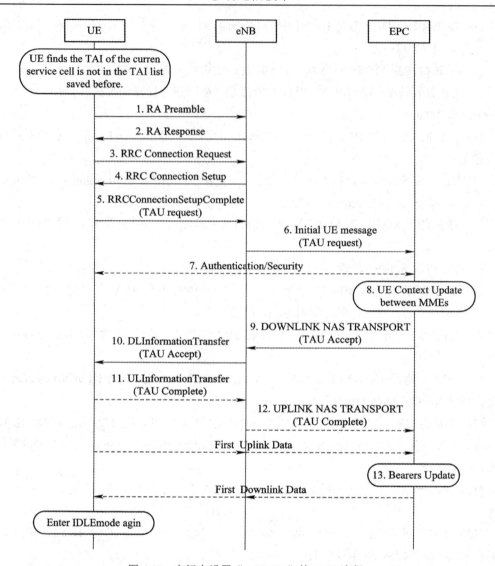

图 6.47　空闲态设置"ACTIVE"的 TAU 流程

3. 连接态 TAU 流程

连接态 TAU 流程如图 6.48 所示，具体说明如下：

(1) 处在 RRC_CONNECTED 态的 UE 进行 Detach 过程，向 eNB 发送 ULInformation-Transfer 消息，包含 NAS 层 TAU request 信息；

(2) eNB 向 MME 发送上行直传 UPLINK NAS TRANSPORT 消息，包含 NAS 层 TAU request 信息；

(3) MME 之间更新 UE 上下文；

(4) MME 向基站发送下行直传 DOWNLINK NAS TRANSPORT 消息，包含 NAS 层 TAU Accept 消息；

(5) eNB 向 UE 发送 DLInformationTransfer 消息，包含 NAS 层 TAU Accept 消息；

(6) UE 向 eNB 发送 ULInformationTransfer 消息，包含 NAS 层 TAU Complete 信息；

(7) eNB 向 MME 发送上行直传 UPLINK NAS TRANSPORT 消息，包含 NAS 层 TAU Complete 信息。

连接态 TAU 与空闲态 TAU 相比，主要有以下两个不同点：

(1) 连接态 TAU 不需要建立 RRC 链路，并且在 TAU 完成后不需要释放 RRC 连接；

(2) 连接态 TAU 伴随着切换流程出现，即当切换流程完成后，发起 TAU 流程。

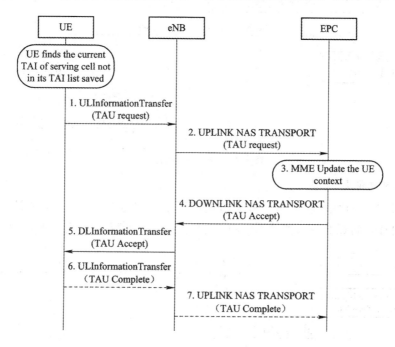

图 6.48　连接态 TAU 流程

6.13.7　去附着流程

用户进入覆盖盲区(接入受限)或 UE 关机时，需要发起去附着流程，来通知网络释放其保存的该 UE 的所有资源，它是附着流程的逆过程。如果是非关机去附着，则会收到 MME 的 Detach Accept 响应消息和 eNB 的 RRC Connection Release 消息。

UE 发起的去附着流程

1. 关机去附着流程

关机去附着流程如图 6.49 所示，具体说明如下：

UE 关机时，需要发起去附着流程，来通知网络释放其保存的该 UE 的所有资源，其流程较为简单。

(1) 用户关机，发起去附着流程，若在 IDLE 状态下有 RRC 连接建立的过程，UE 向 EPC 发送消息中携带 NAS 消息(类型为关机)。

(2) UE 侧清空所有的 EPS 承载和 RB 承载，EPC 侧清空所有的 EPS 承载和 TEID 资源，EPC 通知 eNB 释放 UE 文本信息。

(3) eNB 释放 UE 文本信息并通知 EPC。

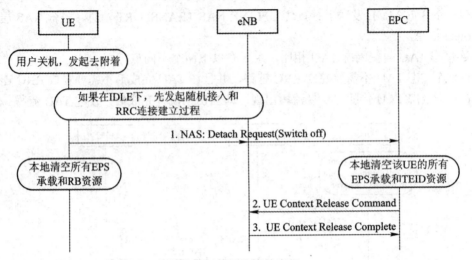

图 6.49 关机去附着流程

2. 非关机去附着流程

空闲态发起的非关机去附着流程如图 6.50 所示，空闲态非关机去附着流程说明如下：

(1)～(5) (UE 的 EPS 能力被禁用)RRC 连接建立过程，建立完成消息中附带去附着请求。

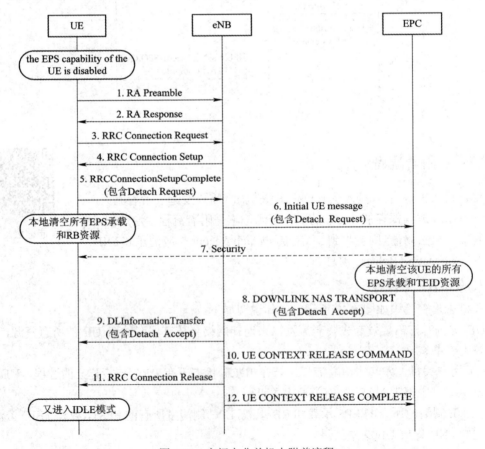

图 6.50 空闲态非关机去附着流程

(6)～(9) UE 和 EPC 相互安全验证后，执行清除 EPS 承载和 RB 资源，EPC 向 UE 发送去附着接受消息。

(10)～(12) 网络向终端发起 UE 文本释放和连接释放信息。

连接态发起的非关机去附着流程，不用先建立 RRC 连接，通过上行信息传输发送去附着请求。

3. 连接态非关机去附着

连接态非关机去附着流程如图 6.51 所示，具体说明如下：

(1)～(4) (UE 的 EPS 能力被禁用)UE 在上行传输块中携带去附着请求消息，执行清除 EPS 承载和 RB 资源，EPC 向 UE 发送去附着接受消息。

(5)～(7) 网络向终端发起 UE 文本释放和连接释放信息。

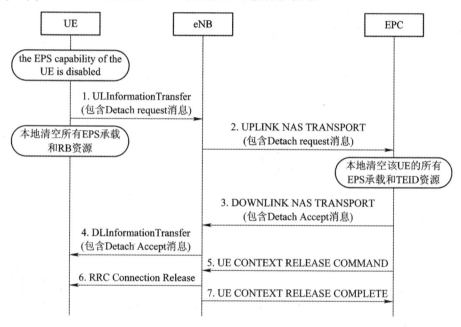

图 6.51　连接态非关机去附着流程

6.14　LTE 语音解决方案

LTE 网络架构不再区分电路域和分组域，统一采用分组域架构。在新的 LTE 系统架构下，不再支持传统的电路域语音解决方案，IMS(IP Multimedia Subsystem，IP 多媒体系统)控制的 VoIP 业务将作为 LTE 网络最终的语音解决方案。由于部署的难易程度和技术成熟度等影响，LTE 网络发展过程中形成了四种不同的语音解决方案，即双待机终端方案、CSFB(Circuit Switched Fallback，电路域回落)方案、VoLTE(Voice over Long-Term Evolution，长期演进语音承载)方案和 SRVCC(Single Radio Voice Call Continuity，单一无线语音呼叫连续性方案)/eSRVCC(enhanced Single Radio Voice Call Continuity，增强的单一无线语音呼叫连续性方案)方案。下面分别进行介绍。

1. 双待机终端方案

双待机终端方案指终端空闲态同时待机在 LTE 网络和 2G/3G 网络里，而且可以同时从 LTE 和 2G/3G 网络接收和发送信号。双待机终端在拨打电话时，可以自动选择从 2G/3G 模式下进行语音通信，即双待机终端利用其仍旧驻留在 2G/3G 网络的优势，从 2G/3G 网络中接听和拨打电话，而 LTE 网络仅用于数据业务。双待机终端的实质是使用传统的 2G/3G 网络，与 LTE 无关，对网络没有任何要求，LTE 网络和 2G/3G 网络之间也不需要支持任何互操作。该解决方案的优点是这是一个相对比较简单的方案。其终端芯片可以用两个芯片(一个 2G/3G 芯片和一个 LTE 芯片)或一个多模芯片来实现，由于双待机终端的 LTE 和 2G/3G 模式之间无任何互操作，终端不需要实现异系统测量，因此对网络无特殊要求，技术实现简单，缺点是受制于芯片及手机终端，手机耗电大且成本较高。

双待机终端方案的基本原理是两张网络叠加，通过终端实现两张网络同时注册，不需要网络之间的交互。呼叫请求如图 6.52 所示。

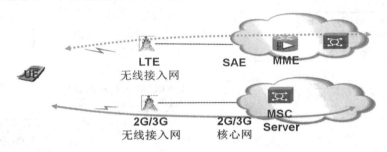

图 6.52　SVLTE 语音数据互操作呼叫请求

2. CSFB 方案

CSFB 方案指终端空闲态驻留在 LTE 网络，发起或接收语音业务时，要借助 CSFB 技术将呼叫回落到 CS 域，语音业务结束后再返回 LTE。CSFB 是 3GPP 定义的 LTE 语音解决方案，与双待机不同，CSFB 手机同一时间只驻留在一个网络上。CSFB 的思路是在用户需要进行语音业务的时候，从 LTE 网络回落到 3G/2G 的电路域。回落的方式是释放 LTE 的无线连接，并且在释放消息中携带重定向字段，指出终端重新接入的制式和频点，称为重定位。重定

4G 网络中的
语音业务

位方式的特点是实现简单，对原有网络的改造量小；缺点是延迟相对较大。为了减少终端重新接入 3G/2G 网络的时间，3GPP 提出了带系统消息的重定位功能，在重定位字段中携带 3G/2G 网络的系统消息。3G/2G 网络的系统消息通过 RAN 信息管理 (RAN Information Management，RIM)流程从 BSC/RNC、SGSN、MME 传送到 LTE 的 eNB。这种方式的特点是延迟较小，但对原有网络的改造量较大，需要对原有无线网络进行改造。

根据语音回落方式，CSFB 分为 R8 和 R9 两种，其主要区别在于系统下发的 RRC 连接释放消息中是否携带异系统邻小区的系统消息。从返回的方式来讲，分为普通重选和快速返回方式。目前，高通和华为两芯片厂家实现了回落不读 SI13 消息和终端自主返回两大特性，使网络改造量显著降低。

网络部署时，需要升级所有与 LTE 有重叠覆盖区域的 MSC，以支持到 MME 的 SGs

接口，提供联合附着、联合位置更新、寻呼、短消息等功能。若现网是 MSC Pool 组网，则可以只升级 MSC Pool 中的一个或多个 MSC 支持到 MME 的 SGs 接口。CSFB 技术需要在 MME 和 3G/2G 网络的 MSC 设备之间增加 SGs 接口、SGSN 新增与 MME 的 S3 接口。SGs 在 CSFB 技术中发挥桥梁作用，能够将 LTE 和 3G/2G 两种不一样的网络体系联系起来，实现用户在不同网络体系间的语音业务。缺点是采用这种技术需要对 3G/2G 网络进行改造，也对 4G 网络优化提出更高要求。同时，在 4G、3G、2G 上反复切换，会造成呼叫接续慢或掉话现象，用户体验较差。呼叫请求如图 6.53 所示。

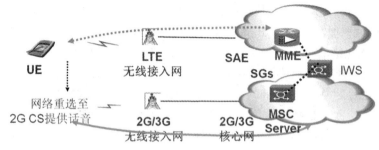

图 6.53　呼叫请求图

CSFB 回落到 UTRAN/GERAN 的网络架构如图 6.54 所示。

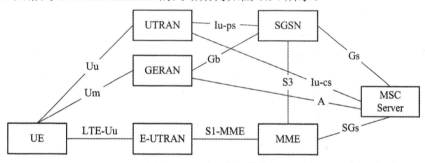

图 6.54　CSFB 的网络架构

在 UTRAN 驻留的 UE，开机后发起联合 EPS/IMSI 附着流程，由 MME 通过 SGs 接口完成 UE 在 3G/2G 核心网的位置更新。对驻留在 E-UTRAN 网络的 UE，周期性发起 TA/LA 更新流程，完成 UE 在 3G/2G 和 4G 网络的同步位置更新，其中 3G/2G 位置更新过程在 E-UTRAN 侧透明传输，当 UE 发起或接收到 CS 域业务时，E-UTRAN 配合其他网元进行 CSFB 回落。

为了尽可能减少对原有网络的改造量，但同时又为了减少重新接入的时延，3GPP 规范提出了递延测量控制(Deferred Measurement Control，DMCR)功能。DMCR 让 UE 回落到 3G 网络进行呼叫期间只读取部分系统消息，而不需要在呼叫建立前读完所有的系统消息，从而减少呼叫建立时间。但是该功能只能用于 3G 网络，2G 网络不支持 DMCR 功能。用于支持终端从 LTE 回落到 3G/2G 网络的另一种方法是 PS 域切换。这种方案延迟较小，但需要改造终端。iPhone 5S/5C 正是采用基于 CSFB 的语音解决方案，该方案主要是在用户需要进行语音业务的时候，从 LTE 网络回落到 3G/2G 的网络重新接入，这意味着当用户正在利用 4G 网络高速上网的时候，遇到语音来电，此时网络便会断开，微博、QQ、微信等应用都不能收发信息。这意味着当你打电话的时候不能上网，数据和语音不能同时传送。

3. VoLTE 方案

国内三大运营商开始布局 4G 网络时,由于技术和网络覆盖限制,并没有直接上线 VoLTE 来接管语音业务,而是采用 CSFB 方案或双待机方案,让 LTE 网络下的 4G 手机在通话时回落到 2G/3G 网络,直到现在三家运营商的 4G 网络已全面普及,才开始商用 VoLTE 业务。VoLTE 语音方案架构在 LTE 网络上,在无需 2G/3G 网络的全 IP 条件下,可以让语音、数据业务全部承载于 4G 网络,同时实现高速移动上网和高清语音/视频通话,尤其是移动和电信通话时不必再回落到 2G 网络。

通俗地讲,VoLTE 其实就是使用数据流量来打电话,这与微信语音、FaceTime、Skype 等 VoIP 网络电话相似,但 VoLTE 拥有移动数据网络上的专用通道,并且语音通话业务是整个 LTE 网络优先级最高的,所以 VoLTE 有通话质量更好、稳定性更强(QoS)、无流量费等优势。当终端离开 LTE 的覆盖区域时,通过 SRVCC 切换到 2G/3G 网络上,保证语音呼叫的连续性。也就是说,手机同时待机在 2G/3G 网络和 LTE 的网络中,2G/3G 网络负责拨打和收听电话,而 LTE 网络则负责数据业务。这样意味着能够做到单卡双待,同时处在 LTE 和 2G/3G 网络中,数据和语音可以同时发送,并不会相互干扰。

VoLTE 是 GSMA IR 92 定义的标准 LTE 语音解决方案,最大的改动是引入了 IMS 网络。IMS 是在 3GPP R5 阶段提出的一个新域,它基于 IP 承载,叠加在 PS 之上,为用户提供文本、语音、视频、图片等不同的 IP 多媒体信息。简言之,IMS 在 IP 网络的基础上构建一个分层、开放、融合的核心网控制架构,是一个可运营、可管理、可计费的系统。那么,VoLTE 就是由 IMS 配合 LTE 和 EPC 侧实现端对端的基于分组域的语音、视频通信业务。

IMS 作为 VoLTE 呼叫控制中心,主要由呼叫会话控制功能 (Call Session Control Function,CSCF)、电话应用服务器(Telephony Application Server,TAS)、媒体网关控制功能(Media Gateway Control Function,MGCF)(提供 SIP 信令和 ISUP 信令转换,因此负责与现网信令面互通)、媒体网关(Media Gateway,MGW)(提供 IP 承载和 TDM 承载转换,因此负责与现网承载面互通)等功能实体组成,类似于 2G/3G 网络中的 MSC,完成呼叫控制和路由功能。而 EPC 和 eNB 相当于 2G/3G 网络中无线接入网,完成无线接入功能。

4. SRVCC/eSRVCC 方案

SRVCC 是 3GPP 提出的一种 VoLTE 语音业务连续性方案,主要是为了解决 LTE 终端语音业务可以从 LTE 网络切换到 3GPP UTRAN/GERAN 的网络,保证语音呼叫连续性的问题。即当 LTE 没有达到全网覆盖时,随着用户的移动,正在 LTE 网络中进行的语音业务会面临离开 LTE 覆盖范围后的语音业务连续性的问题,这时 SRVCC 可以将语音切换到电路域,从而保证语音通话不中断。

SRVCC 方案基于 IMS 实现,因此网络上需要部署 IMS 系统。只有 LTE 网络开通语音业务后,才能在特定场景使用 SRVCC。SRVCC 属于异系统切换的一种,用来保障 LTE 网络中基于 IMS 的 VoIP 业务平滑切换到 UTRAN/GERAN 的网络进行 CS 语音业务,SRVCC 异系统呼叫切换如图 6.55 所示。

图 6.55 所示的终端 A 和终端 B 之间通过 IMS 建立语音呼叫,一段时间后用户 A 离开 LTE 覆盖区,MME 通知 SRVCC MSC 准备切换,2G/3G 网络完成准入判决和资源预留并反馈给 MME。MME 通知终端切换到 2G/3G,切换过程语音中断时间 T1 约为 200 ms。

SRVCC eMSC 发起远端媒体更新，通知远端用户 B 通过 SRVCC MSC 接收和发送语音。远端用户 B 将媒体连接切换至 SRVCC eMSC，语音中断时间 T2 约为 800 ms(如果远端终端处于漫游中，这段时间会更长)。SRVCC 切换中断时延在 1000 ms 以上，无法达到 300 ms 的部署要求，影响用户体验。为了减少切换时延，eSRVCC 在 SRVCC 基础上，通过在拜访地引入接入切换控制功能(Access Transfer Control Function，ATCF)(切换前后信令的锚点，ATCF 功能部署在服务网络，更接近终端，减少 MSC 到 IMS 的承载建立时间)和接入切换网关(Access Transfer Gateway，ATGW)(切换前后 VoIP 媒体的锚点，避免到远端的 Remote Leg Update 过程，提高切换成功率，同时降低切换时间)作为信令和媒体锚定点，终端 A 切换时只需完成本端路由更新，远端用户 B 路由保持不变，节省远端用户 B 的媒体更新时间 T2，从而将 SRVCC 切换时延减少要 300 ms 以内，使用户获得更好的通话体验。

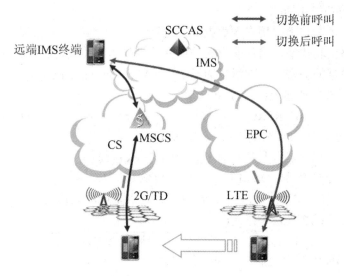

图 6.55　SRVCC 呼叫切换图

小　　结

本章主要介绍了 LTE 网络结构、LTE 主要网元及其接口、LTE 帧结构、LTE 信道分类及其功用、LTE 上下行物理层过程、EPC 网络接口及业务等内容，详细分析了 LTE 典型信令流程，认识了 LTE 语音业务变迁。通过本章的学习，可以使读者加深对 LTE 无线网络系统工作原理和流程的理解。

习　题　6

1. 单选题：

(1) LTE 网络中，eNodeB 之间可以配置接口，从而实现移动性管理，该接口名称是(　　)。

A. S1　　　　　　　　B. S2　　　　　　　　C. X1　　　　　　　　D. X2

(2) LTE 系统由(　　)、eNodeB、UE 组成。

A. EPC　　　　　　B. MME　　　　　　C. PDSN　　　　　　D. P-GW

(3) MIMO 广义定义是(　　)。

A. 多输入多输出　　　B. 少输入多输出　　　C. 多输入少输出

(4) LTE 最终确定支持的带宽方式有(　　)。

A. 1.4 MHz、3 MHz、5 MHz、20 MHz

B. 1.4 MHz、3 MHz、5 MHz、15 MHz、20 MHz

C. 1.4 MHz、3 MHz、5 MHz、10 MHz、15 MHz、20 MHz

(5) LTE 系统网络架构 EPS 系统是由(　　)组成的。

A. EPC　　　　　　B. eNodeB　　　　　　C. UE　　　　　　D. 以上都正确

(6) S-GW 的功能包括(　　)。

A. 数据的路由和传播、用户面数据的加密

B. 数据的路由和传播、用户面数据的加密、寻呼消息的发送

C. 用户面数据的加密、寻呼消息的发送、NAC 层信令的加密

(7) 参考信号接收质量是(　　)。

A. RSRP　　　　　　B. RSRQ　　　　　　C. RSSI　　　　　　D. SINR

(8) LTE 采用扁平化网络结构原因是(　　)。

A. 设备少、开局容易并且传输时延少，O&M 操作简单

B. 设备少、开局容易、O&M 操作简单但传输时延大

C. 开局容易、O&M 操作简单但传输时延大、需要增加大量设备

(9) TD-LTE 系统物理层中采用(　　) 双工方式。

A. TDD　　　　　　B. FDD　　　　　　C. TDD+FDD　　　　　　D. 其他

(10) TDD 频段中，中国规划的 39 频段的上行工作频段是(　　)。

A. 1900～1920 MHz　　　　　　B. 2010～2025 MHz

C. 1850～1910 MHz　　　　　　D. 1880～1920 MHz

(11) 为了支持 GTL 的 CSFB，需要在 MME 和 MSC 之间增加 (　　)。

A. SGs 接口　　　　　　B. S1-U 接口

C. S1-MME 接口　　　　　　D. S6A 接口

(12) LTE 系统中，前导序列(preamble)是在(　　)信道上发送的。

A. PRACH　　　　　　B. PDCCH　　　　　　C. PUSCH　　　　　　D. RS

(13) TAC/TAU 过程描述正确的是(　　)。

A. TAU 只能在 IDLE 模式下发起，TAU 分为普通 TAU 和周期性 TAU

B. TAU 过程一定要先进行随机接入，TAC 内所有小区的 PAGING 数量是一样的

C. TAU 是 NAS 层的过程，TAU 过程不要先进行随机接入

D. TAC 是 MME 对 UE 移动性管理的区域，TAU 可以在 IDLE 或 CONNECT 模式下发起

(14) LTE 系统传输用户数据主要使用(　　)信道。

A. 专用信道　　　B. 公用信道　　　C. 共享信道　　　D. 信令信道

(15) LTE 系统中，完成调度功能的调度器位于 e-Node B(　　)层。

A. 物理层　　　　B. MAC　　　　　　C. 网络层　　　　　D. 传输层

(16) LTE 系统中, 安全保护功能放在(　　)中执行。

A. UE　　　　　B. RNC　　　　　　C. eNodeB　　　　D. 其他

(17) TDD-LTE 中子帧长度是(　　)。

A. 0.5 ms　　　　B. 1 ms　　　　　C. 5 ms　　　　　　D. 10 ms

(18) TDD-LTE 中一个时隙包含(　　)个 OFDM 符号数。

A. 7　　　　　　B. 8　　　　　　　C. 9　　　　　　　D. 10

(19) RB 是资源分配的最小粒度, 由(　　)个 RE 组成。

A. 4×3　　　　　B. 5×3　　　　　C. 6×3　　　　　　D. 12×7

(20) MIB 消息在(　　)上传输。

A. PBCH(物理广播信道)　　　　　　B. PDCCH(下行物理控制信道)

C. PHICH(HARQ 指示信道)　　　　　D. PDSCH(下行物理共享信道)

(21) 关于 LTE 网络整体结构, 下列说法不正确的是(　　)。

A. E-UTRAN 用 eNodeB 替代原有的 RNCNodeB 结构

B. 各网络节点之间的接口使用 IP 传输

C. 通过 IMS 承载综合业务

D. eNodeB 间的接口为 S1 接口

(22) BBU 和 RRU 通过(　　)传输。

A. 双绞线　　　　　B. 同轴电缆　　　C. 光纤　　　　　D. 跳线

(23) 在 LTE 系统协议中, MAC 层对数据进行(　　)。

A. 编码　　　　　　B. 复用　　　　　C. 压缩和加密　　D. 调制

(24) 下列对于 LTE 系统中下行参考信号目的描述错误的是(　　)。

A. 下行信道质量测量(又称为信道探测)

B. 下行信道估计, 用于 UE 端的相干检测和解调

C. 小区搜索

D. 时间和频率同步

(25) 在 eNodeB 的 MAC 子层与 RLC 子层的 SAP 是哪个? (　　)

A. 逻辑信道　　　　　　　　　　　B. 传输信道

C. 物理信道　　　　　　　　　　　D. 无线承载

(26) 寻呼由网络向(　　)状态下的 UE 发起。

A. 仅空闲态　　　　B. 仅连接态　　　C. 空闲态或连接态

2. 多选题:

(1) LTE 系统多址方式包括(　　)。

A. TDMA　　　　　B. CDMA　　　　　C. OFDMA　　　　　D. SC-FDMA

(2) LTE 系统无线资源主要有(　　)。

A. 时隙　　　　　　B. 子载波　　　　C. 天线端口　　　　D. 码道

(3) LTE 的特殊时隙由下列哪几项构成(　　)。

A. DwPTS　　　　　B. GP　　　　　　C. UpPTS　　　　　D. Gs

(4) 以下哪些属于业务信道(　　)。

A. PUSCH　　　　　　　　　　　　　　B. PUCCH

C. PDSCH　　　　　　　　　　　　　　D. PDCCH

(5) LTE 下行物理信道主要有(　　)几种模式。

A. 物理下行共享信道 PDSCH　　　　　　B. 物理随机接入信道 PRACH

C. 物理下行控制信道 PDCCH　　　　　　D. 物理广播信道 PBCH

(6) 关于 LTE TDD 帧结构,下列说法正确的是(　　)。

A. 一个长度为 10 ms 的无线帧由两个长度为 5 ms 的半帧构成

B. 常规子帧由两个长度为 0.5 ms 的时隙构成,长度为 1 ms

C. 支持 5 ms 和 10 ms DL/UL 切换点周期

D. UpPTS 以及 UpPTS 之后的第一个子帧永远为上行

E. 子帧 0、子帧 5 以及 DwPTS 永远是下行

(7) LTE 系统核心网主要包括(　　)网元。

A. MME　　　　B. SGW　　　　C. PGW　　　　D. HSS　　　　E. eNB

(8) SSS 的主要功能是(　　)。

A. 获得物理层小区 ID　　　　　　　　　B. 完成符号同步

C. 完成帧同步　　　　　　　　　　　　D. 获得 CP 长度信息

(9) S1 接口控制平面与用户平面类似,也是基于 IP 传输的,其传输网络层包括哪些? (　　)

A. SCTP 层　　　　B. 物理层　　　　C. IP 层　　　　D. 数据链路层

(10) eNB 通过 S1 接口和 EPC 相连,S1 接口包括(　　)。

A. 与 MME 相连的接口(S1-MME)　　　　B. 与 PGW 连接的接口(S-PGW)

C. 与 SAE 相连的接口(S1-U)　　　　　D. S-GW

(11) eNodeB 提供(　　)功能。

A. 无线资源管理、IP 头压缩和用户数据流加密

B. 用户面数据向 S-GW 的路由

C. 从 MME 发起的寻呼消息、广播消息的调度和发送

D. 用于移动性和调度的测量和测量上报配置

(12) 功率控制的类型包括(　　)。

A. 开环功控　　　　B. 闭环功控　　　　C. 内环功控　　　　D. 外环功控

3. 简述 LTE 系统网络架构与接口。

4. 请画出 LTE TDD 的帧结构并做简要说明。

5. 请画出 UE 开机 ATTach 流程。

6. 简述 TAU 的分类依据。

7. 简述 LTE 网络中 UE 去附着流程。

8. 请画出 X2 切换的信令流程。

9. 怎么理解 LTE 扁平化的网络架构?

10. 简述 LTE 网络主要网元和功能。

11. 请用公式表明 LTE 下行峰值速率 100M,是如何计算得到的? 要表明每个参数的由来。

12. 举例说明 LTE 下行物理信道有哪些(至少三种以上)?

13. 简述小区搜索过程包括哪几个步骤?

14. 请画出 UE 发起的 service request 流程。

15. 简述 LTE 网络切换的步骤。

16. LTE 中 DWPTS、UpPTS 的作用分别是什么？

17. 试画出 eNB 间切换的流程。

18. 简述 EPC 的定义和网络结构。

19. 简述 EPC 新增的网络单元和其主要功能。

20. 请说明 4G 网络系统采取了哪些技术来兼容 PS 和 CS 的业务。

21. 请说明现在你的手机采用的是什么技术来进行语音业务和数据业务的。

第 7 章　LTE 无线网络规划概述

之前的章节中已经介绍了 LTE 的基础知识，包括 LTE 通信系统架构和使用的关键技术等内容。本章讲述如何将这些理论应用到实际工程设备上，那么首先要学习的就是通信网络的规划方法和流程。

7.1　LTE 无线网络规划的定义

通信网络规划指在通信工程设备安装前对设备的安装条件、安装要求、安装流程、安装需要进行掌握并分配合适的资源。在前期进行合理的网络规划，后期的工程设备安装才会井井有条。而无线网络规划就是根据移动通信无线网络的建网目标和网络演进需要，并结合成本要求，选择合适的网元设备进行网络建设项目规划，最终输出网元数目、网元配置，明确网元间的连接方式，为下一步的工程实施提供依据。

无线网络规划主要指通过链路预算、容量估算，给出基站规模和基站配置，以满足覆盖、容量的网络性能指标以及成本指标。网络规划必须要达到服务区内最大程度无缝覆盖；科学预测话务分布，合理布局网络，均衡话务量，在有限带宽内提高系统容量；最大程度减小干扰，达到所要求的 QoS；在保证话音业务的同时，满足高速数据业务的需求；优化天线参数，达到系统最佳的 QoS。

网络规划是覆盖(Coverage)、服务(Service)、和成本(Cost)三要素(简称 CSC)的一个整合过程，如何做到这三要素的和谐统一，是网络规划必须面对的问题。一个出色的组网方案应该是在网络建设的各个时期以最低代价来满足运营要求：网络规划必须符合国家和当地的实际情况；必须适合网络规模滚动发展；系统容量以满足用户增长为衡量；要充分利用已有资源，应平滑过渡；注重网络质量的控制，保证网络安全、可靠；综合考虑网络规模、技术手段的未来发展和演进方向。

移动通信网络规划涉及的范围包含无线、传输和核心网三大部分，其中以无线网络规划最为困难和重要。无线网络规划的结果将直接影响传输网和核心网的规划。

在移动通信网络建设中，成本主要来自于设备投资。在无线接入网络、传输网络和核心网络中，无线接入网络的投资占据整个移动通信网络投资的 70%以上。无线接入网络投资的规模主要取决于网络中的站点数目和站型配置，这是由无线网络规划所确定的。

如何规划一个高质量、低成本、有竞争力的无线网络？这就是无线网络规划的目标，是整个无线网络建设项目的基础，网络规划在整个通信项目建设中的地位如图 7.1 所示。

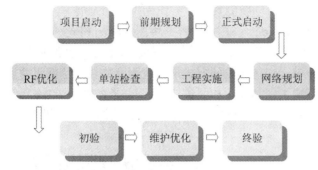

图 7.1　网络规划在整个通信项目建设中的地位

在 LTE 无线网络建设过程中，网络规划具有举足轻重的位置，尽管全球各大运营商在 2G 和 3G 网络规划过程中积累了丰富的经验，然而 LTE 网络规划具有不同于传统通信制式的新特点。在 LTE 的网络规划过程中，其不同之处在于所规划网络的覆盖范围、通信容量以及与传统通信制式的兼容性等。

7.2　LTE 无线网络规划的目标和原则

无线网络规划的目标是在规定的一定成本并满足网络服务质量的前提下，建设一个容量和覆盖范围都尽可能大的无线网络，并能适应未来网络发展和扩容的需求。通过网络规划实现覆盖、容量、质量与成本之间的良好平衡，实现最优设计。这就要求我们在做无线网络规划时必须遵循以下两大基本原则。

1. 综合建网成本(Cost)最小

无线网络建设是伴随网络整个生命周期的。前期规划必须考虑后期发展的需求，降低综合建网成本。为保证建网成本，在初期规划时要同时考虑后期扩容的方案，在得到综合的网络性能的前提下，投入的成本当然是越小越好。例如在中心城区站点获取成本是不断攀升的，采用合理的站间距策略可以避免后期扩容中频繁地增加站点，从而有效地降低综合建网成本。

成本可以分为建网成本和运营成本，并伴随整个网络的生命周期。如果在网络初期，以高速数据业务作为目标进行规划，会导致大量资源(比如过多的站点)由于没有足够的业务而出现浪费。

2. 盈利业务覆盖(Coverage)最佳

4G 无线网络是多业务的网络。网络资源在业务之间进行分配时，需要确定谁是盈利业务及其覆盖质量的要求，再进行小区半径和覆盖方案的规划。

运营商建网的最终目的是要盈利。由于话音业务日趋饱和，并且受到低成本的 VoIP 业务的挤压，来自话费的盈利将会越来越少。同时，由于无线宽带的目标竞争对手是有线宽带，而绝大多数的有线宽带用户都是不希望按照网络流量收费的，运营商一般只能收取固定的上网费，其结果是有限的网络使用费收入和巨大的数据流量负荷。因此，移动运营商将不能依靠传统的收取电话费和上网费的网络运营模式盈利。

为了提升盈利水平，移动运营商需要很好地融合电信业务和互联网业务，发挥移动互联网的合作和创新能力，将创新型数据业务作为主要的发展方向，移动运营商将主要通过和服务提供商(Service Provider，SP)、内容提供商(Content Provider，CP)的分成获取利润。移动宽带网络的盈利模式将从网络运营模式转变为以数据业务和多媒体业务为主的产品运营模式。产品运营模式的基本盈利方式是：运营商购买电信牌照并投资基础网络建设，运营商向设备供应商购买网络设备和服务,运营商与 CP 和 SP 签约合作提供相关产品和服务，运营商从与 CP 和 SP 的分成中获取利润，部分利润用于再投资，开始新的循环。

7.3　LTE 无线网络规划的流程

LTE 无线网络规划流程主要分为网络需求分析、网络规模估算、站址规划、无线网络仿真、无线参数设计 5 个阶段，具体流程如图 7.2 所示。

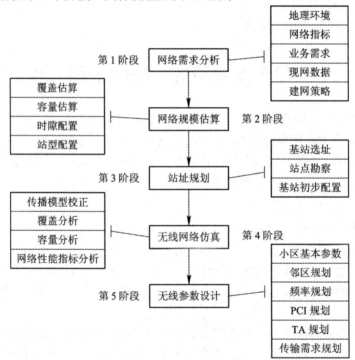

图 7.2　无线网络规划流程图

1. 网络需求分析

明确 LTE 网络的建设目标是展开网络规划工作的前提条件，可以从行政区划分、人口经济状况、无线覆盖目标、所需容量目标和网络质量目标等几个方面入手。同时注意收集现网站点数据及地理信息数据，这些数据都是 LTE 无线网络规划的重要输入，对 LTE 网络建设具有指导意义。

2. 网络规模估算

通过覆盖估算和容量估算来确定网络建设的基本规模。在进行覆盖估算时首先应了解当地的传播模型，然后通过链路预算来确定不同区域的小区覆盖半径，从而估算出满足覆盖需求的基站数量。容量估算则是分析在一定时隙及站型配置的条件下，LTE 网络可承载的系统容量，并计算是否可以满足用户的容量需求。

3. 站址规划

通过网络规模估算，网络规划工程师估算规划区域内需要建设的基站数目及其基站位置，但实际上受各种条件的制约，理论站点并不一定可以设站，因而实际站点同理论站点并不一致，这就需要对备选站点进行实地勘察，并根据所得数据调整基站规划参数。其内容包括：基站选址、基站勘察和基站规划参数设置等。同时应注意利用原有网络站点进行共站址建 LTE，可否共站址主要依据无线环境、传输资源、电源、机房条件、天面条件及工程可实施性等方面综合确定。

4. 无线网络仿真

完成初步的站址规划后，需要进一步将站址规划方案输入到 TD-LTE 规划仿真软件中进行覆盖及容量仿真分析，仿真分析流程包括规划数据导入、传播预测、邻区规划、时隙和频率规划、用户和业务模型配置以及蒙特卡罗仿真，通过仿真分析输出结果，可以进一步评估目前规划方案是否可以满足覆盖及容量目标，如存在部分区域不能满足要求，则需要对规划方案进行调整修改，使得规划方案最终满足规划目标。

5. 无线参数设计

在利用规划软件进行详细规划评估之后，就可以输出详细的无线参数，主要包括天线高度、方向角、下倾角等小区基本参数，还包括邻区规划参数、频率规划参数、PCI 参数等，同时根据具体情况进行 TA 规划，这些参数最终将作为规划方案输出参数提交给后续的工程设计及优化环节使用。

7.4　LTE 无线网络覆盖目标及影响覆盖的因素

在无线网络规划的前期，需要确定网络的覆盖要求和覆盖质量。对于典型的业务，速率目标是固定的，再由确定的解调门限通过链路预算的方式，获得系统的覆盖半径。而对于 LTE 系统，需要定义系统实现的吞吐能力需求、典型无线环境(如密集市区)容忍的调制解调方式、干扰容忍程度等。

7.4.1　LTE 覆盖目标

LTE 覆盖目标的定义比较丰富，可以采用如下覆盖指标。

1. 区域边缘用户速率

在对 LTE 覆盖规划时，可以为边缘用户指定速率目标，即在覆盖区域边缘，要求用户的数据业务满足某一特定速率的要求，例如 64 kb/s，128 kb/s，甚至根据业务需要，在某些场景可提出 512 kb/s 或 1 Mb/s 等更高的速率目标。只要不超过 LTE 系统的实际峰值速率，LTE 系统通过系统资源的分配与配置就能满足用户不同的业务速率目标要求。由此可见，相对于 TD-SCDMA 系统速率业务不同的是，LTE 系统业务速率目标的指定可以更加灵活。

2. 区域边缘用户频谱效率

除了边缘用户速率这一覆盖目标,LTE 系统规划也可以采用用户的频谱效率这一指标。频谱效率定义为,通过一定传输距离的信息量与所用的频谱空间和有效传输时间之比。相对于用户的覆盖速率目标,频谱效率单位化了用户的传输时间资源和频率资源。因为 LTE 的速率可以通过系统资源配置来满足,而 LTE 系统资源是可以灵活配置的,例如时间资源可以通过设置时隙切换点来调整上下行时隙比例,频率资源可以通过资源分配算法来为用户配置带宽。因此,以频谱效率为覆盖目标,可根据系统配置算法机制,将频谱效率指标转换为用户的速率指标,然后再通过用户的速率目标来规划覆盖。

3. 区域边缘用户调制编码方式

LTE 系统支持多种调制方式,包括 QPSK,16QAM 和 64QAM,还支持不同的编码速率。调制编码方式及编码速率也可以作为覆盖目标。因此调制编码方式与编码速率可以获得不同的用户频谱效率等级,也就体现了覆盖区域的用户速率等级。调制编码方式不同,解调门限也不同,进而直接影响接收机灵敏度要求,导致覆盖范围发生改变。

4. 系统带宽和调制方式的多样性

LTE 系统进行覆盖规划时,对于边缘用户有确定的覆盖速率目标,这时需要选择合适的用户带宽和调制编码方式组合。TD-LTE 系统规范定义了 6 种带宽,如表 7.1 所示。

表 7.1　LTE 系统规范定义的 6 种带宽

信道带宽/MHz	1.4	3	5	10	15	20
传输带宽/RB	6	15	25	50	75	100

表 7.1 中,RB 表示系统可调度的频率资源单位组,LTE 中的一个 RB 在时域上是一个时隙,占 0.5 ms,在频域上占 12 个子载波,每个子载波 15 Hz,共 180 Hz。系统带宽配置直接决定小区的理论峰值速率。在小区服务中,系统需要对用户分配带宽资源,用户带宽资源直接影响用户的数据速率。在实际系统中,根据不同的系统带宽,进行 RB 配置。用户分配带宽由如下两个因素决定:

(1) 激活用户数目;

(2) 资源分配算法(如正比算法,轮询等)。

LTE 系统支持多种调制方式,包括 QPSK、16QAM 和 64QAM,支持不同的编码速率。TD-LTE 系统采用自适应调制编码方式,根据信道质量指示 CQI 来选择合适的调制方式,调制编码方式直接影响用户的数据速率。选择的调制等级越低,系统要求的 SINR 解调门限越低,对系统接收机灵敏度要求越宽容,这样可支持越大的小区覆盖半径。反之,选择较高的调制等级会缩小覆盖半径。但是并非调制等级越低对系统覆盖性能影响越好,实际上,在进行覆盖规划时,边缘用户都有确定的覆盖速率目标,如果考虑较低等级的覆盖方式,就需要增加较多的用户带宽。因为调制等级越低,单位符号可承载的比特数越少,只有增加可用带宽,才能满足确定的速率目标。而带宽增加的一个直接的影响就是导致接收机底噪水平升高,灵敏度降低,这又使得小区覆盖半径有缩小的趋势。所以,LTE 在进行覆盖规划时,需要选择合适的用户速率和调制编码方式组合。当载波带宽一定时,

64QAM-3/4 调制方式下的基站接收机灵敏度比 QPSK 调制方式下的灵敏度低；当调制方式一定时，调制到较多带宽下的基站接收机底噪较高，灵敏度比较少带宽下的灵敏度低。LTE 系统支持多种编码调制方式与编码速率的组合。在覆盖区域内的实际应用中，LTE 采用自适应调制编码 AMC，以保证在覆盖区域内的用户能够根据无线环境的不同选择合适的调制方式，从而成功实现业务接入。

7.4.2　影响覆盖的因素

1. RB 配置影响覆盖

LTE 网络中的 RB 资源，对上下行覆盖都存在影响，在实际规划中，要合理规划以应对不同的覆盖环境和规划要求。

(1) RB 配置对下行覆盖的影响。有效发射功率与 RB 数量成正比，RB 配置增多，有效发射功率增大，覆盖半径增大。下行信道底噪与 RB 数量成正比，RB 配置增多，下行信道底噪抬升功率与底噪的等比变化，不会影响下行覆盖半径。

(2) RB 配置对上行覆盖影响。RB 配置增多会引起上行信道底噪的抬升，覆盖半径降低终端最大发射功率是有限的，如果已达到终端最大发射半径，再增大 RB 数只会减少上行覆盖半径。

2. 天线类型影响覆盖

多天线技术是 LTE 最重要的关键技术之一，引入多天线技术后，LTE 网络覆盖性能受到传输模式和天线选型的影响。3GPP 规范中，R9 版本规定了七种传输模式，对于下行业务信道，不同模式下覆盖性能有差异，具体如表 7.2 所示。

表 7.2　不同传输模式下覆盖性能比较

TM1 单天线端口	无法获得多天线好处，可以作为各种传输模式的性能对比参考
TM2 传输分集	SFBC 具有一定的分集增益，FSTD 带来频率选择增益，这有助于降低其所需的解调门限，从而提高覆盖性能
TM3 开环空间复用	对信噪比要求较高，会使其要求的解调门限升高，降低覆盖性能
TM4 闭环空间复用	对信道估计要求较高，且对时延敏感，这导致其解调门限要求较高，覆盖性能反而下降
TM5 MU-MIMO	SFBC 具有一定的分集增益，FSTD 带来频率选择增益，这有助于降低其所需的解调门限，从而提高覆盖性能
TM6 Rank=1 的闭环预编码	解调性能应比 mode4 在多层多码字传输时要好，相对 mode1 的覆盖性能应该仍然会有所下降
TM7 单天线端口(端口 5)	具有较好的覆盖性能

3. 设备发射功率影响覆盖

下行按照 20 MHz 带宽最大 46 dBm 发射功率，且按照每 RB 均分上行按照终端最大 23 dBm 发射功率来考察覆盖性能 LTE 为上行功率受限系统。

如果不考虑多小区间干扰的影响，那么发射功率越大，越能够补偿路径损耗和信号衰落等影响，则其覆盖越远，覆盖性能越好。实际组网必须考虑小区间干扰的影响，发射功率不建议随意设置。

4. 频率复用系数影响覆盖

频率复用系数越大，小区间干扰越小，则 CIR 可达到的极限也越大，对应覆盖半径应该越大，有助于改善覆盖性能。如频率复用系数为 3，异频组网的情况，CIR 极限较大，此时影响覆盖性能的主要是系统噪声，也即噪声受限。

频率复用系数越小，小区间干扰越大，CIR 可达到的极限也越小，对应覆盖半径应该越小。典型的情况就是频率复用系数为 1，也即同频组网时的情况，CIR 极限最小，此时影响覆盖性能的主要是 C/I，也即干扰受限。

5. 小区间干扰影响覆盖

LTE 引入 OFDM 技术，由于不同用户间的子载波频率正交，使得同一小区内不同用户间的干扰几乎可以忽略，但 LTE 系统小区间的同频干扰依然存在，随着网络负荷的增加，小区间的干扰水平也会增加，使得用户的 SINR 值下降，传输速率也相应降低，呈现一定的呼吸效应。另外，不同的干扰消除技术会产生不同的小区间业务信道干扰抑制效果，这也会影响 LTE 的边缘覆盖效果。因此，如何评估小区间的干扰抬升水平，也是 LTE 网络覆盖的一个难点。

小　　结

本章主要介绍了无线网络规划的定义，并阐述了无线网络规划的重要性，明确了无线网络规划的目标和原则，最后简要说明了无线网络规划的流程。本章的目的是让读者对移动通信中的无线网络规划有所认识，并为后续的网络规划指引方向。

习　题　7

1. 简述无线网络规划的定义。
2. 说明无线网络规划在通信工程的整个周期中所占据的时间段，并说明理由。
3. 说一说无线网络规划有几个阶段及每个阶段包含的具体工作。

第 8 章　未来移动通信

众所周知，第 4 代无线通信系统已经部署或即将被部署在许多国家。然而，当今越来越多的人渴望更快的移动互联网接入服务，能便捷高效地进行即时通信。这导致了无线移动设备和服务爆炸式的发展。

8.1　未来移动通信面临的挑战和发展状况

自 2015 年以来移动宽带每年以 92% 的速度增长。随着越来越多的无线设备接入网络，目前的移动通信技术面临着如下挑战：

➤ 频谱十分稀缺。频率范围为几百兆赫到几吉赫。这些频谱现已大量被使用。

➤ 高能耗。在无线通信系统中能量消耗的增加会间接地导致二氧化碳排放增加。运营商基站的能耗占总电费的 70%。

什么是 5G?

➤ 其他挑战。例如，平均频谱效率、高速率和高移动性、无缝覆盖、不同的服务质量 QoS 要求和分散的用户体验(不同的无线设备/接口和异构网络不兼容性等)。

4G 网络在现有技术的数据率上已经达到理论极限，因此不足以容纳上述挑战。研究人员已经开始研究超 4G(B4G)或 5G 无线技术，有代表性的项目和工作如下：

➤ 中英科学的桥梁项目是世界上第一个开始研究 B4G 的项目。

➤ 欧洲和中国也开始了一些 5G 项目，如由欧盟支持的 METIS 2020 项目，在中国由科技部支持的国家 863 重点项目。中国进入了部分技术的试用阶段。

➤ 诺基亚西门子网络的无线接入技术与 2019 年通信水平相比高达 1000 倍的通信流量。

➤ 三星证明使用毫米波技术，在 2 km 的情况下，传输速率超过 1 GB/s。

"5G" 已成为近年来的最热话题，尤其是 2019 年被誉为 "5G 元年"，与此同时，各方对 5G 的定义和理解不一，罗兰贝格基于全球权威数据库，结合丰富的 5G 项目经验和遍布全球的 5G 专家网络，首次为我们憧憬了如图 8.1 所示的 5G 生态全景图，将 5G 这一行业跨度极广、影响极其深远的产业生态进行了清晰的定义。

在这个 "以标准整合服务，以服务支撑应用，以应用推动颠覆" 的 5G 生态全景图中，5G 的本质和基石仍是一套由跨国界、跨行业专家通力协作制定的通信标准。这套标准既是全球通信及相关行业的 "通用语言"，也是通信技术发展的 "时代切片"。图 8.1 体现了 5G 的终极目标是连接整个世界，实现无缝和无处不在的通信。

相比于 4G 网络，5G 网络应达到 1000 倍的系统容量，10 倍的频谱效率、能源效率和数据速率(即在低速移动下峰值速率为 10 GB/s 和在高速移动下峰值速率为 1 GB/s)，以及 25 倍的平均小区吞吐量。

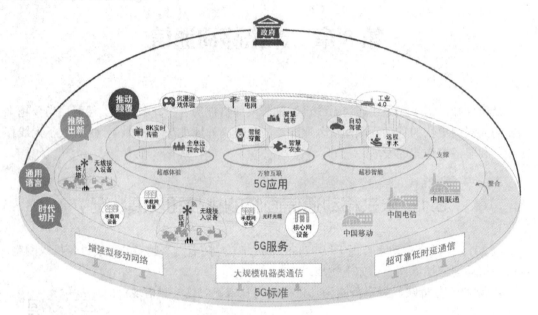

图 8.1　5G 生态全景图

5G 网络应该能够支持一些特殊场景的通信，而 4G 网络不支持。例如，高速列车的用户，高速列车可以达到 350～500 km/h，而 4G 网络只能支持的通信场景为 250 km/h。

5G 接入网设计需要考虑关键能力指标、网络运营能力和网络演进要求这 3 个方面的因素。现有的 4G 网络，在网络运行和满足 5G 所提出的业务和能力需求方面，都面临着新的挑战。主要包括以下几个方面：

➤ 无法为用户提供一致的良好体验。在现有网络架构中，基站之间的交互功能不强或者不够灵活，无法通过基站间通信实现高效的无线资源调度、移动性管理和干扰协调等功能，导致现有网络小区中心和边缘用户体验速率差异较大，很难满足广域覆盖下 100 Mb/s 及热点地区 1Gb/s 的用户体验速率。

➤ 数据路由和分发手段单一。现有网络数据均通过核心网转发，模式单一。由于核心网关部署位置很高，导致业务数据流量向网络中心汇聚，特别是针对 5G 热点区域"数十 Tb/(s·km^2)"流量密度的场景，对移动回传网络造成较大的压力。此外，现有端到端通信在控制面和数据面需要通过多跳网络路由，传输路径较长，时延难以有效降低，无法满足低时延高可靠性业务场景需求。5G 网络需要支持多样化的数据路由与分发功能、降低业务时延、支持多种回传机制，优化数据路由，提高传输效率。

➤ 业务感知与开放能力不足。当前无线接入网一直作为"盲管道"存在，缺乏对用户和业务的感知能力，无法实现精细化管理和最优匹配。

➤ 网络协同能力有限。现有网络只有核心网侧的多网协同，由于不同接入技术采用不同的移动性管理、QoS 控制，导致互操作中复杂的信令流程出现。另一方面，多制式无法在接入网侧进行更紧密的协同，性能达不到最优，尤其未来 5G 接入网包含 4G 演进和 5G 新空口，接入网侧协作将更为重要。

　　5G 接入网架构可以通过增强协作控制，优化业务数据分发管理，支持多网融合与多连接，支撑灵活动态的网络功能和拓扑分布，以及促进网络能力开放等几个方面，来提升网络灵活性，数据转发性能和用户体验、业务的有效结合度。5G 网络架构会向更扁平，基于控制和转发进一步分离，可以按照业务需求灵活动态组网的方向演进。运营商将可针对不同的业务和用户需求，快速灵活按需地实现满足不同质量业务需求的组网，使网络整体的效率进一步得到提升。

8.2　5G 性能需求

　　5G 需要具备比 4G 更高的性能，支持 0.1～1 Gb/s 的用户体验速率，一百户每平方千米的连接数密度，毫秒级的端到端时延，数十 Tb/s 每平方千米的流量密度，每小时 500 km 以上的移动性和数十 Gb/s 的峰值速率。其中，用户体验速率、连接数密度和时延为 5G 最基本的三个性能指标。同时，5G 还需要大幅提高网络部署和运营的效率，相比 4G，频谱效率提升了 5～15 倍，能效和成本效率提升百倍以上。在这些关键性能指标中，并非一成不变，而是在不同场景下，有不同的要求，常见的例如速率上的要求，在高铁和在普通场景下肯定是差异很大的。我们主要列举了如表 8.1 所示的典型场景下对速率的要求：高铁、车联网自动驾驶、工厂自动化、广阔户外、智慧城市、密集交通、VR 或 AR、大型活动场馆、媒体点播、远程精细操作等。

表 8.1　5G 在不同场景下的速率要求

场　景	期　望　值
高铁	下行 50 Mb/s，上行 25 Mb/s
车联网自动驾驶	下行 100 Mb/s，上行 20 Mb/s
工厂自动化	下行 300 Mb/s，上行 60 Mb/s
广阔户外	30 Mb/s
智慧城市	下行 300 Mb/s，上行 60 Mb/s
密集交通	下行 100 Mb/s，上行 20 Mb/s
VR 或 AR	4～28 Gb/s
大型活动场馆	0.3～20 Mb/s
媒体点播	15 Mb/s
远程精细操作	300 Mb/s

下面介绍几种性能需求参数。

1. 用户体验速率

　　5G 最显著的特点是高速，按规划速率会高达 10～50 Gb/s，人均月流量大约有 36 Tb，如此高的速率该靠什么资源来支撑呢？必须要靠更大的带宽。

　　人们对通信速率要求越来越高，迫使信道的带宽就越来越宽，几根电话线的带宽不够，那就增加到几百根，几百根不够就换成同轴电缆，电缆带宽不够就换成光纤，有线通信的带宽就是这样递增的。

2. 连接密度

连接密度是指在特定地区和特定时间段内，单位面积可以同时激活的终端或者用户数，也就是单位面积上支持的在线设备总和。不同场景下对流量密度的期望值见表 8.2。

表 8.2　5G 在不同场景下的流量密度

场　景	期　望　值
高铁	下行 100 Gb/(s·km^2)，上行 50 Gb/(s·km^2)(流量密度)
车联网自动驾驶	—
工厂自动化	10^7 个终端/km^2
广阔户外	—
智慧城市	2×10^6 个终端/km^2
密集交通	480 Gb/(s·km^2) (流量密度)
VR 或 AR	10^6 个终端/km^2，480 Gb/(s·km^2) (流量密度)
大型活动场馆	900 Gb/(s·km^2) (流量密度)
媒体点播	60 Gb/(s·km^2) (流量密度)
远程精细操作	—

3. 时延

这里主要指端到端的时延，是指数据包从源节点开始传输到目的节点正确接收的时间。时延又分为单程时延(One Way End-to-End Measurement，OTT)和往返时延(Round-Trip Time，RTT)。单程时延是数据包从发送端到接收端的时间，往返时延是数据包从发送端发送，到接收端收到后返回确认信息的时间。不同场景下对时延的期望值见表 8.3。

表 8.3　5G 在一些场景的时延

场　景	期　望　值
高铁	10 ms
车联网自动驾驶	5 ms
工厂自动化	1 ms
广阔户外	—
智慧城市	20 ms
密集交通	100 ms
VR 或 AR	RTT 10 ms
大型活动场馆	
媒体点播	200 ms
远程精细操作	1 ms

4. 可用性及可靠性

可用性是指在一个区域内，网络能满足用户体验质量的百分比，也就是用户能使用网络，且基本体验能达到标准。可靠性则是指一定时间内从发送端到接收端成功发送数据的概率。不同场景下对网络可用性及可靠性的期望值见表8.4。

表8.4　5G 在不同场景下的可用性及可靠性

场　景	期　望　值
高铁	99%
车联网自动驾驶	99.999%(可靠性)
工厂自动化	99.999%(可靠性)
广阔户外	99.9%(覆盖，可用性)
智慧城市	一般应用95%，安全应用99%
密集交通	95%(可用性)
VR 或 AR	99.9%
大型活动场馆	95%(可用性)
媒体点播	95%(覆盖)
远程精细操作	99.999%(可靠性)

5. 移动性

移动性主要是指移动终端设备在高速移动的情况下，仍能保证用户体验的性能，如在高速公路、高铁等场景，具体期望值如表8.5所示。

表8.5　5G 在一些场景的移动性

场　景	期　望　值
高铁	500 km/h
车联网自动驾驶	200 km/h
工厂自动化	—
广阔户外	—
智慧城市	100 km/h
密集交通	—
VR 或 AR	—
大型活动场馆	—
媒体点播	—
远程精细操作	—

6. 其他

其他方面的要求主要有安全性、能耗、成本等。

1) 安全性

安全性比较难衡量，目前一般以黑客侵入信息内容需要的时间来衡量，在网络切片中对安全的要求还在继续研究中。

2) 能耗

能耗方面，要求应急通信中电池至少续航一周；在广阔地区分布的设备，要求续航 10 年；电表、气表等一般设备要求 2～5 年的续航能力。

3) 成本和可持续发展

目前的移动通信网络在应对移动互联网和物联网爆发式发展时，可能会面临以下问题：能耗、每比特综合成本、部署和维护的复杂度难以高效应对未来千倍业务流量增长和海量设备连接；多制式网络共存造成了复杂度的增长和用户体验下降；现网在精确监控网络资源和有效感知业务特性方面的能力不足，无法智能地满足未来用户和业务需求多样化的趋势；此外，无线频谱从低频到高频跨度很大，且分布碎片化，干扰复杂。

为了应对这些问题，需要从两方面提升 5G 系统能力，以实现可持续发展。

(1) 在网络建设和部署方面，5G 需要提供更高网络容量和更好的覆盖，同时降低网络部署，尤其是超密集网络部署的复杂度和成本；5G 需要具备灵活可扩展的网络架构以适应用户和业务的多样化需求；5G 需要灵活高效地利用各类频谱，包括对称和非对称频段、重用频谱和新频谱、低频段和高频段、授权和非授权频段等；另外，5G 需要具备更强的设备连接能力来应对海量物联网设备的接入。

(2) 在运营维护方面，5G 需要改善网络能效和比特运维成本，以应对未来数据迅猛增长和各类业务应用的多样化需求；5G 需要降低多制式共存、网络升级以及新功能引入等带来的复杂度，以提升用户体验；5G 需要支持网络对用户行为和业务内容的智能感知并作出智能优化；同时，5G 需要能提供多样化的网络安全解决方案，以满足各类移动互联网和物联网设备及业务的需求。

ITU 制定的 5G 典型应用场景和关键能力的需求满足成为通信产业界面临的关键问题。综合考虑需求、技术发展趋势以及网络平滑演进等因素，5G 应该同时存在新空口和 4G 演进空口两条路线。一方面，LTE/LTE-A 作为 4G 标准，已在全球范围内大规模部署，中国移动近两年也建成了世界上最大的 TD-LTE 网络，为了保证投资和网络平滑演进，4G 空口将在现有 4G 框架基础上持续演进和增强，在保证兼容性的同时实现现有系统性能的进一步提升，在一定程度上满足 5G 场景与业务需求。比如，为了满足增强移动宽带(enhanced Mobile Broadband，eMBB)需求，4G 演进通过更多的载波聚合和多天线增强，如全维多天线(Full-Dimension MIMO，FD-MIMO)、大规模天线(Massive MIMO)等技术可实现更高的吞吐率；通过多连接、多无线接入技术(Radio Access Technologies，RAT)融合持续增强技术能带来更好的异构组网和用户体验；为了满足海量机器通信(massive Machine Type of Communication，mMTC)场景需求，基于 4G 的机器与机器(Machine to Machine，M2M)特性，如窄带物联网(Narrow Band-Internet of Things，NB-IoT)、eMTC 将在技术和性能上带来持续演进和增强，满足一定场景的需要；为了满足超可靠且超低的时延业务(Ultra Reliable and Low Latency Communication，URLLC)场景需求，可以基于现有 4G 演进车之间通信的协议(LTE-Vehicle，LTE-V)技术拓展车联网等场景。但另一方面，受限于 4G 技术框架的约束，大规模天线、超密集组网、业务智能感知和分发、新波形和多址技术在现有技术框架和网络架构下难以被采用而潜力未能发挥出来，4G 演进无法以低复杂度满足 5G 极致性能需求。因此，5G 需要突破后向兼容的限制，设计全新的空口，全面满足 5G 关键指标要求。综合考虑，5G 需要新空口和 4G 演进空口协同发展。

8.3 5G 关键技术

从标准和产业化角度出发，5G 空口技术路线(图 8.2)主要包括新空口和 4G 演进两条技术路线。发展趋势是基于统一的技术框架进行设计，重点技术包括新型多址、大规模天线、超密集组网和全频谱接入等八大关键技术，具有灵活的技术与参数配置方案，同时面向连续广域覆盖、热点高容量、低时延高可靠、低功耗大连接四大覆盖场景，此空口技术方案能够满足 2020 年移动互联网和物联网的业务需求。

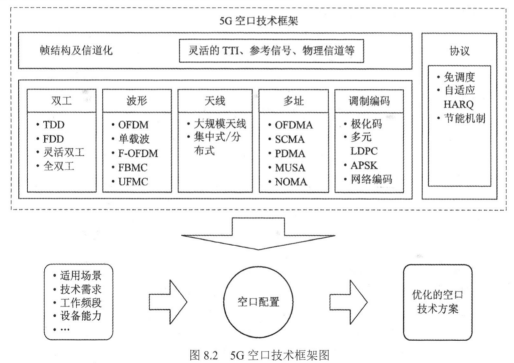

图 8.2 5G 空口技术框架图

1. 大规模天线技术

MIMO 天线技术中的空间分集是指多根发射天线或多根接收天线可以同时处理同一信号。这种应用模式虽然对空间传输容量和频谱利用率没什么贡献，但却可以极大地提高无线传输的可靠性。空间复用是指发射天线是多根，接收天线是多根也可能是单根，可组合成多路独立空间子信道用来传输多路不同用户信号。这样虽然可以较大程度地提高无线传输容量或频谱利用率，但很难改善无线信道的传输质量。波束赋形是指多根天线在相关技术作用下，可以使多天线发射的电磁波在指定方向相长相消，形成较窄的定向波束覆盖目标用户。这样虽然可以获得较高的传输可靠性，克服邻区干扰，降低设备发射功率，提高通信质量，但同样不能提高传输容量和频谱利用率。

传统 MIMO 天线系统实现波束赋形，理论上是无法兼顾系统同时实现空间复用或空间分集的。因为技术上存在完全相悖的基本要求，波束赋形要求 MIMO 天线系统中各子天线间距只能是半波长或半波长的倍数，以保证各子天线上信号具有相长相消的相干性。由于波束赋形的作用主要是将各子天线上相同信号通过相干性，使其辐射波形变得更窄，具有更强的方向性和目标性，从而可以提高无线传输的可靠性，这与空间分集产生的效果相似。发送端将信源比特流通过数字调制成串行码流，再经串并变换成为与MIMO 多天线对应的并行码流，经过空时编码，使之成为适应空间分集和时间分集的空时码流，最后送到 MIMO 天线，使其在空域子信道上同频同时传输。接收端 MIMO 天线在收到经过无线信道传输的多径信号后，通过空时解码，使其从混合接收信号中分离，估计出与多天线对应的并行码流，再经并串转换形成传输码流，最后通过数字解调恢复信宿。在 MIMO 天线的工作过程中，系统可根据各子天线的间距及相关处理技术，分别实现空间分集、空间复用和波信号通过相干性使其辐射波形变得更窄，具有更强的方向性和目标性，从而可以提高无线传输的可靠性。这与空间分集产生的效果相似，也就是说，波束赋形与空间分集的主要作用具有异曲同工之妙。但波束赋形还可以提高发射电磁波的功率密度，可以有效地降低每个阵元上发射信号的强度，可大大节省天线的发射能量，具有环保优势。

移动通信的基站和终端因架设和架构的现实要求，使 MIMO 天线系统的体积、重量和功耗受到较大限制，而 MIMO 天线振子结构的几何大小与波长同数量级。4G 网络的主频率小于 3 GHz，波长大于 10 cm，属于分米波范围，目前应用于 4G 基站和终端中的 MIMO天线一般为基站有 8 根天线和终端有 2 根天线的 8 × 2 模式，如此少量的子天线数，产生的空间复用、空间分集和波束赋形的效果非常有限。面向 5G 的频谱选择很有可能采用毫米波技术，从而使子天线尺寸局限在毫米范围，从几何尺寸和发射功率等方面，都已为 5G系统提供了技术支撑基础，使之完全可以在基站和终端上建立少则几十根、多则上千根子天线的大规模 MIMO 天线系统。

2. 非正交多址接入(NOMA)技术

PDMA 图样分割多址接入是一种基于多用户通信系统整体优化的新型非正交多址接入技术，通过发送端和接收端的联合设计，在发送端采用功率/空间/编码等多种信号域的单独或者联合非正交特征图样区分用户，在接收端采用串行干扰消除(Serial Interference Cancellation，SIC)方式实现准最优多用户检测。总的来说，非正交多址接入(Non-Orthogonal Multiple Access，NOMA)主要有 3 个技术特点：

(1) NOMA 在接收端采用 SIC 技术来消除干扰，可以很好地提高接收机的性能。串行干扰消除技术的基本思想是采用逐级消除干扰策略，在接收信号中对用户逐个进行判决，进行幅度恢复后，将该用户信号产生的多址干扰从接收信号中减去，并对剩下的用户再次进行判决，如此循环操作，直至消除所有的多址干扰。与正交传输相比，采用 SIC 技术的

NOMA 的接收机比较复杂，而 NOMA 技术的关键就是能否设计出复杂的 SIC 接收机。随着未来几年芯片处理能力的提升，相信这一问题将会得到解决。

（2）发送端采用功率复用技术。不同于其他的多址方案，NOMA 首次采用了功率复用技术。功率复用技术在其他几种传统的多址方案中没有被充分利用，其不同于简单的功率控制，而是由基站遵循相关的算法来进行功率分配。在发送端中，对不同的用户分配不同的发射功率，从而提高系统的吞吐率。另一方面，NOMA 在功率域叠加多个用户，在接收端，SIC 接收机可以根据不同的功率区分不同的用户。

（3）不依赖用户反馈信道状态信息（Channel State Information，CSI）。在现实的蜂窝网中，因为流动性、反馈处理延迟等一些原因，通常用户并不能根据网络环境的变化反馈出实时有效的网络状态信息。虽然在目前，有很多技术已经不再那么依赖用户反馈信息就可以获得稳定的性能增益，但是采用了 SIC 技术的 NOMA 方案可以更好地适应这种情况，NOMA 技术可以在高速移动场景下获得更好的性能，并能组建更好的移动节点回程链路。跟 CDMA 和 OFDMA 相比，NOMA 子信道之间采用正交传输，不会存在跟 3G 一样明显的远近效应问题，多址干扰（Multiple Access Interference，MAI)问题也没那么严重；由于可以不依赖用户反馈的 CSI 信息，在采用 AMC 和功率复用技术后，应对各种多变的链路状态更加自如，即使在高速移动的环境下，依然可以提供很好的速率表现；同一子信道上可以由多个用户共享，跟 4G 相比，在保证传输速度的同时，可以提高频谱效率，这也是最重要的一点。

3. 同频同时的全双工技术

随着在线视频业务的增加以及社交网络的推广，未来移动流量呈现出多变特性：上下行业务需求随时间、地点而变化等，目前通信系统采用相对固定的频谱资源分配将无法满足不同小区变化的业务需求。

灵活双工技术原理是将发射信号和接收信号设置在同一频率和时隙上，使得资源开销相比传统双工模式减半，从而提高频谱效率。

4. 超密集组网

为了满足将来移动网络数据流量数百倍的增大，将用户体验速率提高数百倍的要求，除了增加频谱带宽和使用大规模天线技术提高频谱的效率外，提高空间重用的程度也是提高 5G 网络无线系统容量的有效方法。以前无线通信网络采用单元划分方式来减小小区半径，但是随着现代小区覆盖的减小，单元划分变得难以实现，需要超密集组网技术，可以在数据使用量大的区域放置小型基站。将小型基站放置在宏基站所覆盖的范围内，形成密集的异构网络，增加单位面积内小基站的密度，通过在异构网络中引入超大规模低功率节点实现热点增强，消除盲点，改善网络覆盖，提高系统容量。

超密集组网具有如下两个优势：

➢ 提升移动性能。由于小型基站部署在宏基站的内部，可以始终保持宏基站与微基站之间的连接。微基站能够给用户提供连接，用户通过小型微基站就可以实现信息的添加、修改和删除。

➢ 资源利用率提升。宏基站可以通过统一控制和管理小型基站，对小型基站动态开/关等给予协调管理，进行优化控制，提高整体的网络容量和资源使用效率，降低能耗。超密集组网络技术可以使终端在一些地区和发射节点之间的距离变得更近，能够得到更多的频谱，提升业务效率、频谱效率，大大提高系统容量功能和优势。

超密集组网能够满足热点地区 500～1000 倍的流量增长的需求(几十 Tb/(s · km^2)，每平方千米 1000 000 连接，1Gb/s 用户体验速率)。可应用于密集街区、密集住宅、办公室、公寓、大型集会、体育场、购物中心、地铁等场景。

5. 设备到设备的直接通信

传统的蜂窝通信系统的组网方式以基站为中心实现小区的覆盖，而基站和中继站无法移动，其网络在灵活性上有缺陷，随着无线多媒体技术的不断发展，传统的以基站为中心的业务形式已无法满足海量用户在不同环境下的业务需要。设备到设备(Device to Device，D2D)的直接通信技术无需借助基站的帮助就能实现通信中终端间的直接通信，拓展网络连接和接入方式。因此 D2D 通信具有如下特点：

➢ 端到端毫米级用户面时延，实现较高数据速率、较低的时延和功耗；

➢ 短距离通信可频谱资源复用；

➢ 无线 P2P(Peer to Peer，点对点)功能；

➢ 拓展网络覆盖范围。

目前，D2D 可用于实时云计算、增强现实、在线游戏、远程医疗、智能交通、智能电网、实时远程控制等领域。当然，D2D 通信技术只能作为蜂窝网络的辅助通信的手段，而不能独立组网通信。

6. 高频段毫米波通信

移动通信传统工作频段十分拥挤，而大于 6 GHz 的高频段可用频谱资源丰富，能够有效缓解频谱资源紧张现状，可以支持极高速短距离通信，能够支撑 5G 容量和传输速率的需求。

高频段毫米波通信技术将满足未来 5G 网络需求的三大场景。

(1) eMBB 场景：GHz 以下的低频带资源传播特性更适合满足增强覆盖的需要，而高频带提供连续的大带宽，尽管高频带的衰减很大，覆盖面不好，但可以部署在热点区域，以提高速率和系统容量。所以高频和低频协作是满足 eMBB 场景的基本手段。

(2) mMTC 场景：由于大规模机器类通信的速率要求较低，但对于覆盖范围有较高的需求，故 mMTC 场景主要使用小于 6 GHz，特别是低于 1 GHz 的频带。已经确定，在物联网中使用 800 M 和 900 M 频带中的窄带频带，能够满足大规模机器的通信需求。

(3) 超可靠和低延迟通信(ultra-low-latency MTC，uMTC)场景：uMTC 场景需要超高的可靠性，因此频段的选择将独立分配授权频谱。

7. 认知无线电技术

认知无线电技术的核心思想是系统具有学习能力，能够感知授权用户的存在，机会式地接入可用资源，并限制和降低冲突的发生。如果将认知无线电应用在蜂窝异构网络中，低功率节点就可以伺机占用宏基站的可用资源，无需授权，灵活高效。认知无线电技术被认为是继软件无线电之后，无线通信技术的"下一件大事"，因此受到了极大关注。目前，认知无线电技术虽然仍处于研究阶段，技术和应用方面都有很多难题需要解决，但随着研究的深入，认知无线电技术凭借其在动态频谱使用方面的优势以及与蜂窝异构网络场景结合所带来的巨大潜能，一定能在 5G 通信领域里大展拳脚。

　　2014 年 7 月，国家无线电监测中心和全球移动通信系统协会发布《450 MHz～5 GHz 关注频段频谱资源评估报告》，给出了北京、成都和深圳等城市部分无线电频谱占用统计数字。统计结果表明，5 GHz 以下所关注频段大部分的使用率远远小于 10%，说明 5 GHz 以下频段使用效率有大量的提升空间。为了提高频谱利用率，未来 5G 需要采用认知无线电技术。

8. 自组织网络(SON)技术

　　自组织网络(Self-Organized Network，SON)技术是一种智能的自动化网络运维技术。SON 的主要功能是自配置、自优化、自治愈。SON 技术可以缓解由于多制式网络共存所带来的网络运维效率低、网络成本加大的难题，并优化网络覆盖面积、容量和通信质量。未来，SON 技术将继续成为业界关注的重点。

9. 滤波器组多载波 FBMC 技术

　　在 OFDM 系统中，各个子载波在时域相互正交，它们的频谱相互重叠，因而具有较高的频谱利用率。OFDM 技术一般应用在无线系统的数据传输中；在 OFDM 系统中，由于无线信道的多径效应，从而使符号间产生干扰。为了消除符号间干扰(ISI)，在符号间插入保护间隔。插入保护间隔的一般方法是符号间置零，即发送第一个符号后停留一段时间(不发送任何信息)，接下来再发送第二个符号。在 OFDM 系统中，这样虽然减弱或消除了符号间干扰，但破坏了子载波间的正交性，从而导致了子载波之间的干扰(ICI)。因此，这种方法在 OFDM 系统中不能采用。在 OFDM 系统中，为了既可以消除 ISI，又可以消除 ICI，通常保护间隔是由循环前缀 CP 来充当的。CP 是系统开销，不传输有效数据，从而降低了频谱效率。而滤波器组多载波 (Filter Banks Based Multicarrier，FBMC)利用一组不交叠的带限子载波实现多载波传输，FBMC 对于频偏引起的载波间干扰非常小，不需要 CP，较大提高了频率效率。

　　除了 FBMC 外，还有多种波形改进技术，如时频填充(Time-Frequency Packing，TFP)、稀疏码多址接入(Sparse Code Multiple Access，SCMA)、广义频分复用(Generalized Frequency Division Multiplexing，GFDM)等，各种改进的传输波形技术为 5G 性能的提升提供了多样选择。

10. 先进编码与调制技术

　　调制编码技术是移动通信的核心技术，被誉为"皇冠上的明珠"，5G 所用的编码技术有空间调制(Spatial Modulation，SM)、频率正交幅度调制(Frequency Quadrature Amplitude Modulation，FQAM)、256QAM 高阶调制、LDPC 和 Polar 编解码技术。SM 和 FQAM 技术各具有如下优点：

　　➤ SM 以天线的物理位置来携带部分发送信息比特，将传统二维映射扩至三维映射，提高频谱效率。每时隙只有一根发射天线处于工作状态，避免了信道间干扰与天线同步发射问题，且系统仅需一条射频链路，有效地降低了成本。

　　➤ FQAM 将频移键控和 QAM 相结合，提高频谱效率。用于多小区下行链路中，能够提高小区边缘用户的通信质量。

8.4 5G 应用场景

5G 网络的应用场景如图 8.3 所示，所有事物都相互关联。数据云化，远程操作不再受空间的约束。虚拟现实(Virtual Reality，VR)、增强现实(Augmented Reality，AR)等设备将成为主流设备，无人驾驶车辆将会真正实现。获取内容的方式更多将是视频、直播等形式。正如两个世纪前工业革命期间新技术的出现改变了我们的生活，今天我们正在经历另一次技术革命，5G 网络将使我们的城市环境现代化，使我们的生活更加便利。

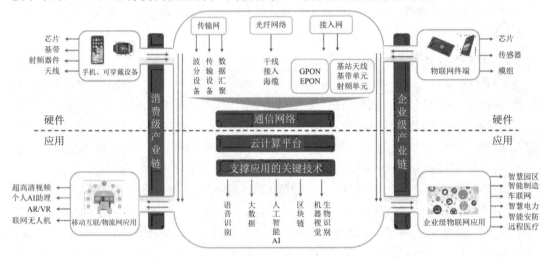

图 8.3 应用场景

1. VR/AR

VR/AR 是虚拟现实、感知交互、渲染处理、网络传输和内容制作等新一代信息技术相互融合的产物。新形势下高质量 VR/AR 业务对带宽、时延要求逐渐提升，速率从 25 Mb/s 逐步提高到 3.5 Gb/s，时延从 30 ms 降低到 5 ms 以下。伴随大量数据和计算密集型任务转移到云端，未来云虚拟现实(Cloud Virtual Reality，Cloud VR)将成为 VR/AR 与 5G 融合创新的典型范例。凭借 5G 超宽带高速传输能力，可以解决 VR/AR 渲染能力不足、互动体验不强和终端移动性差等痛点问题，推动媒体行业转型升级，在文化宣传、社交娱乐、教育科普等大众和行业领域培育 5G 的第一波"杀手级"应用。

在 5G 移动通信网络的时代，VR/AR 技术将会真正地应用到生活。下面就是一些 5G 技术的应用实例：

(1) 2019 年北京教育装备展上，北京威尔文教科技有限责任公司展示了"VR 超感教室"。威尔文教将基于"5G + 云计算 + VR"，打造便捷高效的端到端云计算平台，构建 VR 智能教学生态系统。

(2) 华为在上海发布了全球首款基于云的 VR 连接服务，同时计划在 2019 年下半年会发布一款颠覆性的 VR 终端。通过智能终端、宽管道、云应用的 5G 典型业务模式，Cloud VR 将成为 5G 元年最重要的 eMBB 业务之一。

(3) 2019 年江西省春节联欢晚会首次采用 5G + 8K + VR 进行录制播出。现场观众可以通过手机、PC 以及 VR 头显等多种方式体验观看，尤其是 VR 头显用户可以体验沉浸式观看。

2. 超高清视频

作为继数字化、高清化媒体之后的新一代革新技术，超高清视频被业界认为将是 5G 网络最早实现商用的核心场景之一。

超高清视频的典型特征就是大数据、高速率，按照产业主流标准，4K、8K 视频传输速率至少为 12～40 Mb/s、48～160 Mb/s，4G 网络已无法完全满足其网络流量、存储空间和回传时延等技术指标要求，5G 网络良好的承载力成为解决该场景需求的有效手段。当前 4K/8K 超高清视频与 5G 技术结合的场景不断出现，广泛应用于大型赛事/活动/事件直播、视频监控、商业性远程现场实时展示等领域，成为市场前景广阔的基础应用。

3. 车联网

车联网是智慧交通中最具代表性的应用之一，通过 5G 等通信技术实现"人—车—路—云"一体化协同，使其成为低时延、高可靠场景中最为典型的应用之一。融入 5G 元素的车联网体系将更加灵活，实现车内、车际、车载互联网之间的信息互通，推动与低时延、高可靠密切相关的远控驾驶、编队行驶、自动驾驶等具体场景的应用。远控驾驶，车辆由远程控制中心的司机进行控制，5G 用于解决其往返时延需要小于 10 ms 的要求。编队行驶，主要应用于卡车或货车，提高运输安全和效率，5G 用于解决 3 辆以上的编队网络高可靠低时延要求。自动驾驶，大部分应用场景如紧急刹车，汽车对行人(Vehicle to Pedestrian，V2P)、车路通信(Vehicle to Instruction，V2I)、车车通信(Vehicle to Vehicle，V2V)、车与网络 (Vehicle-To-Network，V2N)等多路通信同时进行，数据采集及处理量大，需要 5G 网络满足其大带宽(10 Gb/s 的峰值速率)、低时延(1 ms)和超高连接数(1000 亿连接)、高可靠性(99.999%)和高精度定位等能力。

4. 联网无人机

5G 网络将赋予网联无人机(图 8.4)超高清图视频传输(50～150 Mb/s)、低时延控制(10～20 ms)、远程联网协作和自主飞行(100 kb/s，500 ms)等重要能力，可以实现对联网无人机设备的监视管理、航线规范、效率提升。5G 联网无人机将使无人机群协同作业和 7×24 小时不间断工作成为可能，在农药喷洒、森林防火、大气取样、地理测绘、环境监测、电力巡检、交通巡查、物流运输、演艺直播、消费娱乐等各种行业及个人服务领域获得巨大发展空间。

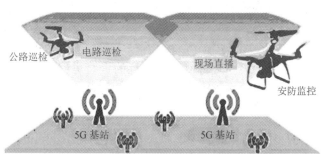

图 8.4　联网无人机

5. 远程医疗

通过 5G 和物联网技术可承载医疗设备和移动用户的全连接网络，对无线监护、移动护理和患者实时位置等数据进行采集与监测，并在医院内业务服务器上进行分析处理，提升医护效率。借助 5G、人工智能、云计算技术，医生可以通过基于视频与图像的医疗诊断系统，为患者提供远程实时会诊、应急救援指导等服务。例如，基于 AI 和触觉反馈的远程超声理论上需要 30 Mb/s 的数据速率和 10 ms 的最大延时。患者可通过便携式 5G 医疗终端与云端医疗服务器与远程医疗专家进行沟通，随时随地享受医疗服务。

6. 智慧电力

5G 技术将在智慧电力的多个环节得到应用。在发电领域特别是在可再生能源发电领域需实现高效的分布式电源接入调控，5G 可满足其实时数据采集和传输、远程调度与协调控制、多系统高速互联等功能。在输变电领域，具有低时延和大带宽特性的定制化的 5G 电力切片可以满足智能电网高可靠性、高安全性的要求，提供输变电环境实时监测与故障定位等智能服务。在配电领域，以 5G 网络为基础可以支持实现智能分布式配电自动化，实现故障处理过程的全自动进行。在电力通信基础设施建设领域，通信网将不再局限于有线方式，尤其在山地、水域等复杂地貌特征中，5G 网络部署相比有线方式成本更低，部署更快。

7. 智能工厂

在工业互联网领域，5G 独立网络切片支持企业实现多用户和多业务的隔离和保护，大连接的特性满足工厂内信息采集以及大规模机器间通信的需求，5G 工厂外通信可以实现远程问题定位以及跨工厂、跨地域远程遥控和设备维护。在智能制造过程中，高频和多天线技术支持工厂内的精准定位和高宽带通信，毫秒级低时延技术将实现工业机器人之间和工业机器人与机器设备前所未有的互动和协调，提供精确高效的工业控制。在柔性制造模式中，5G 可满足工业机器人的灵活移动性和差异化业务处理的高要求，提供涵盖供应链、生产车间和产品全生命周期制造服务。智能工厂建设过程中，5G 可以替代有线工业以太网，节约建设成本。

8. 智能安防

视频监控是智能安防最重要的一个组成部分，5G 超过 10 Gb/s 的高速传输速率和毫秒级低时延将有效提升现有监控视频的传输速度和反馈处理速度，将使智能安防实现远程实时控制和提前预警，做出更有效的安全防范措施。安防监控范围将进一步扩大，获取到更多维的监控数据。在公交车、警车、救护车、火车等移动的交通工具上的实时监控将成为可能。森林防火、易燃易爆品等监管人员无法接近的危险环境开展监测的成本将大幅下降。在家庭安防领域，5G 将使单位流量的资费进一步下降，将推动智能安防设备走入普通家庭。

9. 个人 AI 设备

5G 时代将有更多的可穿戴设备加入虚拟人工智能(Artificial Intelligence，AI)助理功能，个人 AI 设备可借助 5G 大带宽、高速率和低延时的优势，充分利用云端人工智能和大数据的力量，实现更快速精准的检索信息、预订机票、购买商品、预约医生等基础功能。另外，对于视障人士等特殊人群，通过佩戴连接 5G 的 AI 设备能够大幅提升生活质量。除了消费者领域外，个人 AI 设备将应用在企业业务中，制造业的工人通过个人 AI 设备能够实时收到来自云端最新的语音和流媒体指令，能够有效提高工作效率和改善工作体验。

10. 智慧园区

智慧园区(图 8.5)是指运用信息和通信技术感测、分析、整合城市运行核心系统的各项关键信息，对民生、环保、公共安全、城市服务、工商业活动在内的各种需求做出智能响应。在 5G 时代，利用 5G 高速率、低时延、大连接的特性，将智能工厂、智慧出行、智慧医疗、智慧家居、智慧金融等多种应用场景融于园区中，为园区中的人创造更美好的工作和生活环境，为园区产城融合提供新的路径。

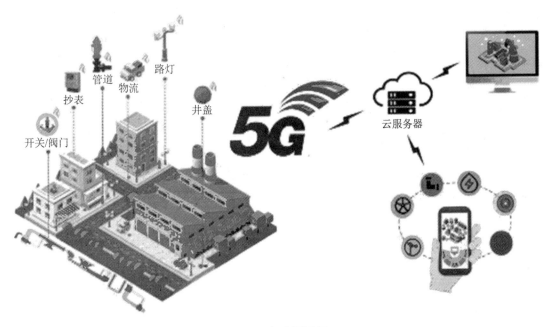

图 8.5　智慧园区图

5G 网络具有大带宽、低时延、高可靠、广覆盖等"天然"特性，结合人工智能、移动边缘计算、端到端网络切片、无人机等技术，在 VR/AR、超高清视频、车联网、无人机及智能制造、电力、医疗、智慧城市等领域有着广阔应用前景，5G 与垂直行业的"无缝"融合应用必将带来个人用户及行业客户体验的巨大变革。

小　　结

本章主要从未来移动通信面临的挑战和人们对 5G 的高要求出发，介绍了 5G 性能要求、关键技术和主要应用场景，体现了"5G 是真正的变革到未来物联网的基石，服务于全连接社会的构筑"这一理念。

习　题　8

   1. 什么是 5G？它有哪些性能要求？

   2. 5G 的关键技术有哪些？

   3. 简述非正交多址接入技术 NOMA 的技术原理。

   4. 为什么说 5G 技术加速了物联网的发展？

应 用 篇

第 9 章　LTE 基站规划

9.1　基站参数规划

1. PCI 规划

在 TD-LTE 的空中接口中，物理小区标识(Physical Cell Identity，PCI)用于小区识别和信道同步。PCI 的规划需要特别谨慎，如果相邻小区的 PCI 重复的话，这两个小区间的干扰将会大大增加，影响小区的吞吐量和切换性能。

PCI 是物理层上进行小区间多种信号和信道的随机化干扰的重要参数，由两部分组成：

(1) 小区标识分组号(N1CellID)。

(2) 小区标识号(N2CellID)。

其中，N1CellID 定义了小区所属的物理层分组，范围为[0, 167]；N2CellID 定义了分组内标识号，范围为[0, 2]。因此，PCI 的计算式为 PCI＝3×N1CellID＋N2CellID，范围为[0, 503]，共 504 个可用值。

小区搜索时，UE 在中心频点周围尝试接收主同步信号(Primary Synchronization Signal，PSS)，PSS 信号共 3 个，使用长度为 62 的频域 Zadoff-Chu 序列，每个 PSS 信号与一个 N2CellID 对应。随后 UE 进行辅助同步信号(Secondary Synchronization Signal，SSS)捕捉，SSS 信号有 168 种组合，与 168 个 N2CellID 对应。因此，捕获 PSS 和 SSS 信号后，就可以确定当前小区的 PCI＝PSS＋3×SSS。此外，SSS 在每一帧的两个子帧中所填的内容是不同的，进而可以确定是前半帧还是后半帧，完成帧同步。同时，CP 的长度也随着 SSS 的盲检成功而随之确定。

PCI 在规划时要求两跳范围内唯一，即某个小区的 PCI 与邻居的 PCI 不同，并且与某个特定小区的所有邻居的 PCI 不同。网络内 504 个 PCI 是可以重用的，但必须保证前面的两个条件，具体可参见 TR36.902 中的 PCI 自动重选机制。

2. 邻区规划

LTE 的邻区规划需综合考虑各小区的覆盖范围及站间距、方位角等信息。同时 LTE 与 GSM 等异系统间的邻区规划也需要关注。

在进行邻小区设置时，需要考虑多个方面的因素：一是服务质量，二是系统的负荷。如果定义过多的邻小区，将会导致信令负荷加重，而且受 UE 测试能力的限制，会导致测量的精度降低、测量的周期变大。邻小区过少会导致 UE 错过最佳目标小区，造成信号变差，通信质量下降。

1) 初始小区列表设置建议

最初的邻小区设置应该在仿真的基础上进行(最好借助于最佳小区覆盖)。当一个小区与服务小区具有共同地理边界时，即可将其加入到邻小区列表中。最初的邻区规划可以由仿真软件完成。如图 9.1 所示，对于服务小区 S 而言，其中邻小区有 1、3、4、5。而小区 2 由于没有和服务小区 S 具有共同的边界，所以自动生成的服务小区邻小区列表中没有小区 2。

在图 9.1 中，服务小区 S 和小区 2 之间虽然没有共同边界，但是由于二者之间小区 3 的服务距离较小，所以在实际的网络中，应该把小区 2 作为小区 S 的邻小区进行配置。所以小区 S 最后的邻小区列表应为 1，2，3，4，5。

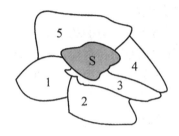

图 9.1　小区 S 的邻小区示意图

(1) 邻区规划思路。

① 对新建网络或规模较大的扩容项目，邻区规划以规划软件为主，结合人工细化处理。使用规划软件进行初步规划需要数字地图文件和详细工程参数，如：基站经纬度、天线方位角、下倾角、海拔、挂高、天线类型等。

根据初步规划结果，结合各个基站的实际情况和勘测报告中的地形地物，覆盖目标以及相邻基站的距离，扇区覆盖目标等信息增删邻区和调整邻区优先级别。

② 对于个别基站的邻区规划，可以使用规划软件或 Mapinfo 软件来规划。可以将工程参数表导入到 Mapinfo 中，同时导入数字电子地图或扫描的地图，两者结合生成基站分布拓扑图。根据地形地物、基站位置、天线方位角和勘测报告等进行人工邻区规划。

由于根据地理位置制作邻区，未能充分考虑基站海拔、周围环境(建筑物阻挡、水面反射等)等因素，与实际的无线传播存在一定差异，所以在网络开通之后，要通过路测和相关分析手段，比如 PSMM 消息分析，了解实际网络的无线传播情况，对具体的基站邻区做调整，把漏做的邻区补上，多余的邻区删除。

(2) 邻区关系配置原则。

邻区关系配置时，应尽量遵循以下原则：

① 一方面要考虑空间位置上的相邻关系，另一方面也要考虑虽然在位置上不相邻但在无线意义上具有相邻关系。地理位置上直接相邻的小区一般要作为邻区。

② 邻区一般都要求互为邻区，即 A 扇区载频把 B 作为邻区，B 也要把 A 作为邻区；但在一些特殊场合，可能要求配置单向邻区。

③ 对于密集市区和市区，由于站间距比较近(0.5～1.5 km)，邻区应该多做。所以在配

置相邻导频时，需注意相邻导频的个数，把确实存在相邻关系的配进来，不相干的一定要去掉，以免占用了相邻集中名额，把真正的相邻导频挤在手机相邻集外面而形成干扰。同时，太多的邻区配置会影响手机对导频的搜索时间和精度。因此，在实际网络中，既要配置必要的邻区，又要避免过多的邻区。

④ 对于市郊和郊县的基站，虽然站间距很大，但一定要把位置上相邻的作为邻区，保证能够及时切换，避免掉话。

⑤ 邻区制作要有先后顺序，不论是软切换、更软切换还是硬切换，都把信号可能最强的小区放在邻区列表的最前，依此类推。否则手机不能及时搜索到最强的信号而无法切换，引入干扰。

LTE 的邻区规划需综合考虑各小区的覆盖范围、站间距及方位角等信息。同时 LTE 与 GSM 等异系统间的邻区规划也需要关注。

在进行邻小区设置时，需要考虑两个方面的因素：一是服务质量，二是系统的负荷。如果定义过多的邻小区，将会导致信令负荷加重，而且受 UE 测试能力的限制，会导致测量的精度降低、测量的周期变大。邻小区过少会导致 UE 错过最佳目标小区，造成信号变差，通信质量下降。

2) 对于丘陵公路类型的邻小区设置建议

在进行邻小区规划时，对于丘陵地带或者公路等地形需要认真考虑。例如虽然有些小区信号是相邻的，但是由于 UE 根本不可能在二者之间跨越，即使配置了邻小区，切换几乎是不发生的，即可在邻小区列表中删除掉。不过这些都需要在性能统计和实际测试的基础上进行调整。

3) 开阔地带邻小区设置建议

在城区的广场、公园等开阔地带，无线传播特性较好，如果服务小区较近，可把该地带周围的小区都加入到邻小区列表中。当然如果该地带距离服务小区较远，被多个小区分割时，该地带即按照通用方式。

邻区配置规划方法如下：

① 同一个站点的不同扇区必须设为邻区。

② 周围的第一层小区设为邻区，扇区正对方向的第二层小区设为邻区。

③ 邻区要求互配，没有特殊需求不允许出现单向邻区。

④ 邻区数量以合适为原则，避免出现冗余邻区。

9.2　覆 盖 规 划

LTE 的覆盖规划首先需要设定链路预算的系统配置。在此基础上，确定小区边缘用户的保障速率，并由此确定边缘用户所分配到的 RB 数；然后通过确定系统平均带宽开销可以折算得到每个 RB 所需要承载的比特数，从而确定需求的 SINR。覆盖估算的过程主要根据系统的要求和配置，确定发射机参数、接收机参数以及附加损耗参数，得到信道最大路径损耗，再代入无线传播模型，最后计算出信道的覆盖半径。

根据小区边缘吞吐率要求，结合小区边缘信干噪比(Signal to Interference Plus Noise Ratio，SINR)与小区边缘吞吐率的映射关系表(通过仿真和测试获得)，计算此小区边缘吞吐率对应的小区边缘 SINR。

信号与干扰加噪声比(SINR)是接收灵敏度计算的关键参数，代表设备各特性性能。一定的业务速率可以通过不同 RB 数(NRB)以及 MCS 的不同组合得到。如 RB 数量多、MCS(调制与编码策略)取低阶的组合可以与 RB 数量少、MCS 取高阶的组合获得同样的速率。

SINR 门限和以下因素相关：速率和误码率(BLER)、调制编码模式(MCS)、RB 数量、信道模型(移动性)、MIMO 模式。

1. 相关参数——发射功率

下行最大发射功率由射频拉远单元/射频单元(Remote Radio Unit/Radio Frequency Unit，RRU/RFU)的物理能力决定，上行最大发射功率由 UE 物理能力决定。基站最大的发射功率由 RRU/RFU 的型号以及相关配置决定，典型配置下小区最大发射功率为 2×20 W(46 dBm)。

2. 相关参数——天线的增益与高度

针对特定频点、区域类型以及覆盖需求的小区，可以选择合适的天线增益和高度，如表 9.1 所示。

表 9.1　天线增益和高度的关系

地物类型	eNodeB 天线增益		eNodeB 天线高度
密集城市	900 M 或更低	1500 M 或更高	25 m
城区			25 m
市郊	15 dBi	18 dBi	35 m
乡村			40 m

3. 相关参数——MIMO 增益

MIMO 分集模式增益与天线数量有关。2 天线理论分集增益为 3 dB，通常取 1.5～2 dB；4 天线理论分集增益为 6 dB，通常取 3～4 dB。赋形增益理论上，八单元赋形天线下行可获得 9 dB 的赋形增益。根据系统仿真与测试结果，一般取 5～6 dB。

4. 相关参数——干扰余量

干扰余量(Interference Margin，IM)和以下因素有关：地物类型、站间距、邻区负载、频率复用度等。在链路预算的时候会考虑干扰余量以补偿来自负载邻区的干扰。允许的负载越高，干扰余量就定义得越大。

干扰余量可按如下公式计算：

$$\text{IM} = \frac{10\lg(I+N)}{N} \tag{9-1}$$

$$I = \frac{P_{\text{RE}} \cdot Q_{\text{DL}} \cdot f}{L} \tag{9-2}$$

其中，I 为邻区干扰；N 为热噪声；P_{RE} 为单 RE 传输功率；Q_{DL} 为目标下行负载；F 为邻近干扰因子；L 为下行耦合损失。干扰余量通常通过仿真获得。

5. 相关参数——阴影衰落余量

阴影衰落(Shadow Fading Margin，SFM)也叫慢衰落，其衰落符合符合正态分布，由此造成了小区的理论边缘覆盖率只有 50%。为了让小区的理论边缘覆盖率达到运营商设定的目标，需要考虑阴影余量，如图 9.2 所示。

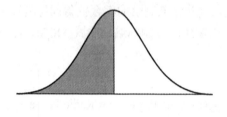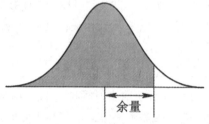

不考虑阴影余量，边缘覆盖率只有50%　　　为了提升覆盖率需要的余量

图 9.2　考虑阴影余量与否对覆盖率的影响

6. 相关参数——边缘覆盖率和区域覆盖率

边缘覆盖率和区域覆盖率的对应关系如表 9.2 所示。

表 9.2　区域覆盖率和边缘覆盖率　　　　　　　　　　　%

区域覆盖率		50	60	75	80	85	90	91	93	95	97	98	100
边缘覆盖率	密集城区	20	30	49	57	66	75	77	81	86	91	94	100
	城区	20	30	49	57	66	75	77	81	86	91	94	100
	郊区	20	30	49	57	66	75	77	81	86	91	94	100
	农村	17	27	46	54	63	73	76	80	85	90	93	100
	高速公路	6	14	32	50	51	64	66	72	79	86	90	100

阴影衰落余量依赖于小区边缘覆盖率，覆盖率越高，要求的 SFM 越大。慢衰落的标准偏差越高，则 SFM 越大。不同区域所对应的阴影衰落标准差、覆盖率和阴影衰落余量之间的关系如表 9.3 所示。

表 9.3　阴影衰落标准差

	密集城区	城区	郊区	农村
阴影衰落标准率差/dB	11.7	9.4	7.2	6.2
区域覆盖率/%	95	95	90	90
阴影衰落余量/dB	9.4	8	2.8	1.8

7. 相关参数——馈线损耗

馈线损耗(表 9.4)主要是指馈线(或跳线)和接头损耗，LTE 采用分布式基站，RRU 与天线的距离一般较近，从 RRU 到天线的一段馈线及相应的接头损耗通常取 1dB。

表 9.4　馈线损耗

eNodeB 线缆类型	线缆尺寸	eNodeB 线损 100 m/dB						
		700 MHz	900 MHz	1700 MHz	1800 MHz	2.1 GHz	2.3 GHz	2.5 GHz
LDF4	1/2	6.009	6.855	9.744	10.058	10.961	11.535	12.039
FSJ4	1/2	9.683	11.101	16.027	16.57	18.137	19.138	20.11
AVA5	7/8	3.093	3.533	5.04	5.250	5.678	5.979	6.27
AL5	7/8	3.421	3.903	5.551	5.73	6.246	6.573	6.89
LDP6	5/4	2.285	2.627	3.825	3.958	4.342	4.588	4.828
AL7	13/8	2.037	2.333	3.36	3.472	3.798	4.006	4.208

8. 相关参数——人体损耗

人体损耗是由于人体对信号的阻塞和吸收引起的损耗。语音(VoIP)业务的人体损耗参考值为 3 dB；当进行阅读、观看数据业务时，相比于接听电话，终端距离人体较远，人体损耗参考值为 0 dB。

9. 相关参数——穿透损耗

穿透损耗是因为穿过建筑墙、交通工具、船体等而造成的信号强度衰减。常用的损耗参考值如下所述，隔墙阻挡：5~20 dB。楼层阻挡：大于 20 dB。室内损耗值是楼层高度的函数：-1.9 dB/层。厚玻璃(寒带地区)：6~10 dB。火车车厢：15~30 dB。电梯：30 dB 左右。茂密树叶(风景区)：10~15 dB。

10. 相关参数——热噪声

热噪声 N_{th} 是由环境产生的噪声，它由如下公式表示：

$$N_{th} = 10\lg(K \cdot T \cdot W) \tag{9-3}$$

其中，K 为波尔兹曼常数，1.38×10^{-23} J/K；T 为开氏温标温度，正常温度为 290 K；W 为信号带宽，LTE RE 信号带宽为 15 kHz。LTE 的 N_{th} 是 -132.2 dBm/15 kHz。噪声系数(Noise Figure，NF)定义如下：

$$NF = \frac{SINR_{输入}}{SINR_{输出}} \tag{9-4}$$

根据小区信道的覆盖半径，结合小区边缘吞吐率对应的小区边缘 SINR，计算小区信号覆盖面积。图 9.3、图 9.4 为不同站型小区面积计算。

根据小区覆盖的面积，结合设计需求中规定的信号覆盖总面积，计算当前所需要的基站数量。

假设某规划区域的面积为 M，则该规划区域需要的基站数 N 为

$$N = \frac{M}{\lambda S} \tag{9-5}$$

其中，λ 是扇区有效覆盖面积因子，一般取值为 0.8。

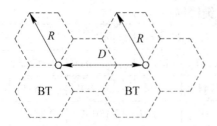

小区半径：R
站间距离：$D=1.5R$
基站覆盖面积=$1.96R^2$

图 9.3　定向 3 扇区站示意图

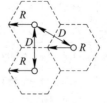

小区半径：R
站间距离：$D=1.732R$
基站覆盖面积=$2.60R^2$

图 9.4　全向站示意图

参考的基站数量估算模型如表 9.5 所示。

表 9.5　扇区覆盖面积

区域类型与覆盖要求	密集市区(三扇区)	一般市区(三扇区)	郊区(三扇区)
区域面积/ km²	36.95	325.93	236.68
连续覆盖业务的小区半径/m	0.30	0.52	1.26
连续覆盖业务的基站面积/ km²	0.18	0.52	3.05
基站数量/个	205	627	78

9.3　容 量 规 划

容量规划需要与覆盖规划相结合，最终结果同时满足覆盖和容量需求。容量规划需要考虑的因素有以下五点：

(1) 话务模型及需求分析。针对客户需求及话务模型进行分析，如目标用户数、业务次数、忙时激活率、E-RAB SESSION 时长、业务速率等。

(2) 每用户吞吐量。基于话务模型及一定假设进行计算得出。

(3) 区域需求容量。网络容量需求，等于每用户吞吐量乘以用户数。

(4) 组网结构。包括频率复用模式、带宽、站距、MIMO 模式等。

(5) 每基站容量。基于网络配置进行系统仿真，得出平均每站点承载容量。

实际小区或接口容量规划中，由于数据业务类型多种多样，不同数据业务对 QoS 要求不同，同样的数据业务量由于业务类型的不同对资源的需求也存在很大差别。因此在数据业务容量规划时，一方面从带宽守恒的角度进行总体配置，另一方面考虑业务类型分布，兼顾用户感知，从而确定最终资源配置。容量优化时，一方面充分挖掘现有设备的潜在能力，通过功率参数、切换门限、接入参数调整等方式进行容量均衡，另一方面结合现场勘查结果确认用户分布区域，通过规划新站或新建室内分布基站(简称室分)进行容量分担。

9.4　天馈规划

基站天馈系统是移动基站的重要组成部分，它具有下列主要功能：

➤ 对来自发信机的射频信号进行传输发射，建立基站到移动台的下行链路；

➤ 对来自移动台的上行信号进行接收传输，建立移动台到基站的上行链路。

实际上基站天线系统的配置同网络规划紧密相关。网络规划决定了天线的布局、天线架设高度、天线下倾角、天线增益以及分集接收方式等。不同的覆盖区域、覆盖环境对天线系统的要求有非常大的差异。基站天馈系统如图 9.5 所示。

LTE 天馈的组成成及工作原理

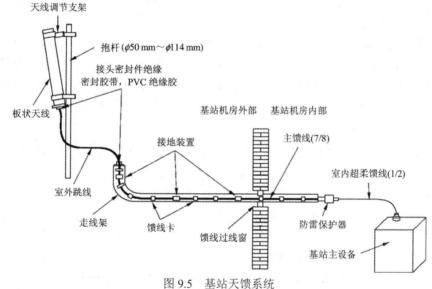

图 9.5　基站天馈系统

在天馈系统中，天线作为无线通信不可缺少的一部分，其基本功能是辐射和接收无线电波。天线发射时，把传输线中的高频电流转换为电磁波；接收时，把电磁波转换为传输线中的高频电流。

9.5　天线技术参数

LTE 天线极化与天线分类

在天线的使用过程中，首先要明确天线的技术参数，下面分别进行介绍。

1. 常用天线频率的范围(Frequency Range)

无论是发射天线还是接收天线，它们总在一定的频率范围(频带宽度)内工作。天线的频带宽度有两种不同的定义：

　➢ 在驻波比 SWR≤1.5 条件下，天线的工作频带宽度；

　➢ 天线增益下降 3 dB 范围内的频带宽度。

在移动通信系统中，通常是按前一种定义的，具体来说，天线的频带宽度就是天线的驻波比 SWR 不超过 1.5 时，天线的工作频率范围。

一般来说，在工作频带宽度内的各个频率点上，天线性能是有差异的，但这种差异造成的性能下降是可以接受的。

天线的工作频带宽度是实际应用中选择天线的重要指标之一。

天线增益与
下倾角

2. 增益(Gain)

天线增益是用来衡量天线朝一个特定方向收发信号的能力，它是选择基站天线最重要的参数之一。

一般来说，增益的提高主要依靠减小垂直面向辐射的波瓣宽度，而在水平面上保持全向的辐射性能。天线增益对移动通信系统的运行质量极为重要，因为它决定蜂窝网络边缘的信号电平。增加增益就可以在一确定方向上增大网络的覆盖范围，或者在确定范围内增大增益余量。

任何蜂窝系统都是一个双向过程，增加天线的增益能同时减少双向系统增益预算余量。另外，表征天线增益的参数有 dBd 和 dBi。dBi 是相对于点源天线(全向天线)的增益，在各方向的辐射是均匀的；dBd 是相对于对称阵子(偶极子)天线的增益。两者之间的关系为：dBi=dBd+2.15。相同的条件下，增益越高，电波传播的距离越远。

3. 极化(Polarization)方式

天线的极化，就是指天线辐射时形成的电场强度方向。当电场强度方向垂直于地面时，此电波就称为垂直极化波；当电场强度方向平行于地面时，此电波就称为水平极化波。

由于电波的特性，决定了水平极化传播的信号在贴近地面时会在大地表面产生极化电流，极化电流因受大地阻抗影响产生热能而使电场信号迅速衰减，而垂直极化方式则不易产生极化电流，从而避免了能量的大幅衰减，保证了信号的有效传播。因此，在移动通信系统中，一般均采用垂直极化的传播方式。

天线向周围空间辐射电磁波，电磁波由电场和磁场构成。电场的方向就是天线极化方向。一般使用的天线为单极化。图 9.6 表示了四种天线的极化方向。

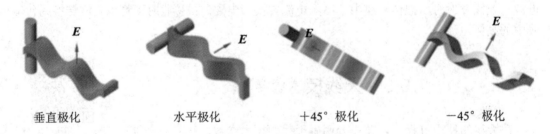

　　垂直极化　　　　　　　水平极化　　　　　　+45°极化　　　　　　−45°极化

图 9.6　天线极化方向

基本的单极化的情况：垂直极化是最常用的；水平极化也是经常被用到的。+45°极化与 −45°极化仅仅在特殊场合下使用。

　　另外，随着新技术的发展，最近又出现了一种双极化天线。就其设计思路而言，一般分为垂直与水平极化和±45°极化两种方式，性能上一般后者优于前者，因此目前大部分采用的是±45°极化方式。双极化天线组合了 +45° 和 −45° 两副极化方向相互正交的天线，并同时工作在收发双工模式下，大大节省了每个小区的天线数量。同时由于±45° 为正交极化，有效保证了分集接收的良好效果。(其极化分集增益约为 5 dB，比单极化天线提高约 2 dB。)

　　把垂直极化和水平极化两种极化天线组合在一起，或者把 +45° 极化和 −45° 极化两种极化天线组合在一起，就构成了一种新的天线——双极化天线。

　　将如图 9.7 所示的两个单极化天线安装在一起组成一副双极化天线，注意，双极化天线有两接头，正交的双极化天线会发送和接收两个波，这两个波极化的波形在空间中是正交的。

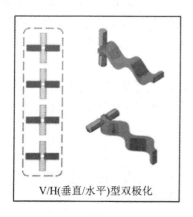

V/H(垂直/水平)型双极化

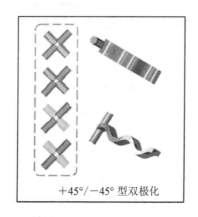

+45°/−45° 型双极化

天线方向图
与波束宽度

图 9.7　双极化天线

4. 水平/垂直半功率波瓣宽度(Horizontal/Vertical Half Power Beam Width)

　　天线方向图是天线辐射出的电磁波在自由空间存在的范围，是表示天线方向性的特性曲线，即天线在各个方向上所具有的发射或接收电磁波能力的图形，如图 9.8 所示。

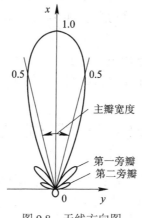

图 9.8　天线方向图

　　3dB 波瓣宽度又称主瓣宽度或半功率波瓣宽度，是指主瓣最大值两边场强等于最大值的 0.707 倍(最大功率密度下降一半)的两辐射方向之间的夹角。

方向图通常都有两个或多个瓣，其中辐射强度最大的瓣称为主瓣，其余的瓣称为副瓣或旁瓣。在主瓣最大辐射方向两侧，辐射强度降低 3 dB(功率密度降低一半)的两点间的夹角定义为波瓣宽度(又称波束宽度或主瓣宽度或半功率角或波瓣角)。波瓣宽度越窄，方向性越好，作用距离越远，抗干扰能力越强。

天线垂直的波瓣宽度一般与该天线所对应方向上的覆盖半径有关。因此，在一定范围内通过对天线垂直度(俯仰角)的调节，可以达到改善小区覆盖质量的目的，这也是我们在网络优化中经常采用的一种手段。

天线的波瓣宽度主要包括水平波瓣宽度和垂直平面波瓣宽度。

水平平面的半功率角(H-Plane Half Power beamwidth)定义了天线水平平面的波束宽度。角度越大，在扇区交界处的覆盖越好，但当提高天线倾角时，也越容易发生波束畸变，形成越区覆盖。角度越小，在扇区交界处覆盖越差。提高天线倾角可以在一定程度上改善扇区交界处的覆盖，而且相对而言，不容易产生对其他小区的越区覆盖。在市中心基站，由于站距小，天线倾角大，应当采用水平平面的半功率角小的天线，郊区选用水平平面的半功率角大的天线。

垂直平面的半功率角(V-Plane Half Power beamwidth)定义了天线垂直平面的波束宽度。垂直平面的半功率角越小，偏离主波束方向时信号衰减越快，越容易通过调整天线倾角准确控制覆盖范围。

5. 方位角和下倾角

方位角和下倾角是描述移动通信网络中天线方位的两个参数。在移动通信系统的网络优化过程中，方位角和下倾角的调整是非常重要的两种方法。

方位角可以理解为正北方向的平面顺时针旋转到和天线所在平面重合所经历的角度。在实际的天线放置中，方位角通常有 0°、120°和 240°。分别对应于 1 小区、2 小区、3 小区。

下倾角是天线和竖直面的夹角，一个合适的下倾角能加强本覆盖区域的信号强度，同时也能减少小区之间的信号盲区或弱区，而不会导致小区与小区之间交叉覆盖、相邻的关系混乱。一个合理的下倾角是整个移动通信网络质量的基本保证，所以目前天线下倾角的调整网络优化中非常重要。

一般的天线下倾角包括机械下倾角和电子下倾角两种。机械下倾角通过人工来调整天线物理下倾，电子下倾角通过电子仪器来调整天线的阵子。

9.6　天　线　选　择

天线品种繁多，主要有下列几种分类方式：按工作性质可分为发射天线和接收天线等；按用途可分为通信天线、广播天线、电视天线、雷达天线等；按工作波长可分为超长波天线、长波天线、中波天线、短波天线、超短波天线、微波天线等；按结构形式和工作原理可分为线天线、面天线等。各种类型的天线如图 9.9 所示。

(a) GSM、CDMA 用板状天线　　　(b) 内部为平面线阵的美化天线

(c) 常用在室内的吸顶天线　　　　(d) 微波天线　　　　　　天线选择

图 9.9　各种类型天线

1. 常用天线介绍

1) 板状天线

无论是在 GSM、CDMA 还是 LTE 中，板状天线是最为普遍的一类极为重要的基站天线。这种天线的优点是增益高、扇形区方向图好、后瓣小、垂直面方向图俯角控制方便、密封性能可靠以及使用寿命长。板状天线也常常被用作为直放站的用户天线，根据作用扇形区的范围大小，应选择相应的天线型号。

2) 吸顶天线

吸顶天线是一种全向天线，主要安装在房间、大厅、走廊等场所的天花板上，其增益一般都在 2～5 dBi 之间，水平波瓣宽度为 360°，垂直波瓣宽度 65° 左右，吸顶天线增益小，外形美观，室内场强分布比较均匀，在室内天线选择时应优先采用。吸顶天线应尽量安装在室内正中间的天花板上，避免安装在窗户、大门等信号比较容易泄漏到室外的开口旁。

3) 壁挂式天线

壁挂式天线是一种定向天线，主要安装在房间、大厅、走廊等场所的墙壁上。壁挂式天线的增益一般在 6～10 dBi 之间，水平波瓣宽度有 65°、45° 等多种，垂直波瓣宽度在 70° 左右，多用在一些比较狭长的室内空间，天线安装时前方较近区域不能有物体遮挡，且不要正对窗户、大门等信号比较容易泄漏到室外的开口。

4) 特殊场景天线介绍

八木天线：八木天线(图 9.10)是一种增益较高的定向天线，增益一般在 9～14 dBi 之间，主要用于电梯覆盖。

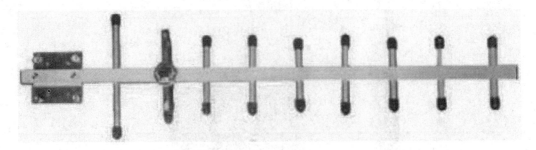

图 9.10　八木天线

泄漏电缆：泄漏电缆也可以看成是一种天线(图 9.11)，通过在电缆外导体上的一系列开口把信号沿电缆纵向均匀地发射和接收，适用于隧道、地铁等环境。

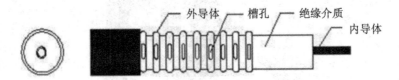

图 9.11　皱纹铜外导体漏泄同轴电缆结构示意图

其他的一些室内天线(图 9.12)包括小增益的螺旋、杆状天线等，增益一般都在 2 dBi、3 dBi 左右。这些天线由于安装后外观不是很好看，用得较少。

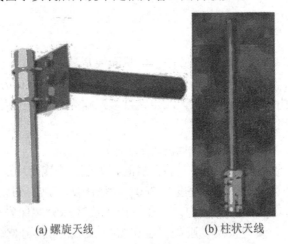

(a) 螺旋天线　　　　　　　　(b) 柱状天线

图 9.12　其他室内天线

2. 天线的参数与应用场景

在天线的选择中，需要根据不同的场景进行选择，不同的场景对天线的要求也不一样，所以对天线的参数也不尽相同。具体分类情况见表 9.6。

在 LTE 中，由于 MIMO 技术的使用(MIMO 的特性如表 9.7 所示)，通常有两种天线配置方式：2T2R 和 4T4R。对于 2T2R，建议采用双极化天线；对于 4T4R，建议采用两个双极化天线，两者之间的距离是 $1\lambda\sim2\lambda$，对于天线电波的频率为 2.6G 时，天线的间距大约为 30～50 cm。当存在多个制式共存时，建议采用宽频天线，可以节省设备商投入以及安装空间。

表 9.6　不同场景的天线参数

明细	地 物 类 型			
	城区	郊区	高速公路	山区
天线高度/m	20～30	30～40	>40	>40
天线增益/dBi	15～18	18	>18	15～18
水平波瓣角	60～65	90/105/120	30～65	360
机械下倾	否	否	是	是
电子下倾	是	是	否	否
极化方式	双极化	双极化	单极化	单极化
发射天线个数	1、2	1、2	2	2
宽频天线	是	是	是	是

表 9.7　MIMO 的技术特性和优势

特　性	优　势
高增益	提供出色的覆盖能力
无源交调(PIM)低	提供优秀的通话质量且减少掉话现象
电调下倾角调节范围为 0°～12°	调节更加精确，减少小区间干扰
由两幅超宽频双极化平板电线并列组成的一副四端口天线	灵活性提高，支持多种技术，并且在不增加天线塔负重的情况下提升容量
软件定义无线电(SDR)	为 LTE 部署提供很好的频率灵活性
并列四端口	支持 MIMO 4×n，4 路接收分级与波束成形

3. 天线参数的选择原则

在实际的通信工程中，又该如何进行天线的选择呢？下面就来看看天线的挑选原则。

1) 水平波瓣角度的选择

天线的水平波瓣宽度和方位角度决定覆盖的范围，水平波瓣宽度的选取原则是：基站数目较多、覆盖半径较小、话务分布较大的区域，天线的水平波瓣宽度应选得小一点；覆盖半径较大，话务分布较少的区域，天线的水平波瓣宽度应选得大一些。城市适合 65°的三扇区定向天线，城镇可以使用水平波瓣角度为 90°，农村则可以采用 105°，对于高速公路可以采用 20°的高增益天线。

2) 垂直波瓣宽度的选取

天线的垂直波瓣宽度和下倾角决定基站覆盖的距离，覆盖区内地形平坦，建筑物稀疏，平均高度较低，天线的垂直波瓣宽度可选得小一点；覆盖区内地形复杂、落差大，天线的垂直波瓣宽度可选得大一些。天线的垂直波瓣宽度一般在 5°～18°之间。

3) 增益的选择

天线增益是天线的重要参数，不同的场景要考虑采用不同的天线增益。对于密集城市，覆盖范围相对较小，增益要相对小些，降低信号强度，减少干扰；对于农村和乡镇，增益可以适度加大，达到广覆盖的要求，增大覆盖的广度和深度；公路和铁路，增益可以比较大，由于水平波瓣角较小，增益较高，可以在比较窄的范围内达到很长的覆盖距离。

4) 下倾角的选择

圆阵智能天线可以进行电子下倾，但电子下倾角不是任意可调的，一般是厂家预置，下倾角度在 0°～8° 之间时，天线阵列的电子下倾角不能调节。一般的天线都具备机械下倾角的调节功能，可以根据实际需要进行调节，但也只能在 0°～12° 之间调节，太大有可能造成波形变形，也不能太小，太小可能造成站下无信号，也就是我们常说的"塔下黑"。

9.7 基站站址规划

TD-LTE 网络同频组网和 2G/3G 相比，对信号质量更为敏感，对提升 SINR 的需求很迫切，站址规划应从传统注重场强的思路向更注重信号质量转变，应合理规划站址布局，严格控制重叠覆盖和网内干扰。

TD-LTE 在信道环境好时，用户可以使用双流传输模式提升用户吞吐量，应尽量将站点设置在业务密度高的位置，使更多的用户分布在小区中心区域，最大限度提高用户业务感知。不同网络结构下容量性能仿真分析图如图 9.13 所示。

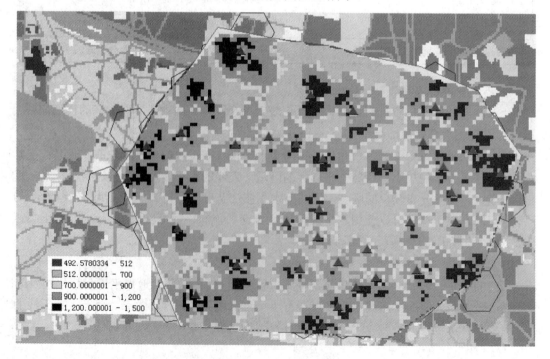

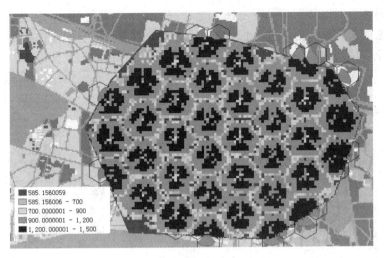

图 9.13　容量性能仿真分析

不同网络结构下吞吐量累计分布图如图 9.14 所示，理想蜂窝结构和现网站点结构相比，用户处于高速率的比例明显较高。

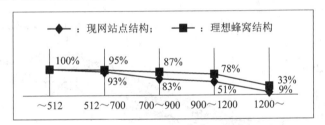

图 9.14　不同网络结构下吞吐量累计分布图

周边有高站情况下，其邻区的载波速率相比周边无高站情况下降 20% 左右，说明高站会影响邻区的吞吐量，如图 9.15 所示。

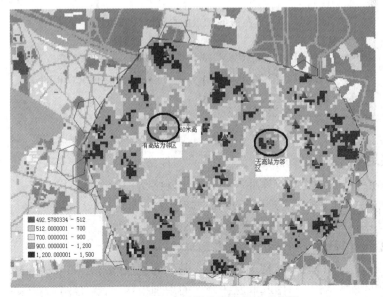

图 9.15　高站对容量性能影响仿真分析图

不同重叠覆盖对下载影响如图 9.16 所示。每增加 1 个重叠小区，速率恶化 20%～40% 左右，加扰比空扰的影响更严重。不同电平重叠覆盖对下载影响如图 9.17 所示。在实际使用中同样的重叠情况下，主小区功率要超过邻区 10～12 dB 以上才会避免影响。

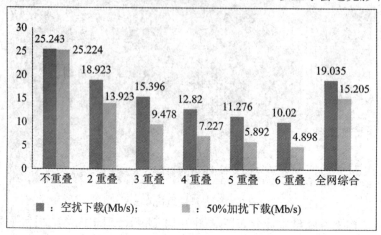

图 9.16　不同重叠覆盖对下载影响

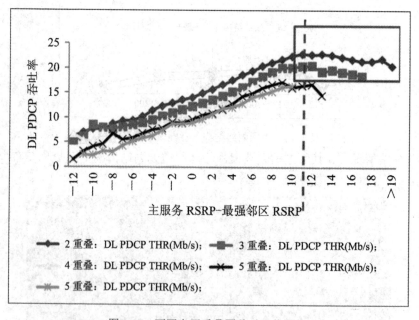

图 9.17　不同电平重叠覆盖对下载影响

1. 4G 站址规划选取遵循原则

(1) 严格控制网络结构的合理性，必须满足网络结构标准化要求。

➢ 站址布局均匀、站距合理，无超高、超近或超远站；

➢ 挂高适中，既要能满足覆盖要求，又不能有超高、超低站出现；

➢ 尽量避免异频段、异厂家设备插花布局。

(2) 以终为始，保持网络结构的稳定性。基站布局要与周边环境相匹配，基站之间要尽量形成理想的蜂窝结构。站址选取应在统一的规划指导下，结合网络实际情况进行选址，一旦整体规划方案确定，站址布局应保持相对稳定。

为确保实现较好的覆盖效果，实际选址位置偏离规划站址位置应控制在 $R/4$ 范围内(R 为基站覆盖半径)，以保证网络结构的合理性与稳定性。

考虑到不同场景下 4G 小区实际覆盖半径有所不同，通常市区、县城场景下允许的最大站址偏离距离控制在 50~100 m 范围为宜，农村及道路覆盖场景下允许的最大站址偏离距离以 200 m 左右为宜。

(3) 合理设置基站密度，以满足覆盖和容量需求，规划站址必须按要求选，尤其是一些对覆盖影响较大的关键站址。典型场景下 TD-LTE 宏基站站址间距(参考值)如表 9.8 所示。

表 9.8 TD-LTE 宏基站站址间距(参考值)

覆盖类型	区域类型	典型场景	F 频段		D 频段	
			站间距/m	站址密度/km²	站间距/m	站址密度/km²
室外连续覆盖	主城区(高穿损)	中心商务区、中心商业区、政务区、密集居民区	400~500	5~7 个基站	300~400	7~12 个基站
	主城区(低穿损)	普通商务区、普通商业区、低矮居民区、高校园区、科技园区、工业园区等	450~550	4~6 个基站	350~450	6~9 个基站
	一般城区	—	550~650	3~5 个基站	400~550	4~6 个基站
	郊区	—	600~800	2~4 个基站	500~700	3~5 个基站
特殊覆盖场景	特殊场景	景区	600~800	2~4 个基站	500~700	3~5 个基站
		高速铁路(采用高增益双极化天线)	800~1000	1 个基站	600~800	1~2 个基站
		高速公路	800~1000	1 个基站	600~800	1~2 个基站

(4) 充分利用现有站址资源，降本增效。以规划仿真为指导，结合路测及投诉数据分析，在不影响基站布局的情况下，尽量选择现有站址，以减少建设成本和缩短建设周期。若利用现有站址资源，无法满足规划指标要求，则需要新选站址。

原则上应避免选取超高、超低、超近、超远基站，尤其是避免选取对于网络性能影响较大的已有高站(站高大于 50 m 或站高高于周边建筑物 15 m)。市区边缘或郊区的海拔很高的山峰(与市区海拔高度相差 100 m 以上)，一般不考虑作为 TD-LTE 站址。避免周围环境对基站覆盖产生影响(阻挡、反射、吸收)。

(5) 站址选择应考虑业务密度分布，尽量将站址设置在业务密度高的区域。避免将小区边缘设置在用户密集区，良好的覆盖应该有且仅有一个主力覆盖小区。

2. 天线挂高要求

天线挂高应尽量保持一致，不宜过高，避免形成越区覆盖，且要求天线主瓣方向无明显阻挡，满足覆盖的需求。

> ➤ 密集市区，基站天线挂高宜控制在 20~40m 之间；
> ➤ 一般市区，基站天线挂高宜控制在 20~50m 之间；
> ➤ 乡镇农村，基站天线挂高宜控制在 35~50m 之间。

通常情况下，天线挂高宜高于周边建筑物平均高度 5m 以上，确保覆盖效果。原则上应避免选取对于网络性能影响较大的高站(站高大于 50m 或站高高于周边建筑物 15m)。

尽量避免选取挂高较低的站址，比如避免选取挂高在 10~20m 的站，以免影响覆盖效果。

3. 现网超高站处理

超高站处理原则：尽量避免高站存在，同时要注意避免高站去掉后出现的覆盖空洞。可考虑采取以下具体措施：

> ➤ 具备降高条件的站点，降低天线安装楼层或铁塔上的安装位置。
> ➤ 不具备降高条件的关键站点，在周边重新选择新的替代站址。
> ➤ 有条件保留的站点，如一侧是海或山体阻挡不会产生大面积干扰，或周边高层楼宇较多，通过天线方位角调整或只去除某一个可能产生干扰的小区，这样高站对其他的基站干扰比较小，可考虑保留。
> ➤ 暂不建设：对于无法采取上述措施的高站，建议暂不建设，后期考虑微站等覆盖方式。

4. 现网超近站处理

去除站址布局不合理或可能带来较大干扰，且去除后周边网络覆盖受影响不大的超近站。如果是低层补盲站，不会对周边产生干扰，且容量需求较大，可考虑保留；对于部分过近基站，结合实际环境，如果剔除其中的一个，可能带来较大的覆盖空洞，而又无法选择替代站址，此时可考虑只剔除两个基站中某一个小区的方式，来达到覆盖效果与干扰控制的最佳平衡。

5. 现网超低站、超远站处理

超低站处理：站址选择时，尽量选择建站条件良好，天线挂高可以满足要求的站点；对于挂高超低站，能选择替代站址的选择替代站址，不能选择替代站址的，本期先缓建，日后通过微站建设克服局部覆盖盲区。

超远站处理：根据工作频段、实际传播环境的不同，合理设置站址密度，尽量避免出现站距超标的情况。对于个别站距超标的基站，可以通过适当增加天线挂高、合理设置天线位置的措施加以修正。

6. 4G 新建站站址选取思路

以规划仿真方案为依据，符合条件的站点一定要争取优先挑选，尤其是一些对网络布局影响较大的关键站点，必须克服困难选下来，不要轻易变动。

站址偏离度必须满足要求，确保网络初始布局的合理性。如果站址偏离不满足要求，需要考虑对站址周边、相邻基站天线位置、方位角、下倾角等进行相应的调整，保证局部网络覆盖质量满足要求。

在坚持普通宏基站是网络覆盖的主体的前提下，根据 TD-LTE 组网特点、要求，考虑采用灵活的建网方案,如网络分层覆盖、异构网络产品应用等。无线网络分层覆盖如图 9.18 所示。借鉴 GSM/TD-S 网络工程建设经验,采用灵活的建站方式,降低选址难度。

图 9.18　无线网络分层覆盖

7. 4G 新建站站址选取流程

第一步,规划设计人员收集数据,确定图上作业。

根据仿真规划输出的新增站点经纬度,在地图上定位出新增站点,要求定位到具体建筑物上,并生成 Google 图层(根据要求也可以生成百度或高德图层)。最好能分别打印出站点周边的环境局部图,便于现场确认使用。

第二步,规划设计人员与地市公司进行沟通交流。

将规划新增站址方案、新增站点的具体情况与地市、区县项目管理人员进行详细交底,并交代站址相关注意事项。经过交流后,如果建设单位可以自主完成后续具体选址工作,则设计人员可以不参加后续具体选址工作,只负责站址合规性审核即可,可省去第三、四步的工作内容。

第三步,现场确认。

此过程一般与地市公司网优人员一起进行确认。到达现场后仔细了解新增站点周边的环境特点及周边基站分布情况,判断现场情况与图上信息是否一致以及初选站址的合理性、可行性等,如果初选站址不合理,则需要现场另选替代站址,具体到某个可用于建站的建筑物。一般要求所选的建筑物具备建站条件:高度合适、站址偏离度满足要求。

第四步,站址租赁。

由地市公司通知区县公司启动与相关业主谈判站址租赁事宜。

第五步,现场勘察设计。

如果建设单位与业主签约成功,则可进入现场勘察设计阶段;否则,重复第三、四步的步骤。

8. 4G 室分工程工作思路

楼宇内的基站分布主要是将基站分布到室内。主要分为蜂窝覆盖和分布覆盖系统。蜂窝覆盖主要分为采用楼外的蜂窝基站进行的室外蜂窝覆盖室内,和楼内搭建蜂窝基站的室内蜂窝覆盖;分布覆盖系统则包括了同轴分布系统和光纤分布系统。室内覆盖方式如图 9.19 所示。

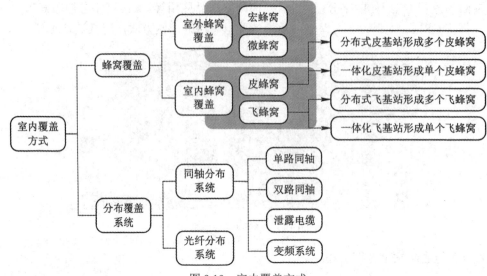

图 9.19　室内覆盖方式

　　根据不同楼内环境情况区分场景及业务需求，合理选择覆盖方式。以传统馈线建设方式为主，对特殊协调难度大的场景选择光纤分布系统、皮基站、飞基站建设模式。室内分布系统项目管理流程如图 9.20 所示。

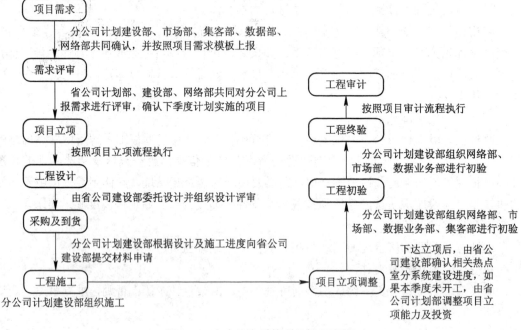

图 9.20　室内分布系统项目管理流程

小　结

　　本章主要阐述了基站站址规划、基站参数规划、覆盖/容量规划、天馈规划的相关知识；

内容涉及 PCI、初始小区参数设置原则、不同天线设备的分析、天线技术参数、天线挂高要求、天线的选用原则、现网常见站点的处理方法以及新建站站址选择思路、流程等，大家一定要熟记，配合前面的基础知识，做到融会贯通，并灵活运用到后续的课程和实际的工程中。

习　题　9

1. 简述 PCI 的含义和 PCI 规划的意义。

2. 请描述 PCI 与模三干扰的关系。

3. 请说明基站参数规划中邻区规划的意义。

4. 简述如何进行覆盖规划和网络能力规划的计算。

5. 简述天线的种类和适用场景。

6. 简述天线的技术参数和具体作用。

7. 对于农村、高速公路、城区高楼楼顶、地下超市，应如何进行天线选择。

8. 简述基站站址规划的原则。

9. 简述新建基站过程中针对现在已有基站站点，应如何进行处理。

10. 如何进行新建基站站点的选择？

11. 简述基站站点选取的流程。

12. 假设某小区采用定向三扇区进行基站建设，小区区域面积 40.20 km²，基站的小区半径 0.4 km，问：

(1) 小区需建设多少个基站？

(2) 若小区采用全向基站，那么需建设多少个基站？

13. 某学校进行流量调查全校 20 000 名学生，发现：全校有 37% 的人数会玩手机游戏，现已知手机游戏的网络上行承载率是 50 kb/s，下行时 1.5 Mb/s，PPP 的会话时长 1800 s，BLER 按 1% 计算。问：

(1) 单用户的游戏吞吐量和游戏吞吐率各是多少？

(2) 该学校地区游戏业务的网络吞吐率能达到多少？

第 10 章　LTE 移动通信设备安装

　　如果说网络规划是对全面的工程项目进行流程的安排和资源的分配，那么设备安装就是实打实的将设备进行安装。

　　本章将对前端的无线传输系统——基站和天馈系统的安装进行介绍，这部分内容与实际工程项目紧密联系，所以不但需要着重学习和记忆，更要熟悉操作，保证能够上手。

　　在讲基站、天馈设备安装之前，先介绍一下基站的"神经中枢"——BBU 和 RRU 板卡，了解其在机柜中的位置及其功能，帮助我们更好地理解基站在整个通信网络中的作用。

10.1　BBU 板卡和功能

　　BBU 在基站网络中承担着传输和转码的功能。打个比方，如果把 LTE 的全网系统当作快递系统，快递用户当作手机终端，那么基站的天线和 RRU 就相当于快递小哥，而 BBU 就相当于在城市中的各个快递网点。那么 BBU 的实际功能是什么呢？我们来往下看。

　　本章选用了 BBU 中的一款 ZXSDR B8300 来进行讲解。在实际的通信工程中，虽然大部分的 BBU 功能比较类似，但还是需要具体问题具体分析。

　　ZXSDR B8300 实现 eNodeB 的基带单元功能，与射频单元 RRU 通过基带射频光纤接口连接，构成完整的 eNodeB。B8300 与 EPC 通过 S1 接口连接，与其他 eNodeB 间通过 X2 接口连接。ZXSDR B8300(BBU)在网络中的位置如图 10.1 所示。

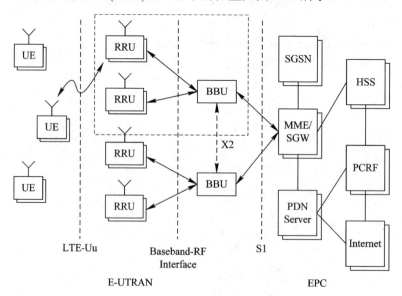

图 10.1　ZXSDR B8300 在网络中的位置

ZXSDR B8300 的硬件架构基于标准 MicroTCA 平台，为 48 cm(19 英寸)宽，2U 高的紧凑式机箱，其外观如图 10.2 所示。

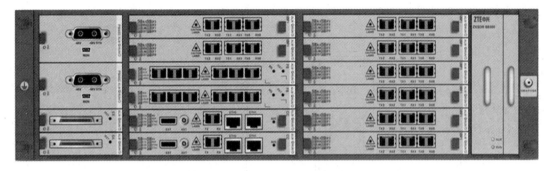

图 10.2　ZXSDR B8300 产品外观

ZXSDR B8300 是一款基于中兴 SDR 平台的多模室内基带单元，可通过软件升级支持 GSM/UMTS/LTE 单模或者多模模式，这是为了适应运营商曾经的演进、低成本策略。ZXSDR B8300 具有以下特点：

(1) 基于中兴 SDR(Software Defined Radio)平台的多模 eBBU。ZXSDR B8300 基于中兴 SDR(Software Defined Radio)平台，同一套硬件设备通过增加相应的基带处理板及软件升级即可实现多模模式。完全满足当时运营商的 2G/3G 网络向 LTE 的平滑演进。

(2) 采用标准的 MicroTCA 架构，高集成度设计。ZXSDR B8300 采用标准的开放的 MicroTCA 工业标准，拥有优秀的性能和强大的后向演进能力。ZXSDR B8300 采用了高集成度的设计，只有 2U 高、48 cm(19 英寸)宽，20 cm 深。可以安装在 48 cm(19 英寸)机架中，也可采用室内挂墙、落地等方式独立安装，具有占地面积小，安装灵活的特点。

(3) 超大容量，支持平滑扩容。

(4) 采用光纤接口和模块化设计。ZXSDR B8300 采用了光纤接口和模块化设计，射频和基带单元分离且共享光纤接口，系统由 eBBU、eRRU 和基站附件组成，极大降低了基站生产、物流、建网、维护、扩容和升级的难度。

(5) 全 IP 架构。ZXSDR B8300 采用了全 IP 架构，对外提供 GE/FE 等接口，易于实现跨地域组网和扩容等优点，节省工程费用。满足运营商在不同环境条件下的建网需求，能够适应于各种传输场景。

ZXSDR B8300 的主要功能包括：

➤ 无线资源管理：无线承载控制、无线接入控制、移动性和移动资源管理。

➤ 数据流的 IP 头压缩和加密。

➤ 附着过程中的 MME 选择。

➤ 用户面数据路由。

➤ 数据调度和传输。

➤ 为移动性管理和调度所进行的测量和测量报告。

➤ PDCP/RLC/MAC/PHY 数据处理。

注意：BBU 这种设备并不像服务器是一个整体设备，而是一种板卡负载设备，不同的板卡负担不同的功能，方便维护。

ZXSDR B8300 包括控制和时钟板(Control and Clock Module，CC)，网络交换模块+基

带处理层(Fabric Switch Module＋Baseband Processing Layer，FS＋BPL)，站点告警模块 (Site Alarm Module，SA)，电源模块(Power Module，PM)和风扇模块(Fan Module，FAN)。各模块关系如图 10.3 所示。

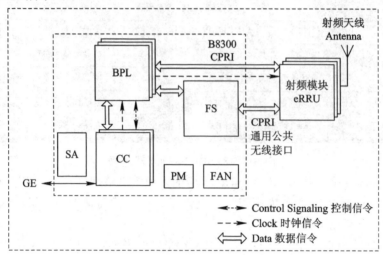

图 10.3　ZXSDR 模块组成

10.1.1　CC 单板

　　CC 单板也叫 CCC 板，它包含两种主要的功能模块：GE 交换模块和 GPS/时钟模块。如图 10.4 所示。

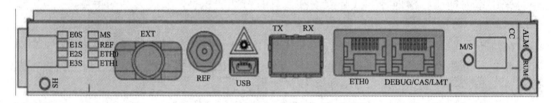

图 10.4　CC 面板

　　GE 交换模块：作为 CC 板和基带处理板间的交换网络，GE 交换模块用以传送用户数据、控制及维护信号。

　　GPS/时钟模块：GPS 接收器集成在 CC 板上。GPS 及时钟模块支持以下的功能：

➢ 同步各种外部参考时钟，包括 GPS 时钟以及由 BITS、IEEE 1588 等提供的时钟；

➢ 产生和传递时钟信号给其他模块；

➢ 提供 GPS 接收器接口并对 GPS 接收器进行管理；

➢ 提供一个实时的计时机制服务于系统操作和维护，由 O&M 或者 GPS 对其进行校准。

➢ 除了上文所提到的功能，CC 板还提供其他的功能：

➢ 管理单板和可编程元件的软件版本，支持本地和远程的软件更新；

➢ 监控、控制和维护基站系统，提供 LMT(Local Maintenance Terminal，本地维护终端)接口；

➢ 监控系统内每个单板的运行状态；

➢ 清单管理。

CC 单板上的指示灯说明如表 10.1 所示。

表 10.1　CC 单板指示灯说明

灯　名	颜　色	含　义
RUN	绿	运行指示灯
ALM	红	告警指示灯
MS	绿	主备状态指示灯
REF	绿	GPS 天线状态或 2 MHz 状态指示灯
ET0	绿	ETH0 网口链路状态指示灯，S1/X2/OMC 网口(电口或光口)物理链路
ET1	绿	DEBUG/CAS/LMT 网口链路状态指示灯
E0～E3S	绿	0～15 路 E1/T1 状态指示灯

CC 单板的各接口说明如表 10.2 所示。

表 10.2　CC 单板接口说明

接口名称	说　明
ETH0	S1/X2 接口，以太网电接口(100 M/ 1000 M 自适应)，与 RX/TX 互斥使用
DEBUG/CAS/LMT	用于 eBBU 级联、调试、本地维护，以太网接口(10 M/100 M/1000 M 自适应)
TX/RX	S1/X2 接口，以太网光接口，(支持 1000BASE-LX/SX 或 100BASE-FX)与 ETH0 互斥使用
EXT	主要用于 GPS 外置接收机或时钟扩展
REF	GPS 天线接口，BITS 时钟接口
USB	数据更新

10.1.2　FS 板

作为网络交换板，FS 面板(图 10.5)提供 eBBU 和 eRRU 的基带光接口，并处理 I/Q 信号。

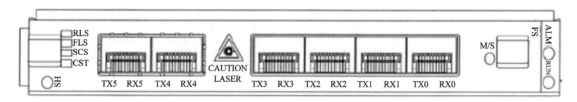

图 10.5　FS 面板

FS 板支持以下功能：

➢ 接收来自后背板的下行信号，恢复数据和定时；

➢ 复用所接收的数据，恢复 I/Q 信号；

➢ I/Q 信号下行映射，与光信号复用；

➢ 接收 I/Q 上行信号，并进行解复用/映射；

➢ 传输 I/Q 复用信号给 BPL；

➢ 通过 HDLC 接口与 eRRU 交换 CPU 接口信号；

➢ 支持 6 对光接口连接 eRRU。

表 10.3 为 FS 面板指示灯的分布情况。

表 10.3　FS 面板指示灯说明

灯 名	颜色	含 义
RUN	绿	运行指示灯
ALM	红	告警指示灯
MS	绿	主备状态指示灯
SCS	绿	时钟运行状态指示灯
FLS	绿	前向基带链路运行状态指示灯
RLS	绿	反向基带链路运行状态指示灯

10.1.3　BPL 板

ZXSDR B8300 支持安装 8～10 块 BPL 单板。BPL 单板(图 10.6)具有支持 3 个 20 MHz、2×2 MIMO 小区的能力，满足多数运营商的要求。BPL 具有以下主要功能：

➢ 处理物理层协议；

➢ 提供上行/下行 I/Q 信号；

➢ 处理 MAC、RLC 和 PDCP 协议；

➢ BPL 单板支持 3 对光接口连接 eRRU。

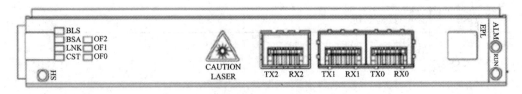

图 10.6　BPL 面板

BPL 指示灯说明如表 10.4 所示。

表 10.4　BPL 指示灯说明

灯 名	颜色	含 义
RUN	绿	运行指示灯
ALM	红	告警指示灯
BSA	绿	单板状态告警
LNK	绿	以太网链路状态指示灯
CST	绿	CPU 状态指示
OF0～OF2	绿	光口状态指示

10.1.4　SA 板

ZXSDR B8300 支持单个 SA 单板配置。SA 面板如图 10.7 所示。

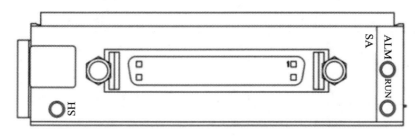

图 10.7　SA 面板

SA 有以下主要功能：

- ➢ 负责风扇转速控制和告警；
- ➢ 提供外部接口；
- ➢ 监控串口；
- ➢ 监控单板温度；
- ➢ 为外部接口提供干接点和防雷保护；
- ➢ 具有 RS485/RS232 监控接口。

10.1.5　PM 板卡

电源模块(PM)负责检测其他单板的状态，并向这些单板提供电源。ZXSDR B8300 支持 PM 1+1 冗余配置，当 eBBU 的功耗超出单个 PM 的额定功率时进行负载均衡。PM 面板如图 10.8 所示。

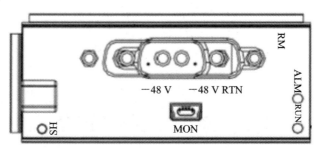

图 10.8　PM 面板

PM 具有以下功能：

- ➢ 提供两路 DC 输出电压：3.3 V 管理电源(MP)和 12 V 负载电源(PP)；
- ➢ 在人机命令的控制下复位 eBBU 上的其他单板；
- ➢ 检测 eBBU 上其他单板的插拔状态；
- ➢ 输入过压/欠压保护；
- ➢ 输出过流保护和过载电源管理。

PM 面板接口如表 10.5 所示。

表 10.5　PM 面板接口说明

接口名称	说　明
MON	调试用接口，RS232 串口
−48 V / −48 V RTN	−48 V 输入

10.1.6　FAN 板卡

ZXSDR B8300 L200 支持单个风扇模块(FAN)配置。FAN 板卡(图 10.9)的主要功能如下：
➢ 根据设备的工作温度自动调节风速；
➢ 风扇状态的检测、控制与上报。

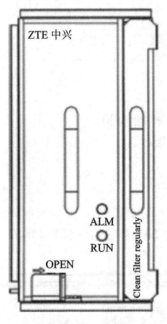

图 10.9　FAN 面板

10.2　RRU 的板卡和功能

如果把快递用户当作手机终端，那么基站的天线和 RRU 就相当于快递小哥，而 BBU 就相当于在城市中的各个快递网点。

中兴通讯的 eNodeB 采用基带与射频分离方式设计，eBBU 实现 S1/X2 接口信令控制、业务数据处理和基带数据处理；eRRU 实现射频处理。这样既可以将 eRRU 以射频拉远的方式部署，也可以将 eRRU 和 eBBU 放置在同一个机柜内组成宏基站的方式部署。eRRU 和 eBBU 间采用 CPRI 的光接口。本节以机房实体 RRU 设备 ZXSDR R8972 S2300W(eRRU) 为例进行介绍，并完成后续的参数规划和配置。ZXSDR R8972 S2300W 在 LTE 网络中的位置如图 10.10 所示。

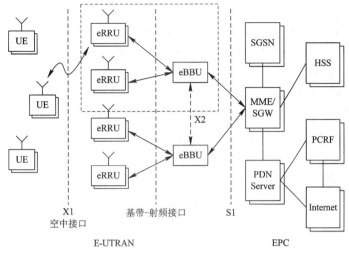

图 10.10　RRU 在网络中的位置

ZXSDR R8972 主要功能说明如下：

➢ 支持 5 MHz、10 MHz、15 MHz 和 20 MHz。

➢ 支持上行 2500～2570 MHz，支持下行 2620～2690 MHz。

➢ 支持 2T4R(更换双工器也可支持 2T2R)。

➢ 支持下行 QPSK，16-QAM、64-QAM 调制方式，支持上行 QPSK，16-QAM 调制方式。

➢ 支持上下行功率上报功能。

➢ 功放过功率保护。

➢ 支持发射通道的关闭/开启。

➢ 支持动态配置功放电源电压，在不同负荷下，功放实现最优效率。

➢ 采用平台化设计，支持 GUL 三种制式，软件升级即可平滑转换。

➢ 支持配置使用 AISG2.0 接口的电调天线。

➢ 支持场强扫描、无源互调测试、温度查询、驻波比查询、干节点功能、软硬件复位。

➢ 电源防反接。

ZXSDR R8972 设备外观如图 10.11 所示。

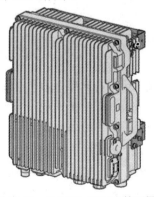

图 10.11　ZXSDR R8972 外观图

ZXSDR R8972 性能指标包括：

(1) 无线性能。

➤ 支持 5 MHz、10 MHz、15 MHz 和 20 MHz 带宽。

➤ 频率范围：2500～2570 MHz(上行) / 2620～2690 MHz(下行)。

➤ 灵敏度：–104 dBm，RRU 噪声系数小于 3.5 dB。

➤ 机顶发射功率：2×40 W。

(2) 传输性能。

➤ 级连时总的传输距离不超过 25 km；单级时，最大传输距离为 10 km。

➤ 2×3.072 Gb/s 和 2×2.4576 Gb/s 光口速率。

(3) 组网与传输。

➤ 支持星型和链型组网。

➤ 最大支持 4 级级联。

➤ 支持单模和多模光纤。

➤ 遵从 CPRI 协议 V4.1。

10.3　天馈系统安装

本节主要介绍基站的天馈系统及其安装。天馈系统安装前需做如下准备。

1. 检查基站环境

在天馈系统安装前，需先对基站的环境进行检查，即检查施工环境。需要检查情况如下：

➤ 检查铁塔、抱杆、增高架：检查铁塔平台上、增高架上是否具有天馈安装的抱杆，检查抱杆是否固定牢靠。

➤ 检查走线架：检查室外走线架是否安装，是否符合要求。

➤ 检查馈窗：检查馈窗是否有足够的馈线穿线孔供馈线布放使用。

➤ 检查室内馈线走线位置：检查室内走线架机柜位置，以确定每个扇区的馈线线序。

➤ 安全检查：检查馈窗入线后是否有障碍物。

➤ 确定馈线长度：馈线的长度以实际长度多预留 3%为宜。

2. 检查货物

需检查的货物如下：

➤ 检查天线：打开天线外包装，检查天线表面有无裂缝，接头有无撞坏的痕迹等。若有损伤，应更换天线。

➤ 检查馈线：检查馈线是否有划伤、变形，若有划伤、变形，应更换馈线。

➤ 检查附件：检查馈线头、馈线卡是否足够，是否有损坏，1/2 跳线是否足够，是否有破损，胶泥、胶带、扎带是否足够使用。

3. 工具的准备

通常需要准备的工具有：一字和十字螺丝刀、活动扳手、斜口钳、老虎钳、剪线钳、美工刀、套筒扳手、钢锯、梯子、长皮尺、卷尺、指南针、倾角仪、定滑轮、馈线刀、绝缘胶带、防水胶带、色环胶带、驻波比测试仪等，如图 10.12。

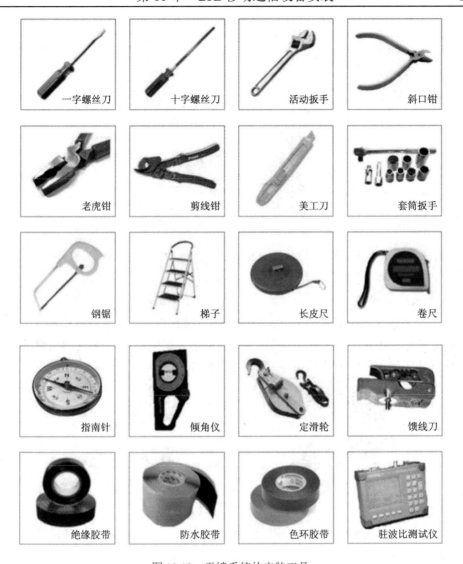

图 10.12　天馈系统的安装工具

4. 人员的准备

工程人员不允许穿宽松衣服及易打滑的鞋；天馈安装现场所有人员必须头戴安全帽；高空作业人员必须佩带安全带。

注意：所有的通信工程的前期准备都不能马虎，必须严格进行检查，这不只是为了对工程项目负责，更是对工程人员的安全负责。

10.3.1　天线的组装

1. 全向天线的组装

全向天线的组装过程如下：

(1) 装配全向天线的两个固定夹。

(2) 紧固与天线配合的部分，如图 10.13 所示。

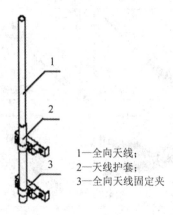

1—全向天线；
2—天线护套；
3—全向天线固定夹

图 10.13　全向天线组装示意图

(3) 将跳线接头与天线接头连接好并拧紧；

(4) 对天线与跳线连接处的接头进行防水密封处理。

2. 定向天线的组装

定向天线的附件有：天线固定夹、俯仰角调节装置和跳线。组装过程如下：

(1) 根据天线背面的标识确定天线的顶、底两个固定调节点(顶部为倾角调整装置的调节点，底部用于固定天线与支架)。组装支架如图 10.14 所示。

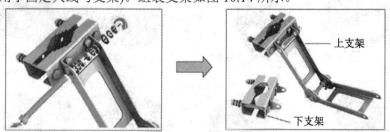

上支架

下支架

图 10.14　组装支架

(2) 严格参照供应商提供的附件装配图纸，将各附件安装到相应位置。支架与天线组合如图 10.15 所示。

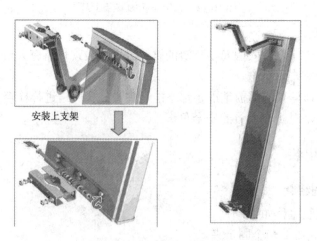

安装上支架

图 10.15　支架与天线组合

(3) 跳线接头与天线接头连接好并拧紧。

(4) 对天线与跳线连接处进行防水密封处理，如图 10.16 所示。

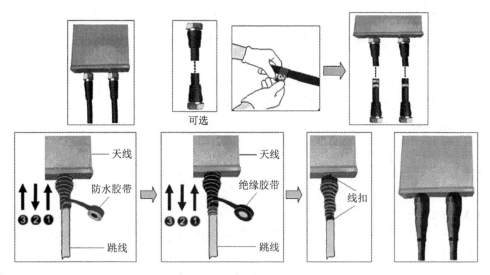

图 10.16　定向天线与跳线连接及跳线接头处理示意图

10.3.2　天线的安装

天线的安装需要注意天线不要碰到铁塔或是抱杆，吊装时需要人员互相配合。如图 10.17 所示。

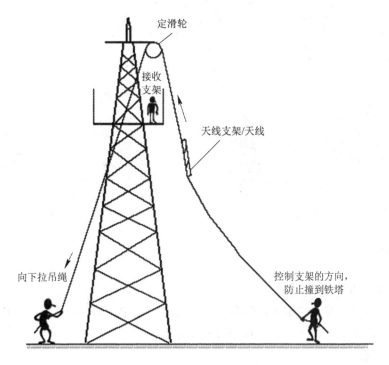

图 10.17　铁塔安装天线示意图

如果是在抱杆或是增高架上安装也需要注意天线的安全。

1. 注意事项

注意事项如下：

➢ 吊装过程中悬空物品的正下方禁止站人，工作人员跨出平台作业时一定要使用安全带；

➢ 天线固定件、扳手等小金属物品应装入帆布工具袋封口后再吊装；

➢ 物品吊至塔顶平台后应放置在不易滑落处，并做好安全措施。

2. 吊装过程

吊装过程如下：

(1) 在塔顶安装一个定滑轮。

(2) 将一根吊绳穿过定滑轮。

(3) 用绳子在天线两端打结。

(4) 塔上及塔下人员一起配合把天线吊到固定天线的(支架)位置。天线固定到抱杆的情况如图 10.18 所示。

(5) 天线的方位角、倾角需按照施工设计要求，配合指南针，左右扭动天线，直至方位角满足要求，一般情况下天线方位角为 0°、120°、240°，倾角为 3°，天线方位角调整好后，拧紧上下支架的螺丝。调节天线的方位角的方法如图 10.19 所示。

(6) 天线必须固定紧。

安装上支架

图 10.18　天线固定到抱杆

图 10.19　调整天线的方位角

10.3.3　馈线布放

1. 馈线卡安装方法

先将馈线卡安装在走线架上，间隔 1 m 左右，如果走线架上已有馈线，馈线卡需安装在原有馈线的馈线卡上，安装时需要注意保证馈线卡在一条直线上。

2. 馈线头制作

馈线头制作过程如下：

(1) 将制作接头的专用工具准备妥当，置于易取用的地方；

(2) 将待安装接头的馈线起始端摆成平直状，然后开始制作；

(3) 用快割切线器截断馈线，要求切割面保持平整；

(4) 在离接头 51 mm 处，用快割切线器或安全刀切整电缆外皮；

(5) 加 O 型圈并在 O 型圈上加适量油脂；

(6) 加紧固螺母；

(7) 加弹簧圈，把弹簧圈扣在馈线外导体波谷的位置；

(8) 调整好钢锯，调整锯导(大垫片)位置，切割电缆；

(9) 用毛刷去除毛口，去除残渣；

(10) 压紧泡沫塑料；

(11) 加 O 型圈和适量油脂，并安装接头体；

(12) 用扩张工具(与馈线型号配套)扩张外导体，检查扩张表面，去除残屑；

(13) 重新装配接头，安装时，接头体侧绝对不能转动；

(14) 配合扭矩。

馈线头制作完成后，需检查是否有松动。切割馈线的方法如图 10.20 所示。

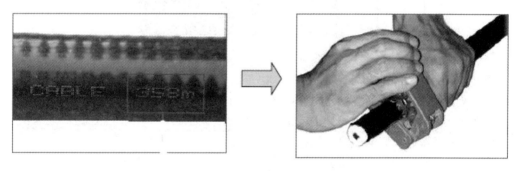

图 10.20　切割馈线

3. 馈线布放

馈线布放时应注意保护已经制作好的馈线头。图 10.21 为馈线头的保护，图 10.22 为馈线安装要求。

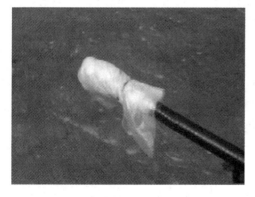

图 10.21　馈线头的保护

1—馈线；2—走线架；3—馈线固定夹；4—屋顶馈线井

图 10.22　馈线安装要求

馈线的布放应先做好临时标签，布放时应做到笔直，在紧固馈线卡的同时，需要用力使馈线笔直。安装效果如图 10.22 所示。

注意：馈线必须用馈线卡紧固，如果馈线经过位置没有办法安装馈线卡，必须使用馈线皮进行加厚保护，以防止馈线擦伤。馈线的加厚处理如图 10.23 所示。

图 10.23　馈线的加厚处理

馈线的布放需要注意以下问题：

(1) 根据工程设计的扇区要求对馈线排列进行设计，确定排列与入室方案，通常一个扇区一列或一排，每列(排)的排列顺序保持一致；

(2) 将馈线按设计好的顺序排列；

(3) 一边理顺馈线，一边用固定夹把馈线固定到铁塔或走线架上；

(4) 撕下临时标签，用黑线扣绑扎馈线标签。

4. 进馈窗

馈线进馈窗(图 10.24)时需要注意馈窗前 2~3 m 内的馈线先不要卡入馈线卡，以保证馈线在穿进馈窗时有良好的弯曲半径。

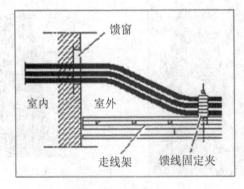

图 10.24　馈线进馈窗示意图

选择馈线洞(图 10.25)应按照自下而上的原则。并且进馈窗前一定要做防水弯。

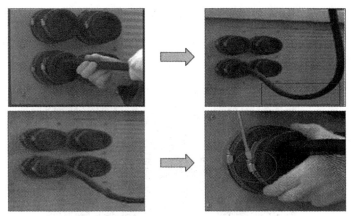

图 10.25　馈线进馈线洞的步骤

馈线入馈窗后,需将馈窗洞二次密封。

5. 接地制作

在整个基站的安装过程中,有许多地方需要使用接地夹,用到接地夹的地点概括如下:

(1) 通常每根馈线都应至少有三处避雷接地,分别为:

➢ 馈线离开塔上平台后 1 m 范围内;

➢ 馈线离开塔体引至室外走线架前 1 m 范围内;

➢ 馈线进入馈线窗前馈线窗的外侧(就近原则)。

当塔上馈线长度超过 60 m 时,还应在塔身中部增加避雷接地夹,一般为每 20 m 安装一处。

(2) 若馈线离开铁塔后,在楼顶布放一段距离后再入室,且这段距离超过 20 m,此时需在楼顶加一避雷夹。

(3) 馈线自楼顶沿墙壁入室,若使用室外走线架,则室外走线架也应接地。

接地线制作过程如下:

(1) 准备好必需的工具:裁纸刀、一字螺丝刀和尖嘴钳等。

(2) 拆开避雷接地夹的包装盒及包装袋,把各部件和附件放在干净的地面或纸上,便于取用。

(3) 确定避雷接地夹安装位置,按接地夹大小切开该处馈线外皮,以露出外导体为宜。

(4) 把避雷接地夹扣在馈线上(图 10.26)。避雷接地夹接地线引向应由上往下,与馈线夹角以不大于 15° 为宜。

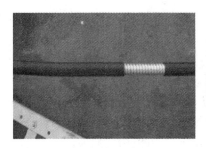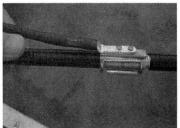

图 10.26　避雷接地夹扣的接法

(5) 在避雷接地夹上，先缠防水绝缘胶带(图10.27)，然后缠PVC胶带。首先应从下往上逐层缠绕，然后从上往下逐层缠绕，最后再从下往上逐层缠绕。逐层缠绕胶带时，上一层覆盖下一层约三分之一左右。

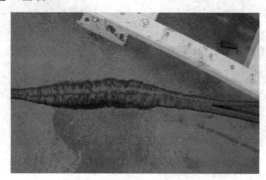

图 10.27　避雷接好后的绝缘处理

(6) 密封好的避雷接地夹接地线可接至室外接地插排，也可接至接地性能良好的室外走线架上。当接在室外走线架时，走线架接地处的防锈漆应除去。接地线安装完成后，应再涂上防锈漆，其他裸露的接头部分如不能用绝缘胶带绝缘的，一律涂上防锈漆，以确保接触良好。

6. 防水制作

防水处理所用的胶带有两种：防水绝缘胶带(胶泥)和PVC胶带。防水密封处理过程如下：

(1) 清除馈线接头或馈线接地夹上的灰尘、油垢等杂物。

(2) 展开防水绝缘胶带(图10.28)，剥去离形纸。

图 10.28　防水绝缘胶带和 PVC 胶带

(3) 将胶带一端粘在接头或接地夹下方 2～5 cm 处馈线上，注意使涂胶层朝向馈线。

(4) 均匀拉伸胶带使其宽度为原来的 3/4～1/2。

注意：拉伸后宽度不要低于原宽带的 1/2，否则会因拉伸过度破坏胶带分子结构降低可靠性。

(5) 保持一定的拉伸强度，从下往上以重叠方式进行包扎，上层胶带覆盖下层的 1/2 左右。

(6) 当缠绕到接头或接地夹上方 2～5 cm 后，再以相同的方法从上往下缠绕，然后再从下往上缠绕，共缠绕三层防水绝缘胶带，如图 10.29 所示。

(7) 用手在包扎处挤压胶带，使层间贴附紧密无气隙，以便充分粘接。

(8) 在已缠好的防水绝缘胶带外层包扎 PVC 胶带，以防止磨损和老化。

(9) 按防水绝缘胶带的缠绕方法缠绕 PVC 胶带，缠绕过程中注意保持适当的拉伸强度。最终完成效果，如图 10.30 所示。

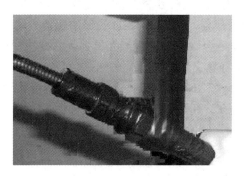

图 10.29　胶带缠绕顺序　　　　　　　　图 10.30　接口防水绝缘处理后效果

完成后，需要在两端各扎一个黑扎带用来确保防水效果。

注意： 天馈系统安装完成后也需要检查。

7. 自检

天线安装好后的自检项目如表 10.6 所示。

表 10.6　检 查 项 目

检查项目	检 查 说 明
天馈驻波比	用天馈驻波测试仪在室内跳线处测量，驻波比应小于 1.5
天线	天线的安装位置应与设计文件相符，且与抱杆连接牢固
	天线方位角误差不大于 5°，下倾角误差不大于 0.5°
	在天线向前方向，无铁塔结构的阻碍影响
	天线应在避雷针保护区域内(避雷针顶点下倾 45° 范围内)
馈线、跳线	馈线布放整齐平直、无交叉，馈线无裸露金属导体
	馈线和跳线连接正确(具有相同色环的馈线和跳线相连)
	色环粘贴位置正确
	室外馈线已做 3 点接地
	所有室外接头做好密封防水处理
	天线侧跳线、入馈窗前馈线已做防水弯
	馈线、跳线最小弯曲半径应不小于其直径的 20 倍
	馈线、跳线上无多余胶带、扎带等遗留物

注意： 一定要将表上的项目全部检查完毕后，天馈系统才算安装完毕了。

10.4　eNodeB 设备安装和线缆连接

eNodeB 即基站，它是 LTE 系统接入网中最基本的单元，是网络中数量最多的设备。下面以中兴 ZTE 的基站设备为例讲解 eNodeB 的硬件系统、组网方式以及基站设备相关知识；同时介绍 OMC 网管对 eNodeB 进行开局数据配置，以及 eNodeB 开局的配置方法。本环节任务中的内容在实际的通信工程中也是 LTE 后台网络管理运维人员必须掌握的知识，对工程安装、设备调测等岗位的工作人员具有指导意义。

本节以中兴通讯股份有限公司研发(以下简称"ZTE")的 ZTE SDR eBBU(基带单元)+eRRU(远端射频单元)为例进行讲解，这两者结合在一起共同完成 LTE 基站业务功能。分布式 ZTE 基站如图 10.31 所示。

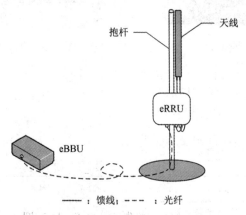

图 10.31　ZTE 分布式基站解决方案示意

相比于其他厂家的 4G LTE 基站产品，图 10.1 所示的 BBU 和 RRU 的特点如下：

(1) 可节省建网的人工费用和工程实施费用。eBBU+eRRU 分布式基站设备体积小、重量轻，易于运输和工程安装。

(2) 既可快速建网，又可节约机房租赁费用。eBBU+eRRU 分布式基站适合各种场景安装，可以安装在铁塔、楼顶或挂墙安装等，站点选择更加灵活，不受机房空间等限制。既可帮助运营商快速部署网络，发挥 Time-To-Market 的优势，又能节约机房租赁费用和网络运营成本。

(3) 升级扩容方便，可以节约网络初期的成本。eRRU 可以尽可能地靠近天线安装，节约馈缆成本，减少馈线损耗，提高 eRRU 机顶输出功率，增加覆盖面积。

(4) 功耗低，用电省。相对于传统的基站，eBBU+eRRU 分布式基站功耗更小，可降低在电源上的投资及用电费用，节约网络运营成本。

(5) 分布式组网，可有效利用运营商的网络资源。支持 eBBU+eRRU 分布式组网，支持基带和射频之间的星形、链形组网模式。

1. 设备安装的流程

在进行 eNodeB 设备安装之前，一定要掌握 eNodeB 设备安装的整体流程(图 10.32)，确保安装过程中不会出现意外情况。

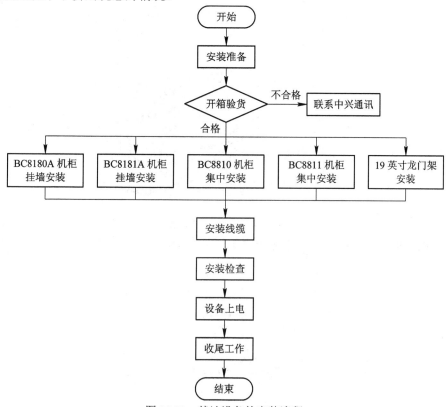

图 10.32　基站设备的安装流程

2. 安装机柜

安装机柜的步骤如下：

(1) 首先，根据情况打入膨胀螺丝，如图 10.33 所示。

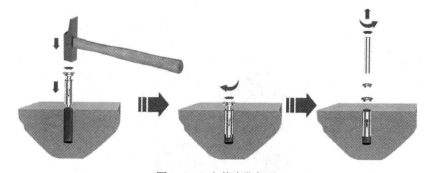

图 10.33　安装膨胀螺丝

(2) 使用膨胀螺丝安装基站固定支架，如图 10.34 所示。图中所示序号对应的零件及其作用分别为：1—螺栓，配合膨胀螺栓起固定作用；2—小垫片，避免螺栓的磨损；3—大垫片，避免螺栓的磨损；4—绝缘垫片，起到绝缘作用；5—绝缘垫，起到机柜的绝缘作用；6—调整垫片，保证机柜的水平放置；7—膨胀螺栓，配合螺栓起固定作用；8—定位销钉，防止零件相对位置的错动。

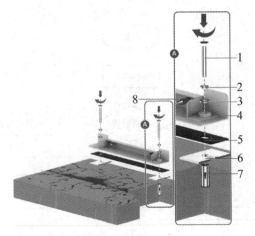

图 10.34　安装固定支架

(3) 安放机柜，注意机柜要卡入固定支架，如图 10.35 所示。

图 10.35　机柜卡入固定支架

(4) 使用螺丝固定基站，至此基站机柜安装完毕，如图 10.36 所示。

图 10.36　机柜内部安装固定螺丝

3. 安装设备

安装设备的步骤如下:

(1) 在机柜中放置设备支撑板并进行固定，如图 10.37 所示。

图 10.37　安装支撑板

(2) 安装设备于支撑板上，并进行固定，如图 10.38 所示。

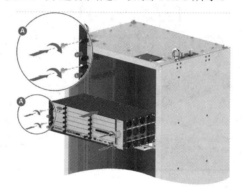

图 10.38　安装设备到支撑板上

4. 安装配电模块和面板

在机柜的最上面，安装配电面板并进行固定，并将设备的电源连线固定到设计图纸上要求的位置，之后根据设备的需求安装对应型号的配电模块，如图 10.39 所示。

注意: 配电模块的安装一方面要考虑 DC/AC 的区别，另一方面要考虑设备最大的电流的影响。

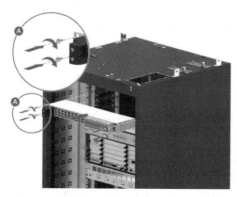

图 10.39　安装配电模块

5. 线缆安装

根据如图 10.40 所示的说明，进行对应线缆的连接，因为设备是电力设备，所以首先应进行的是接地线缆的连接，然后再进行电源线缆的连接，最后进行数据线路的连接和 GPS 传输线缆的连接。

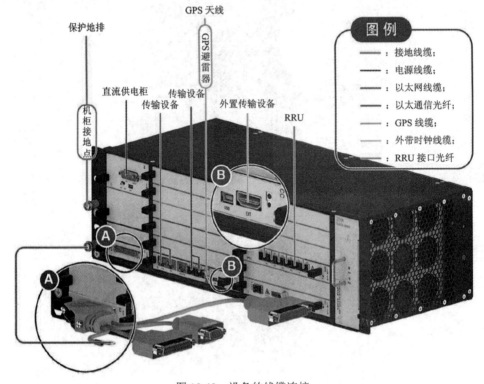

图 10.40　设备的线缆连接

小　　结

本章主要介绍了中兴通讯的 eNodeB 设备、天馈系统的安装流程，包括线缆的制作、天线的安装和调整、馈线的摆放和防雷方法以及天线安装好之后的自检项目等。通过这部分的学习，可以了解 eNodeB 基站设备的板卡功能和安装，天馈系统的安装及相关工作等知识。

习　题　10

1. 中兴通讯的基站设备主要分为哪两类？
2. eBBU 主要包含了哪些板卡模块，各个模块的作用是什么？
3. eRRU 的主要用途是什么？
4. 在天馈系统的安装过程中，是否可以优化或者颠倒部分操作的顺序，为什么？

第 11 章　LTE 移动通信网络开通

之前的章节主要讲述了 4G LTE 通信系统中各个通信设备的功能和作用，本章主要介绍 eNodeB 基站设备的安装和调测。

11.1　eNodeB 参数规划

ZXSDR B8300 的软件系统从下到上依次为 MicroTCA 统一平台 Micro TCA Unified Platform、软件平台 Platform Software 和应用层 Application Software。如图 11.1 所示。

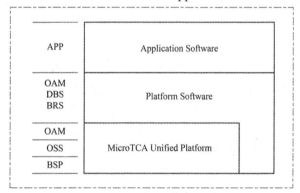

图 11.1　ZXSDR B8300 的软件平台和应用层关系

MicroTCA 作为整体架构的支撑层，包括板级支持包(Board Support Package，BSP)，操作管理维护(Operation Administration and Maintenance，OAM)和操作支持系统(Operation Support System，OSS)模块。其功能如下：

➤ BSP：提供到操作系统的设备接口。

➤ OSS：提供与硬件无关的软件运行支撑平台，包括二次调度、定时器、内存管理、系统平台级监控、监控告警和日志等功能。

➤ OAM：提供配置、告警和性能管理等统一网管功能。

软件平台 Platform Software 包括 OAM，数据库子系统(Database sub-system，DBS)和承载子系统(Bearer sub-system，BRS)模块，其功能如下：

➤ DBS：提供数据管理功能；

➤ BRS：提供单板间或者网元间的 IP 网络通信。

应用层包括无线网络层控制面(Radio Network Layer Control plane，RNLC)，无线网络层用户面(Radio Network Layer User plane，RNLU)， MAC 层上行调度(MAC Uplink Scheduler，MULSD)，MAC 层下行调度(MAC Downlink Scheduler，MDLSD)和物理层

(Physical layer，PHY 层)等模块。这些模块的功能如下：

- ➤ RNLC：提供无线控制面的资源管理。
- ➤ RNLU：提供用户面功能。
- ➤ MULSD：提供上行 MAC 调度。
- ➤ MDLSD：提供下行 MAC 调度。
- ➤ PHY：提供 LTE 物理层功能。

11.1.1 全局参数规划

全局参数是指根据 eNodeB 设备所处的区域、访问地址、业务 ID 等不同而专属于本设备的全局参数值。这部分内容与 11.2.1 节全局配置的内容相对应，通过对本部分内容的学习，可以了解在全局配置中各种配置参数的作用和参考范围，有助于对后续全局配置环节的学习和理解。全局参数的设置主要包括如下内容。

1. 子网

用户标识可以自由设置，子网 ID 号具有唯一性，不可重复。子网类型在参数设置时选择 E-UTRAN，就是手机开始接入网部分，即 LTE 移动通信无线网络。

2. 无线制式

4G 网络包括 FDD-LTE 和 TDD-LTE 两种制式。在配置参数时主要根据如下特点进行：

(1) TDD-LTE 发射和接收的信号是在同一频率信道的不同时隙中传送的；FDD-LTE 则采用两个对称的频率信道来分别发射和接收信号。形象地说，TDD 是单车道，FDD 是双车道，双向放行。LTE TDD 在帧结构、物理层技术、无线资源配置等方面具有自己独特的技术特点，与 LTE FDD 相比，具有特有的优势，但也存在一些不足。

(2) 频分双工(FDD)和时分双工(TDD)是两种不同的双工方式。FDD 是在分离的两个对称频率信道上进行接收和发送的，用保护频段来分离接收和发送信道。FDD 必须采用成对的频率，依靠频率来区分上下行链路，其单方向的资源在时间上是连续的。FDD 在支持对称业务时，能充分利用上下行的频谱，但在支持非对称业务时，频谱利用率将大大降低。

3. 网元 IP

网元的 IP 地址一般分为如下两种：

- ➤ 业务 IP：是 S1 和 X2 接口的协议 IP。
- ➤ 网管 IP：是 IP 的地址，主要采用 IPv4 地址。

4. PLMN

PLMN 是公共陆地移动网络，它包含移动国家码 MCC 和移动网络号码 MNC 两部分。

- ➤ MCC 的资源由国际电联(ITU)统一分配和管理，唯一识别移动用户所属的国家，共 3 位，中国为 460。
- ➤ MNC 用于识别移动用户所归属的移动通信网，由 2～3 位数字组成。

在同一个国家内，如果有多个 PLMN(一般某个国家的一个运营商对应一个 PLMN)，可以通过 MNC 来进行区别，即每一个 PLMN 都要分配唯一的 MNC。中国移动系统使用 00、02、04、07，中国联通系统使用 01、06、09，中国电信系统使用 03、05、11。

11.1.2　设备参数规划

设备参数主要指的是符合现场使用环境要求的设备拉远单元(Radio Remote Unit，RRU)型号、BBU 板卡数量和安装位置信息，这些要在 11.2.2 节的设备配置时用到。通过学习，可以理解在设备配置中不同环节配置的意义，并可以根据实际配置需求做到心中有数。在实际工程中，ZXSDR BS8800 L200 支持基带部分 eBBU 和射频部分 RRU 之间的两种组网方式：

➢ 星形组网：每个 RRU 点对点地连接到 eBBU，此种组网方式的可靠性较高，但会占用较多的传输资源。eBBU 中单个 BPL 模块最多提供 3 路 CPRI 接口。

➢ 链形组网：多个 RRU 连成一条链后再接入 eBBU。此种方式占用的传输资源少，但可靠性不如星形组网。

每个基站必需的配套设备如表 11.1 所示。

表 11.1　基站必须配套设备

名　称	数　量	功　　能
射频层	1	配置射频单元，处理无线信号的发射和接收
基带层	1	配置基带单元，处理基带数据
配电插箱	1	整机电源分配
风扇插箱	1	射频单元散热处理
导风插箱	1	射频单元散热处理
走线架	1	柜内走线

可根据基站的负荷和承担的任务进行基站板卡的具体配置，大体原则如表 11.2 所示。

表 11.2　基站板卡配置

单板/模块	数　量	配　置　说　明
CC	1～2	必配，标准配置为一个
BPL	1～6	必配，标准配置为一个
SA	1	必配
PM	1～2	必配，标准配置为一个，可配置两块以支持负荷分担
FA	1	必配
RSU	1～6	根据载频和扇区数量，以及基带容量进行配置

11.1.3　传输接口规划

传输接口主要是 eNodeB 与无线侧连接的业务接口 S1、X2 所需的物理层端口、链路层、IP 层、带宽、流传输协议(Stream Control Transmission Protocol，SCTP)等配置参数以及差分服务代码点(Differentiated Services Code Point，DSCP)映射、静态路由、OMCB(Operations & Maintenance Center-B)通道等网络管理侧的配置。本节内容可与 11.2.4 节传输配置配合学习。通过对本节内容的学习，可以掌握不同配置环节的作用和相关的参数范围，帮助完成后续的传输参数配置。主要的传输接口介绍如下。

1. S1 接口

S1 接口是 E-UTRAN 和 EPC 之间的接口。S1 接口包括控制面的 S1-C 接口和用户面的 S1-U 接口。S1-C 为 eNodeB 和 MME 间接口；S1-U 为 eNodeB 和 SGW 网关间接口，具体关系如图 11.2 所示。

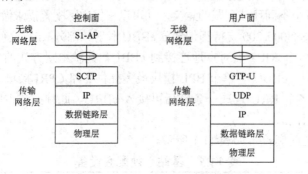

图 11.2　S1 信令面和用户面接口分层

2. X2 接口

X2 接口为 eNodeB 之间的接口。X2 接口包含 X2-C 和 X2-U 两部分，X2-C 是 eNodeB 间控制面间的接口，X2-U 是 eNodeB 间用户面间的接口，关系如图 11.3 所示。

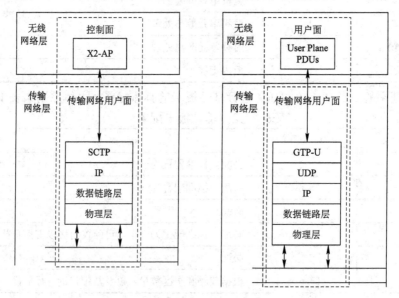

图 11.3　X2 接口分层

3. 基带射频接口

基带射频接口采用光纤来传输数字基带信号和 eRRU 控制信号。基带射频接口通过在传输配置中与对应的 eRRU 设置绑定，并通过对应的传输参数设置与 eRRU 的传输速率，从而完成基带射频的传输配置。

11.1.4　无线参数规划

无线参数主要指的是 eNodeB 广播在外侧的无线网络的相关参数，这部分与手机信号的强弱有直接的关系。本节内容为 11.2.3 节无线配置做准备。通过对本节内容的学习，一方面可以理解无线配置中不同参数的定义和作用，另一方面可以了解参数的实际参考范围，给后续的配置环节起到提示作用。主要的无线参数如下。

1. 峰值速率

峰值速率分为上/下行两个方向的最大信息传输速率，具体对应关系为：下行峰值速率 100 Mb/s(20 MHz 带宽)时对应 5 b/(s・Hz)频谱效率；上行峰值速率 50 Mb/s(20 MHz 带宽)时对应 2.5 b/(s・Hz)频谱效率。

2. 可容纳用户能力

当带宽为 5 MHz 时，每小区至少同时支持 200 个在线用户。

3. 移动性

对于通信终端处于低速 0～15 km/h 的移动环境，系统提供最优通信性能；当其处于中速 15～120 km/h 的移动环境时，系统提供较好的通信性能；而当其处于 120～350 km/h 的高速移动环境时，系统仍能保证通话能力；当然，也考虑移动速度高达 500 km/h 环境中的传输。

4. 覆盖范围

覆盖范围大小按照小区半径的大小来衡量。一般情况下，小区半径为 5 km，满足移动终端所有的性能要求；当小区半径为 30 km 时，允许少许性能损失，但仍能提供常规服务；当然，也会考虑小区半径高达 100 km 的极端情况。

5. 支持灵活带宽配置

LTE 支持六种带宽配置，即 1.4 MHz、3 MHz、5 MHz、10 MHz、15 MHz 及 20 MHz。在进行无线参数配置时，需要用到表 11.3 所示的 LTE TDD 与 LTE FDD 的相关参数。

表 11.3　TDD 与 FDD 参数情况

技术体制	TDD-LTE	FDD-LTE
关键技术共同点		
信道带宽灵活配置	1.4 MHz、3 MHz、5 MHz、10 MHz、15 MHz、20 MHz	
帧长	10 ms(半帧 5 ms，子帧 1ms)	10 ms(子帧 1 ms)
信道编码	卷积码、Turbo 码	
技术体制	TDD-LTE	FDD-LTE
功率控制	开环结合闭环	
MIMO 多天线技术	支持	
技术差异		
双工方式	TDD	FDD
子帧上下行配置	多种子帧上下行配置方式	无线帧全部上行或下行配置
HARQ	个数与延时随上下行配置方式不同而不同	个数与延时固定
调度周期	随上下行配置方式不同而不同，最小 1 ms	1 ms

11.2　eNodeB 参数配置

eNodeB 参数配置包括全局配置、设备配置、无线配置、传输配置和邻区配置，下面一一介绍其具体操作。

LTE 全局配置

11.2.1　全局配置

本章中的 LTE 移动通信网络开通操作都是借助网络管理服务器(简称网管)完成的。用户可以通过网管对多个设备单元进行管理操作和数据配置等，当然，网管也允许多个用户通过客户端登录服务器同时在线对多个设备进行操作和管理。下面通过网管完成 LTE 网络全局配置，主要步骤有 5 步。

1. 配置 TD-LTE 物理设备

(1) 启动网管：点击图 11.4 所示图标，若出现如图 11.5 所示的信息，说明服务器启动成功，则可以通过该服务器允许多个操作员同时在线完成配置。

图 11.4　网管服务端图标　　　　　　　　　　图 11.5　网管服务器连接正常

(2) 启动 4G 网管客户端：点击图 11.6 所示图标，弹出如图 11.7 所示的登录界面。

图 11.6　网管客户端图标　　　　　　　　　　图 11.7　网管客户端登录界面

在图 11.7 所示的界面完成如下信息配置：

➢ 填入用户名 admin，密码为空。

➢ 输入服务器地址为 IP 服务器地址(为安装网管时的 IP 地址)，并点击"确定"按钮连接服务器。

2. 创建子网

点击图 11.8 所示下拉菜单中的"创建子网",弹出图 11.9 所示界面,按图中标识的顺序,依次填写用户标识、子网 ID 和子网类型,设置完成后点击图 11.9 中标注"4"的图标保存。填写时注意:用户标识可以随意设置,子网 ID 不可重复,子网类型请选择 E-UTRAN 子网,如配置多个子网,请点击推荐值按钮。

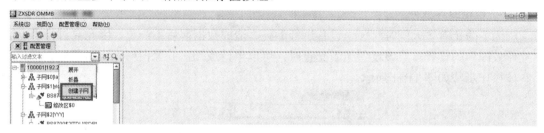

图 11.8　子网配置

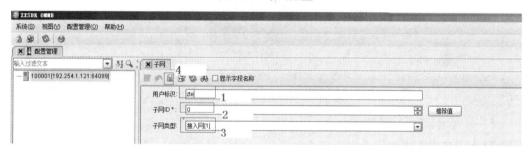

图 11.9　子网参数配置

3. 创建网元

根据机房实体设备,进行基站网元的创建,并按图 11.10 所示的参数设定。

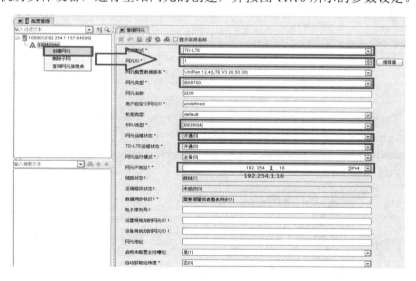

图 11.10　基站网元创建

具体参数和操作步骤如下:

(1) 无线制式：选择 TD-LTE(若为 FDD 制式，则选择 FD-LTE)。

(2) 网元类型：由于机房基站设备型号为 BS8700，所以网元类型选择 BS8700。

(3) 网元 IP 地址，即基站和外部通信的 eNodeB 地址(若实验室网管服务器和基站设备适用 Debug 口直连 1 号槽位的 CC，则可用 C 类私有地址配置，如可填 192.254.1.16)。

(4) 根据机房 BBU 机架类型，选择 8300。

(5) 完成后点击"保存"按钮。

4. 申请互斥权限

为了防止有多人同时对一个设备进行配置，造成数据前后不一致，因此要进行"申请互斥权限"的设置，当该设备无人配置时，可以申请成功，并保留对该设备的配置操作。具体操作步骤如图 11.11 所示。

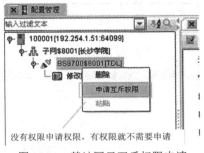

图 11.11　基站网元互斥权限申请

5. 配置运营商

配置运营商需要填写运营商描述信息和 PLMN 相关信息，具体步骤如下：

(1) 先点击图 11.12 所示的新建按钮，然后按图 11.12 顺序填写，完成后进行保存。

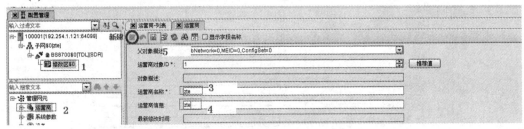

图 11.12　运营商参数配置

(2) 如图 11.13 所示，点选运营商，先点击 PLMN，然后点击上方菜单栏中的"新建"按钮■，完成配置后保存。

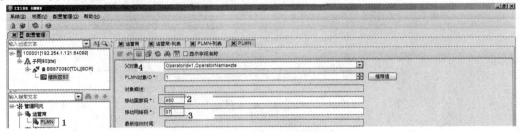

图 11.13　PLMN 参数配置

11.2.2　设备配置

设备配置主要完成 BBU、RRU、BPL 光口设备、天线、时钟设备、设备间的连接介质等的添加、选型和参数配置，为 eNodeB 正常工作做好保障工作。具体操作步骤和方法如下。

LTE 设备配置

1. 添加 BBU 侧设备

检查实际设备的板卡配置，然后添加 BBU 设备，按图 11.14 中所示的数字顺序进行设置：即首先点击网元，选中修改区；双击"设备"后，会在右边显示出机架图；根据机房 LTE 机柜中 BBU 设备实际位置情况添加对应的单板。BBU 设备需要依次添加 SA 板卡、PM 板卡、CCC 板卡和 BPL 板卡，其过程如图 11.14～图 11.17 所示。

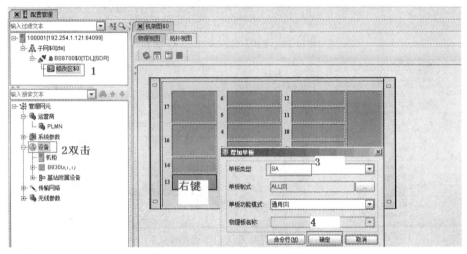

图 11.14　BBU 设备添加 SA 板卡

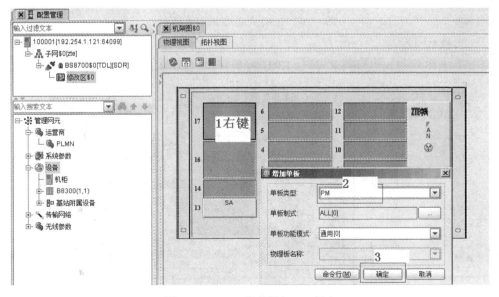

图 11.15　BBU 设备添加 PM 板卡

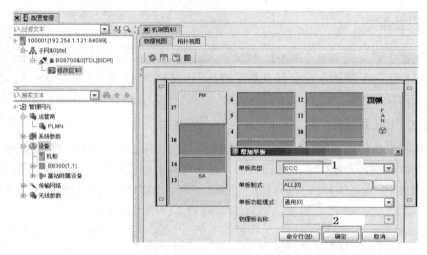

图 11.16　BBU 设备添加 CCC 板卡

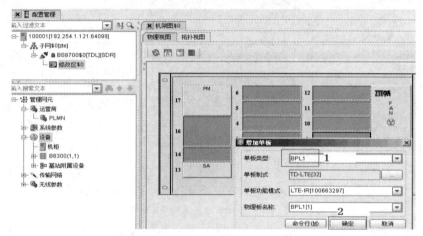

图 11.17　BBU 设备添加 BPL 板卡

2. 配置 RRU

在图 11.18 中点击 图标，添加 RRU 机架和单板。RRU 编号可以自动生成，用户也

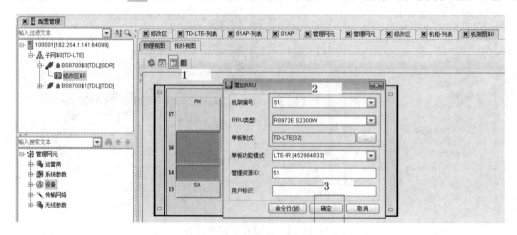

图 11.18　RRU 设备添加

可以自己填写，但编号范围前台有限制，只能选 51～107 进行填写；RRU 类型按机房实际设备填写，因此 RRU 类型后的选择框选中 R8972E S2300W 即可，单板制式同样按机房实际进行选择，填好后，点击"确定"按钮。

3. BPL 光口设备配置

添加 BBU 单板后，每个单板都会连带生成一些基础设备集，如光口设备、环境监控设备、基站和天线间的标准接口(Antenna Interface Standards Group，AISG)设备、接收发送设备等。不同单板连带生成的设备都是不同的，点击相应的单板，就可以看到生成的设备有哪些，然后根据单板、RRU 支持的光模块类型及光口协议进行相应修改。配置操作如图 11.19～图 11.21 所示。通过图 11.19 可以查看光口设备父对象的情况，如图中所示光模块 BPL 在机柜中的位置和端口资源等信息，如 BPL 位于第一个机柜中从下往上数的第一个设备的 10 号槽位，该光模块对应 3 个光口模块；图 11.20 为对每个父对象对应的光口进行参数配置，如需要设置端口线速度，根据 BPL 承载的带宽设置，如图 11.20 中默认设置为 6G，可根据实际要求配置为 10G。光口配置时需要注意的是：

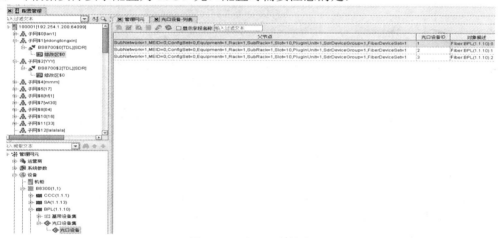

图 11.19　光口设备状态

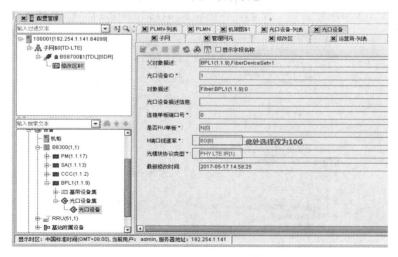

图 11.20　光口设备参数配置

➤ 同一个 BPL 下的光口 ID 不能重复；

➤ 端口的速度尽量改为最大。

光口设备集是对 BPL 上同样的光口板卡进行相同参数设置而规定的一种集合，可以通过此配置对相同功能的光口的传输参数进行配置，图 11.21 为光口设备集的参数，按图中默认值设置，该值可根据后期网优要求进行调整；网络交换工作模式通常选默认值，用于特殊场合的调整较少。光口设备集配置时应注意：

➤ 一个 BPL 有一个光口设备集；

➤ 需根据实际光口所对接的 RRU 的组合进行网络交换工作模式的设置。

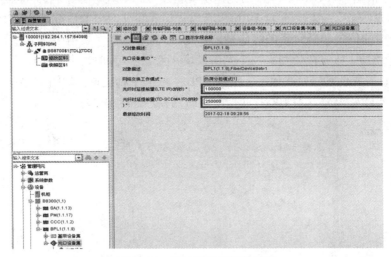

图 11.21　光口设备集参数配置

4. 光纤配置

光纤配置是配置光接口板和 RRU 的拓扑关系。光纤的上级对象光口和下级对象光口必须存在，上级光口是基带板卡的光口。光口的速率和协议类型必须匹配，即安装在设备上的光模块的信息要和此处的参数保持一致，否则会出现数据无法传输的情况。图 11.22 可根据光纤列表选择光纤类型。图 11.23 中上级光口指基站的 BBU 中 BPL 的光口，下级

图 11.22　光纤列表

图 11.23　光纤参数配置

光口指 RRU 上连接光纤的光口，也就是说，用图 11.22 中选择的光纤建立起 BPL 和 RRU 间的连接关系，上级光口根据前面配置的 BPL 的光口进行配置，通过点击选择框后面的下拉箭头设置。配置时注意：上级光口有好几个，要确定上下级光口实际连接关系进行配置。

5. 配置天线物理实体对象

按照图 11.24、图 11.25 所示的步骤，根据天线的属性所适用的范围做相应的参数调整来完成天线相关参数的配置。

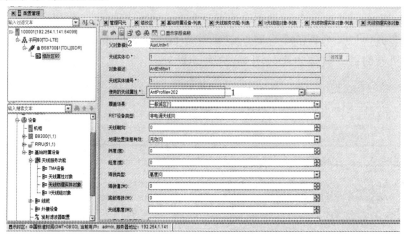

图 11.24　天线物理实体对象配置

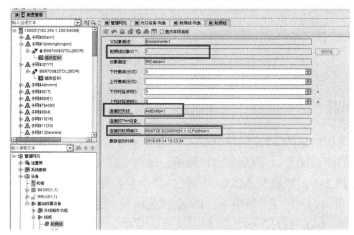

图 11.25　射频线参数配置

6. IR 天线组对象配置

IR 天线组对象用来关联 RRU 与物理天线实体。使用的天线和连接的 RRU 单板可以从下拉框中直接选择，如图 11.26 所示。

图 11.26　IR 天线组对象参数配置

7. 配置时钟设备

在图 11.27 中，时钟参考源类别可选默认值，GNSS 接收机工作模式默认为 GPS，时钟参考源类型既可以选内置的全球导航卫星系统(Global Navigation Satellite System，GNSS)也可以选择外置时钟，具体步骤如图 11.27 所示顺序。

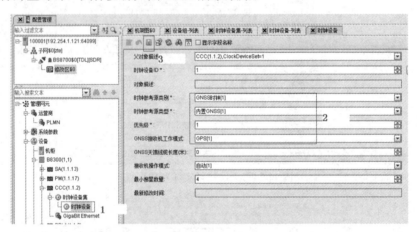

图 11.27　时钟设备参数配置

11.2.3　无线配置

无线配置就是在创建的 LTE 网络基础上，完成基带资源配置、S1AP配置和服务小区的相关配置。先创建 LTE 网络，如图 11.28 所示。首先需要确认所配置的 PLMN，也就是 MNC 和 MCC 两个参数是否符合该基站

无线配置

的实际配置情况，再根据 11.2.1 节中 PLMN 配置的情况，进行如图 11.28 所示 PLMN 后面的文本框中"MCC=460，MNC=07"的相应选择，其中，460 为移动国家码，07 说明运营商为中国移动，即要创建的 LTE 网络为中国的移动用户服务。在配置时要注意，需要关闭

同步保持超时开关。

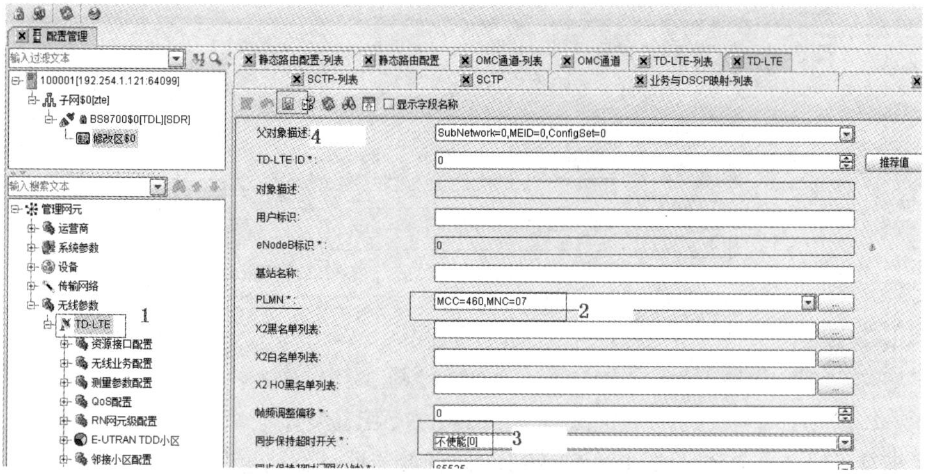

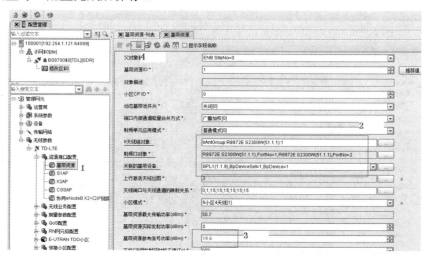

图 11.28　LTE 网络创建

LTE 网络创建完成后，还要对基带资源进行配置。基带资源就是 Radio Band，即手机进行通话、上网等业务时所需要的带宽；基带资源配置就是对该基站下对应的天线所划分的带宽、功率等进行调整，确保手机使用时的带宽资源充足。

配置步骤如图 11.29 所示顺序，分别完成基带资源 ID 的设置、Ir 天线组对象的选择、关联的基带设备的配置、天线端口与天线通道的映射关系、小区模式、基带资源最大传输功率的设置等。配置完成后保存。

图 11.29　基带资源参数配置

在进行基带资源配置时要注意把关联的天线和 RRU 按照实际情况进行映射，另外基带资源的功率要按实际配置(一般基站设计时，根据实际情况会对参数进行规划和计算)，图 11.29 所示为默认值，等网络开通后，若网络性能因该值受影响，则可通过网优进一步优化。

S1AP 是构建在 SCTP 上的应用层的传输协议，主要完成的是基站 eNodeB 和 MME 之间的 S1 接口的信息传输。为了建立 eNodeB 和 MME 之间的链路连接，需进行如图 11.30 所示的 S1AP 配置，实现指示基站向某个 MME 发送消息的任务。

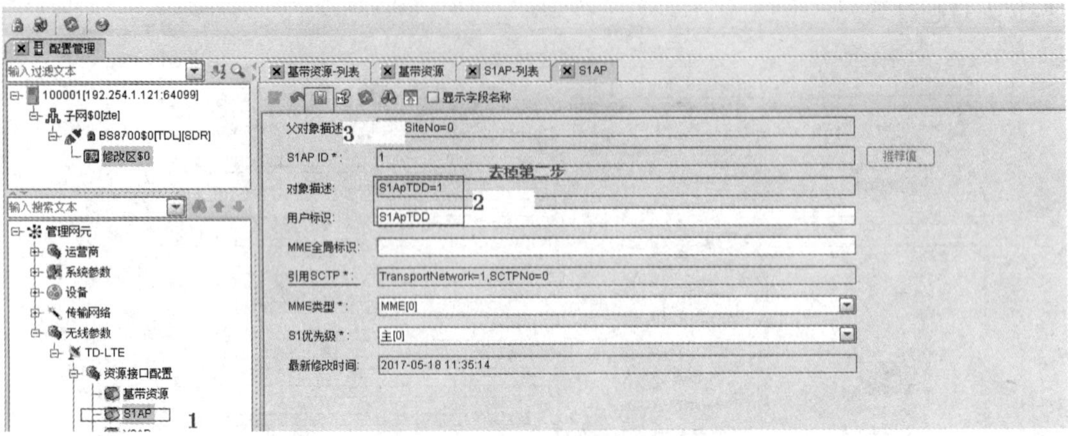

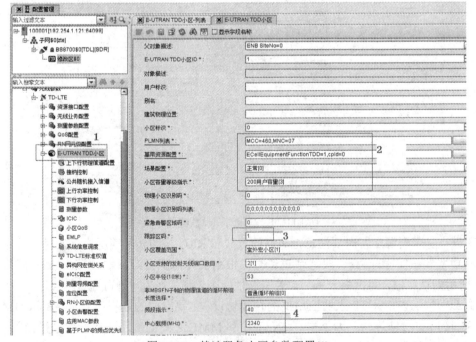

图 11.30　S1AP 参数配置

在进行 S1AP 配置时，要注意 S1AP ID 具有唯一性，不能重复。另外，要通过设置 S1
优先级来确认主用的 S1AP。

为了能够让 LTE 网络中的手机正常使用基站提供的服务，需要配置服务小区，即完成
基站中业务小区的配置内容。具体步骤如图 11.31、图 11.32 所示，即根据小区配置的内容，
完成 PLMN 列表选择、基带资源配置、场景配置、小区容量登记指示、物理小区识别码、
频段指示和中心载频等。

在进行配置时，要注意：

➢ PLMN 的配置需要和基站设计方案中小区的参数保持一致；

➢ 小区容量等级要和基站规划中用户估算容量保持一致；

➢ 频段和中心载频要和设计方案中的参数保持一致。

图 11.31　基站服务小区参数配置(1)

第 11 章　LTE 移动通信网络开通

·305·

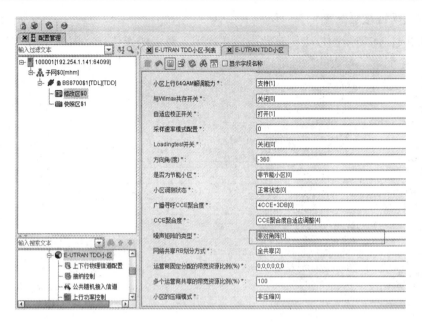

图 11.32　基站服务小区参数配置(2)

11.2.4　传输配置

传输配置主要包括物理层端口、以太网链路层、IP 层、带宽、
SCTP、业务与 DSCP 映射、静态路由和 OMCB 通道等配置。

传输配置

1. 物理层端口配置

按图 11.33 所示顺序完成配置。连接对象选项按默认设置，以太网方式配置参数的设置按图中所示修改(由于 TDL 用一个物理层端口，因此发送带宽最好更改成 1000 Mb/s)。其他参数保持默认即可。

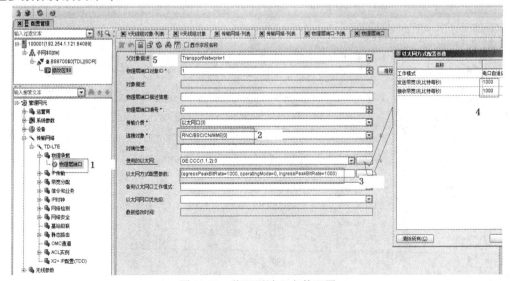

图 11.33　物理层端口参数配置

2. 以太网链路层配置

选中图 11.34 所示的以太网链路层，依次填入图中所示信息。图中使用的物理端口选择图 11.32 中配置了参数的物理端口；若有 VLAN，则根据实际情况填写相应的 VLAN 编号，可以填写多个；否则，不用填写。

图 11.34　链路层参数配置

3. IP 层配置

按图 11.35 所示顺序完成 IP 层配置。如果环境配置了多条以太网链路，要注意与以太网链路号对应正确，否则会引起获取不到 IP 地址的问题。IP 地址、网关 IP 以及 VLAN ID 请参考规划设计文档中的配置数据。

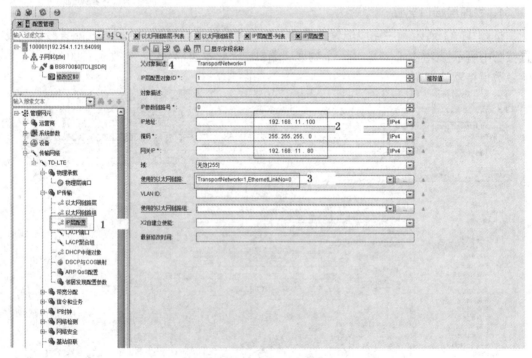

图 11.35　IP 层参数配置

4. 带宽配置

在图 11.36 所示的带宽配置选项下，完成对一组传输带宽的预先设置，即相当于设置了一个带宽模组供后续的实际模块来使用。配置过程如图 11.36 所示，主要完成图中以太网络配置和出入口最大带宽的设置即可。

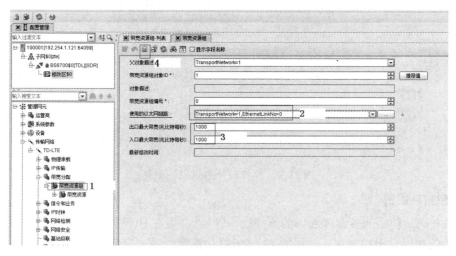

图 11.36　带宽资源组参数配置

为了能够根据不同业务需要来使用不同的带宽，也就是让不同的业务类别隶属于不同的带宽权重，通过图 11.37 所示步骤，依次设置带宽资源对象 ID、带宽资源编号、发送带宽权重即可完成对传输带宽的设置。

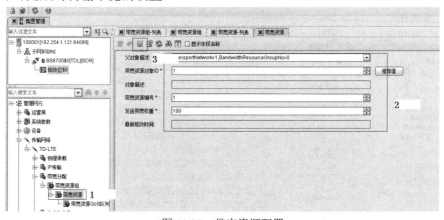

图 11.37　带宽资源配置

在进行如图 11.37 所示的参数配置时，要注意：需根据实际业务设置不同的发送带宽权重，权重值越大并不意味着使用的带宽越宽，权值只跟业务相关，当该带宽用于通话，则设置高权重。同样，当该带宽用于上网业务，则设置高权重。图 11.37 中的 100 为一高权重值。

为了设置不同带宽中 QoS 的优先级，要通过图 11.38 所示步骤，依次进行带宽资源 QoS 队列对象 ID、QoS 队列编号和 DSCP 的配置即可完成带宽资源的质量配置。在进行该配置时，要注意：此处配置的 QoS 是实际传输中用到的权重配置，传输会根据不同的 QoS 优先级进行传输的先后排序。

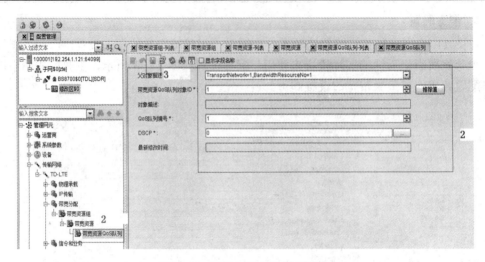

图 11.38　带宽资源 QoS 队列配置

5. SCTP 配置

SCTP 是一种面向多媒体通信的流控制传输协议，可在 IP 网络上传输 PSTN 信令消息。图 11.39 依次通过无线制式、使用的 IP 层配置和带宽资源、远端(即核心网的设备)地址、远端端口号配置，展示并完成了传输层的 SCTP 的配置。

图 11.39　SCTP 参数配置

在进行该配置时，要注意：

➢ 此项配置要在 IP 的配置基础上完成。

➢ 若配置多条 IP 链路(有操作维护的 IP 还有 LTE 传输 IP)，则一定要保证选择的 IP 链路号要与设计方案中的保持一致，否则会引起链路不通。

6. 其他业务配置

在进行传输配置时，除了上述设置，还要进行 DSCP 映射、静态路由、OMC 通道的参数配置，下面一一介绍。

1) DSCP 映射配置

若要使基站与无线核心网的传输能够正常进行，还需要按照图 11.40 所示，分别进行业务与 DSCP 映射 ID、使用的 IP 层配置和带宽资源、TD-LTE 业务与 DSCP 映射、运营商的参数配置，才能完成 DSCP 的配置。

此项配置要注意：

➤ 选择 IP 链路要与设计方案中的保持一致，运营商要设置正确。

➤ TD-LTE 业务与 DSCP 映射里面内容需要全选。

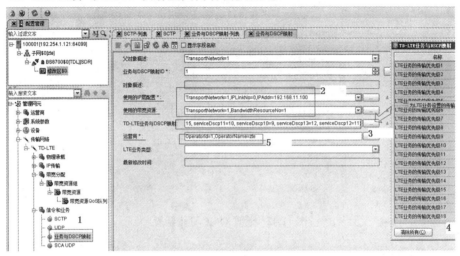

图 11.40　业务与 DSCP 参数配置

2) 静态路由配置

静态路由配置，可以通过图 11.41 所示，分别进行静态路由配置对象 ID、目的 IP 地址、网络掩码、下一跳 IP 地址、使用的以太网链路的配置，完成传输服务中数据包发送到下一个地址的路由设置。

此项配置要注意路由配置原则，有必要可以设置路由优先级。

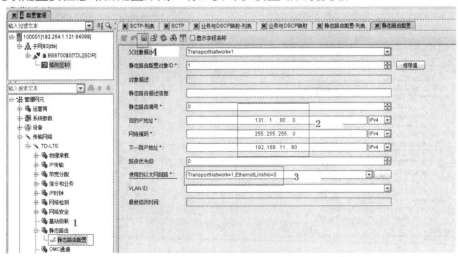

图 11.41　静态路由配置

3) OMC 通道配置

管理 OMC 通道配置，可以通过图 11.42 所示，分别进行 OMC 通道对象 ID、OMC 接口链路号、OMC 服务器地址、OMC 子网掩码、使用的 IP 层配置、使用的带宽资源(有需求时才设置)的参数设置，实现 OMC 网关服务器链路传输的数据监控。

此项配置要注意业务 IP 和网管 IP 的区别，IP 层配置需关联到网管 IP。

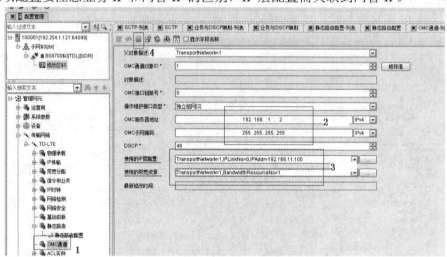

图 11.42　管理 OMC 通道配置

11.2.5　邻区配置

邻区配置只针对异频邻区的配置。如图 11.43 所示，在室分站(站号 19919)与宏站(站号 405899)之间添加异频邻区，并以开启异频切换为例，按操作顺序介绍如何配置异频邻区和切换参数。

(1) 在 OMMB 客户端中，打开配置管理，如图 11.43 所示。

(2) 点击配置管理，选择邻区调整工具，如图 11.44 所示。

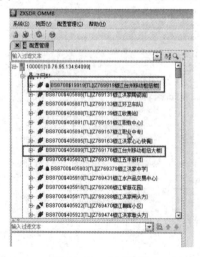

图 11.43　小区选择

图 11.44　邻区调整工具选择

(3) 添加邻区关系，其具体步骤如下：

如图 11.45 所示，在源 eNodeB 窗口中输入源小区站号，即 19919，选中该行；然后在邻接 eNodeB 窗口中输入要切换的目标小区的站号，即 405899；然后点击后面的放大镜图标，可选择的邻区关系将出现在图 11.45 中标记 4 的框里，全选之并点击图中标记 5 的"添加"图标。

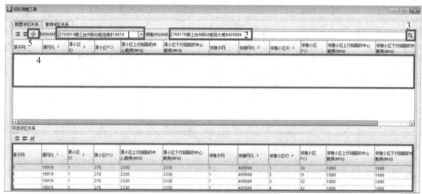

图 11.45 邻区关系配置

点击"添加"图标后，可能会出现报错，如图 11.46 所示，原因是邻区调整工具默认会添加 X2 邻区，而目前 X2 偶联没有配置，所以会报错，此处不用管，直接点"确定"按钮即可。

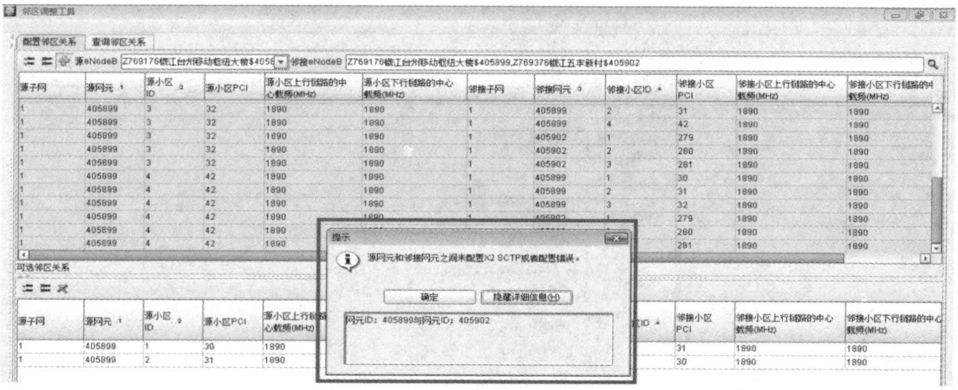

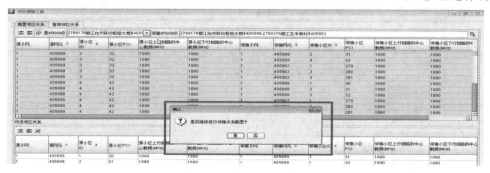

图 11.46 X2 邻区选择确认

点击"确定"按钮后，又弹出如图 11.47 所示的确认窗口，点击"是"按钮进行确认。

图 11.47 邻区关系配置确认

点击"是"按钮后，可选择的邻区关系将出现在如图 11.48 所示的可选邻区关系中。

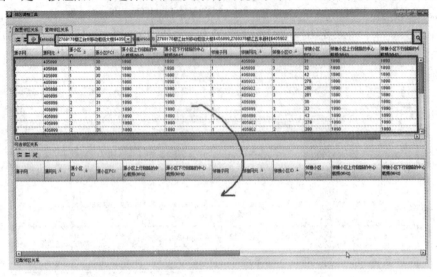

图 11.48　邻区关系显示

至此，这两个小区按道理应该互相配置对方为邻区了，但是根据实际情况，在配置异频邻区时，可能会出现单边现象，需要先同步(图 11.49)，再打开目标小区的邻区列表和邻接关系表，检查配置是否生效。

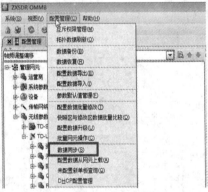

图 11.49　邻区关系配置数据同步

如图 11.50 所示，检查源小区、目标小区 E-UTRAN TDD 邻接小区的邻区配置是否正确。

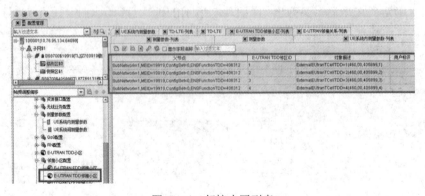

图 11.50　邻接小区列表

如图 11.51 所示，检查源小区、目标小区 E-UTRAN 邻接关系是否配置正确。

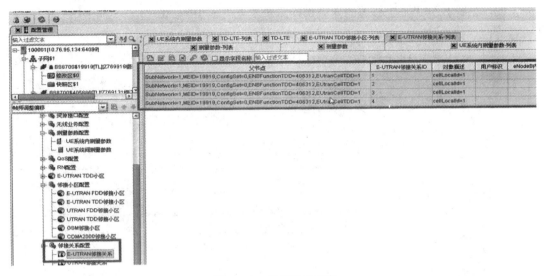

图 11.51　邻接关系列表

邻区添加完成后，打开如图 11.52 所示的基站小区测量参数配置界面，找到"异频载频数"，将其配置为 1，然后点击"异频载频测量配置"后面的"…"。

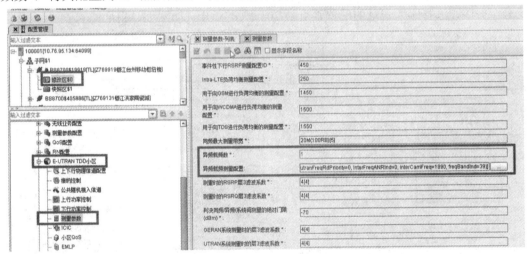

图 11.52　基站小区测量参数配置

点击后出现如图 11.53 所示的下窗口，下行载频所在频段指示填目标小区的频段，目标小区是 F 频段小区，因此填写 39，异频载频对应填中心频点，异频允许的最大测量带宽改为 20，默认是 1.4。

序号	下行载频所在…	异频载频(MHz)	异频允许的最大…	频间频率偏…	E-UTRAN频点重定向…	异频周期性…
0	39	1890	20M[5]	0[15]	0	关闭[0]
1						

图 11.53　目标小区频段测量配置

在图 11.54 所示的"测量参数"中，找到"打开频间测量的测量配置"对应的配置索引号 20, 21; 找到"基于覆盖的异频切换测量配置"索引号 70, 71。

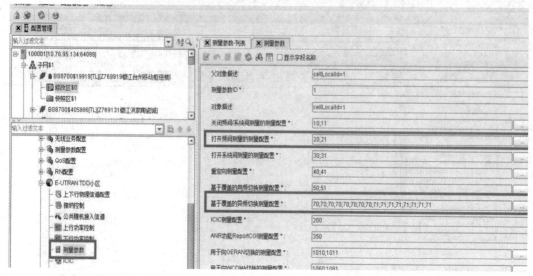

图 11.54   测量参数频间测量配置

在图 11.55 所示的测量参数配置表中打开"UE 系统内测量参数-列表"，点击"测量配置号"排序，选择刚才记录的配置索引号 20，双击打开，如图 11.56 所示。

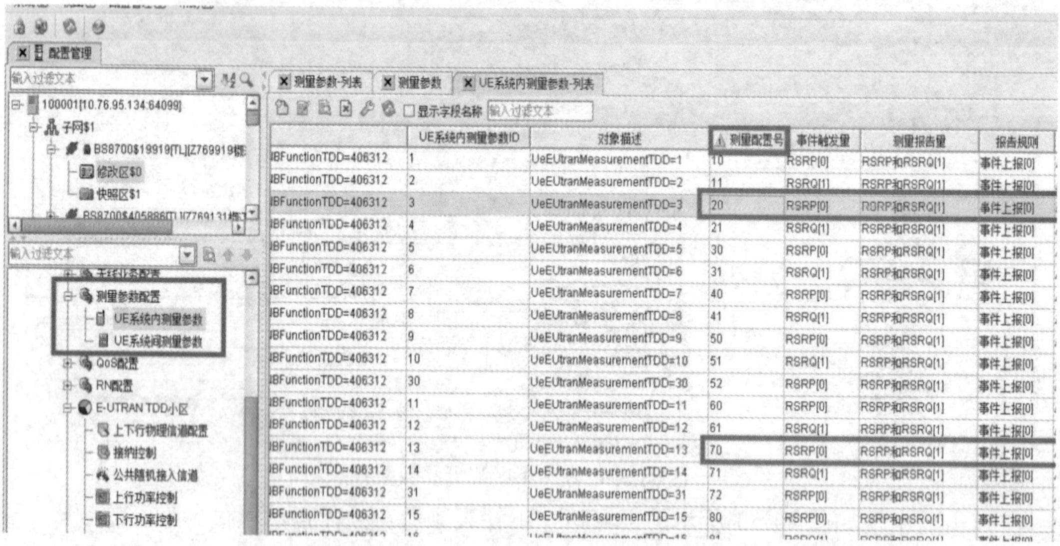

图 11.55   UE 系统内测量参数列表(1)

修改如图 11.56 所示的"事件判决的 RSRP 门限(dBm)"选项，具体的值需要根据实际场景和测试情况来确定，这里第一次设置为 -105 dBm，发现已经移动到大楼外很远的地方UE 还没切换，修改为 -90 dBm 后，出门即切换。

在如图 11.57 所示的测量参数配置表中打开"UE 系统内测量参数-列表"，点击"测量配置号"，选择刚才记录的配置索引号 70，双击打开，如图 11.58 所示。

如图 11.58 所示的"判决迟滞范围(dB)"默认 1.5，"A3 事件偏移(dB)"默认 1.5，调节这两个参数可以调整切换发生的难易程度和时间早晚。

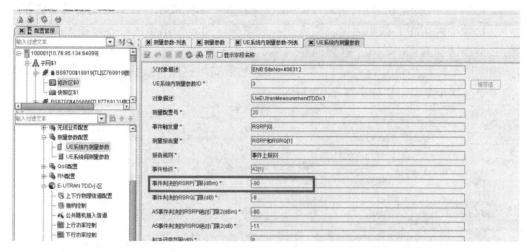

图 11.56　UE 系统内测量参数配置(1)

图 11.57　UE 系统内测量参数列表(2)

图 11.58　UE 系统内测量参数配置(2)

以上操作需要分别在源小区和目标小区的配置表中都完成才行，避免配置成单边邻区。

当 E 频小区切向 F 频小区时，需要做帧频调整，向 F 频率小区对齐，在如图 11.59 所示的 E 频小区搜索栏中输入"帧频调整偏移"后点击搜索图标，然后双击打开定位到的窗口，找到这个参数并修改为 -2688，默认是 0，然后同步。注意：只需要在 E 频或者 D 频小区中修改这个参数，F 频小区不用修改。

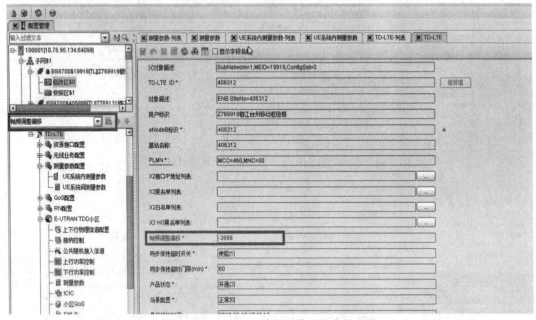

图 11.59　TD-LTE 帧频调整偏移参数配置

11.3　业 务 验 证

手机业务主要包括如下 3 类：

(1) 语音呼叫业务：它是手机最基础和最常用的业务，通过手机号码(MSISDN)完成呼叫或被呼叫的电话通信业务。

(2) 数据业务：通过手机获得的 IP 地址与互联网(Internet)进行数据传输业务，包括我们平时使用的微信、QQ、淘宝、游戏、视频等均是使用这种方式。

(3) FTP 业务：作为传输的中继任务，通过使用 FTP 协议与在本地或者云端架构的服务器进行交互信息的业务，主要作为存储服务器进行文件的保存和使用。

11.3.1　语音业务验证

正常情况下，如果手机、基站、无线核心网中已经配置好对应的手机号码数据，那么当手机开机后应该可以正常注册，并显示对应的网络信息；若手机作为主叫拨打电话，则可以寻呼到对应的号码，并且可以正常响铃，等对方接机后，双方可以正常通话，通话中无明显语言卡顿和延迟；如果手机在呼叫中，出现了注册不正常、呼叫不通、通话异常等问题，则说明通信网的某个环节的语音呼叫配置出现了问题，需根据 LTE 移动通信日常维护流程进行问题的排查和处理。

在图 11.60 中，打开测试手机进行附着注册，检查所关联的 eNodeB 的 ID 和 PCI 等信息是否与所配置的基站信息一致，并检查账号是否处于注册状态。具体步骤如下：

(1) 输入对方的电话号码，单击"拨号"按钮，手机处于拨号状态。

(2) 待对方接通，手机处于通话状态。

(3) 单击"结束通话"，结束通话。

由图 11.60 可见，语音业务验证成功，说明配置好的 LTE 无线网络语音功能正常。

图 11.60　语音业务拨号验证

11.3.2　数据业务验证

正常情况下，如果手机、基站、无线核心网中已经配置好对应的手机号码数据，那么手机开机后应该可以正常注册，并显示对应的网络信息。之后手机可以观看视频、玩游戏、聊天等，整个过程中应无明显卡顿，传输稳定。

如果在上网过程中，出现了注册不正常、上网卡顿、传输不稳定等问题，则说明全网的某个环节的数据链路配置出现了问题，需根据 LTE 移动通信日常维护流程进行问题的排查和处理。

下面就对数据业务进行验证，在图 11.61 中，打开测试手机进行附着注册，检查所关联的 eNodeB 的 ID 和 PCI 等信息是否与所配置的基站信息一致，并检查账号是否处于注册状态。

在系统浏览器中输入 www.baidu.com，可以成功打开百度网站，如图 11.61 所示，说明该手机已正常注册，

图 11.61　测试手机上网业务验证成功

可以使用数据业务，并表明 LTE 网络中的数据业务功能正常。

11.3.3 FTP 业务验证

正常情况下，若手机、基站、无线核心网中已经配置好对应的手机号码数据，则手机开机后，应该可以正常注册，并显示对应的网络信息。当手机使用 FTP 相关软件配置好服务器信息后，可以正常浏览服务器的内容，并能进行文件的上传和下载。

如果在上网过程中，出现了注册不正常、服务器连接不上、文件下载或上传异常等问题，则说明全网某个环节的传输链路配置出现了问题，需根据 LTE 移动通信日常维护流程进行问题的排查和处理。

下面进行 FTP 客户端配置，来验证 FTP 业务是否可正常使用。

1. FTP 客户端配置

FTP 客户端配置步骤如下：

(1) 打开测试手机上的 FTP 客户端软件，如图 11.62 所示。

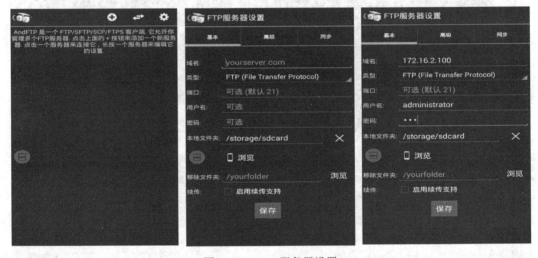

图 11.62　FTP 服务器设置

(2) 点击图 11.62 中左边界面的 ⚙，即"新增"按钮，添加 FTP 站点。

(3) 在图 11.62 中间的界面，填写域名、端口、用户名、密码，点击"保存"按钮，保存配置。

(4) 点击图 11.63 左边界面所示的"完成"按钮，保存站点信息。

(5) 点击图 11.63 中间界面所示的"完成"按钮，保存配置信息到设备。

2. FTP 测试

FTP 测试步骤如下：

(1) 打开测试手机的 FTP 客户端软件，如图 11.64 左边界面所示，选择要下载的文件。

(2) 如图 11.64 中间界面所示，点击"好"按钮，开启下载任务，开始下载，可以在图 11.64 右边界面查看传输速率。

最终，由图 11.64 可见，手机可以使用 FTP 业务进行文件下载，说明 LTE 网络中的 FTP 功能正常。

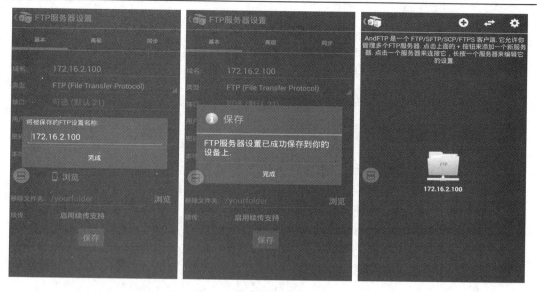

图 11.63　手机 FTP 服务配置

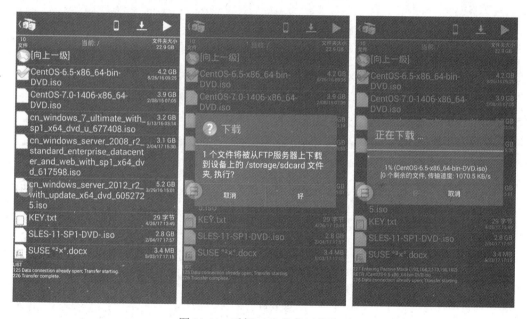

图 11.64　手机 FTP 业务下载验证

小　结

本章主要介绍了在实际通信工程施工中，基站设备安装和线缆连接的方法和流程，基站配置过程所用到的各种参数以及基站的开站配置和邻区配置，手机日常使用中常用的语音、上网和 FTP 三种业务的验证方法和流程等内容，通过学习这部分知识，可以让读者掌握机房中基站设备的安装操作流程、基站参数规划与配置、业务验证等知识，加深 LTE 网络配置工作的理解和掌握相关操作方法。

习　题　11

1. 请简述机房内部基站设备的一般安装流程。
2. 请说明机柜设备中安装模块的用途。
3. FDD-LTE 和 TDD-LTE 在配置中的差异在哪些步骤上？
4. 请分别写出 FDD-LTE 和 TDD-LTE 配置的具体步骤。
5. 基站设备和板卡配置过程中，必需的设备和板卡有哪些？
6. 接口 S1 和 X2 是什么？它们的作用是什么？
7. 请完成手机的语音呼叫业务验证。
8. 请完成手机的上网业务验证。
9. 请完成手机的 FTP 传输业务验证。

第 12 章　LTE 移动通信网络维护

通过前面的章节，我们已经学习了 4G LTE 无线通信系统的基础原理、主要设备、网元功能、设备安装和调试以及 LTE 移动通信网络的开通等知识。当 LTE 网络出现故障时，如何排查并正确排除，维护网络的正常运行，就是接下来要学习的通信设备维护的内容。

12.1　通信网络的日常维护

ZXSDR B8300 操作维护系统采用中兴的统一网管平台 NetNumen，它处于 EML 层，提供 2G/3G 或 EPC 整体网络的操作和维护。

NetNumen U31 在网络中所处的位置如图 12.1 所示。

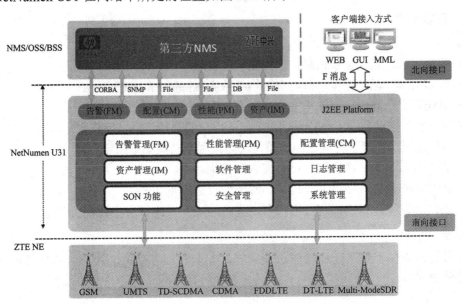

图 12.1　NetNumen 设备网络定位

图 12.1 中的 NetNumen 提供了强大的功能，主要体现在以下 5 点。

1. 性能管理

性能管理包含以下内容：

➤ 测量任务管理：提供专用工具测量用户需求的数据。

➤ QoS 任务管理：用户可以设置 QoS 任务，检测网络性能。

➢ 性能数据管理。

➢ 性能 KPI：支持添加、修改和删除性能 KPI 条目，查询 KPI 数据。

➢ 性能图表分析。

➢ 性能测量报告：性能测量报告可以以 Excel/PDF/HTML/TXT 等文档形式导出。

2. 故障管理

故障管理功能如下所示：

➢ 实时监测设备的工作状态。

➢ 通知用户实时告警，如呈现在界面上的告警信息，普通告警的解决方案，告警声音和告警级别的颜色。

➢ 通过分析告警信息，定位告警原因，为解决故障提供参考。

3. 配置管理

配置管理功能如下：

➢ 添加、删除、修改、对比和浏览网元数据。

➢ 配置数据的上传/下载、导入/导出。

➢ 配置数据的对比、审查。

➢ 动态数据管理。

➢ 时间同步。

4. 日志管理

操作日志将记录服务器和客户端的所有操作记录，包括如下日志信息：

➢ 安全日志：记录登录信息，例如用户的登录与注销。

➢ 操作日志：记录操作信息，例如增加或者删除网元，修改网元参数等。

➢ 系统日志：同步网元的告警信息，数据备份等。

作为一台监控设备，NetNumen M31 记录用户的登录信息、操作命令和执行结果等，对已有的日志记录提供了更进一步的操作功能，主要功能如下所示：

➢ 查询操作日志：提供操作日志搜索和查询功能。

➢ 删除操作日志：提供基于日期和时间的日志删除功能。

➢ 自动删除操作日志：超过用户自定义时间后，操作日志将被自动删除。

5. 安全管理

安全管理提供登录认证和操作认证功能。安全管理可以保证用户合法地使用网管系统，安全管理为每一个特定用户分配了特定角色，用以保证安全性和可靠性。

12.1.1　eNodeB 日常维护标准

对于 eNodeB 基站设备来说，通常情况下，主要需要进行如下几个方面的维护内容：

➢ 例行维护：例行维护是日常的周期性维护，是对设备运行情况的周期性检查。对检查中出现的问题应及时处理，以达到发现隐患、预防事故发生和及时发现故障并尽早处理的目的。

➢ 通知信息处理：通知信息处理是对系统在运行过程中的各种通知信息进行分析，判断是否有异常，并作出相应的处理。

➢ 告警信息处理：告警信息处理是对设备在运行过程中的各种告警信息进行分析，判断设备运行情况并作出相应的处理。

➢ 常见问题处理：常见问题处理是指发现故障后进行分析、处理、解决的过程。

因此，我们会使用如下的维护方法来进行 eNodeB 的维护。

1. 故障现象分析

一般说来，无线网络设备包含多个设备实体，各设备实体出现问题或故障，表现出来的现象是有区别的。维护人员发现了故障，或者接到出现故障的报告，可对故障现象进行分析，判断是何种设备实体出现问题才导致此现象，进而重点检查出现问题的设备实体。

在出现突发性故障时，这一点尤其重要，只有经过仔细的故障现象分析，准确定位故障的设备实体，才能避免对运行正常的设备实体进行错误操作，缩短解决故障时间。

2. 告警和日志分析

基站系统能够记录设备运行中出现的错误信息和重要的运行参数。错误信息和重要运行参数主要记录在 OMC 服务器的日志记录文件(包括操作日志和系统日志)和告警数据库中。

告警管理的主要作用是检测基站系统、OMC 服务器节点和数据库以及外部电源的运行状态，收集运行中产生的故障信息和异常情况，并将这些信息以文字、图形、声音、灯光等形式显示。同时告警管理部分还将告警信息记录在数据库中以备日后查阅分析。通过分析告警和日志，可以帮助分析产生故障的根源，同时发现系统的隐患。

3. 信令跟踪分析

信令跟踪工具是系统提供的有效分析定位故障的工具，从信令跟踪中，可以很容易知道信令流程是否正确，信令流程各消息是否正确，消息中的各参数是否正确，通过分析就可查明产生故障的根源。

4. 仪器仪表测试分析

仪器仪表测试是最常见的查找故障的方法，可测量系统运行指标及环境指标，将测量结果与正常情况下的指标进行比较，分析产生差异的原因。

5. 对比互换

用正常的部件更换可能有问题的部件，如果更换后问题解决，即可定位故障。此方法简单、实用。另外，可以比较相同部件的状态、参数以及日志文件、配置参数，检查是否有不一致的地方。可以在安全时间里进行修改测试，解决故障。

大家在进行通信网络维护工程时，一定要注意以下事项：

➢ 保证系统一次电源的稳定可靠，定期检查系统接地和防雷的情况，尤其是在雷雨季节来临前和雷雨后，应检查防雷系统，确保设施完好。

➢ 不盲目对设备复位、加载或改动数据，尤其不能随意改动网管数据库数据。改动数据前要做数据备份，修改数据后应在一定的时间内(一般为一周)确认设备运行正常，才能删除备份数据。改动数据时要及时做好记录。

> 发现故障应及时处理，无法处理的问题应及时与当地办事处联系。

除了要进行特殊维护外，在平常的事件中，我们也要进行周期的例行维护。例行维护是指对设备定期进行预防性维护检测，使设备长期处于稳定运行状态。例行维护工作主要包括两方面内容：

> 定期维护检测工作。

> 定期检查、清理工作。

设备例行维护包含但不限于以下项目：设备工作环境检查、设备性能统计、告警系统维护、数据备份、备件检查、单板维护、日志检查、接地系统检查、防雷系统检查、电源的运行情况检查、天馈系统检查、节假日前的准备。

例行维护周期一般有以下两种：

> 定期维护：定期例行维护的周期有日、月、季度、半年、年。

> 不定期维护：不定期维护的项目根据发生故障设备的具体情况而定。

12.1.2　设备板卡更换原则

就像电脑中的配件坏了后我们可以进行更换一样，在通信设备中，我们也可以通过更换板卡，解决设备中出现的问题。同时，更换单板前应注意并及时记录模块的版本号，防止出现新模块与系统不配套或不兼容等情况。

更换的注意事项如下：

> 更换单板时应严格遵守操作规程，以防发生误操作而对系统的运行产生重大影响；

> 单板更换后应及时对新模块或系统的相关功能进行测试或验证，确保更换成功；

> 插拔光纤时注意保护光纤接头，避免其被污染或弄脏；

> 插入模块时注意沿槽位插紧，若模块未插紧将可能导致设备运行时产生电气干扰，或对模块造成损害。

注意：操作人员拿模块时，必须佩带标准的防静电腕带或防静电手套，防静电腕带的接地端应可靠接地。

当基站出现问题后，可以通过更换板卡来排除，下面介绍更换不同板卡时的注意事项。

(1) 更换控制与时钟模块 CC 时，系统将出现如下情况：

> 通常系统配置 2 块 CC 模块(主/备用)：如果待更换的单板处于主用状态，可以直接拔主用板，备用板自动倒换；也可以先把它倒换成为备用板后进行更换。更换过程对系统及业务无影响。

> 当前系统配置为 1 块 CC 模块：更换该单板的过程中，系统将处于瘫痪状态。

(2) 更换用户面处理板 BPL(典型配置为 1 块 BPL)时，系统将处于瘫痪状态。

(3) 更换电源模块 PM 时，可能对系统产生如下影响：

> 当系统有 2 块 PM(负载分担)时：更换其中 1 块时，其对应负载的单板将掉电(单板插入机框顺序将影响 PM 模块的负载情况)。

> 当系统有 1 块 PM 时：更换该模块时，整个系统掉电。

(4) 更换电源模块 SA 时，可能对系统产生如下影响：

> 导致系统环境监控相关终止。

➢ 系统无法实现风扇调速功能。

(5) 更换风扇模块 FA 时，可能对系统产生如下影响：

➢ 可能导致系统环境监控发生告警。

➢ 影响部分板卡的温度，造成业务的不稳定等。

12.2　通信网络的故障处理

通信系统出现故障后如何解决？故障处理是穿插在基站调试各个环节中的一项技能，每一个操作都有可能引起问题，导致操作无法进行下去或者业务不通。因此掌握故障处理的思路和常见故障处理方法很重要。

在通信网络中，通常会出现硬件、建链、串流控制传输协议 SCTP 和小区问题，下面分别介绍。

12.2.1　硬件问题

关于硬件方面的问题，通常会出现以下 5 类。

1. BS8300 上电问题

基站安装 BBU，上电后，要查看 PM 的 RUN 灯，可以判断 BBU 是否已经上电。如果不能上电，可能是线缆连接出现问题。若不能上电，排除问题的具体操作步骤为：

(1) 查看是否安装 PM 单板，注意槽位 14 或者槽位 15。

(2) 查看线缆连接设备是否错误，比如室内 BBU 与 ADPD1 连接时，BS8906 的 BBU连接到 PDM 上。

(3) 查看设备与 T301 或者 T101 的连接是否正确。在电源柜中，黑线接工作地排，蓝线接 48 V 分配柜。

2. RRU 的上电问题

安装 RRU 后供电时，先查看 RRU 的 RUN 灯的状态，可以判断 RRU 是否已经上电。如果不能上电，可能是线缆连接问题。当出现问题时，排除问题的操作步骤为：

(1) 查看 RRU 是否接地，一般接地点有 3 个。

(2) 查看选择的线缆是否正确，RRU 侧使用 R8882 专用电源线。

(3) 查看 RRU 与避雷箱的连接是否正确。

(4) 查看避雷箱与 T101 或者 T301 的连接是否正确。

3. BPL 光纤连接问题

BPL 光纤连接到 RRU/RSU，先查看 OPTX 灯的状况，可以判断 BPL 是否正常与 RRU连接，如果不正常，可能是设备或线缆连接出现问题了。排除问题的操作步骤为：

(1) 查看是否有光纤连接到 RRU，或者高度光缆连接到 RSU。

(2) 查看 RRU/RSU 设备是否上电，如果没有上电，需要连接电源线。

(3) 查看光纤收发是否接反，本软件要求 A1 口接 BPL 的收端，A2 口接 BPL 的发端。

4. BBU 的传输连接问题

CC 单板通过网线或光纤连接到微波设备上，如果连接不通，有可能是设备或者线缆连接问题。有问题时，排除问题的操作步骤为：

(1) 查看是否安装了微波设备 NR8250。

(2) 查看是否有线缆连接到微波设备上。

(3) 查看 CC 单板端口是否连接到 ETHO。

5. 天线连接问题

RRU/RSU 到天线的天馈回路有可能不通，可能是线缆或端口安装的问题造成的。RRU/RSU 根据站型和天线的不同会有多种安装方式，因此要熟练掌握前面章节的知识，不然在实际的操作中，很容易因误操作而造成天线连接问题。要是出现错误，可以用如下操作步骤排除问题：

(1) 查看是否根据场景选择了正确的线缆。比如 RRU 和天线在同一抱杆上，只需要 1/2 跳线；比如 BS8800 的利旧 RSU，就需要使用 1/2 跳线、7/8 馈线和合路器等。

(2) 查看是否有窜线存在。因为 RRU 到天线会有很多条馈线，所以有可能线缆之间会连接错误。

(3) 查看 RRU/RSU 是否存在端口连接错误。目前只用 1、4 端口。

12.2.2 建链问题

当 eNodeB 与上层网络(包括 MME、SGW、网管等)进行链接时，都需要构架好链路才可正常通信，如 IP 链路、SCTP 链路等。关于建链不成功的情况，主要可归结为如下问题。

1. 基站前台问题

基站板卡安装或板卡配置的过程中存在问题，并对建立链路产生了影响。排除问题的操作步骤为：

(1) 去拓扑管理界面查看是否添加了基站、EMS。

(2) 查看 PM 单板是否上电，CC 单板是否已经配置。

(3) 查看 CC 单板的传输模块是否安装正常。

2. LMT 配置问题

基站必须首先用 LMT 进行配置，然后才能建链成功。在 LMT 配置过程中，有可能出现问题。排除问题的操作步骤为：

(1) 检查 CC 单板的 DEBUG 是否已经通过网线连接至调试电脑，是否已经登录 LMT，进行过数据配置。

(2) 查看 LMT 配置参考中的全局端口号是否正确。

(3) 查看 LMT 配置参考中的 IP 地址是否正确。

(4) 查看 LMT 配置参考中的静态路由是否正确。

(5) 查看 LMT 配置参考中的 OMC 参考是否正确。

3. 后台参数问题

EMS 配置的参数有可能会影响建链，包括一些关键参数。出现问题时，排除问题的操作步骤为：

(1) 查看创建基站时的基站类型和地址是否和规划的参数一致。

(2) 查看 TANK 和 RACK 里面添加的基站，是否和安装的基站一致。

(3) 查看配置参考中的全局端口号是否正确。

(4) 查看配置参考中的 EMS 的 IP 地址是否正确。

(5) 查看配置参考中的 EMS 静态路由是否正确。

(6) 查看配置参考中的 OMC 是否正确。

12.2.3　SCTP 问题

SCTP 主要作为业务传输的基础链路而存在，如果 SCTP 出现问题，会产生业务数据包丢失、业务中断、业务异常、局部网络异常等错误。SCTP 出现问题的原因，主要归结为如下两种情况。

1. 基站前台问题

基站板卡配置或建立链路配置出现问题，并对 SCTP 数据产生了影响。排除问题的操作步骤为：

(1) 去拓扑管理界面查看是否添加了基站、MME。

(2) 查看 PM 单板是否上电，CC 单板是否已经配置。

(3) 查看 CC 单板的传输模块是否安装正常。

(4) 查看是否建链。

(5) 查看是否已经同步。

2. 后台参数问题

EMS 配置的参数有可能会影响建链，包括一些关键参数。出现问题时，排除问题的操作步骤为：

(1) 查看创建基站时的基站类型和地址是否和规划的参数一致。

(2) 查看配置参数中的全局端口号是否正确。

(3) 查看配置参数中的 MME 的 IP 地址是否正确。

(4) 查看配置参数中的 MME 静态路由是否正确。

(5) 查看配置参数中 SCTP 参数的本地端口号、远端口号、基站地址、MME 地址是否正确。

12.2.4　小区问题

小区的业务是需要由多方面的数据和部件配合完成的。所以当小区出现问题时，也有可能是由很多不同的原因造成的，比如会出现如下问题。

1. RRU/BBU 问题

基站 RRU 和 BBU 数据配置过程中存在问题，并对小区数据产生了影响。排除问题的

操作步骤为:

(1) 去拓扑管理里面查看是否添加了基站、MME。

(2) 检查是否安装了 RRU,是否上电正常。

(3) 检查 RRU 是否与 BPL 连接,指示灯是否正常。

(4) 检查天馈回路是否正常。

2. 物理参数配置问题

EMS 配置的物理设备参数有可能会影响小区使用状态,包括一些关键参数。出现问题时,排除问题的操作步骤为:

(1) 检查是否建链。

(2) 检查 TANK 和 RACK 是否配置正确,并且添加了单板。

(3) 检查 BPL 单板的光口参数是否正确,包括速率等于 2Gb/s,支持的 LTE TDD 载波数要求大于 0。

(4) 查看 TOPO 里面是否配置了 BPL 到 RRU 的连接关系。

3. 无线参数问题

EMS 配置的参数有可能会影响建链,包括一些关键参数。出现问题时,排除问题的操作步骤为:

(1) 查看创建小区的各个参数是否正确,包括频段等参数。

(2) 查看 MCC、MNC、TAC 是否和规划中的一致。

4. 基站版本和数据同步问题

通信网络故障还会因为基站版本和数据没有同步而出错,排除问题的操作步骤为:

(1) 查看是否已经下载新版本,查询基站版本,确认版本序号与工程设计的软件版本号一致。

(2) 确认是否进行了数据同步。

12.3 案 例 分 析

本节要介绍的案例并不是通过对理论的分析而产生的虚拟问题或者通过仿真模型得到的模型问题,而是实际通信工程中真实存在的问题,会对通信网络产生不良影响。通信网络环境要求网络 24 小时不间断地稳定运行,因此任何对网络性能产生恶化的问题都不容忽视,而且要坚决避免。这些真实的情景案例可以帮助我们学习如何判断、处理并排除故障,从而保证网络的安全运行。

12.3.1 RRU 驻波故障处理

1. 案例描述

某室分站点在 RRU 开通后一直存在驻波告警,严重影响小区居民使用。接到反映后立即安排工程队以及督导到现场处理,发现该 RRU 正常上电,但是有严重的驻波。

2. 什么是驻波比?

驻波比全称电压驻波比,即 VSWR 或 SWR(Voltage Standing Wave Ratio),指驻波的波腹电压与波谷电压幅度之比,简称为驻波系数或驻波比。当驻波比等于 1 时,表示馈线和天线的阻抗完全匹配,馈线上只有入射波,没有反射波,高频能量全部被负载吸收,此时高频能量全部被天线辐射出去,没有能量的反射损耗。当两者不匹配时,负载不能全部吸收馈线上传输的高频能量,部分能量反射回来形成了反射波,反射波与入射波的叠加形成了驻波;同时电波反射回来变成热量,造成馈线的升温,轻微的情况会造成发射信号的干扰,严重会造成发射基站的异常甚至停工。在工程规范中,一般要求驻波比不能高于 1.5。

3. 案例分析

从前面课程的学习中可以了解到,基站 RRU 侧出现驻波比告警可以判断为基站馈线接头有故障。一般基站工程建设中容易出现类似问题的原因有天馈线接头制作工艺差、天馈线接头严重变形、跳线或馈线接头虚接、天馈线接头防水没有做好导致进水、跳线或天线安装时受损及跳线或天线驻波比过大等。

4. 馈线和跳线

馈线和跳线的作用都是连接和输送信号,都是连接器件或者设备的介质。

(1) 馈线。馈线是在移动通信中用作传输射频信号的射频电缆。馈线用于连接基站设备和天馈系统,实现信号有效传输,在工程建设当中,一般使用的馈线为同轴电缆。主流馈线如图 12.2 所示。

图 12.2　主流馈线

常用的馈线一般分为 8D、1/2′普馈、1/2′超柔、7/8′主馈和泄漏电缆(5/4′)等型号。这些馈线有不同的应用场合,比如:

➢ 8D 和 1/2′超柔主要用作跳线;

➢ 室内分布中一般使用 1/2′普馈和 7/8′馈线,基站上主要用 7/8 馈线;

➢ 泄漏电缆 5/4′馈线一般在隧道中使用。

(2) 跳线。跳线是一种连接设备、器件的短电缆(或光纤)。其中有一种与馈线区别不大,只是由于弯曲半径小、材质柔软,所以用来连接馈线与天线。馈线与 BTS 设备长度较短。另一种是光纤跳线,用于短距离连接光传输设备。光纤跳线因为通过光电转换,光在传输中几乎零损耗,所以将损耗降到最低。压头跳线如图 12.3 所示。

图 12.3　压头跳线

5. Site Master 操作简介

Site Master(驻波比测试仪)能够测量回波损耗、驻波比和电缆损耗，通常用于检测和定位电缆及天线系统的故障，极大加强了基站系统维护手段，缩短了新基站所需要的安装调试时间，大大提高了系统的可用性。常见驻波比测试仪如图 12.4 所示。

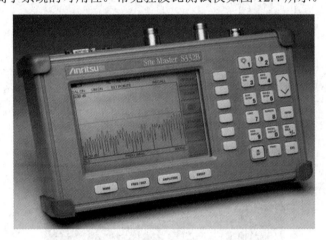

图 12.4　常见驻波比测试仪

6. 故障处理步骤

故障处理的一般步骤如下：

➤ 现网驻波告警门限设置为 1.5，超过该门限便会上报驻波告警。通过告警信息查询，具体定位驻波告警出现在哪个 RRU 的哪个通道上，并测试驻波比值为多少。

➤ 首先排除该 RRU 射频通道故障原因，用驻波正常的射频通道替换发生告警的射频通道。具体方法为：把天馈系统的跳线交换到工作正常的射频通道接口，观察正常的射频通道是否会出现驻波告警。测试一下驻波，如果无告警，说明天馈系统正常，判定之前发生告警的射频通道有故障，更换 RRU。否则，说明天馈系统存在故障，需要进一步核查。当怀疑或确定天馈系统故障时，可以近端检查射频前端的输入口电缆接头安装是否松动，天馈接口的馈缆接头是否未拧紧或进水，或跳线安装时受损，若为非成品跳线则应检查其跳线头制作工艺，可能是同轴电缆铜芯过短与跳线头接触不良。

➤ 排除接头连接问题，使用 Site Master 测试天馈系统的驻波比。测试从射频单元故障通道天馈口到天线各段电缆的驻波比，通过 Site Master 定位出驻波异常点距离测试端口的位置，判断是否为天馈口跳线、接头、馈线、塔放和天线等部件故障。例如某段电缆的驻波比大于 1.5，说明该段电缆或者接头有问题。更换故障部件，重新测试观察是否正常。应注意 Site Master 的使用方法、设置、频段等。

7. 总结及注意事项

在 LTE 网络维护时会遇到各种问题，特别是对于利用站点的故障处理时，使用排除法尤为有效。在本案例中，初步排查问题时我们把问题归结为天馈线缆问题，但是有的时候也要检查合路器，否则会走很多弯路。因此，在 LTE 网络中处理问题时应该全局考虑。

12.3.2　TAC 配置错误导致基站无法承载业务

1. 现象描述

2015 年 11 月 18 日进行单站验证时发现某一基站 3 小区无法承载业务，终端提示为"未连接到网络"，如图 12.5 所示。

2. 原因分析

后台查看该站点无告警，基本排除基站硬件故障问题。接下来进行的检测步骤如下：

(1) 测试终端及软件是否有问题。

(2) 测试 SIM 卡 4G 业务是否不正常。

(3) 测试无线是否有干扰。

(4) 测试基站设备硬件是否有故障。

(5) 测试基站数据配置是否存在问题。

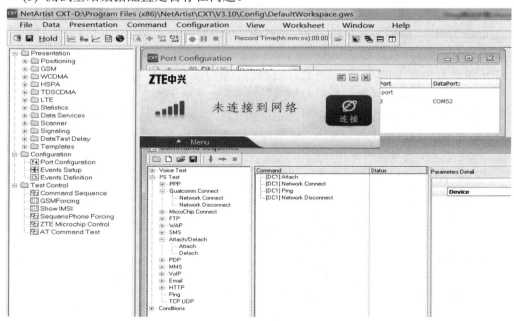

图 12.5　基站未连接到网络告警

3. 故障处理过程

故障处理过程如下：

(1) 由于当天对其他站点进行了正常的单站验证，在该小区出现该问题后，对该基站其他小区测试，其他小区业务正常，因此排除测试终端、软件及 SIM 卡问题。

(2) 在网管进行频谱扫描时发现基站底噪在 –110 dBm 以下，判定该小区不存在无线干扰，如图 12.6 所示。

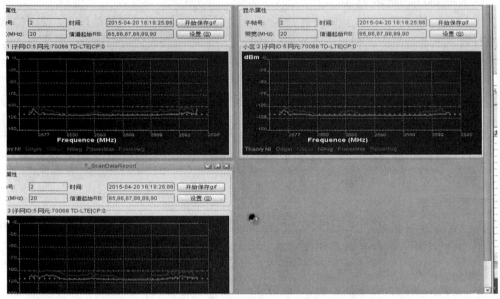

图 12.6　基站小区频谱扫描——底噪在 –110 dBm 以下

(3) 对一个信令周期进一步分析。在 eNodeB 中向 MME 发出"INITIAL UE MESSAGE"即"attach 请求"之后，没有收到 MME 回复的"INITIAL CONTEXT SETUP REQUEST"即"attach 允许"。后续又有 NAS TRANSPORT 直传等信令。该情况为 MME 直接拒绝了 eNB 的 attach 请求。根据对 eNodeB 的 NAS 发出和接收的信令信息对比发现，eNodeB 发出的 NAS 信息中有 TAC 信息，而接收的 NAS 信息里没有 TAC 信息。

核查发出 NAS 信息中的 TAC 信息发现，如图 12.7 所示，其中 tAC 值为 8192(HEX)，换算成 10 进制为 33065，该值不在整个市区的 TAC 规划列表中，根据规划和实际的邻站情况，将该小区 TAC 更正为 32918，复测该小区业务正常。

```
-S1ap-Msg :
    |_initiatingMessage :
        |_procedureCode :  ---- 0xd(13) ----
        |_criticality :  ---- ignore(1) ----
        |_value :
            |_uplinkNASTransport :
                |_protocollEs :
                    .
                    .
                    |_SEQUENCE :
                        |_id :  ---- 0x43(67) ----
                        |_criticality :  ---- ignore(1) ----
                        |_value :
                            |_tAI :
                                |_pLMNidentity :  ---- 0x64F000 ----
                                |_tAC :  ---- 0x8129 ----
```

00 0d 40 3b 00 00 05 00 00 00 05 c0 02 c0 1e c3

图 12.7　基站 NAS 信息中 TAC 信息错误

4．总结及注意事项

总结及注意事项如下：

(1) 当新开基站时，基站参数配置一定要准确，并需定期对规划参数进行检查；

(2) 此问题会引起核心网基站附着指标较差，建议定期提取核心网指标，对附着成功率较低的小区进行处理；

(3) 在日常工作中进行大批量操作时要按照规范进行。

12.3.3　光模块故障引起小区退服

1．现象描述

LTE 基站出现"LTE 小区退出服务"信息，并伴随有光口故障。

2．原因分析

LTE 小区退出服务，一般原因包括：

(1) S1 链路故障；

(2) 小区所使用的主控板、基带板或 RRU 故障；

(3) 小区配置失败；

(4) 时钟失锁。

如果有其他故障，优先处理其他故障。

3．故障处理过程

故障处理过程如下：

(1) 查看告警是否有其他告警，发现此基站伴随有"光口链路故障""RRU 断链"告警，如图 12.8 所示。

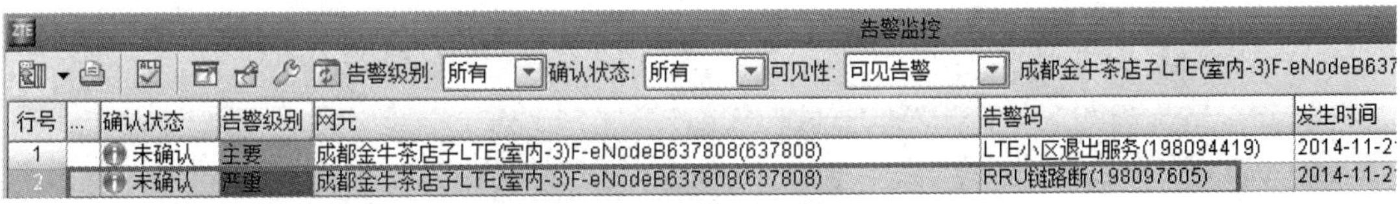

图 12.8　RRU 链路告警

(2) 优先处理光口链路故障和 RRU 断链告警。让施工人员检查 BBU-RRU 之间链路，调通 BBU-RRU 之间链路后，"RRU 断链""光口链路故障"已经消除，等待 5 分钟后"LTE 小区退出服务"告警消失，如图 12.9 所示。

图 12.9　基站告警消除

4．总结及注意事项

"LTE 小区退出服务"一般伴随有其他告警，应优先处理其他告警，如果没有告警则检查小区配置参数，例如功率设置、频点设置、干扰等。

小　结

　　本章主要介绍了利用通信网络管理平台进行日常维护的内容和指标，如何通过设备现象、告警和日志、仪表测试、对比呼唤等来定位故障，基站设备出现问题后的板卡更换原则和注意事项，通信基站出现问题后从硬件、建链、传输、小区四个方面进行故障排查的方法与步骤等内容，本部分内容可以指导读者进行通信网络日常维护、故障排查和处理。

习　题　12

1. 通信网络日常维护主要有哪些内容？
2. 通过哪些方法可以快速定位故障问题？
3. 简述基站设备板卡更换时的注意事项。
4. 基站故障问题分为几类？简述这些故障的具体表现以及处理流程。
5. 简述基站出现故障后的设备排查顺序。
6. 传输出现问题后，如何确认故障的位置？
7. 简述出现小区故障后的排查流程。

附录 1　专业术语缩写词

为了便于说明，本文使用如下缩写词。

3G-MSC	3rd Generation Mobile Switching Centre	第三代移动交换中心
3GPP	The 3rd Generation Partnership Project	第三代合作伙伴计划
3GPP2	The 3rd Generation Partnership Project 2	第三代合作伙伴计划 2
3G-SGSN	3rd Generation Serving GPRS Support Node	第三代服务 GPRS 的节点
64QAM	64 Quadrature Amplitude Modulation	64 阶正交幅度调制
AAL2	ATM Adaptation Layer type 2	ATM 适配层 2
AAL5	ATM Adaptation Layer type 5	ATM 适配层 5
AAS	Adaptive antenna system	自适应天线系统
ACIR	Adjacent Channel Interference Ratio	邻道干扰比
ACLR	Adjacent Channel Leakage power Ratio	邻道泄漏功率比
ACS	Adjacent Channel Selectivity	邻道选择性
ADPCM	Adaptive DPCM	自适应差分脉冲编码调制
AI	Artificial Intelligence	人工智能
ALCAP	Access Link Control Application Part	接入链路控制应用部分
AMBR	Aggregated Maximum Bit Rate	组合最大比特速率
AMC	Adapt Modulation Coding	自适应调制编码
AMPS	Advanced Mobile Phone System	先进的移动电话系统
AMR	Adaptive Multi-Rate	自适应多速率语音编解码
APC	Adaptive Predictive Coding	自适应预测编码
AR	Augmented Reality	增强现实
ARP	Allocation and Retention Priority	分配保留优先级
ARQ	Automatic Repeat Request	自动重传请求
ASN.1	Abstract Syntax Notation One	抽象语义描述 1
ATC	Adaptive Transform Coding	自适应变换编码
ATCF	Access Transfer Control Function	接入传输控制功能
ATGW	Access Transfer Gateway	接入传输网关
ATM	Asynchronous Transfer Mode	异步传输模式
AUC	AUthentication Center	鉴权中心
BCC	Base Station color code	基站色码
BCCH	Broadcast Control Channel	广播控制信道
BCH	Broadcast Channel	广播信道

BER	Bit Error Rate	误比特率
BGCF	Breakout Gateway Control Function	突破网关控制功能
BLER/PER	Block Error Rate/Packet Error rate	块误码率/包误码率
BPSK	Binary Phase Shift Keying	二进制相移键控
BRS	Bearer sub-system	承载子系统
BSC	Base Station Controller	基站控制器
BSIC	Base Station Identity Code	基站识别色码
BSP	Board Support Package	板级支持包
BSS	Base Station Subsystem	基站子系统
BTS	Base Transceiver Station	基站收发信台
CC	Chase Combining	Chase 合并技术
CC	Country Code	国家码
CC	Control and Clock Module	控制和时钟板
CC	Call Control	呼叫控制
CCCH	Common Control Channel	公共控制信道
CCE	Control Channel Element	控制信道单元
CCH	Control Channel	控制信道
CCIR	International Radio Consultative Committee	国际无线电咨询委员会
CCITT	International Consultative Committee on Telecommunications and Telegraph	电话咨询委员会
CCPCH	Common Control Physical Channel	公共控制物理信道
CCSA	China Communications Standards Association	中国通信标准化协会
CDD	Cycle Delay Diversity	循环延时分集
CDMA	Code Division Multiple Access	码分多址
CELP	codebook excited linear predictive	码激励线性预测编码
CFN	Connection Frame Number	连接帧号
CGI	Cell Global Identifier	全球小区识别码
CM	Connection Management	连接管理
CMAS	Commercial Mobile Alert Service	商用移动警报业务
CN	Core Network	核心网
CP	Content Provider	内容提供商
CP	Cyclic Prefix	循环前缀/保护间隔
CQI	Channel Quality Indicator	信道质量指示
CR	cognitive radio	认知无线电
CRC	Cyclic Redundancy Check	循环冗余检验
CRNC	Controlling Radio Network Controller	控制的无线网络控制器
C-RNTI	Cell RNTI	用户业务临时调度的标识
CRS	Cell-specific reference signals	小区专用参考信号
CS	Circuit Switched Domain	电路交换业务域

CSCF	Call Server Control Function	呼叫服务器控制功能
CSD	Circuit Switched Data	电路交换数据业务
CSFB	CS Fallback	电路域回落
CSI	Channel State Information	信道状态信息
CSI-RS	Channel State Information Reference Signal	下行信道状态信息测量
CSS	Common Search Space	公共搜索空间
CVSDM	continuously variable slope delta modulation	连续可变斜率增量调制
D2D	Device to Device	设备到设备的直接通信
DBPSK	Differentially coherent Binary PSK	差分相干二进制相移键控
DBS	Database sub-system	数据库子系统
DCA	Dynamic Channel Allocation	动态信道分配
DCCH	Dedicated Control Channel	专用控制信道
DCH	Dedicated Transport Channel	专用传输信道
DCI	Downlink Control Information	下行控制消息
DL	Downlink	下行链路
DL-SCH	Downlink Shared Channel	下行共享信道
DM	delta modulation code	增量调制
DMCR	Deferred Measurement Control	递延测量控制
DMRS	Demodulation Reference Symbol	解调参考信号
DM-RS	Demodulation Reference Signal	解调参考信号
DOA	Direction Of Arrival	到达方向
DPCH	Dedicated Physical Channel	专用物理信道
DPCM	Differential Pulse code modulation	差分脉冲编码调制
DQPSK	Differential Quadrature Phase Shift Keying	差分四相相移键控
DRB	Data Radio Bearer	数据无线承载
DRNC	Drift Radio Network Controller	漂移无线网络控制器
DRNS	Drift RNS	漂移 RNS
DRX	Discontinuous Reception	非连续接收
DS CDMA	Direct Spreading CDMA	直接扩频码分多址
DSCH	Down-link Shared Channel	下行共享信道
DTCH	Dedicated Traffic Channel	专用业务信道
DTCH	Down-link Traffic Channel	下行业务信道
DwPCH	Downlink Pilot Channel	下行导频信道
DwPTS	Downlink Pilot Time Slot	下行导频时隙
ECGI	E-UTRAN Cell Global Identifier	E-UTRAN 小区全球标识
EIR	Equipment Identity Register	设备识别寄存器
EIRP	Equivalent Isotropically Radiated Power	有效全向辐射功率
eMBB	Enhanced Mobile Broadband	增强移动宽带
eNB	E-UTRAN NodeB	E-UTRAN 基站

EP	Elementary Procedure	基本过程
EPC	Evolved Packet Core	演进分组核心网
EPS	Evolved Packet System	演进分组系统
E-RAB	E-UTRAN Radio Access Bearer	E-UTRAN 无线接入承载
ESN	Electronic Serial Number	电子序列号
eSRVCC	Enhanced Single Radio Voice Call Continuity	增强的单一无线语音呼叫连续性方案
ETSI	European Telecommunications Standards Institute	欧洲电信标准协会
ETWS	Earthquake and Tsunami Warning System	地震海啸告警系统
E-UTRAN	evolved universal mobile telecommunications system	演进统一陆地无线接入网
FACCH	Fast Associated Control CHannel	快速随路控制信道
FACH	Forward Access Channel	前向接入信道
FAN	Fan Module	风扇模块
FBMC	Filter Banks Based Mullticarrier	滤波器组多载波
FDD	Frequency Division Duplexing	频分双工
FDM	Frequency Division Mutiplexing	频分多路复用
FDMA	Frequency Division Multiple Access	频分多址
FD-MIMO	Full-Dimension MIMO	全维多天线
FEC	Forword Error Correction	前向纠错
FFT	Fast Fourier Transformation	快速傅里叶变换
FP	Frame Protocol	帧协议
FPACH	Fast Physical Access Channel	快速物理接入信道
FQAM	Frequency Quadrature Amplitude Modulation	频率正交幅度调制
FS+BPL	Fabric Switch Module+Baseband Processing Layer	网络交换模块+基带处理板
FT	Frame Type	帧类型
GBR	Guaranteed Bit Rate	保证比特速率
GERAN	GSM/EDGE Radio Access Network	GSM/EDGE 无线接入网络
GFDM	Generalized Frequency Division Multiplexing	广义频分复用
GFSK	Gauss Frequency Shift Key	高斯频移键控
GGSN	Gateway GPRS Support Node	网关支持节点
GMM　GPRS	GPRS Mobility Management	移动性管理
GMSC	Gateway Mobile Switching Center	网关移动交换中心
GMSK	Gaussian Filtered Minimum Shift Keying	高斯最小频移键控
GPRS	General Packet Radio Service	通用分组无线业务
GPS	Global Positioning System	全球定位系统
GRRG PRS	GPRS Radio Resources	GPRS 无线资源
GSM	Global System for Mobile Communication	全球移动通信系统
GTFM	Generalized tamed frequency modulation	通用平滑调频

GTI	Global TD-LTE Initiative	TD-LTE 全球发展倡议组织
GTP	GPRS Tunneling Protocol	GPRS 隧道协议
GTP-U	GPRS Tunneling Protocol for User Plane	GPRS 用户平面隧道协议
GUMMEI	Globally Unique MME Identifier	MME 全局唯一标识
HARQ	Hybrid Automatic Repeat Request	混合自动重传
HDWLN	High Density Wireless Network	高密度无线网络
HFN	Hyper Frame Number	超帧号
HLR	Home Location Register	归属位置寄存器
HPSK	Hybrid Phase Shift Keying	混合移相键控
HSDPA	High Speed Downlink Packet Access	高速下行分组接入
HSPA	High-Speed Packet Access	高速分组接入技术
HSPA+	High-Speed Packet Access+	增强型高速分组接入技术
HSS	Home Subscriber Server	归属用户服务器
HSUPA	High Speed Uplink Packet Access	高速上行分组接入
ICI	Inter-Carrier Interference	子载波间干扰
IFFT	Inverse Fast Fourier Transformation	快速傅立叶反变换
IFRB	International Frequency Registration Board	国际频率登记委员会
IMEI	International Mobile Equipment Identity	国际移动设备识别码
IMS	IP Multimedia Subsystem	IP 多媒体系统
IMSI	International Mobile Subscriber Identity	国际移动用户识别码
IMT-2000	International Mobile Telecommunications-2000	国际移动通信 2000 标准
IP	Internet Protocol	因特网协议
IPR	Intellectual Property Rights	知识产权
IR	Incremental Redundancy	增量冗余
IS-95	Interim Standard 95	暂时标准-95
ISDN	Integrated Services Digital Network	综合业务数字网
ISI	Inter Symbol Interference	符号间干扰
ITU	International Telecommunications Union	国际电信联盟
L1	Layer 1	层 1
L2	Layer 2	层 2
LA	Location Area	位置区域
LAC	Location Area Code	位置区码
LAI	Location Area Identity	位置区识别码
LAN	Local Area Network	局域网
LAU	Location Area Update	位置区域更新
LDPC	Low-density parity-check code	低密度奇偶校验码
LMT	Local Maintenance Terminal	本地维护终端
LMU	Location Measurement Unit	位置测量单元
LPC	Linear predictive coding	线性预测编码

LTE	Long Term Evolution	3GPP 长期演进
LTE-Advanced	Long Term Evolution Advanced	LTE 的增强技术
M2M	Machine to Machine	机器与机器
M3UA	MTP3 User Adaptation Layer	MTP3 用户适配层
MAC	Medium Access Control	媒质接入控制层
MAI	Multiple Access Interference	多址干扰
MAP	Mobile Application Part	移动应用部分
MAPL	Maximum Allowed Path Loss	最大允许路径损耗
Massive MIMO	Massive Multiple-Input Multiple-Output	大规模天线
MBMS	Multimedia Broadcast Multicast Service	多媒体广播组播业务
MBR	Maximum Bit Rate	最大比特速率
MBSFNSID	Multimedia Broadcast multicast service Single Frequency Network System Indentification Number	多媒体广播多播服务单频网系统指示号
MC CDMA	Multiple Carrier CDMA	多载波码分多址
MC TDMA	Multiple Carrier TDMA	多载波时分多址
MCCH	MultiCast Control Channel	多播控制信道
MCM	Multi-Carrier Modulation	多载波调制
Mcps	Mega Chip Per Second	每秒兆 Chip
MDLSD	MAC Downlink Scheduler	MAC 层下行调度
ME	Mobile Equipment	移动设备
MGCF	Media Gateway Control Function	媒体网关控制功能
MGW	Media Gateway	媒体网关
MIB	Master Information Block	消息块
MIMO	multiple in multiple out	多输入多输出天线
MM	Mobility Management	移动性管理
MME	Mobility Management Entity	移动管理实体
MMEC	MME Code	MME 组代码
MMEGI	MME Group Identifier	MME 组标识
mMTC	Massive Machine Type of Communication	海量机器通信
MNC	Mobile Network Code	移动网号
MPLS	MultiProtocol Label Switching	多协议标签交换
MRF	Media Resource Function	媒体资源功能
MRFC	Media Resource Function Controller	媒体资源功能控制器
MRFP	Media Resource Function Processor	媒体资源功能处理器
M-RNTI	MBMS RNTI	MBMS 业务临时调度的标识
MRS	MBSFN Reference Signal	MBSFN 的参考信号
MS	Mobile Station	移动台
MSC	Mobile Services Centre	移动业务中心

MSISDN	Mobile Station International ISDN Number	移动台国际 ISDN 号
MSK	minimum shift keying	最小频移键控
MSRN	Mobile Station Roaming Number	漫游号码
MTCH	Multicast Traffic Channel	多播业务信道
MTP	Message Transfer Part	消息传输部分
MTP3	Message Transfer Part level 3	3 级消息传输部分
MTSO	Mobile Telephone Switching Office	移动电话交换局
MULSD	MAC Uplink Scheduler	MAC 层上行调度
NAS	Non-Access Stadium	非接入层
NBAP	NodeB Application Part	Node B 应用部分
NB-IoT	Narrow Band -Internet of Things	窄带物联网
NCC	Network color code	网络色码
NDC	National Destination Code	国内目的地码
NF	Noise Figure	噪声系数
NOMA	Non-orthogonal Multiple Access	非正交多址接入
NSS	Network Switching Subsystem	网络交换子系统
NTT	Nippon Telegraph and Telephone	日本的电报电话系统
O&M	Operation and Maintenance	操作维护
OAM	Operation Administration and Maintenance	操作管理维护
OCQPSK	Orthogonal Complex QPSK	正交的复数四相相移键控
ODQPSK	Optical DQPSK	光差分正交相移键控
OFDM	Orthogonal Frequency Division Multiplexing	正交频分复用
OFDMA	Orthogonal Frequency Division Multiple Access	正交频分多址
OMC	Operation and Maintenance Center	操作维护中心
OMC-R	Operation & Maintenance Center-Radio	无线子系统的操作维护中心
OMC-S	Operation and Maintenance Center-Switch	交换子系统的操作维护中心
OQPSK	Orthogonal Quaternary Phase Shift Keying	正交四相相移键控
OSS	Operation Support System	操作支持系统
OTT	One Way End-to-End Measurement	单程时延
OVSF	Orthogonal Variable Spreading Factor	正交可变扩频因子
P2P	Peer to Peer	点对点
PAPR	Peak to Average Power Ratio	峰均比
PARC	Per Antenna Rate Control	每天线速率控制
PBCH	Physical Broadcast Channel	物理广播信道
PC	Power Control	功率控制
PCC	Primary Component Carrier	主成员载波
PCCC	Parallel Concatenated Convolutional Code	并行级联卷积码
PCCH	Paging Control Channel	寻呼控制信道
PCCPCH	Primary Common Control Physical Channel	基本公共控制物理信道

PCFICH	Physical Control Format Indicator Channel	物理控制格式指示信道
PCH	Paging Channel	寻呼信道
PCI	Physical Cell Identity	物理小区标识
PCM	Pulse Code Modulation	脉冲编码调制
PCRF	Policy and Charging Rules Function	策略与计费规则功能单元
PDCCH	Physical Downlink Control Channel	物理下行控制信道
PDCP	Packet Data Convergence Protocol	分组数据汇聚协议
PDM	Pulse Delta Modulation	脉冲增量调制
PDMA	Pattern Division Multiple Access	图样分割多址接入
PDSCH	Physical Downlink Shared Channel	物理下行链路共享信道
PF	Paging Frame	寻呼无线帧
P-GW	PDN Gateway	分组数据网网关
PHICH	Physical Hybrid ARQ Indicator Channel	物理混合 ARQ 指示信道
PHY 层	Physical layer	物理层
PLMN	Public Land Mobile Network	公共陆地移动网
PM	Power Module	电源模块
PMCH	Physical Multicast Channel	物理多播信道
PO	Paging Occasion	寻呼时机
PPP	Point-to-Point Protocol	点对点协议
PRACH	Physical Random Access Channel	物理随机接入信道
PRB	Physical Resource Block	资源块
PRN	Provide Roaming Number	漫游号码请求消息
P-RNTI	Paging RNTI	基站发送寻呼消息的标识
PRS	Positioning Reference Signal	定位参考信号
PS	Packet Switched Domain	数据交换域
PSS	Primary Synchronization Signal	主同步信号
PSTN	Public Switched Telephone Network	公共电话交换网络
PUCCH	Carrier Aggregation	载波聚合
PUSCH	Physical Uplink Shared Channel	物理上行共享信道
QAM	Quadrature Amplitude Modulation	正交幅度调制
QCELP	Qualcomm Code Excited Linear Predictive Coder	美国高通公司的码激励线性预测编码
QCI	QoS Class Identifier	QoS 等级指示
QE	Quality Estimate	质量评估
QoS	Quality of Service	服务质量
QPSK	Quad-Phase Shift Keyed	正交相移键控
RAB	Radio access bearer	无线接入承载
RACH	Random Access Channel	随机接入信道
RAN	Radio Access Network	无线接入网络

RANAP	Radio Access Network Application Part	无线接入网应用部分
RA-RNTI	Random Access RNTI	随机接入响应的标识
RAT	Radio Access Technology	无线接入技术
RE	Resource Element	资源粒子
REG	Resource Element Group	资源单元组
RL	Radio Link	无线链路
RLC	Radio Link Control	无线链路控制子层
RNC	Radio Network Controller	无线网络控制器
RNLC	Radio Network Layer Control plane	无线网络层控制面
RNLU	Radio Network Layer User plane	无线网络层用户面
RNS	Radio Network Subsystem	无线网络子系统
RNSAP	Radio Network Subsystem Application Part	无线网络子系统应用部分
RNTI	Radio Network Temporary Identity	无线网络临时识别
RPE-LTP	Regular pulse excitation-long-term prediction decoder	规则脉冲激励长期预测编解码器
RR	Radio Resources	无线资源
RRC	Radio Resource Control	无线资源控制子层
RRU/RFU	Remote Radio Unit/Radio Frequency Unit	射频拉远单元/射频单元
R-SGW	Roaming Signalling Gateway	漫游信令网关
RSRP	Reference Signal Receiving Power	参考信号接收功率
RSRQ	Reference Signal Receiving Quality	LTE 参考信号接收质量
RSVP	Resource ReserVation Protocol	资源保留协议
RTCP	Real Time Control Protocol	实时控制协议
RTP	Real Time Protocol	实时协议
RTT	Round-Trip Time	往返时延
SA	Smart Antenna	智能天线
SA	Site Alarm Module	站点告警模块
SA	Service Area	服务区域
SABP	Service Area Broadcast Protocol	服务区广播协议
SAE	system architecture evolution	演进的系统体系结构
SAP	Service Access Point	服务接入点
SAW	Stop-And-Wait	停止等待
SBM	Subnetwork Bandwidth Management	子网带宽管理
SC TDMA	Single Carrier　TDMA	单载波时分多址
SCC	Secondary Component Carrier	辅成员载波
SCCP	Signalling Connection Control Part	信令连接控制部分
SCCPCH	Secondary Common Control Physical Channel	辅助公共控制物理信道
SC-FDMA	Single-carrier Frequency-Division Multiple Access	单载波 FDMA
SCH	Synchronization Channel	同步信道

SCMA	Sparse Code Multiple Access	稀疏码多址接入
SCP	Service Control Point	业务控制点
SCTP	Simple Control Transmission Protocol	简单控制传输协议
SD	Space Diversity	空间分集
SDMA	Space Division Multiple Access	空分多址接入
SFBC	Space Frequency Block Code	空频块编码
SFM	Shadow Fading Margin	阴影衰落余量
SFN	System Frame Number	系统帧号
SGSN	Serving General Packet Radio Service Support Node	服务 GPRS 支持节点
S-GW	Serving Gateway	服务网关
SIB	System Information Blocks	系统信息块
SIC	Serial interference cancellation	串行干扰消除
SIM	Subscriber Identity Module	用户识别卡
SINR	Signal to Interference Plus Noise Ratio	信干比
SI-RNTI	System Information RNTI	基站发送系统消息的标识
SLF	Subscription Location Function	签约位置功能
SM	Space Multiplexing	空分复用
SM	Spatial Modulation	空间调制
SM	Session Management	会话管理
SN	Sequence Number	序列号
SN	Subscriber Number	用户号码
SON	Self-Organized Network	自组织网络
SP	Service Provider	服务提供商
SPS C-RNTI	Semi-Persistent Scheduling RNTI	半静态调度标识
SR	Scheduling Request	调度请求信息
SRB	Signalling Radio Bearer	信令无线承载
SRNC	Serving Radio Network Controller	服务无线网络控制
SRNS	Serving RNS	服务 RNS
SRS	Sounding Reference Signal	探测参考信号
SRVCC	Single Radio Voice Call Continuity	单一无线语音呼叫连续性方案
SS7	Signalling System No. 7	7 号信令系统
SSCF	Service Specific Co-ordination Function	具体业务协调功能
SSCF-NNI	Service Specific Coordination Function-Network Node Interface	特定业务协调功能网元接口
SSCOP	Service Specific Connection Oriented Protocol	特定业务面向连接协议
SSS	Secondary Synchronization Signal	辅同步信号
STBC	Space Time Block Coding	空时块编码
STM	Synchronous Transfer Mode	同步传输模式
TA	Tracking Area	跟踪区

TAC	Tracking Area Code	跟踪区代码
TACS	Total Access Communications System	全入网通信系统技术
TACS	Total Access Communications System	英国的全球接入通信系统
TAS	Telephony Application Server	电话应用服务器
TAU	tracking area update	跟踪区更新
TB	Transport Block	传输块
TBS	Transport Block Set	传输块集
TCM	Trellis Coded Modulation	网格编码调制
TCP	Transfer Control Protocol	传输信令网关
TC-RNTI	Temporal C-RNTI	临时调度标识号
TDD	Time Division Duplexing	时分双工
TD-LTE	Time Division Long Term Evolution	分时长期演进
TDMA	Time Division Multiple Access	时分多址接入
TD-SCDMA	Time Division-Synchronous Code Division Multiple Access	时分同步码分多址
TFC	Transport Format Combination	传送格式组合
TFCI	Transport Format Combination Indicator	传送格式组合指示
TFCS	Transport Format Combination Set	传送格式组合集
TFI	Transport Format Indicator	传送格式指示
TFM	Tamed Frequency Modulation	平滑调频
TFP	Time-Frequency Packing	时频填充
TFS	Transport Format Set	传送格式集
TMSI	Temporary Mobile Subscriber Identity	临时移动用户识别码
TMSI	Temporary Mobile Station Identity	临时移动站标识
ToA	Time of Arrival	到达时间
TPC	Transmit Power Control	发射功率控制
TPC-PUCCH -RNTI	Transmit Power Control PUCCH RNTI	PUCCH 上行功率控制信息标识
TSG	Technical specification Department	技术规范部
T-SGW	Transport Signalling Gateway	传输信令网关
TSN	Transmission Sequence Number	传输序列号
TSTD/FSTD	Time / Frequency Switch Transmit Diversity	时间/频率转换传送分集
TTI	Transmission Time Interval	传输时间间隔
UDP	User Datagram Protocol	用户数据报协议
UE	User Equipment	用户设备
UESSS	UE Specific Search Space	UE 特定的搜索空间
UL	Uplink	上行链路
UMB	Ultra Mobile Broadband	超行动宽带
UMTS	Universal Mobile Telecommunications System	通用移动通信系统

UpPCH	Uplink Pilot Channel	上行导频信道
UpPTS	Uplink Pilot Time slot	上行导频时隙
URLLC	Ultra Reliable And Low LatencyCommunication	超可靠且超低的时延业务
URS	UE-specific Reference Signal	UE 专用参考信号
USCH	Up-link Shared Channel	上行共享信道
USIM	UMTS Subscriber Identity Module	UMTS 用户识别模块
UTRAN	UMTS Terrestrial Radio Access Network	UMTS 陆地无线接入网
V2I	Vehicle to Instruction	车路通信
V2N	Vehicle To Network	车与网络
V2P	Vehicle to Pedestrian	汽车对行人
V2V	Vehicle to Vehicle	车车通信
VC	Virtual Circuit	虚电路
VLR	Visitor Location Register	访问位置寄存器
VoIP	Voice over Internet Protocol	网络电话
VoLTE	Voice over Long-Term Evolution	长期演进语音承载
VR	Virtual Reality	虚拟现实
VSELP	Vector Sum Excited Linear Prediction	矢量和激励线性预测编码
WAP	Wireless Application Protocol	访问位置寄存器
WCDMA	Wideband Code Division Multiple Access	宽带 CDMA
WG	Working Group	工作组
WiFi	Wireless-Fidelity	无线保真
WiMAX	Worldwide Interoperability for Microwave Access	全球互通微波存取
WWW	World Wide Web	万维网
xCSCF	Call Session Control Function	呼叫会话控制功能
XRES	Expected user Response	期待的用户响应
	Beamforming	波束赋型

附录 2 　 LTE 常用信令

1. 附着信令流程

Attach 附着信令流程(加深字体的为开始和结束信令)

Attach request	附着请求
rrcConnectionRequest	RRC 连接请求
rrcConnectionSetup	RRC 连接建立
rrcConnectionSetupComplete	RRC 连接设置完成
rrcConnectionReconfiguration	rrc 连接重配置
dl Information Transfer	DL 信息传输
rrc Connection Reconfiguration Complete	rrc 连接重配置完成
Security protected NAS message	安全保护的 NAS 消息
Authentication request	认证请求
Authentication response	验证响应
ulInformationTransfer	UL 信息传输
dlInformationTransfer	DL 信息传输
Security protected NAS message	安全保护的 NAS 消息
Security mode command	安全模式命令
Security mode complete	安全模式完成
ulInformationTransfer	UL 信息传输
ueCapabilityEnquiry	UE 能力查询
ueCapabilityInformation	UE 能力信息
securityModeCommand	安全模式命令
rrcConnectionReconfiguration	RRC 连接重配置
rrcConnectionReconfigurationComplete	rrc 连接重配置完成
Security protected NAS message	安全保护的 NAS 消息
Attach accept	附着接受
Activate default EPS bearer context request	激活默认 EPS 承载上下文请求
Activate default EPS bearer context accept	激活默认 EPS 承载上下文接受
Attach complete	附着完成
ulInformationTransfer	UL 信息传输
rrcConnectionReconfiguration	RRC 连接重配置
rrcConnectionReconfigurationComplete	rrc 连接重配置完成

Detach 去附着信令流程(加深字体的为开始和结束信令)

Detach request	去附着请求
ulInformationTransfer	UL 信息传输
dlInformationTransfer	DL 信息传输
Security protected NAS message	安全保护的 NAS 消息
Detach accept	去附着接受
rrcConnectionRelease	rrc 连接释放
PDN connectivity request	PDN 连接请求

2. 呼叫业务信令流程

UE 主叫信令流程(加深字体的为开始和结束信令)

Extended service request	扩展服务请求
rrcConnectionRequest	RRC 连接请求
rrcConnectionSetup	RRC 连接建立
rrcConnectionSetupComplete	RRC 连接建立完成
rrcConnectionReconfiguration	rrc 连接重配置
rrcConnectionReconfigurationComplete	rrc 连接重配置完成
SecurityModeCommand	安全模式命令
rrcConnectionReconfiguration	rrc 连接重配置
rrcConnectionReconfigurationComplete	rrc 连接重配置完成
rrcConnectionReconfiguration	rrc 连接重配置
rrcConnectionReconfigurationComplete	rrc 连接重配置完成
rrcConnectionRelease	rrc 连接释放

UE 被叫信令流程(加深字体的为开始和结束信令)
(不含鉴权信令流程)

systemInformationBlockType1	系统信息块类型 1
systemInformationBlockType1	系统信息块类型 1
Paging	寻呼
Extended service request	扩展服务请求
rrcConnectionRequest	RRC 连接请求
rrcConnectionSetup	RRC 连接建立
rrcConnectionSetupComplete	RRC 连接建立完成
rrcConnectionReconfiguration	rrc 连接重配置
rrcConnectionReconfigurationComplete	rrc 连接重配置完成
SecurityModeCommand	安全模式命令
rrcConnectionReconfiguration	rrc 连接重配置
rrcConnectionReconfigurationComplete	rrc 连接重配置完成
rrcConnectionReconfiguration	rrc 连接重配置

rrcConnectionReconfigurationComplete	rrc 连接重配置完成
(含鉴权信令流程)	
systemInformationBlockType1	系统信息块类型 1
Paging	寻呼
Extended service request	扩展服务请求
rrcConnectionRequest	RRC 连接请求
rrcConnectionSetup	RRC 连接建立
rrcConnectionSetupComplete	RRC 连接建立完成
rrcConnectionReconfiguration	rrc 连接重配置
rrcConnectionReconfigurationComplete	rrc 连接重配置完成
dlInformationTransfer	DL 信息传输
Security protected NAS message	安全保护的 NAS 消息
Authentication request	认证请求
Authentication response	验证响应
ulInformationTransfer	UL 信息传输
dlInformationTransfer	DL 信息传输
Security protected NAS message	安全保护的 NAS 消息
Security mode command	安全模式命令
Security mode complete	安全模式完成
Unknown(0x0790)	未知(0x0790)
ulInformationTransfer	UL 信息传输
SecurityModeCommand	安全模式命令
rrcConnectionReconfiguration	rrc 连接重配置
rrcConnectionReconfigurationComplete	rrc 连接重配置完成
rrcConnectionReconfiguration	rrc 连接重配置
rrcConnectionReconfigurationComplete	rrc 连接重配置完成

3. 重选与切换信令流程

小区重选信令流程

systemInformationBlockType1	系统信息块类型 1
systemInformation	系统信息
systemInformationBlockType1	系统信息块类型 1
systemInformationBlockType1	系统信息块类型 1
systemInformation	系统信息
systemInformationBlockType1	系统信息块类型 1
systemInformationBlockType1	系统信息块类型 1
systemInformationBlockType1	系统信息块类型 1

基站内同频切换信令流程(加深字体的为开始和结束信令)

measurementReport	测量报告
rrcConnectionReconfiguration	rrc 连接重配置
rrcConnectionReconfigurationComplete	rrc 连接重配置完成
rrcConnectionReconfiguration	rrc 连接重配置
rrcConnectionReconfigurationComplete	rrc 连接重配置完成
systemInformationBlockType1	
systemInformationBlockType1	
systemInformationBlockType1	
systemInformationBlockType1	
systemInformation	

基站间同频切换信令流程(加深字体的为开始和结束信令)

measurementReport	测量报告
rrcConnectionReconfiguration	rrc 连接重配置
rrcConnectionReconfigurationComplete	rrc 连接重配置完成
systemInformationBlockType1	系统信息块类型 1
rrcConnectionReconfiguration	rrc 连接重配置
rrcConnectionReconfigurationComplete	rrc 连接重配置完成

参 考 文 献

[1]　https://blog.csdn.net/Birldlee/article/details/78907942.

[2]　https://blog.csdn.net/jyqxerxes/article/details/78974098.

[3]　https://blog.csdn.net/jipengwang/article/details/79573945.

[4]　https://blog.csdn.net/iyuanshuo/article/details/89669904.

[5]　http://www.chyxx.com/industry/201911/801768.html.

[6]　https://blog.csdn.net/jyqxerxes/article/details/78994699.

[7]　3GPPTS 36.101(2013)User Equipment(UE) Radio Transmission and Reception，Release 11, Section 6.2，Sep.2013.

[8]　3GPPTR 36.814(2010)Further Advancements for E-UTRAN Physical Layer Aspects，Release 9，Annex Mar. 2010.

[9]　3GPPTS25.306(2013).UE Radio Access Capabilities，Release 11, Section 5, Sep 2013.

[10]　宋铁成，宋晓勤. 移动通信技术. 北京：人民邮电出版社，2018.

[11]　元泉. LTE 轻松进阶. 北京：电子工业出版社，2012.

[12]　张守国，王建斌，等. 4G 无线网络原理及优化. 北京：清华大学出版社，2017.

[13]　张明和. 深入浅出 4G 网络：LTE/EPC. 北京：人民邮电出版社，2016.

[14]　Christopher Cox (英). LTE 完全指南：LTE、LTE-Advanced、SAE、VoLTE 和 4G 移动通信. 北京：机械工业出版社，2017.

[15]　刘立康，孙龙杰. 移动通信技术与终端，3 版. 北京：电子工业出版社，2011.

[16]　丁奇，阳桢. 大话移动通信. 北京：人民邮电出版社 2011.

[17]　陈威兵. 移动通信原理. 北京：清华大学出版社 2016.

[18]　李兆玉. 移动通信. 北京：电子工业出版社，2017 年.

[19]　啜钢. 移动通信原理. 2 版. 北京：电子工业出版社，2016.

[20]　张海君，郑伟，李杰. 大话移动通信. 2 版. 北京：清华大学出版社，2015.

部分习题参考答案